Hadoop 海量数据处理

技术原理与项目实践

许政◎著

清華大學出版社
北 京

内 容 简 介

本书从 Hadoop 的基础知识讲起，逐步深入 Hadoop 分布式文件系统（HDFS）和 MapReduce 分布式编程框架的核心技术，帮助读者全面、系统、深入地理解 Hadoop 海量数据处理技术的精髓。本书在讲解技术原理时穿插大量的典型示例，并详解两个典型项目实战案例，帮助读者提高实际项目开发水平。

本书共 15 章，分为 4 篇。第 1 篇 Hadoop 基础知识，包括大数据概述、Hadoop 概述、Hadoop 环境搭建与配置；第 2 篇 Hadoop 分布式存储技术，包括 HDFS 概述、HDFS 基础操作、HDFS 的读写原理和工作机制、Hadoop 3.x 的新特性；第 3 篇 MapReduce 分布式编程框架，包括 MapReduce 概述、MapReduce 开发基础、MapReduce 框架的原理、MapReduce 数据压缩、YARN 资源调度器、Hadoop 企业级优化；第 4 篇项目实战，包括 Hadoop 高可用集群搭建实战和统计 TopN 经典项目案例实战。

本书通俗易懂、案例丰富、实用性强，适合 Hadoop 初学者和进阶人员阅读，也适合大数据工程师、数据分析工程师和数据科学家等大数据技术从业人员和爱好者阅读，还适合作为高等院校和相关培训机构的大数据教材。

图书在版编目（CIP）数据

Hadoop 海量数据处理 ： 技术原理与项目实践 / 许政著. -- 北京 ： 清华大学出版社, 2024. 7. -- ISBN 978-7-302-66694-3

Ⅰ. TP274

中国国家版本馆 CIP 数据核字第 2024EF1227 号

责任编辑：王中英
封面设计：欧振旭
责任校对：胡伟民
责任印制：曹婉颖

出版发行：清华大学出版社
网　　址：https://www.tup.com.cn，https://www.wqxuetang.com
地　　址：北京清华大学学研大厦 A 座　　**邮　　编：**100084
社 总 机：010-83470000　　**邮　　购：**010-62786544
投稿与读者服务：010-62776969，c-service@tup.tsinghua.edu.cn
质量反馈：010-62772015，zhiliang@tup.tsinghua.edu.cn
印 装 者：三河市科茂嘉荣印务有限公司
经　　销：全国新华书店
开　　本：185mm×260mm　　**印　　张：**22　　**字　　数：**565 千字
版　　次：2024 年 8 月第 1 版　　**印　　次：**2024 年 8 月第 1 次印刷
定　　价：99.80 元

产品编号：106749-01

前言

随着企业业务数据的日益增多，如何存储和分析海量数据成为每个企业急需解决的问题。Hadoop 的出现使得企业仅用多台计算机便可组成分布式集群，对海量数据资源进行分布式存储和并行计算。这样不仅能够满足企业存储海量数据的需求，而且能够极大地提升并行处理数据的速度。

在过去的 10 多年中，Hadoop 经历了多个版本的更新迭代，逐渐变得成熟和稳定，其在大数据处理方面的性能也更加卓越。尤其随着 Hadoop 3.x 版的发布，其整个生态系统也愈加完善，很多企业基于 Hadoop 3.x 开发自己的大数据处理平台。

Hadoop 3.x 版对 MapReduce 进行了拆分，独立出一个资源调度模块 YARN。拆分后，MapReduce 只负责任务的计算，而 YARN 只负责资源的调度。这种机制大大降低了系统间的耦合性。另外，Hadoop 3.x 版还增加了许多新特性：解决了海量小文件存储的问题；通过纠删码技术提高了磁盘的有效使用率；HDFS 的快照管理功能解决了数据备份文件；Hadoop-HA 的高可用机制保证了 Hadoop 集群的高可靠性和高容错性；NameNode Federation 联邦机制解决了 NameNode 的横向扩展问题。

为了帮助广大想要进入大数据领域的读者全面、系统地学习 Hadoop，笔者结合自己多年的大数据项目开发经验编写了本书。本书基于 Hadoop 3.2.2 版写作，详解 Hadoop 海量数据处理技术的基本理论知识，并结合多个典型示例和两个项目实战案例带领读者实践，帮助读者更加全面、深入地理解 Hadoop 的运行原理和工作机制，从而能够在较短的时间里掌握 Hadoop。

本书特色

- **内容全面**：全面涵盖 Hadoop 的基础知识及其分布式文件系统（HDFS），以及 MapReduce 分布式编程框架和 YARN 资源调度器等内容，帮助读者全面掌握 Hadoop 海量数据处理的核心技术。
- **讲解深入**：不仅系统地剖析 Hadoop 海量数据处理技术原理，还从代码层面深入地分析 Hadoop 系统的实现过程，并分析 HDFS 和 MapReduce 的每一步操作，帮助读者洞悉其工作机制与运行原理。
- **实用性强**：讲解理论知识时穿插 100 多个典型示例，帮助读者深入理解 Hadoop 海量数据处理技术的精髓。另外，通过 Hadoop 高可用集群搭建和统计 TopN 经典项目案例两个项目，帮助读者上手实践，从而提高实际项目开发水平。
- **适用面广**：无论是 Hadoop 初学者，还是开发人员、数据分析人员、大数据工程师和数据科学家等相关从业人员，都可以从本书中获得需要的知识和技能。
- **前瞻性强**：基于 Hadoop 3.2.2 版写作，内容新颖，技术前瞻，不但介绍纠删码和 NameNode Federation 联邦机制等 Hadoop 3.x 的新特性，而且对比 Hadoop 不同版本之间的差异。

本书内容

第 1 篇　Hadoop 基础知识

第 1 章主要介绍大数据的基本概念、特点、应用场景和生态体系等。

第 2 章简要介绍 Hadoop 的基本概念、发展历史和主流发行版本，同时分析 Hadoop 的优势及其不同版本之间的区别。

第 3 章从零开始搭建 Hadoop 开发环境，并介绍如何配置 Hadoop 分布式系统的 3 种运行模式。

第 2 篇　Hadoop 分布式存储技术

第 4 章主要介绍 Hadoop 分布式文件系统（HDFS）的定义、产生背景、优缺点及其组成架构。

第 5 章主要从 Shell 命令操作和 API 调用操作两个方面讲解 HDFS 的基本使用方法。

第 6 章深入剖析 HDFS 的数据读写原理和工作机制，包括 HDFS 的写数据流程、HDFS 的读数据流程、NameNode 与 Secondary NameNode 的工作机制、DataNode 的工作机制等。

第 7 章主要介绍 Hadoop 3.x 的新特性，如纠删码技术、HDFS 集群间的数据复制、海量小文件的存储、HDFS 的配置、HDFS 快照管理等。

第 3 篇　MapReduce 分布式编程框架

第 8 章主要介绍 MapReduce 的定义、优缺点及其核心编程思想，并对官方的 WordCount 源码进行简单的解析。

第 9 章主要介绍 MapReduce 开发的基础知识，包括 Hadoop 序列化、数据序列化类型和 MapReduce 的编码规范等。

第 10 章深度剖析 MapReduce 的运行原理，涵盖 InputFormat 数据输入、MapReduce 工作流程、Shuffle 的工作机制、MapTask 的工作机制、ReduceTask 的工作机制、OutputFormat 数据输出类详解和 Join 的多种应用等。

第 11 章主要介绍 MapReduce 的数据压缩工作机制、几种数据压缩方式和压缩参数的配置，并详解 3 个数据压缩实战案例。

第 12 章主要介绍 YARN 资源调度器的基本架构和工作机制、MapReduce 作业提交全过程、资源调度器的分类和任务的推测执行等相关内容。

第 13 章主要介绍 Hadoop 企业级优化的相关知识，包括 HDFS 优化和 MapReduce 优化。

第 4 篇　项目实战

第 14 章详细介绍如何搭建一个 Hadoop 高可用集群，并保证该集群能够 7×24 小时持续工作。

第 15 章详细介绍如何构建经典的统计 TopN 案例，并通过 MapReduce 编程框架实现。

读者对象

- ❑ 大数据初学者；
- ❑ Hadoop 入门与进阶人员；
- ❑ 想要提升海量数据处理性能的大数据从业人员；
- ❑ 大数据工程师、数据分析工程师和数据科学家；
- ❑ 需要作为大数据技术手册的人员；
- ❑ 对大数据感兴趣的技术人员；
- ❑ 高等院校相关专业的学生；
- ❑ 大数据培训班的学员。

配套资源获取

本书提供的源代码和配套教学PPT有两种获取方式：一是关注微信公众号"方大卓越"，回复数字"27"获取下载链接；二是在清华大学出版社网站（www.tup.com.cn）上搜索本书，然后在本书页面上找到"资源下载"栏目，单击"网络资源"或"课件下载"按钮进行下载。

售后支持

由于笔者水平所限，书中存在疏漏与不足在所难免，恳请广大读者批评与指正。读者在阅读本书的过程中若有疑问，可发送电子邮件到 bookservice2008@163.com 获取帮助。

致谢

在过去的 10 多年中，Hadoop 得到了人们广泛的关注，并取得了快速的发展，同时也经历了多个版本的更新迭代，诞生了三大发行版本，包括 Apache、Cloudera 和 Hortonworks。这都得益于广大厂商和独立开发者的努力付出。在此首先感谢为 Hadoop 系统贡献源码的软件工作者！

Hadoop 的大规模应用促进了整个大数据生态圈的构建。该生态圈为很多中小企业和初创团队提供了一整套大数据解决方案。在此感谢为大数据生态圈构建而付出辛勤劳动的工作者！

还要感谢清华大学出版社的相关工作人员！没有他们的努力，本书不会顺利出版。

最后感谢我的家人、朋友和同事们！本书在编写的过程中得到了他们的大力支持。

许政

2024 年 4 月

目录

第 1 篇　Hadoop 基础知识

第 1 章　大数据概述 ······ 2
1.1　大数据简介 ······ 2
1.2　大数据的特点 ······ 2
1.3　大数据的发展前景 ······ 3
1.4　大数据技术生态体系 ······ 4
1.4.1　数据采集与传输类 ······ 4
1.4.2　数据存储与管理类 ······ 5
1.4.3　资源管理类 ······ 5
1.4.4　数据计算类 ······ 5
1.4.5　任务调度类 ······ 6
1.5　大数据部门的组织架构 ······ 6
1.6　小结 ······ 7
第 2 章　Hadoop 概述 ······ 8
2.1　Hadoop 简介 ······ 8
2.2　Hadoop 的发展历史 ······ 8
2.3　Hadoop 的三大发行版本 ······ 9
2.4　Hadoop 的优势 ······ 10
2.5　Hadoop 各版本之间的区别 ······ 10
2.6　Hadoop 的组成 ······ 11
2.6.1　HDFS 架构简介 ······ 11
2.6.2　YARN 架构简介 ······ 12
2.6.3　MapReduce 架构简介 ······ 13
2.7　小结 ······ 14
第 3 章　Hadoop 环境搭建与配置 ······ 15
3.1　搭建开发环境 ······ 15
3.1.1　对操作系统的要求 ······ 15
3.1.2　对软件环境的要求 ······ 17
3.1.3　下载和安装 JDK ······ 18
3.1.4　配置 JDK 环境变量 ······ 19
3.1.5　下载和安装 Hadoop ······ 19

3.1.6 配置 Hadoop 的环境变量 ······ 19
3.1.7 配置 Hadoop 的系统参数 ······ 20
3.1.8 解读 Hadoop 的目录结构 ······ 21
3.2 配置本地运行模式 ······ 22
3.2.1 在 Linux 环境下运行 Hadoop 官方的 Grep 案例 ······ 22
3.2.2 在 Linux 环境下运行 Hadoop 官方的 WordCount 案例 ······ 23
3.2.3 在 Windows 环境下搭建 Hadoop ······ 23
3.2.4 在 Windows 环境下运行 WordCount 案例 ······ 25
3.3 配置伪分布式模式 ······ 26
3.3.1 启动 HDFS 并运行 MapReduce 程序 ······ 26
3.3.2 启动 YARN 并运行 MapReduce 程序 ······ 31
3.3.3 配置历史服务器 ······ 35
3.3.4 配置日志的聚集功能 ······ 36
3.4 配置完全分布式模式 ······ 38
3.4.1 分布式集群环境准备 ······ 39
3.4.2 配置完全分布式集群 ······ 42
3.4.3 配置 Hadoop 集群单点启动 ······ 46
3.4.4 测试完全分布式集群 ······ 47
3.4.5 配置 Hadoop 集群整体启动 ······ 48
3.4.6 配置 Hadoop 集群时间同步 ······ 50
3.5 小结 ······ 52

第 2 篇 Hadoop 分布式存储技术

第 4 章 HDFS 概述 ······ 54
4.1 HDFS 的背景和定义 ······ 54
4.1.1 HDFS 产生的背景 ······ 54
4.1.2 HDFS 的定义 ······ 54
4.2 HDFS 的优缺点 ······ 55
4.2.1 HDFS 的优点 ······ 55
4.2.2 HDFS 的缺点 ······ 56
4.3 HDFS 的组成架构 ······ 56
4.4 设置 HDFS 文件块的大小 ······ 58
4.5 小结 ······ 59

第 5 章 HDFS 基础操作 ······ 60
5.1 HDFS 的 Shell 命令操作 ······ 60
5.1.1 HDFS 的帮助命令 ······ 60
5.1.2 显示 HDFS 的目录信息 ······ 62
5.1.3 创建 HDFS 目录 ······ 62

5.1.4 将本地文件复制到 HDFS 中 …… 62
5.1.5 将 HDFS 中的文件复制到本地文件系统中 …… 63
5.1.6 输出 HDFS 文件内容 …… 63
5.1.7 追加 HDFS 文件内容 …… 64
5.1.8 修改 HDFS 文件操作权限 …… 65
5.1.9 将本地文件移动至 HDFS 中 …… 65
5.1.10 复制 HDFS 文件 …… 66
5.1.11 移动 HDFS 文件 …… 66
5.1.12 上传 HDFS 文件 …… 67
5.1.13 下载 HDFS 文件 …… 67
5.1.14 删除文件或目录 …… 67
5.1.15 批量下载 HDFS 文件 …… 68
5.1.16 显示文件的末尾 …… 68
5.1.17 统计目录的大小 …… 69
5.1.18 设置 HDFS 中的文件副本数量 …… 69
5.2 HDFS 的 API 调用操作 …… 69
5.2.1 准备开发环境 …… 69
5.2.2 通过 API 创建目录 …… 72
5.2.3 通过 API 上传文件 …… 73
5.2.4 通过 API 下载文件 …… 73
5.2.5 通过 API 删除目录 …… 74
5.2.6 通过 API 修改文件名称 …… 74
5.2.7 通过 API 查看文件详情 …… 75
5.2.8 通过 API 判断文件和目录 …… 76
5.2.9 通过 I/O 流上传文件 …… 77
5.2.10 通过 I/O 流下载文件 …… 77
5.2.11 通过 I/O 流定位文件读取位置 …… 78
5.3 小结 …… 79
第 6 章 HDFS 的读写原理和工作机制 …… 80
6.1 剖析 HDFS 的写数据流程 …… 80
6.1.1 剖析文件写入流程 …… 80
6.1.2 计算网络拓扑节点的距离 …… 82
6.1.3 机架感知 …… 83
6.2 剖析 HDFS 的读数据流程 …… 83
6.3 剖析 NameNode 和 SecondaryNameNode 的工作机制 …… 85
6.3.1 解析 NN 和 2NN 的工作机制 …… 85
6.3.2 解析 FsImage 和 Edits 文件 …… 88
6.3.3 CheckPoint 时间设置 …… 94
6.3.4 NameNode 故障处理 …… 95

6.3.5 集群安全模式 97
6.3.6 NameNode 多目录配置 99
6.4 剖析 DataNode 100
6.4.1 解析 DataNode 的工作机制 100
6.4.2 保证数据的完整性 101
6.4.3 设置掉线时限参数 102
6.4.4 服役新的数据节点 102
6.4.5 退役旧的数据节点 109
6.4.6 DataNode 多目录配置 111
6.5 小结 112

第 7 章 Hadoop 3.x 的新特性 113
7.1 纠删码技术 113
7.1.1 探究纠删码技术原理 113
7.1.2 简述纠删码模式布局方案 113
7.1.3 解读纠删码策略 114
7.1.4 查看纠删码 115
7.1.5 设置纠删码 115
7.2 复制 HDFS 集群间的数据 116
7.2.1 采用 scp 实现 HDFS 集群间的数据复制 116
7.2.2 采用 distcp 实现 HDFS 集群间的数据复制 116
7.3 解决海量小文件的存储问题 116
7.3.1 HDFS 存储小文件的弊端 117
7.3.2 将海量小文件存储为 HAR 文件 117
7.4 配置 HDFS 回收站 118
7.4.1 回收站的功能参数说明 118
7.4.2 解析回收站的工作机制 119
7.4.3 开启回收站的功能 119
7.4.4 修改访问回收站的用户名称 119
7.4.5 测试回收站的功能 120
7.4.6 恢复回收站中的数据 120
7.4.7 清空回收站 121
7.5 HDFS 快照管理 121
7.6 小结 122

第 3 篇 MapReduce 分布式编程框架

第 8 章 MapReduce 概述 124
8.1 MapReduce 的定义 124
8.2 MapReduce 的优缺点 124

8.2.1 MapReduce 的优点 …… 124
8.2.2 MapReduce 的缺点 …… 125
8.3 MapReduce 的核心编程思想 …… 126
8.3.1 深入理解核心思想 …… 126
8.3.2 MapReduce 进程解析 …… 128
8.4 官方的 WordCount 源码解析 …… 128
8.5 小结 …… 131

第 9 章 MapReduce 开发基础 …… 132

9.1 Hadoop 的序列化概述 …… 132
9.1.1 序列化与反序列化的定义 …… 132
9.1.2 进行序列化的原因 …… 132
9.1.3 Hadoop 序列化的特点 …… 132
9.2 数据序列化的类型 …… 132
9.2.1 基本类型 …… 133
9.2.2 集合类型 …… 133
9.2.3 用户自定义类型 …… 133
9.2.4 序列化类型案例实战 …… 134
9.3 如何开发 MapReduce 程序 …… 143
9.3.1 MapReduce 编程规范 …… 143
9.3.2 WordCount 案例实战 …… 144
9.4 小结 …… 152

第 10 章 MapReduce 框架的原理 …… 153

10.1 InputFormat 数据输入解析 …… 153
10.1.1 切片与 MapTask 的并行度决定机制 …… 153
10.1.2 FileInputFormat 的切片机制解析 …… 154
10.1.3 CombineTextInputFormat 的切片机制 …… 155
10.1.4 CombineTextInputFormat 案例实战 …… 157
10.1.5 归纳 FileInputFormat 的其他子类 …… 165
10.1.6 KeyValueTextInputFormat 案例实战 …… 167
10.1.7 NLineInputFormat 案例实战 …… 175
10.1.8 自定义 InputFormat 案例实战 …… 184
10.2 解析 MapReduce 的工作流程 …… 194
10.3 剖析 Shuffle 的工作机制 …… 198
10.3.1 Shuffle 机制简介 …… 198
10.3.2 Partition 分区简介 …… 199
10.3.3 Partition 分区案例实战 …… 199
10.3.4 WritableComparable 排序简介 …… 210
10.3.5 WritableComparable 全排序案例实战 …… 211

10.3.6 WritableComparable 区内排序案例实战 221
10.3.7 Combiner 合并简介 230
10.3.8 Combiner 合并案例实战 231
10.3.9 GroupingComparator 分组简介 238
10.3.10 GroupingComparator 分组案例实战 238
10.4 剖析 MapTask 的工作机制 247
10.5 剖析 ReduceTask 的工作机制 248
10.6 OutputFormat 数据输出类详解 249
10.6.1 OutputFormat 接口实现类简介 250
10.6.2 自定义 OutputFormat 接口实现类案例实战 250
10.7 Join 的多种应用 258
10.7.1 Reduce Join 案例实战 258
10.7.2 Map Join 案例实战 267
10.8 小结 277

第 11 章 MapReduce 数据压缩 278

11.1 数据压缩概述 278
11.2 MapReduce 支持的压缩编码器 278
11.3 选择压缩方式 279
11.3.1 Gzip 压缩 280
11.3.2 Bzip2 压缩 280
11.3.3 LZO 压缩 280
11.3.4 Snappy 压缩 280
11.4 配置压缩参数 281
11.5 压缩实战案例 281
11.5.1 实现数据流的压缩和解压缩 281
11.5.2 实现 Map 输出端压缩 285
11.5.3 实现 Reduce 输出端压缩 287
11.6 小结 290

第 12 章 YARN 资源调度器 291

12.1 解析 YARN 的基本架构 291
12.2 剖析 YARN 的工作机制 292
12.3 作业提交全过程 295
12.4 资源调度器的分类 296
12.5 任务的推测执行 298
12.6 小结 299

第 13 章 Hadoop 企业级优化 300

13.1 HDFS 优化 300
13.2 MapReduce 优化 301

13.2.1 剖析 MapReduce 程序运行慢的原因 ········ 301
13.2.2 MapReduce 的优化方法 ········ 302
13.3 小结 ········ 304

第 4 篇 项目实战

第 14 章 Hadoop 高可用集群搭建实战 ········ 306
14.1 HA 高可用简介 ········ 306
14.2 HDFS-HA 的工作机制 ········ 307
14.2.1 HDFS-HA 的工作要点 ········ 307
14.2.2 HDFS-HA 的自动故障转移工作机制 ········ 308
14.3 搭建 HDFS-HA 集群 ········ 310
14.3.1 准备集群环境 ········ 310
14.3.2 规划集群节点 ········ 312
14.3.3 下载和安装 JDK ········ 313
14.3.4 配置 JDK 环境变量 ········ 313
14.3.5 安装 ZooKeeper 集群 ········ 314
14.3.6 配置 ZooKeeper 集群 ········ 314
14.3.7 启动 ZooKeeper 集群 ········ 315
14.3.8 配置 HDFS-HA 集群 ········ 316
14.3.9 配置 HDFS-HA 自动故障转移 ········ 319
14.4 搭建 YARN-HA 集群 ········ 320
14.4.1 YARN-HA 集群的工作机制 ········ 320
14.4.2 配置 YARN-HA 集群 ········ 321
14.5 小结 ········ 323

第 15 章 统计 TopN 经典项目案例实战 ········ 324
15.1 项目案例构建流程 ········ 324
15.1.1 创建输入文件 ········ 324
15.1.2 搭建一个 Maven 工程 ········ 325
15.1.3 定义序列化对象 ········ 329
15.1.4 编写 Mapper 文件 ········ 330
15.1.5 编写 Reducer 文件 ········ 332
15.1.6 编写 Driver 文件 ········ 333
15.1.7 打包 Maven 工程 ········ 334
15.1.8 启动 Hadoop 集群 ········ 334
15.1.9 运行 TopN 程序 ········ 335
15.2 小结 ········ 336

第1篇 Hadoop 基础知识

⏭ 第 1 章　大数据概述

⏭ 第 2 章　Hadoop 概述

⏭ 第 3 章　Hadoop 环境搭建与配置

第 1 章　大数据概述

自 21 世纪以来，随着计算机技术的快速发展和不断创新，整个世界每时每刻都会产生海量的数据，并且越来越多。特别是移动终端和物联网设备的日益增多和普及，机器数据、传感器数据、用户行为数据和日志数据充斥在整个通信链条中。

最初，人们并没有特别重视这些数据资源，甚至还有人认为这些数据没有太大价值并且浪费存储资源，因此没有对这些数据资源进行存储。随着各种数据挖掘算法的产生和大量实践案例证明，一些企业对数据资产的潜在价值越来越重视。然而，单台服务器已经无法满足数据存储的需求，并且计算能力也是一块短板。

Hadoop 的诞生标志着企业可以利用多台廉价的计算机组成集群，对这些海量的数据资源进行分布式存储和并行计算，不仅能够满足企业存储海量数据的需求，并且能够极大地提升并行处理数据的速度。

1.1　大数据简介

大数据是指无法在一定时间内用常规软件工具进行汇聚、治理和分析的数据集合，需要通过新的处理模式，使数据赋能，成为具有更强的决策力和更大潜在价值的海量、多源、异构的数据资产。数据就是资源，如何高效、准确、快速地存储和利用这些资源成为当今热烈讨论的话题。大数据的到来，标志着人类将进入以数据为核心的时代，从海量的数据资源中发现并挖掘有价值的数据。

同时，大数据也完全颠覆了传统的思维方式。传统的科学研究无法存储海量的数据，一般采用抽样的方式进行分析，而大数据可以帮助人们借助分布式存储和计算手段进行全样分析，使研究结果更加准确。大数据时代不但强调分析结果的准确，而且要求数据分析效率高，因为数据往往在它产生的 1s 内就具有了商业价值。

1.2　大数据的特点

人们对于大数据的第一印象就是数据量大，其实这仅仅是大数据的一个特点。业界普遍认为大数据有 4 个特点，可以用 4 个以 V 开头的英文单词概括，那就是 Volume、Velocity、Variety 和 Value，如图 1.1 所示。

大数据的第一个特点是大量化（Volume）。根据国际数据公司 IDC 的 2017 年调查报告显示，人类近 10 年产生的数据量远超于之前产生的全部数据量，并且以每年一倍的速度增长。到 2025 年，人类产生的数据量将超过 160ZB，人们的世界将会被海量的数据所淹没。在海量的数据面前，存储数据的容量决定了数据资产的多少。大数据的第一个大量化的特点也是经常被人们谈论的。

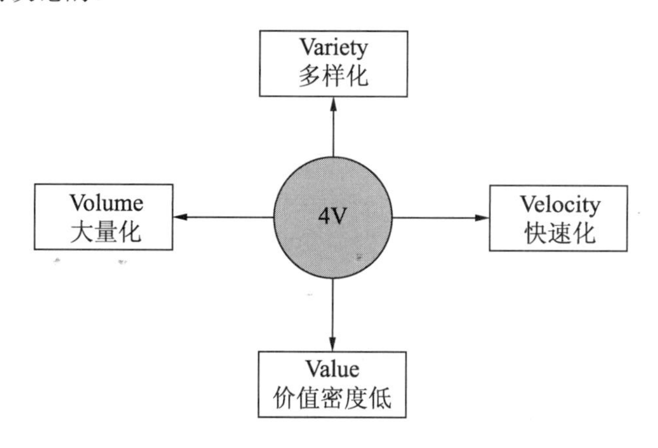

图 1.1　大数据的“4V”特点

大数据的第二个特点是快速化（Velocity）。大数据时代有一个非常著名的“1s 定律”，也就是数据在它产生的 1s 内就已具有商业价值。这就要求企业必须在这 1s 内对数据进行快速处理和分析，从中提取出对企业有价值的数据。

例如淘宝和京东等商业网站，用户从登录、浏览到支付的过程都在不停地产生点击流数据，网站的推荐系统可以根据用户行为数据为用户推荐他可能会购买的商品，从而增加销售量。如果数据处理速度慢，不能及时为用户推荐相关的商品，那么就无法带来商业价值。这就是大数据的第二个特点——快速化。

大数据的第三个特点是多样化（Variety）。在大数据时代，人们要处理的数据来源多样、种类繁多并且结构不同。例如，存储在 MySQL 和 Oracle 等关系型数据库中的结构化数据，以文本、视频、音频和图片为载体的非结构化数据，以及实时产生的网页点击流数据和物联网传感器数据等，都表现出了大数据的多样化特点。

大数据的第四个特点是价值密度低（Value）。价值密度的高低与数据总量的大小成反比，数据的体量大必然会导致数据价值的密度低。如何利用数据挖掘算法，快速对海量数据进行处理，提取出有价值的数据是目前大数据时代亟待解决的难题。

1.3　大数据的发展前景

2010 年前后，大数据作为人类第三次信息化浪潮中一项非常核心的技术，得到了广泛的关注，同时也迎来了它的飞速发展。大数据依托云计算提供的存储资源、计算资源和网络资源，打造出具有分布式存储和并行计算能力的大数据集群，可以汇聚、存储和处理物联网设备实时产生的机器数据，助力智慧城市。

2012 年，党的“十八大”提出“实施国家大数据战略”。2015 年，国务院印发了《促进大数据发展行动纲要》，大数据技术和应用处于创新突破期，国内市场需求处于爆发期，我国大数据产业面临重要的发展机遇。

2017 年，党的“十九大”提出大力发展互联网、大数据和人工智能，并实现与实体经济的深度融合。

2019 年，中国信息通信研究院发表了《大数据白皮书》并提出大数据正在向着全球化方向蓬勃发展，大数据相关应用不断创新，大数据技术产业实现了新的突破。

目前，我国在大数据领域的人才仅有 50 万，难以满足市场需求，未来 5 年，在大数据领域的人才缺口将会高达 150～200 万。

由此可以看出，大数据发展已经成为国家战略。这表明大数据拥有一个良好的发展前景，大数据也会为人类社会的发展起到重要的作用。

1.4　大数据技术生态体系

目前，大数据时代已经进入一个飞速发展的阶段，许多大数据相关实践案例也证明了大数据的作用和影响力。人类在大数据领域取得的这些成就都要依托于健全的大数据技术生态体系。纵观整个大数据技术生态体系，绝大多数的大数据组件分为 5 个类别：数据采集与传输类、数据存储与管理类、资源管理类、数据计算类和任务调度类，如图 1.2 所示。

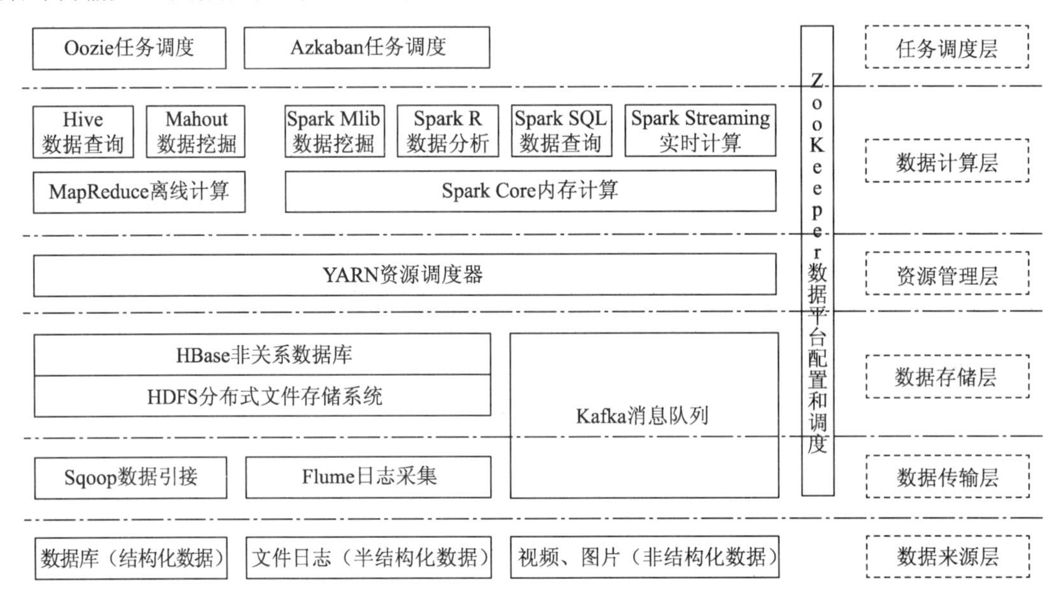

图 1.2　大数据技术生态体系

1.4.1　数据采集与传输类

数据采集与传输类的大数据组件主要位于数据传输层，用于引接海量、多源和异构数据，并将数据传输给数据存储层的 HDFS（Hadoop Distributed File System，分布式文件系统）或者 MPP 数据库，主要包括 Sqoop、Flume 和 Kafka 等组件。

Sqoop 是一款开源的工具，主要用于在 Hive 与传统的数据库 MySQL、Oracle 等之间进行数据的传递。可以将一个关系数据库中的数据引接到 Hadoop 的 HDFS 中，也可以将 HDFS 的数据传输到关系数据库中。

Flume 是 Cloudera 公司开发的一款进行日志采集、汇聚和传输的大数据组件。Flume

具有高可用性、高可靠性和分布式等特性。Flume 基于流式架构，灵活简单，能够实时读取服务器的本地磁盘数据和网络端口数据，并写入 HDFS。

Kafka 是一个分布式的基于发布/订阅模式的消息队列，主要应用于大数据实时处理领域，具有高吞吐量、高可靠性、高容错性、高扩展性、高并发和低延迟的特点。Kafka 主要适用于日志采集、消息系统和流式处理等应用场景。

1.4.2　数据存储与管理类

数据存储与管理类的大数据组件主要位于数据存储层，用于存储海量、多源和异构数据，为数据计算层提供数据支撑。数据存储与管理类组件主要包括 HDFS、HBase 和 Kafka 等。

HDFS 是一个分布式文件系统，主要用于存储海量、多源和异构文件，具有高容错性、大规模和分布式的特点。HDFS 适用于一次写入、多次读出的场景，并且不支持文件的修改，非常适合进行海量数据的分析。

HBase 是一种分布式、可扩展，支持海量数据存储的 NoSQL 数据库，具有海量列式存储、高扩展性、高并发性和稀疏性特点。逻辑上，HBase 的数据模型同关系数据库类似，数据存储在一张表中，有行有列。但是 HBase 的底层物理存储结构是 K-V 键值对形式，更像是一个多维的 map。HBase 底层利用 HDFS 作为高可靠的存储支持。

Kafka 是一个分布式的基于发布/订阅模式的消息队列，它不仅可以用于传输海量消息，同时还可以用于缓存这些消息。

1.4.3　资源管理类

资源管理类的大数据组件主要位于资源管理层，用于管理、分配和调度计算资源，为数据计算层提供各种计算资源，主要包括 YARN 等组件。在 Hadoop 2.x 版本中，Hadoop 框架将 MapReduce 进行了拆分，独立出了一个资源调度模块 YARN，大大降低了系统间的耦合性。Hadoop 3.x 版本继续沿用了 Hadoop 2.x 版本的架构体系，但是新增了纠删码等一些新特性。YARN 是一个资源调度器，辅助 MapReduce 分布式程序，并为其提供计算资源。

1.4.4　数据计算类

数据计算类的大数据组件主要位于数据计算层，用于并行执行离线批处理任务和实时计算任务，为整个大数据平台提供分布式计算能力。数据计算类的大数据组件主要包括 MapReduce 和 Spark 两大计算框架。Hive、Mahout 等组件是基于 MapReduce 计算框架的，Spark Mllib、Spark R、Spark SQL 和 Spark Streaming 等组件是基于 Spark 计算框架的。

Hive 是由 Facebook 开源的用于解决海量结构化日志的数据统计工具，其操作接口采用类 SQL 语法，提高了开发的速度，并且避免了烦琐的 MapReduce 程序，降低了开发人员的学习成本。Hive 是基于 Hadoop 开发的一款构建数据仓库的大数据组件，可以将存储在 HDFS 中的结构化文件转换成一个数据表，并提供一些操作命令，使用户能够方便、灵活地操纵数据仓库。

Mahout 是 Apache 的一个开源项目，提供了大量的人工智能领域的算法库，能够帮助算法工程师更加快速地构建人工智能算法程序。Mahout 实现了常见的机器学习算法和多种深度学习算法，包括聚类算法、回归算法、分类算法、关联分析和神经网络等。Mahout 提供了非常简单的 API 接口并实现了并行化，可以帮助开发人员降低学习成本，提高运算效率。

Spark Mllib 是 Spark 提供的可扩展的机器学习库，集成了大量机器学习算法，如聚类、分类、回归、协调过滤、降维和神经网络等。

1.4.5　任务调度类

任务调度类的大数据组件主要位于任务调度层，用于定时执行离线批处理任务和实时计算任务，为整个大数据平台提供定时执行任务的功能。任务调度类大数据组件主要包括 Oozie 和 Azkaban 两大任务调度器。

Oozie 是一个基于工作流引擎的开源框架，由 Cloudera 公司贡献给 Apache，提供对 Hadoop MapReduce 和 Pig Jobs 的任务调度与协调。Oozie 需要部署到 Java Servlet 容器中运行，可以帮助用户定时调度作业，多个作业可以遵循业务逻辑串行化调度执行。

Azkaban 也是一个批量处理工作流的任务调度器，可以指定一个工作流内所有作业的运行顺序。Azkaban 通过 K-V 键值对存储处理工作流之间的关系，并为用户开发了作业调度管理界面，帮助用户更加便捷地管理工作流。

1.5　大数据部门的组织架构

大中型企业的大数据部门的组织架构如图 1.3 所示，主要包括大数据平台组，数据治理组、数据分析组和可视化组。

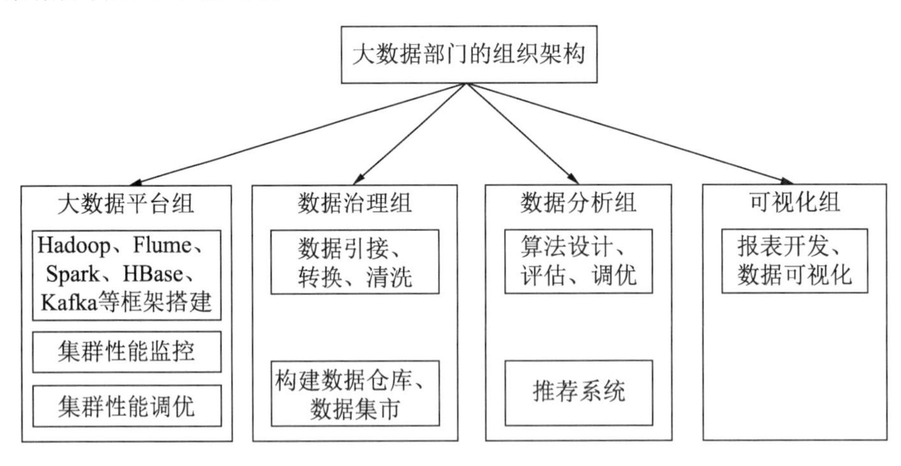

图 1.3　大数据部门的组织架构

大数据平台组主要完成三项工作：其一，负责 Hadoop、Spark、Flume、Kafka 和 HBase 等框架的环境搭建；其二，负责整个大数据集群的状态和性能监控；其三，负责整个大数据集群的性能调优。

数据治理组的工作主要包括两部分：一部分是由 ETL 工程师对数据进行抽取、转换和清洗；另一部分是由 Hive 工程师对数据进行分析，构建数据仓库和数据集市等。

数据分析组的工作主要包括两部分：一部分是由算法工程师对数据进行分析，设计大数据算法，并进行算法评估和优化；另一部分是由推荐系统工程师对收集到的用户行为数据进行分析，构建用户画像，并利用推荐算法为用户推荐相关产品。

可视化组主要负责报表开发和数据可视化展示等工作。

1.6　小　　结

本章介绍了大数据的基本概念，大数据的“4V”特点，大数据的发展前景，以及大数据技术的生态体系。最后介绍了目前大中型公司的大数据部门的组织结构，以及不同成员的分工，让读者对自己的职业方向和工作内容有一个更加清晰的认识。

第 2 章　Hadoop 概述

Hadoop 从诞生之初就在处理大数据方面表现出了巨大的优势，同时也受到了人们的广泛关注。随着 Hadoop 版本的不断更迭，Hadoop 处理大数据的高效性和稳定性也在不断提高。本章将从 Hadoop 的基本概念、发展历史、三大发行版本，以及 Hadoop 的优势和组成几个方面进行介绍。

2.1　Hadoop 简介

随着企业日益增长的业务量，相应的基础数据、业务数据和资料数据也越来越多并成倍增加。传统的存储服务器已经远远无法支撑海量数据的存储，并且传统的计算工具处理和计算数据的速度也不尽如人意。在这种背景下，Hadoop 应运而生。Hadoop 可以帮助用户处理海量数据的分布式存储和分布式计算问题。

目前，许多大数据组件都是依赖于 Hadoop，如数据仓库工具 Hive、分布式列族数据库 HBase 和并行计算框架 Spark。广义上的 Hadoop 通常指 Hadoop 生态圈。Hadoop 生态圈包含 HDFS、MapReduce、HBase、Hive、Oozie、Mahout、Solr、Pig、Flume、ZooKeeper 和 Sqoop 等组件，这些组件用于解决大数据的数据采集、数据传输、任务调度和协调配置等问题。

2.2　Hadoop 的发展历史

Doug Cutting 是 Hadoop 的创始人，被称为 Hadoop 之父。目前，Doug Cutting 在 Cloudera 担任首席架构师，同时也是 Apache Lucene、Nutch 和 Avro 等开源项目的发起者。

在创建 Hadoop 之前，Doug Cutting 开创了 Lucene 框架，用 Java 语言编写，用于实现类 Google 的全文搜索功能，该框架包括完整的查询引擎和索引引擎。2001 年底，Lucene 成为 Apache 基金会的一个子项目。

对于海量数据的应用场景，Lucene 存储数据困难，检索速度慢。对于海量数据，传统的存储服务器难以提供存储支撑，而且检索速度慢，无法达到实际的应用需求。因此，Doug Cutting 学习和模仿 Google 解决这些问题的方法，将 Lucene 升级为微型版 Nutch 框架。

在 2003 年、2004 年和 2006 年期间，谷歌分别发表了三篇颠覆时代的大数据论文“The Google File System”、“MapReduce: Simplified Data Processing on Large Clusters”和“Bigtable: A Distributed Storage System for Structured Data”，标志着大数据的诞生，开启了大数据时代。

根据这三篇论文，Doug Cutting 等人在 Nutch 框架的基础上实现了 DFS 和 MapReduce 机制，使 Nutch 的存储性能和计算性能获得大幅度提升。

2005 年，Nutch 加入了 Apache 基金会，从此 Nutch 得到了广泛的关注，开始飞速发展。

2006 年 3 月，Map-Reduce 和 Nutch Distributed File System（NDFS）分别被纳入 Hadoop 项目中，Hadoop 正式诞生。

Doug Cutting 的儿子特别喜欢玩一个名为 Hadoop 的玩具大象，如图 2.1 所示。Doug Cutting 由此获得灵感，并以 Hadoop 命名他的新项目。Hadoop 就此诞生并飞速发展，标志着大数据时代的到来。

图 2.1　Hadoop 的 Logo

2.3　Hadoop 的三大发行版本

Hadoop 目前有三大发行版本，分别是 Apache 版本、Cloudera 版本和 Hortonworks 版本。其中，Apache 版本是最初的版本，也是最基础的版本，特别适合入门学习。本书也是以 Apache 版本的 Hadoop 进行讲解和实战演练的。

Cloudera 版本是在各大互联网公司中使用最多的，但是该版本的 Hadoop 需要收费。Cloudera 公司创建于 2008 年，也是最早将 Hadoop 进行商用的公司，该公司为客户提供 Hadoop 的商用解决方案，主要包括技术支持、咨询服务和技能培训。2009 年，Hadoop 的创始人 Doug Cutting 也加入了 Cloudera 公司。

Cloudera 的产品主要为 CDH、Cloudera Manager 和 Cloudera Support。CDH 是 Cloudera 的 Hadoop 发行版，也是开源版本，在兼容性、安全性和稳定性上比 Apache 版本更有优势。Cloudera Manager 能够实现集群的软件分发和管理监控功能，可以在几个小时内部署好一个 Hadoop 集群，并对集群的节点及服务进行实时监控。Cloudera Support 是对 Hadoop 的技术支持。

还有一个版本就是 Hortonworks，其完全开源，说明文档较多，适合读者去阅读。Hortonworks 创立于 2011 年，创立初期曾引进了 20 多名专门研究 Hadoop 的雅虎工程师，这些工程师从 2005 年开始就在雅虎公司进行 Hadoop 的研发，提交了 Hadoop 框架 80%的代码。

Hortonworks 为入门使用者提供了一种开箱即用的 Hadoop 开发框架，使得 Apache Hadoop 能够在 Linux 平台和 Windows 平台上运行。

2.4　Hadoop的优势

Hadoop作为一个分布式系统的基础框架，具有4个特点：高可靠性、高扩展性、高效性和高容错性。

Hadoop框架的第一个优势就是高可靠性。Hadoop框架具有多副本机制，底层维护了多个数据副本，即使Hadoop集群中的某个数据存储节点出现宕机或者其他故障，其他的非故障节点也会正常对外提供数据服务，不会出现数据丢失的情况。当故障节点恢复为正常状态时，会同步其他正常节点的数据，保障数据的一致性。Hadoop默认的数据副本数量为3，也就是说在Hadoop集群中存储的每一条数据都有3个备份。

Hadoop框架的第二个优势就是高扩展性。Hadoop框架能够在集群中自动分配任务数据，并且可以灵活地横向扩展数以千计的服务器节点。

随着企业业务的增长，数据量会越来越多，Hadoop集群原有的数据存储节点的容量已经不能满足存储数据的需求，需要在原有集群基础上动态添加新的数据存储节点。Hadoop框架可以做到在无须关闭Hadoop集群的情况下，动态地服役新的数据存储节点，实现动态扩容。

同时，Hadoop框架还可以通过添加黑名单的方式实现动态退役数据节点，并且退役数据节点上的数据会自动备份到Hadoop集群的其他节点上，保证数据的一致性。

Hadoop框架的第三个优势是高效性。Hadoop框架内部利用MapReduce工作机制实现分布式计算。Hadoop可以将一个计算任务分解成多个可以并行执行的计算任务，并将这些任务分发到集群中不同的计算节点上进行计算，以加快处理速度。

Hadoop框架的第四个优势是高容错性。Hadoop框架能够自动地将运行失败的计算任务进行重新分配，保证计算任务能够正常运行。由于MapReduce的工作机制，Hadoop会将一个计算任务分解成多个并在集群的不同节点上进行计算，一旦集群的某个计算节点出现宕机或者其他故障，Hadoop会收集故障节点上运行失败的MapReduce任务，并分配给其他非故障节点进行计算，保障整个MapReduce任务能够顺利执行。

2.5　Hadoop各版本之间的区别

Hadoop框架主要是为了解决海量数据的存储和计算两大问题。在Hadoop 1.x版本中，Hadoop框架主要由HDFS、MapReduce和Common三个部分组成，其中，HDFS负责海量数据的存储，MapReduce负责资源的调度和任务的计算，Common提供一些辅助功能。在Hadoop 1.x版本中，整个Hadoop集群的CPU、内存和磁盘等资源都是由MapReduce进行调度分配的，同时MapReduce还要处理各种业务逻辑运算，系统间存在强依赖关系，耦合性较大。

在Hadoop 2.x版本中，Hadoop框架由HDFS、MapReduce、YARN和Common四部分组成，其中，HDFS负责海量数据的存储，MapReduce只负责任务的计算，YARN只负责资源的调度，Common提供一些辅助功能。在Hadoop 2.x版本中，Hadoop框架将

MapReduce 进行了拆分，独立出一个资源调度模块 YARN，大大降低了系统间的耦合性，如图 2.2 所示。

在 Hadoop 3.x 版本中，Hadoop 框架继续沿用 Hadoop 2.x 版本的架构，其中，HDFS 负责海量数据的存储，MapReduce 只负责任务的计算，YARN 只负责资源的调度，Common 提供一些辅助功能。此外，在 Hadoop 3.x 版本中新增了纠删码和多 NameNode 支持等新特性。本书的后续章节都是以 Hadoop 3.x 版本为基础进行讲解和实战演练的，如图 2.2 所示。

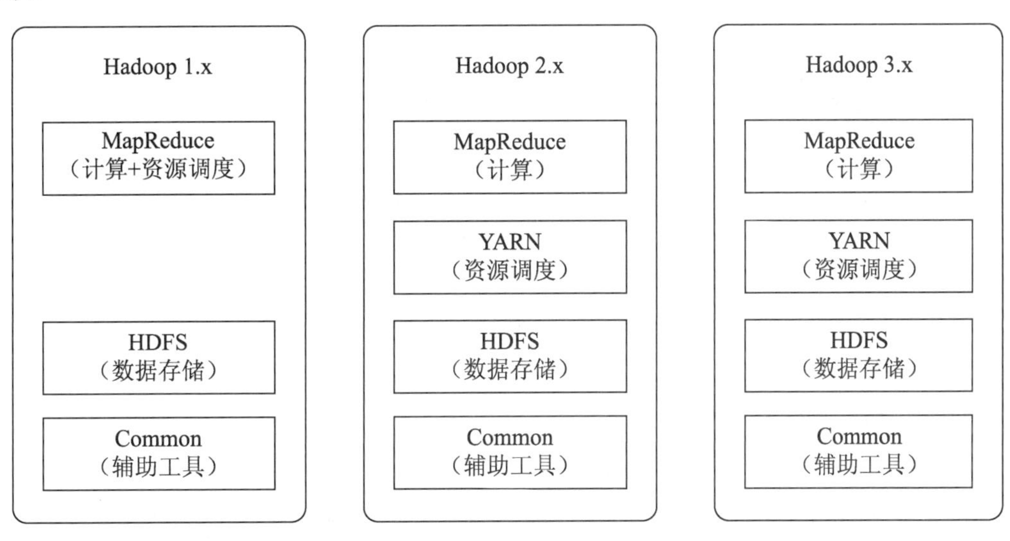

图 2.2　Hadoop 不同版本之间的组成

2.6　Hadoop 的组成

在 Hadoop 3.x 版本中，Hadoop 框架由 HDFS、MapReduce、YARN 和 Common 四部分组成。本节将重点介绍 HDFS 架构、Yarn 架构和 MapReduce 架构。

2.6.1　HDFS 架构简介

Hadoop 框架中的 HDFS 负责海量数据的存储，主要由 NameNode（NN）、DataNode（DN）和 SecondaryNameNode（2NN）三部分组成，如图 2.3 所示。

其中，NameNode 主要负责存储 Hadoop 文件的元数据，如文件名、文件目录结构、文件创建时间、文件权限、文件副本数，以及每个文件的块列表和块所在的 DataNode 等信息。

DataNode 利用本地文件系统存储 Hadoop 文件块数据，以及块数据的校验和。

SecondaryNameNode 用来监控 HDFS 状态的辅助后台程序，每隔一段时间获取 HDFS 元数据的快照信息。

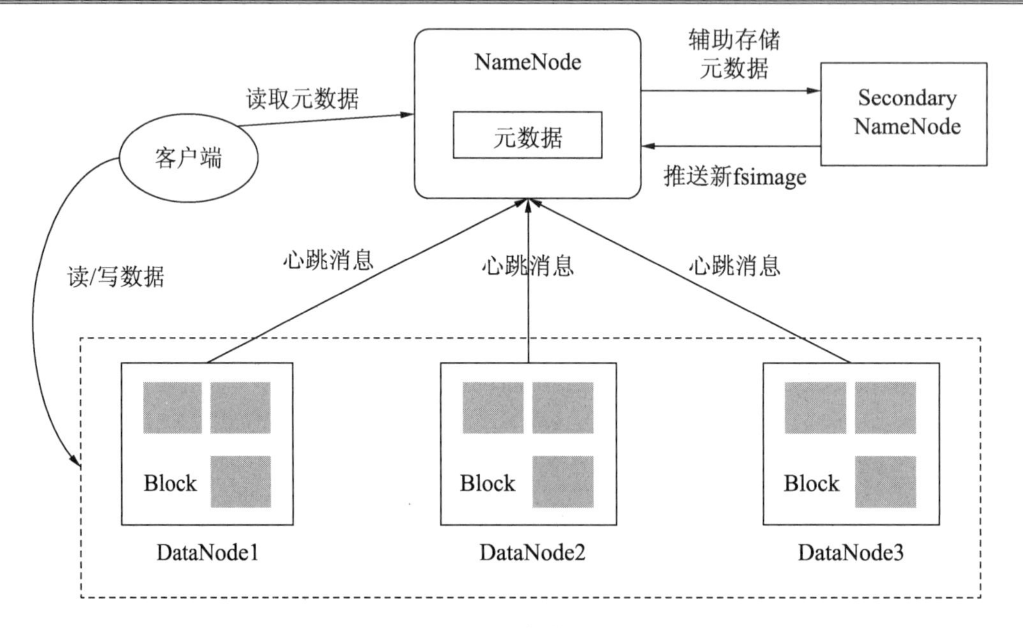

图 2.3　HDFS 架构组成图

2.6.2　YARN 架构简介

Hadoop 框架中的 YARN 负责资源的调度，其主要由 ResourceManager（RM）、NodeManager（NM）、ApplicationMaster（AM）和 Container 四部分组成，如图 2.4 所示。

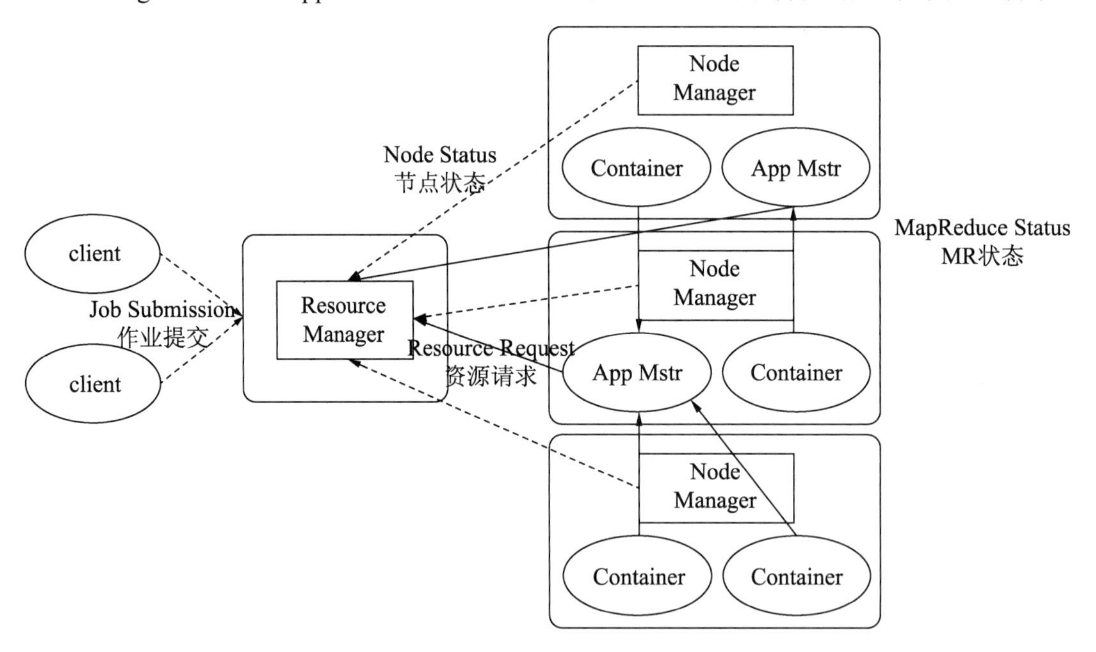

图 2.4　YARN 架构组成

其中，ResourceManager 是整个 Hadoop 集群中资源的最高管理者。客户端将 MapReduce 任务提交给 ResourceManager，ResourceManager 可以不断地处理客户端提交的请求。同时，ResourceManager 还时刻监控着 Hadoop 集群所有 NodeManager 节点的状态。

客户端将 MapReduce 任务提交给 ResourceManager 后，首先进行资源的分配和调度，然后 ResourceManager 会启动 ApplicationMaster 运行这些 MapReduce 任务，并且每隔一段时间向 ResourceManager 发送 MapReduce 任务运行的状态信息。ResourceManager 负责收集并监控 ApplicationMaster 的状态。

ResourceManager 的主要作用如下：

- 处理客户端请求；
- 监控 NodeManager；
- 启动或监控 ApplicationMaster；
- 资源的分配和调度。

其中，NodeManager 是单个节点上资源的最高管理者。但是 NodeManager 在分配和管理资源之前首先要向 ResourceManager 申请资源，同时还要每隔一段时间向 ResourceManager 上报资源使用情况。当 NodeManager 收到来自 ApplicationMaster 的资源申请时，会向 ApplicationMaster 分配和调度所需的资源。

NodeManager 的主要作用如下：

- 管理所在节点上的资源；
- 处理来自 ResourceManager 的命令；
- 处理来自 ApplicationMaster 的命令。

其中，ApplicationMaster 主要负责为每个任务进行资源申请、调度和分配。ApplicationMaster 向 ResourceManager 申请资源，与 NodeManager 进行交互，监控并汇报任务的运行状态、申请资源的使用情况和作业的进度等。同时，ApplicationMaster 还负责跟踪任务状态和进度，定时向 ResourceManager 发送心跳消息，上报资源的使用情况和应用的进度。此外，ApplicationMaster 还负责作业内的任务的容错。

ApplicationMaster 的主要作用如下：

- 负责数据的切分。
- 为应用程序申请资源并为内部任务分配资源。
- 任务的监控与容错。

Container 是 YARN 资源的抽象，它封装了某个 NodeManager 节点上的多维度资源，如 CPU、内存、磁盘和网络等。

2.6.3　MapReduce 架构简介

MapReduce 是一个分布式运算程序的编程框架，是基于 Hadoop 的数据分析计算的核心框架，如图 2.5 所示。

MapReduce 将计算过程分为两个阶段：Map 和 Reduce。Map 阶段对输入文件进行读取，并将数据按照一定规则进行并行处理。Reduce 阶段对 Map 阶段的输出结果进行汇总操作，并输出至结果文件。

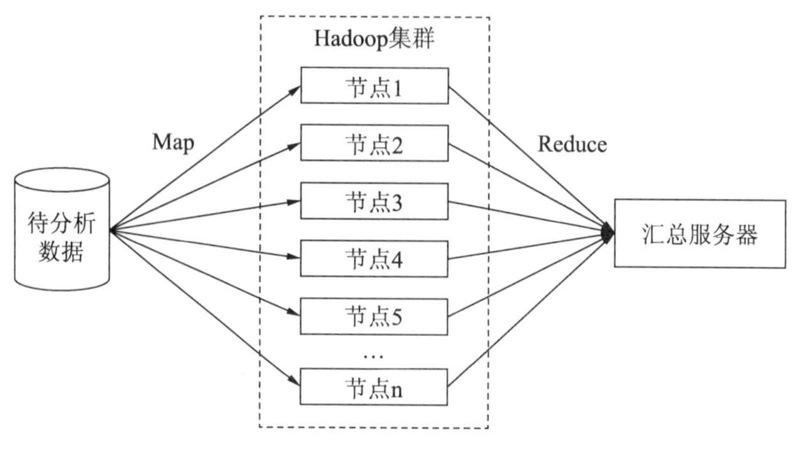

图 2.5　MapReduce 架构组成

2.7　小　　结

本章介绍了 Hadoop 的基本概念，Hadoop 的发展历史，Hadoop 的三大发行版本（Apache、Cloudera 和 Hortonworks），Hadoop 框架的优势。

纵观 Hadoop 发展历程，在 Hadoop 2.x 版本和 Hadoop 3.x 版本中 Hadoop 框架将 MapReduce 进行了拆分，独立出了一个资源调度模块 YARN，MapReduce 只负责任务的计算，YARN 只负责资源的调度，大大降低了系统间的耦合性。最后本章简单介绍了 Hadoop 框架的基本组成及 HDFS、YARN 和 MapReduce 的主要作用，帮助读者对 Hadoop 框架有一个更加清晰的认识。

第3章　Hadoop环境搭建与配置

本章将从零开始搭建一个Hadoop分布式系统，同时配置Hadoop框架的三种运行模式：本地运行模式、伪分布式运行模式和完全分布式运行模式。

3.1　搭建开发环境

为了搭建 Hadoop 分布式系统，需要先搭建开发环境，包括集群服务器的配置信息、操作系统的选择和软件开发环境等多个方面。

3.1.1　对操作系统的要求

目前，大规模的 Hadoop 集群都是基于 Linux 操作系统进行部署和运维管理的，本书也是基于 Linux 发行版 CentOS 7.3 操作系统进行 Hadoop 安装、试验和讲解的。同时，为了满足不同场景的需求，本书在 Windows 10 操作系统下进行了 Hadoop 本地运行模式的安装和部署。

为了适应企业的发展和实际需求，希望读者能够准备三台基于 CentOS 7.3 操作系统的物理机或者虚拟机。以下是本书准备的 Hadoop 集群的服务器配置信息，如表 3.1 所示。

表 3.1　Hadoop集群的服务器配置信息

hostname	CPU	内　　存	磁　　盘	操作系统	IP地址
hadoop101	2核	4GB	100GB	CentOS 7.3	192.168.10.101
hadoop102	2核	4GB	100GB	CentOS 7.3	192.168.10.102
hadoop103	2核	4GB	100GB	CentOS 7.3	192.168.10.103

考虑到本书的部分读者处于入门阶段，本书将会讲解如何配置大数据集群（3 台 Linux 服务器）的 IP 地址、主机名和防火墙等相关操作。

1. IP地址配置

分别在 3 台服务器节点上修改/etc/sysconfig/network-scripts/ifcfg-eth0 文件并配置 IP 地址。执行如下命令并修改 ifcfg-eth0 文件内容如图 3.1 标注框所示。

```
[root@localhost etc]# cd /etc/sysconfig/network-scripts/
[root@localhost etc]# vi ifcfg-eth0
```

首先，修改 BOOTPROTO=static、ONBOOT=yes 和 NETMASK=255.255.0.0。根据不同的服务器修改 IPADDR，本例配置了 3 台服务器，IP 地址分别为 192.168.10.101、192.168.

10.102 和 192.168.10.103。全部修改完后，保存文件并重启网络配置，执行如下命令：

```
[root@hadoop101 network-scripts]# systemctl restart network
```

```
TYPE=Ethernet
BOOTPROTO=static
DEFROUTE=yes
PEERDNS=yes
PEERROUTES=yes
IPV4_FAILURE_FATAL=no
IPV6INIT=yes
IPV6_AUTOCONF=yes
IPV6_DEFROUTE=yes
IPV6_PEERDNS=yes
IPV6_PEERROUTES=yes
IPV6_FAILURE_FATAL=no
IPV6_ADDR_GEN_MODE=stable-privacy
NAME=eth0
UUID=5c7b7296-ae8c-4b78-b750-f74b491fc1a4
DEVICE=eth0
ONBOOT=yes
IPADDR=192.168.10.101
NETMASK=255.255.0.0
```

图 3.1　修改 ifcfg-eth0 配置文件内容

2. 修改hosts配置文件

分别在 3 台服务器节点上修改/etc/hosts 文件，并配置 hostname 与 IP 地址之间的映射关系。执行如下命令并在文件末尾追加如图 3.2 标注框所示的内容。

```
[root@localhost etc]# cd /etc/
[root@localhost etc]# vi hosts
```

```
127.0.0.1   localhost localhost.localdomain localhost4 localhost4.localdomain4
::1         localhost localhost.localdomain localhost6 localhost6.localdomain6

192.168.10.101  hadoop101
192.168.10.102  hadoop102
192.168.10.103  hadoop103
```

追加内容

图 3.2　在 hosts 文件末尾追加内容

3. 关闭防火墙

分别在 3 台服务器节点上执行如下命令关闭防火墙，然后检查防火墙是否关闭。

```
[root@localhost etc]# systemctl stop firewalld
[root@localhost etc]# systemctl status firewalld
```

4. 创建一个用户并配置密码

分别在 3 台服务器节点上执行如下命令创建一个新用户并配置该用户的密码。

```
[root@hadoop101 ~]# useradd xuzheng
[root@hadoop101 ~]# passwd xuzheng
```

5. 配置新创建的用户具有root权限

分别在 3 台服务器节点上执行如下命令，首先修改/etc/sudoers 文件的权限，然后在其中添加内容如图 3.3 标注框所示。

```
[root@hadoop101 ~]# chmod 640 /etc/sudoers
[root@hadoop101 ~]# vi /etc/sudoers
```

```
##
## Allow root to run any commands anywhere
root     ALL=(ALL)       ALL
xuzheng ALL=(ALL)        ALL      添加内容

## Allows members of the 'sys' group to run networking, software,
## service management apps and more.
# %sys ALL = NETWORKING, SOFTWARE, SERVICES, STORAGE, DELEGATING, PROCESSES, LOCATE, DRIVERS
```

图 3.3　在 sudoers 文件中添加内容

6. 新建两个目录

分别在 3 台服务器节点上执行如下命令，在/opt 目录下创建 module 和 software 两个文件夹。

```
[root@localhost ~]# mkdir /opt/module
[root@localhost ~]# mkdir /opt/software
```

分别在 3 台服务器节点上执行如下命令，修改两个文件夹/opt/module 和/opt/software 的所有者。

```
[root@localhost opt]# cd /opt/
[root@localhost opt]# chown xuzheng:xuzheng module/ software/
```

7. 配置SSH免密登录

为了便于集群之间不同的服务器节点互相登录，可以利用 SSH 配置在集群之间免密登录。在集群的所有服务器节点上执行如下命令。

（1）生成公钥和私钥。

```
[xuzheng@localhost ~]# ssh-keygen -t rsa
```

输入上述命令，然后连续输入 4 个回车符，在/home/xuzheng/.ssh 目录下将会生成 id_rsa（私钥）和 id_rsa.pub（公钥）两个文件。

（2）将公钥复制到允许免密登录的服务器节点上。

```
[xuzheng@hadoop101 ~]$ ssh-copy-id hadoop101
[xuzheng@hadoop101 ~]$ ssh-copy-id hadoop102
[xuzheng@hadoop101 ~]$ ssh-copy-id hadoop103
```

（3）测试免密登录。

分别在集群的所有节点上执行如下命令，测试是否能够免密登录。

```
[xuzheng@hadoop101 ~]$ ssh xuzheng@hadoop101
[xuzheng@hadoop101 ~]$ ssh xuzheng@hadoop102
[xuzheng@hadoop101 ~]$ ssh xuzheng@hadoop103
```

3.1.2　对软件环境的要求

本书主要是讲解 Hadoop 3.x 版本的相关原理和具体功能，与 Hadoop 1.x 版本不同，Hadoop 3.x 版本将 MapReduce 进行了拆分，独立出了一个资源调度模块 YARN，大大降低了系统间的耦合性。在 Hadoop 3.x 版本中，HDFS 负责海量数据的存储，MapReduce 负责任务的计算，YARN 负责资源的调度，Common 提供一些辅助功能。

本书以 Hadoop 3.2.2 为例进行 Hadoop 集群的搭建及相关配置。Hadoop 集群的搭建需要依赖 Java 环境的支持才能够保证其稳定运行，本书后续章节将会以 Java 1.8.0 版本进行安装和部署。同时，为了搭建高可用的 HDFS-HA 集群，还需要依赖 ZooKeeper 组件的支持。在本书的实战篇中将会介绍安装和部署 ZooKeeper 集群的相关内容，采用的是 ZooKeeper 3.4.10 版本。本书所使用的具体软件及版本信息如表 3.2 所示。

表 3.2　软件及版本信息

编　　号	软 件 名 称	版 本 信 息
1	Hadoop	3.2.2
2	Java	1.8.0
3	ZooKeeper	3.4.10

为了方便读者提供便利，本书会将所有使用的软件安装包上传至笔者独立部署的 FTP 服务器上，读者可以通过访问 FTP 服务器地址 http://118.89.217.234:8000，下载这些软件安装包和相关资源。

为了防止网络丢包和保证数据的完整性，希望读者在下载软件安装包的同时下载相应的 MD5 码。通过对比、校验 MD5 码，可以确保下载数据的完整性。如果出现 MD5 码不匹配的情况，请读者重新下载软件安装包，否则可能会出现压缩包解压失败、软件安装失败和软件运行异常等情况。

下面给出在 Linux 系统和 Windows 系统下，对比 MD5 码的方法。在 Linux 系统下以 CentOS 7.3 为例通过 md5sum 命令即可查看某个文件的 MD5 码。

```
[root@hadoop103 ~]# md5sum hadoop-3.2.2.tar.gz
e7cebb6420657030539dc644ed7ee1f0  hadoop-3.2.2.tar.gz
```

在 Windows 系统下以 Windows 10 为例，进入 cmd 运行界面，通过 certutil 命令即可查看某个文件的 MD5 码。

```
C:\Users\bailang>certutil -hashfile hadoop-3.2.2.zip MD5
```

3.1.3　下载和安装 JDK

搭建 Hadoop 集群需要依赖于 Java 运行环境，我们采用 JDK 的版本为 1.8.0。读者可以访问 http://118.89.217.234:8000/，下载软件压缩包 jdk-8u201-linux-x64.tar.gz，并将该软件包上传至集群每一台服务器节点的/opt/software 目录下。接下来在集群的所有服务器节点上通过执行如下命令，将压缩包 jdk-8u201-linux-x64.tar.gz 解压至/opt/module 目录下。

```
[xuzheng@hadoop101 software]$ cd /opt/software
[xuzheng@hadoop101 software]$ tar -zxvf jdk-8u201-linux-x64.tar.gz -C
/opt/module/
```

进入/opt/module 目录并查看该目录的内容，验证压缩包是否已经解压成功，执行命令如下：

```
[xuzheng@hadoop101 software]$ cd /opt/module
[xuzheng@hadoop101 module]$ ls
```

3.1.4　配置 JDK 环境变量

为了能够在任何目录下使用 Java 命令，需要在/etc/profile 文件中配置 Java 环境变量，在集群的所有服务器节点上执行如下命令。

（1）打开/etc/profile 文件。

```
[xuzheng@hadoop101 module]$ sudo vi /etc/profile
```

（2）在/etc/profile 文件的结尾添加如下内容：

```
#JAVA_HOME
export JAVA_HOME=/opt/module/jdk1.8.0_201
export PATH=$PATH:$JAVA_HOME/bin
```

（3）退出并保存/etc/profile 文件，并使配置文件生效。

```
[xuzheng@hadoop101 module]$ source /etc/profile
```

（4）测试 JDK 是否安装成功。

```
[xuzheng@hadoop101 module]$ java -version
java version "1.8.0_201"
Java(TM) SE Runtime Environment (build 1.8.0_201-b09)
Java HotSpot(TM) 64-Bit Server VM (build 25.201-b09, mixed mode)
```

3.1.5　下载和安装 Hadoop

首先介绍如何下载和安装 Hadoop 集群。在集群的所有服务器节点下，执行如下命令。

（1）下载 Hadoop 安装包。

为了方便读者快速安装，读者可以访问 http://118.89.217.234:8000/，下载软件压缩包 hadoop-3.2.2.tar.gz，并将该软件包上传至集群每一台服务器节点的/opt/software 目录下。

（2）在集群的所有服务器节点上执行如下命令，将压缩包解压至/opt/module 目录下。

```
[xuzheng@hadoop101 ~]$ cd /opt/software
[xuzheng@hadoop101 software]$ tar -xzvf hadoop-3.2.2.tar.gz -C /opt/module
```

3.1.6　配置 Hadoop 的环境变量

前面介绍了如何下载和安装 Hadoop 集群，接下来介绍如何配置 Hadoop 集群。为了能够在任何目录下使用 hadoop 相关命令，需要在/etc/profile 文件中配置 Hadoop 环境变量，在集群的所有服务器节点上执行如下命令。

（1）打开/etc/profile 文件。

```
[xuzheng@hadoop101 module]$ sudo vi /etc/profile
```

（2）在/etc/profile 文件的结尾添加如下内容：

```
#HADOOP_HOME
export HADOOP_HOME=/opt/module/hadoop-3.2.2
export PATH=$PATH:$HADOOP_HOME/bin:$HADOOP_HOME/sbin
```

（3）退出并保存/etc/profile 文件，使配置文件生效。

```
[xuzheng@hadoop101 module]$ source /etc/profile
```

（4）测试 Hadoop 是否安装成功。

```
[xuzheng@hadoop101 module]$ hadoop version
Hadoop 3.2.2
Source code repository Unknown -r 7a3bc90b05f257c8ace2f76d74264906f0f7a932
Compiled by hexiaoqiao on 2021-01-03T09:26Z
Compiled with protoc 2.5.0
From source with checksum 5a8f564f46624254b27f6a33126ff4
This command was run using /opt/module/hadoop-3.2.2/share/hadoop/common/
hadoop-common-3.2.2.jar
```

3.1.7 配置 Hadoop 的系统参数

除了配置 Hadoop 的环境变量，还需要对 Hadoop 集群配置系统参数，在集群的所有服务器节点上执行如下命令。

（1）修改 hadoop-env.sh 文件内容如图 3.4 标注框所示，执行命令如下：

```
[xuzheng@hadoop101 hadoop]$ cd /opt/module/hadoop-3.2.2/etc/hadoop/
[xuzheng@hadoop101 hadoop]$ vi hadoop-env.sh
```

```
# The only required environment variable is JAVA_HOME.  All others are
# optional.  When running a distributed configuration it is best to
# set JAVA_HOME in this file, so that it is correctly defined on
# remote nodes.

# The java implementation to use.
export JAVA_HOME=/opt/module/jdk1.8.0_201
```

图 3.4 修改 hadoop-env.sh 文件内容

修改完 hadoop-env.sh 文件后，保存并关闭该文件。

（2）修改 core-site.xml 文件内容如图 3.5 标注框所示，执行命令如下：

```
[xuzheng@hadoop101 hadoop]$ cd /opt/module/hadoop-3.2.2/etc/hadoop/
[xuzheng@hadoop101 hadoop]$ vi core-site.xml
```

```
<?xml version="1.0" encoding="UTF-8"?>
<?xml-stylesheet type="text/xsl" href="configuration.xsl"?>
<!--
  Licensed under the Apache License, Version 2.0 (the "License");
  you may not use this file except in compliance with the License.
  You may obtain a copy of the License at

    http://www.apache.org/licenses/LICENSE-2.0

  Unless required by applicable law or agreed to in writing, software
  distributed under the License is distributed on an "AS IS" BASIS,
  WITHOUT WARRANTIES OR CONDITIONS OF ANY KIND, either express or implied.
  See the License for the specific language governing permissions and
  limitations under the License. See accompanying LICENSE file.
-->

<!-- Put site-specific property overrides in this file. -->

<configuration>
        <property>
                <name>fs.defaultFS</name>
                <value>hdfs://hadoop101:9000</value>
        </property>
        <property>
                <name>hadoop.tmp.dir</name>
                <value>/opt/module/hadoop-2.7.2/data/tmp</value>
        </property>
</configuration>
```

图 3.5 修改 core-site.xml 文件内容

（3）执行如下命令，修改 hdfs-site.xml 文件内容如图 3.6 标注框所示，执行命令如下：

```
[xuzheng@hadoop101 hadoop]$ cd /opt/module/hadoop-3.2.2/etc/hadoop/
[xuzheng@hadoop101 hadoop]$ vi hdfs-site.xml
```

```
<?xml version="1.0" encoding="UTF-8"?>
<?xml-stylesheet type="text/xsl" href="configuration.xsl"?>
<!--
  Licensed under the Apache License, Version 2.0 (the "License");
  you may not use this file except in compliance with the License.
  You may obtain a copy of the License at

    http://www.apache.org/licenses/LICENSE-2.0

  Unless required by applicable law or agreed to in writing, software
  distributed under the License is distributed on an "AS IS" BASIS,
  WITHOUT WARRANTIES OR CONDITIONS OF ANY KIND, either express or implied.
  See the License for the specific language governing permissions and
  limitations under the License. See accompanying LICENSE file.
-->

<!-- Put site-specific property overrides in this file. -->

<configuration>
        <property>
                <name>dfs.replication</name>
                <value>3</value>
        </property>
        <property>
                <name>dfs.namenode.secondary.http-address</name>
                <value>hadoop103:50090</value>
        </property>
</configuration>
```

图 3.6　修改 hdfs-site.xml 文件内容

3.1.8　解读 Hadoop 的目录结构

通过前面两节的介绍，我们安装好了 Hadoop 并配置了 Hadoop 环境变量，接下来进入 Hadoop 目录，了解一下 Hadoop 的目录结构。执行如下命令，进入 Hadoop 目录。

```
[xuzheng@hadoop101 ~]$ cd /opt/module/hadoop-3.2.2/
[xuzheng@hadoop101 hadoop-3.2.2]$ ls -la
total 180
drwxr-xr-x  11 xuzheng xuzheng   173 Feb 13 08:51 .
drwxr-xr-x. 18 xuzheng xuzheng   285 Feb 12 11:25 ..
drwxr-xr-x   2 xuzheng xuzheng   203 Jan  3  2021 bin
drwxrwxr-x   3 xuzheng xuzheng    17 Feb 13 08:51 data
drwxr-xr-x   3 xuzheng xuzheng    20 Jan  3  2021 etc
drwxr-xr-x   2 xuzheng xuzheng   106 Jan  3  2021 include
drwxr-xr-x   3 xuzheng xuzheng    20 Jan  3  2021 lib
drwxr-xr-x   4 xuzheng xuzheng   288 Jan  3  2021 libexec
-rw-rw-r--   1 xuzheng xuzheng 150569 Dec  5  2020 LICENSE.txt
drwxrwxr-x   2 xuzheng xuzheng   220 Feb 13 08:53 logs
-rw-rw-r--   1 xuzheng xuzheng  21943 Dec  5  2020 NOTICE.txt
-rw-rw-r--   1 xuzheng xuzheng   1361 Dec  5  2020 README.txt
drwxr-xr-x   3 xuzheng xuzheng  4096 Jan  3  2021 sbin
drwxr-xr-x   4 xuzheng xuzheng    31 Jan  3  2021 share.
```

可以看出，Hadoop 目录下有 9 个目录和 3 个文件。其中，LICENSE.txt 为产品授权文件，NOTICE.txt 为通信文件，README.txt 为用户在使用前需要阅读的文件。

1．bin目录

bin 目录下主要存储 Hadoop 的一些可执行命令，如 hadoop、hdfs 和 yarn 等。

2．etc目录

etc 目录下主要存储 Hadoop 的一些配置文件，其中经常使用的配置文件包括 core-site.xml、hadoop-env.sh 和 hdfs-site.xml 等。

3．include目录

include 目录下主要存储 Hadoop 的一些头文件，也就是在 Hadoop 进行编译时需要用到的一些预编译文件，如 hdfs.h、Pipes.hh 和 SerialUtils.hh 等。

4．lib目录和libexec目录

lib 和 libexec 目录下分别存储着 Hadoop 运行时所依赖的第三方库文件和第三方库的扩展，如 libhadoop.so 和 libhdfs.so 等。

5．sbin目录

sbin 目录下主要存储启动或停止 Hadoop 相关服务的脚本命令，如 start-all.sh 和 stop-all.sh 等。

6．share目录

share 目录下主要存储 Hadoop 运行时所依赖的一些 jar 包、文档和官方案例，如 hadoop-mapreduce-examples-3.2.2.jar 和 hadoop-mapreduce-client-app-3.2.2.jar 等。

3.2　配置本地运行模式

Hadoop 运行模式包括本地运行模式、伪分布式运行模式及完全分布式运行模式。本节首先基于 Linux 操作系统，根据安装和配置的 Hadoop 环境，通过本地运行模式运行 Hadoop 官方提供的 Grep 案例和 WordCount 案例。同时，考虑到不同读者的需求，本节也会介绍如何在 Windows 操作系统下安装和部署 Hadoop 本地运行模式，同时运行相同的 WordCount 案例。

3.2.1　在 Linux 环境下运行 Hadoop 官方的 Grep 案例

首先，在 CentOS 7.3 系统下运行一个 Hadoop 官方提供的 Grep 案例。在集群的某个服务器节点下执行如下命令。

（1）在 hadoop-3.2.2 文件下创建一个 input 文件夹。

```
[xuzheng@hadoop101 ~]$ cd /opt/module/hadoop-3.2.2/
[xuzheng@hadoop101 hadoop-3.2.2]$ mkdir input
```

（2）将 Hadoop 中所有以 xml 结尾的配置文件复制到刚创建的 input 目录下。

```
[xuzheng@hadoop101 hadoop-3.2.2]$ cp etc/hadoop/*.xml input
```

（3）执行 share 目录下的一个 MapReduce 程序（运行程序前务必保证不存在 output 目录，否则运行时会出错）。

```
[xuzheng@hadoop101 hadoop-3.2.2]$ bin/hadoop jar
share/hadoop/mapreduce/hadoop-mapreduce-examples-3.2.2.jar grep input
output 'dfs[a-z.]+'
```

（4）查看运行结果。

```
[xuzheng@hadoop101 hadoop-3.2.2]$ cd output
[xuzheng@hadoop101 output]$ cat part-r-00000
1   dfsadmin
```

3.2.2　在 Linux 环境下运行 Hadoop 官方的 WordCount 案例

接下来我们在 CentOS 7.3 系统下运行一个 Hadoop 官方提供的 WordCount 案例。在集群的某个服务器节点下执行如下命令。

（1）在 hadoop-3.2.2 文件下创建一个 wcinput 文件夹。

```
[xuzheng@hadoop101 ~]$ cd /opt/module/hadoop-3.2.2/
[xuzheng@hadoop101 hadoop-3.2.2]$ mkdir wcinput
```

（2）在刚创建的 wcinput 目录下创建一个文件 wc.input。

```
[xuzheng@hadoop101 hadoop-3.2.2]$ cd wcinput
[xuzheng@hadoop101 wcinput]$ touch wc.input
```

（3）编辑刚创建的文件 wc.input，然后保存并退出。

```
[xuzheng@hadoop101 wcinput]$ vi wc.input
# 在文件中添加如下内容
hadoop yarn
hadoop mapreduce
xuzheng
xuzheng
```

（4）执行 share 目录下的一个 MapReduce 程序（运行程序前务必保证不存在 wcoutput 目录，否则会运行出错）。

```
[xuzheng@hadoop101 wcinput]$ cd /opt/module/hadoop-3.2.2/
[xuzheng@hadoop101 hadoop-3.2.2]$ hadoop jar
 share/hadoop/mapreduce/hadoop-mapreduce-examples-3.2.2.jar wordcount
wcinput wcoutput
```

（5）查看运行结果。

```
[xuzheng@hadoop101 hadoop-3.2.2]$ cat wcoutput/part-r-00000
xuzheng 2
hadoop  2
mapreduce   1
yarn    1
```

3.2.3　在 Windows 环境下搭建 Hadoop

为了便于读者在不同的操作系统下进行测试，接下来介绍如何在 Windows 操作系统下安装和部署 Hadoop 本地运行模式，同时运行相同的 WordCount 案例。

1．下载并安装jdk-8u181-windows-x64.exe

读者可以访问 http://118.89.217.234:8000/，下载软件安装包 jdk-8u181-windows-x64.exe，然后双击软件包将其安装到 D:\Program\Java\jdk1.8.0_181 目录下。

2．配置Java环境变量

（1）创建 JAVA_HOME 系统变量，这里设置 JAVA_HOME 的值为 D:\Program\Java\jdk1.8.0_181，如图 3.7 所示。

（2）修改系统变量 PATH，然后将新创建的 JAVA_HOME 系统变量添加到 PATH 中，如图 3.8 所示。

图 3.7　创建 JAVA_HOME 系统变量

图 3.8　修改 PATH 系统变量

（3）验证 Java 是否安装成功，打开 cmd 运行命令行窗口，输入以下命令：

```
java -version
```

如果能正常出现 Java 的版本号，则说明安装成功；否则说明安装失败。

3．下载并解压Hadoop-3.2.2.zip

读者可以访问 http://118.89.217.234:8000/，下载软件压缩包 hadoop-3.2.2.zip。同时，在无中文和空格的目录下，使用管理员身份进行解压，否则会出现解压异常的错误。这里将 hadoop-3.2.2.zip 解压到 D:\Program\hadoop\hadoop-3.2.2 目录下。

4．配置Hadoop环境变量

（1）创建 HADOOP_HOME 系统变量，这里设置 HADOOP_HOME 的值为 D:\Program\hadoop\hadoop-3.2.2，如图 3.9 所示。

（2）修改系统变量 PATH，将新创建的 HADOOP_HOME 系统变量添加到 PATH 中，如图 3.10 所示。

图 3.9　创建 HADOOP_HOME 系统变量

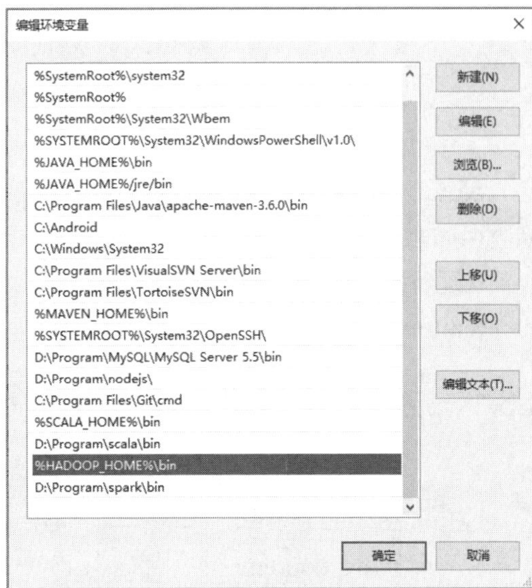

图 3.10　修改 PATH 系统变量

5．配置Hadoop系统参数

除了配置 Hadoop 的环境变量，还需要对 Hadoop 集群配置系统参数。进入 hadoop 目录并修改 hadoop-env.cmd 文件内容为 set JAVA_HOME=D:\Program\Java\jdk1.8.0_181，然后保存并关闭该文件。

3.2.4　在 Windows 环境下运行 WordCount 案例

接下来我们在 Windows 10 系统下运行一个 Hadoop 官方提供的 WordCount 案例，执行如下命令。

（1）在 D:\Program\hadoop-3.2.2 文件下创建一个 wcinput 文件夹。

（2）在刚创建的 wcinput 目录下创建一个文件 wc.input。

（3）编辑新创建的文件 wc.input，然后保存并退出。

```
hadoop yarn
hadoop mapreduce
xuzheng
xuzheng
```

（4）执行 share 目录下的一个 MapReduce 程序（运行程序前务必保证不存在 wcoutput 目录，否则会运行出错）。

```
bin\hadoop.cmd jar share\hadoop\mapreduce\hadoop-mapreduce-examples-
3.2.2.jar
wordcount wcinput wcoutput
```

（5）打开结果文件 wcoutput\part-r-00000，查看运行结果。

```
xuzheng 2
hadoop  2
mapreduce   1
yarn    1
```

3.3　配置伪分布式模式

本节将会安装和配置 Hadoop 集群的伪分布式运行模式，并运行 Hadoop 官方提供的 WordCount 案例。同时，还会配置和开启 Hadoop 集群的历史服务器和日志聚集功能。伪分布式运行模式是指仅在一台服务器节点上运行 Hadoop 的所有功能服务，包括 HDFS、MapReduce 和 YARN。

3.3.1　启动 HDFS 并运行 MapReduce 程序

1. 配置伪分布式HDFS集群

（1）配置 hadoop-env.sh 文件。

在 hadoop-env.sh 文件中主要配置 JDK 的安装目录，在服务器节点上执行如下命令修改 hadoop-env.sh 文件内容如图 3.11 标注框所示。

```
[xuzheng@hadoop101 hadoop]$ cd /opt/module/hadoop-3.2.2/etc/hadoop/
[xuzheng@hadoop101 hadoop]$ vi hadoop-env.sh
```

```
# The only required environment variable is JAVA_HOME.  All others are
# optional.  When running a distributed configuration it is best to
# set JAVA_HOME in this file, so that it is correctly defined on
# remote nodes.

# The java implementation to use.
export JAVA_HOME=/opt/module/jdk1.8.0_201
```

图 3.11　修改 hadoop-env.sh 文件内容

修改完成后，保存并关闭该文件。

（2）配置 core-site.xml 文件。

在 core-site.xml 文件中主要配置 Hadoop 集群的 NameNode 节点的 IP 地址，以及 Hadoop 运行时产生的文件存储目录。在服务器节点上执行如下命令修改 core-site.xml 文件内容如图 3.12 标注框所示。

```
[xuzheng@hadoop101 hadoop]$ cd /opt/module/hadoop-3.2.2/etc/hadoop/
[xuzheng@hadoop101 hadoop]$ vi core-site.xml
```

（3）配置 hdfs-site.xml 文件。

在 hdfs-site.xml 文件中主要配置 Hadoop 集群的副本数量和 Hadoop 集群的 Secondary NameNode 节点的 IP 地址。在服务器节点上执行如下命令修改 hdfs-site.xml 文件内容，如图 3.13 标注框所示。

```
[xuzheng@hadoop101 hadoop]$ cd /opt/module/hadoop-3.2.2/etc/hadoop/
[xuzheng@hadoop101 hadoop]$ vi hdfs-site.xml
```

```
<?xml version="1.0" encoding="UTF-8"?>
<?xml-stylesheet type="text/xsl" href="configuration.xsl"?>
<!--
  Licensed under the Apache License, Version 2.0 (the "License");
  you may not use this file except in compliance with the License.
  You may obtain a copy of the License at

    http://www.apache.org/licenses/LICENSE-2.0

  Unless required by applicable law or agreed to in writing, software
  distributed under the License is distributed on an "AS IS" BASIS,
  WITHOUT WARRANTIES OR CONDITIONS OF ANY KIND, either express or implied.
  See the License for the specific language governing permissions and
  limitations under the License. See accompanying LICENSE file.
-->

<!-- Put site-specific property overrides in this file. -->

<configuration>
        <property>
                <name>fs.defaultFS</name>
                <value>hdfs://hadoop101:9000</value>
        </property>
        <!-- 指定Hadoop运行时产生文件的存储目录 -->
        <property>
                <name>hadoop.tmp.dir</name>
                <value>/opt/module/hadoop-3.2.2/data/tmp</value>
        </property>
</configuration>
~
~
~
"core-site.xml" 29L, 1035C
```

图 3.12　修改 core-site.xml 文件内容

```
<?xml version="1.0" encoding="UTF-8"?>
<?xml-stylesheet type="text/xsl" href="configuration.xsl"?>
<!--
  Licensed under the Apache License, Version 2.0 (the "License");
  you may not use this file except in compliance with the License.
  You may obtain a copy of the License at

    http://www.apache.org/licenses/LICENSE-2.0

  Unless required by applicable law or agreed to in writing, software
  distributed under the License is distributed on an "AS IS" BASIS,
  WITHOUT WARRANTIES OR CONDITIONS OF ANY KIND, either express or implied.
  See the License for the specific language governing permissions and
  limitations under the License. See accompanying LICENSE file.
-->

<!-- Put site-specific property overrides in this file. -->

<configuration>
        <property>
                <name>dfs.replication</name>
                <value>1</value>
        </property>
        <property>
                <name>dfs.namenode.secondary.http-address</name>
                <value>hadoop101:50090</value>
        </property>
</configuration>
```

图 3.13　修改 hdfs-site.xml 文件内容

2．启动伪分布式HDFS集群

（1）格式化 NameNode（仅第一次启动时格式化 NameNode）。

仅在第一次启动 Hadoop 集群时需要进行格式化 NameNode，以后无须再进行格式化。在服务器节点上进入 Hadoop 安装目录并格式化 NameNode。

```
[xuzheng@hadoop101 hadoop-3.2.2]$ cd /opt/module/hadoop-3.2.2
[xuzheng@hadoop101 hadoop-3.2.2]$ bin/hdfs namenode -format
```

（2）启动 NameNode。

```
[xuzheng@hadoop101 hadoop-3.2.2]$ sbin/hadoop-daemon.sh start namenode
```

（3）启动 DataNode。

```
[xuzheng@hadoop101 hadoop-3.2.2]$ sbin/hadoop-daemon.sh start datanode
```

（4）启动 SecondaryNameNode。

```
[xuzheng@hadoop101 hadoop-3.2.2]$ sbin/hadoop-daemon.sh start
secondarynamenode
```

（5）通过 Java 自带的 jps 命令查看是否启动成功。

```
[xuzheng@hadoop101 hadoop-3.2.2]$ jps
13586 NameNode
13668 DataNode
13786 SecondaryNameNode
13868 Jps
```

（6）查看 Hadoop 网页版信息。

通过浏览器访问地址 http://192.168.10.101:9870/dfshealth.html#tab-overview，可以查看 Hadoop 的相关信息，如图 3.14 所示。

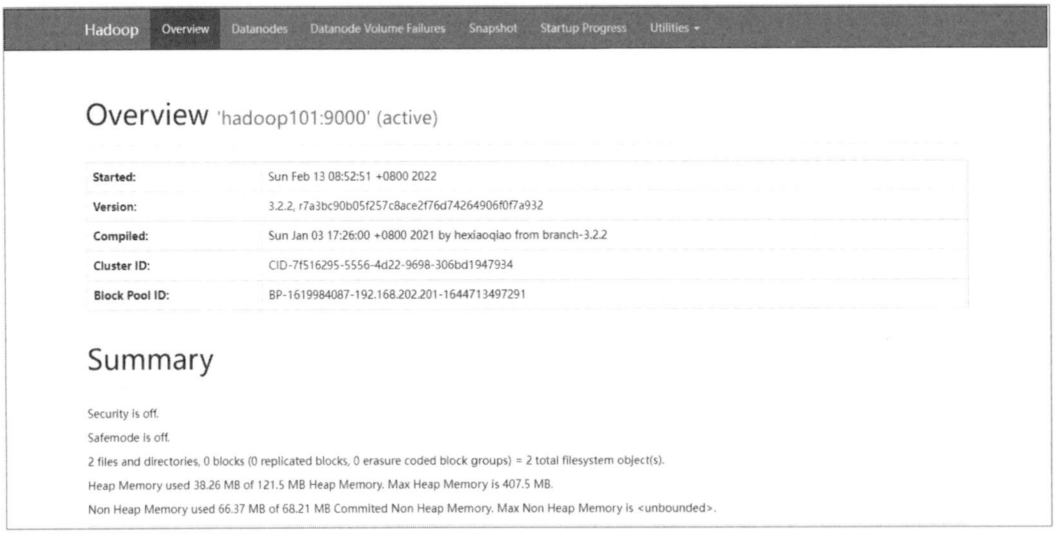

图 3.14　Hadoop 页面

注意事项：

如果之前已经启动了 Hadoop 集群并且进行了格式化，那么需要重新进行格式化。在重新进行格式化前，需要注意删除 data 数据和 logs 日志，然后再进行格式化。在服务器节点上进入 Hadoop 安装目录，删除 data 目录和 logs 目录并格式化 NameNode。

```
[xuzheng@hadoop101 hadoop-3.2.2]$ cd /opt/module/hadoop-3.2.2
[xuzheng@hadoop101 hadoop-3.2.2]$ rm -fr data/
[xuzheng@hadoop101 hadoop-3.2.2]$ rm -fr logs/
[xuzheng@hadoop101 hadoop-3.2.2]$ bin/hdfs namenode -format
```

3．测试伪分布式HDFS集群

这里将会用到一些 Hadoop 的终端操作命令，在第 5 章中会详细地说明 Hadoop 交互命令的作用和用法。

（1）在 HDFS 分布式文件系统上创建一个 input 目录。

```
[xuzheng@hadoop101 hadoop-3.2.2]$ cd /opt/module/hadoop-3.2.2
[xuzheng@hadoop101 hadoop-3.2.2]$ bin/hdfs dfs -mkdir -p /user/xuzheng/
input
```

执行完上述命令后，可以通过浏览器访问 http://192.168.10.101:9870/explorer.html#/，查看是否生成了新的目录结构，如图 3.15 所示。

Hadoop　Overview　Datanodes　Snapshot　Startup Progress　Utilities

Browse Directory

/　Go!

Permission	Owner	Group	Size	Last Modified	Replication	Block Size	Name
drwxr-xr-x	xuzheng	supergroup	0 B	2020/7/14 下午3:39:49	0	0 B	user

Hadoop, 2015.

图 3.15　HDFS 目录结构

（2）在 Hadoop 根目录下创建一个 wc.input 文件。

```
[xuzheng@hadoop101 hadoop-3.2.2]$ cd /opt/module/hadoop-3.2.2
[xuzheng@hadoop101 hadoop-3.2.2]$ vi wc.input
# 添加内容如下
hadoop yarn
hadoop mapreduce
xuzheng
xuzheng
```

（3）将 wc.input 文件上传至 HDFS 上。

```
[xuzheng@hadoop101 hadoop-3.2.2]$ cd /opt/module/hadoop-3.2.2
[xuzheng@hadoop101 hadoop-3.2.2]$ bin/hdfs dfs -put wc.input /user/
xuzheng/input/
```

可以通过浏览器访问 http://192.168.10.101:9870/explorer.html#/user/xuzheng/input，查看是否将 wc.input 文件上传成功，如图 3.16 所示。

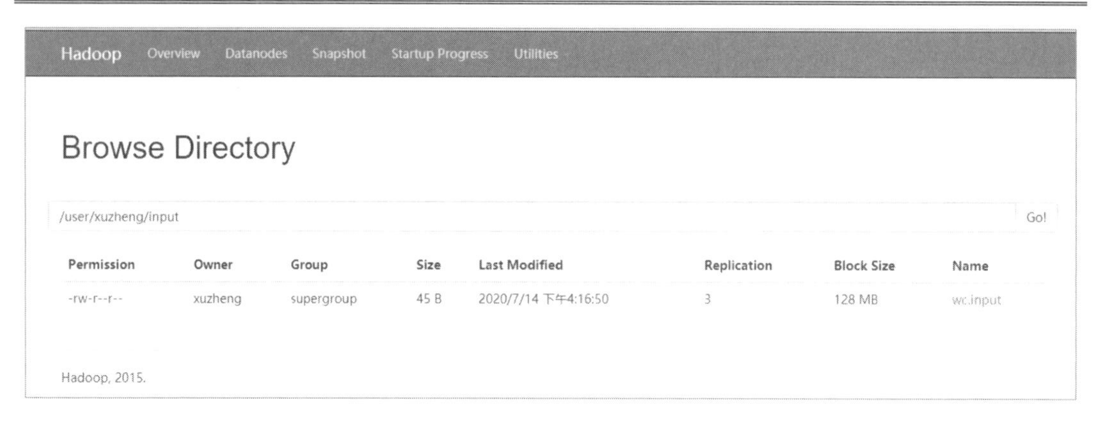

图 3.16　上传文件至 HDFS 上

（4）查看上传文件的内容。

查看 HDFS 中的文件有两种方式。第一种是通过浏览器访问 http://192.168.10.101:9870/explorer.html#/user/xuzheng/input，单击 wc.input 文件进行下载。第二种是通过 Hadoop 终端命令来查看 wc.input 文件内容。这里采用第二种方式查看 HDFS 文件。

```
[xuzheng@hadoop101 hadoop-3.2.2]$ cd /opt/module/hadoop-3.2.2
[xuzheng@hadoop101 hadoop-3.2.2]$ bin/hdfs dfs -cat /user/xuzheng/
input/wc.input
hadoop yarn
hadoop mapreduce
xuzheng
xuzheng
```

4．运行MapReduce程序

（1）运行程序。

目前只启动了 Hadoop 的 HDFS 服务，并没有启动 YARN 资源调度器。在 Hadoop 1.x 版本中，整个 Hadoop 集群的 CPU、内存和磁盘等资源都是由 MapReduce 进行调度分配的。而在 Hadoop 2.x 和 Hadoop 3.x 版本中，Hadoop 框架独立出了一个负责资源调度的模块 YARN。

本节安装的 Hadoop 版本为 3.2.2，虽然没有启动 YARN，但是 Hadoop 框架仍然可以延用 1.x 版本的功能，通过 MapReduce 进行资源的调度和分配。在服务器节点上执行如下命令，运行一个 Hadoop 官方提供的 WordCount 案例。

```
[xuzheng@hadoop101 hadoop-3.2.2]$ cd /opt/module/hadoop-3.2.2
[xuzheng@hadoop101 hadoop-3.2.2]$ bin/hadoop jar
share/hadoop/mapreduce/hadoop-mapreduce-examples-3.2.2.jar wordcount
/user/xuzheng/input/ /user/xuzheng/output
```

（2）查看结果。

查看 MapReduce 运行结果文件有两种方式。第一种方式是通过浏览器访问 http://192.168.10.101:9870/explorer.html#/user/xuzheng/output，如图 3.17 所示。其中，_SUCCESS 为标识符文件，表示该 MapReduce 程序运行状态成功。part-r-00000 为 MapReduce 程序运行结果文件。通过下载该文件，可以查看运行结果。

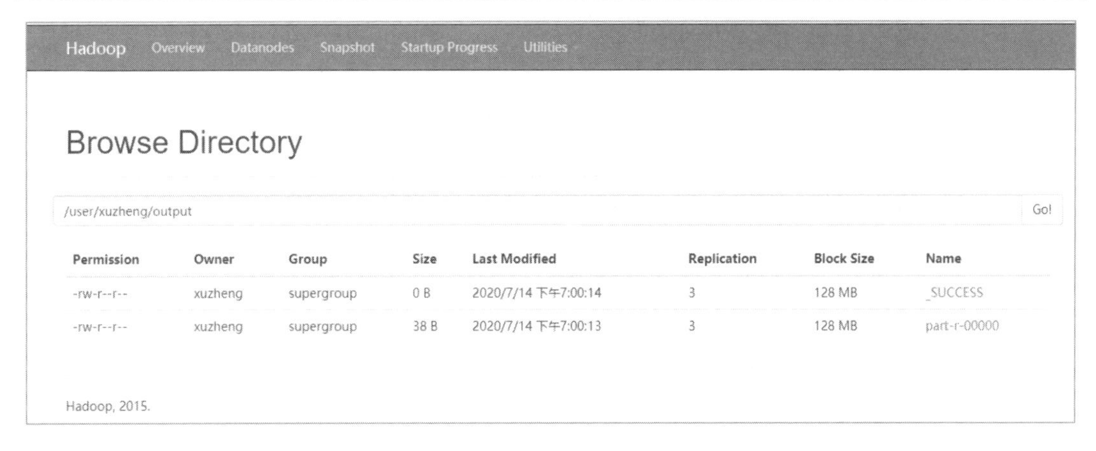

图 3.17　MapReduce 运行结果

第二种方式是通过 Hadoop 终端命令来查看/user/xuzheng/output 目录下的运行结果文件。

```
[xuzheng@hadoop101 hadoop-3.2.2]$ cd /opt/module/hadoop-3.2.2
[xuzheng@hadoop101 hadoop-3.2.2]$ bin/hdfs dfs -ls /user/xuzheng/output
Found 2 items
-rw-r--r--  3  xuzheng supergroup 0   2020-07-14 07:00 /user/xuzheng/
output/_SUCCESS
-rw-r--r--  3  xuzheng supergroup 38  2020-07-14 07:00 /user/xuzheng/
output/part-r-00000
```

（3）下载结果文件。

下载 MapReduce 运行结果文件有两种方式。第一种方式是通过浏览器访问 http://192.168.10.101:9870/explorer.html#/user/xuzheng/output，下载 part-r-00000 文件并查看运行结果内容。第二种方式是通过 Hadoop 终端命令下载 MapReduce 程序运行结果文件，在服务器节点执行如下命令。

```
[xuzheng@hadoop101 hadoop-3.2.2]$ cd /opt/module/hadoop-3.2.2
[xuzheng@hadoop101 hadoop-3.2.2]$ bin/hdfs dfs -get /user/xuzheng/output/
part-r-00000 ./
```

（4）删除输出目录。

MapReduce 程序运行后会生成一个新的目录/user/xuzheng/output，该目录用于存放程序运行状态的文件。MapReduce 框架在运行时，结果输出目录必须是一个不存在的目录，否则会运行失败。在服务器节点执行如下命令，删除输出目录。

```
[xuzheng@hadoop101 hadoop-3.2.2]$ cd /opt/module/hadoop-3.2.2
[xuzheng@hadoop101 hadoop-3.2.2]$ bin/hdfs dfs -rm -r /user/xuzheng/output
```

3.3.2　启动 YARN 并运行 MapReduce 程序

1．配置伪分布式Yarn集群

（1）配置 yarn-env.sh 文件。

对于 yarn-env.sh 文件，主要配置 JDK 的安装目录，在服务器节点上执行如下命令修改 yarn-env.sh 文件内容如图 3.18 标注框所示。

```
[xuzheng@hadoop101 hadoop]$ cd /opt/module/hadoop-3.2.2/etc/hadoop/
[xuzheng@hadoop101 hadoop]$ vi yarn-env.sh
```

修改完成后，保存并关闭该文件。

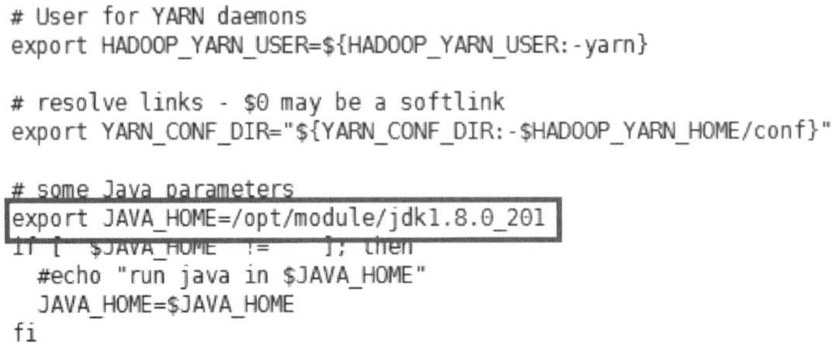

```
# User for YARN daemons
export HADOOP_YARN_USER=${HADOOP_YARN_USER:-yarn}

# resolve links - $0 may be a softlink
export YARN_CONF_DIR="${YARN_CONF_DIR:-$HADOOP_YARN_HOME/conf}"

# some Java parameters
export JAVA_HOME=/opt/module/jdk1.8.0_201
if [ "$JAVA_HOME" != "" ]; then
  #echo "run java in $JAVA_HOME"
  JAVA_HOME=$JAVA_HOME
fi
```

图 3.18 修改 yarn-env.sh 文件内容

（2）配置 yarn-site.xml 文件。

在 yarn-site.xml 文件中主要配置 Hadoop 集群的 ResourceManager 节点的 IP 地址，以及 MapReduce 获取数据的方式。在服务器节点上执行命令修改 yarn-site.xml 文件内容如图 3.19 标注框所示。

```
[xuzheng@hadoop101 hadoop]$ cd /opt/module/hadoop-3.2.2/etc/hadoop/
[xuzheng@hadoop101 hadoop]$ vi yarn-site.xml
```

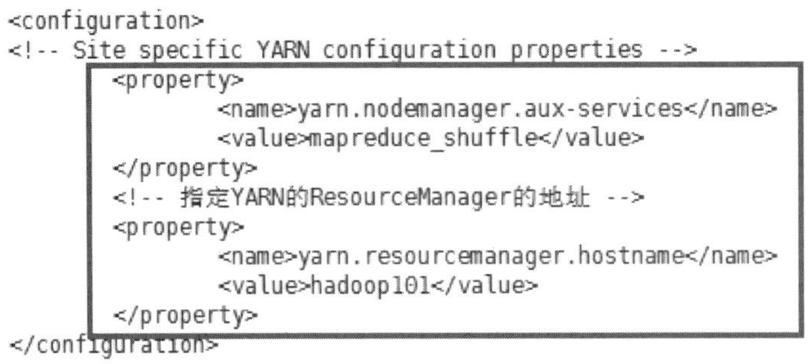

```
<configuration>
<!-- Site specific YARN configuration properties -->
    <property>
            <name>yarn.nodemanager.aux-services</name>
            <value>mapreduce_shuffle</value>
    </property>
    <!-- 指定YARN的ResourceManager的地址 -->
    <property>
            <name>yarn.resourcemanager.hostname</name>
            <value>hadoop101</value>
    </property>
</configuration>
```

图 3.19 修改 yarn-site.xml 文件内容

（3）配置 mapred-env.sh 文件。

在 mapred-env.sh 文件中主要配置 JDK 的安装目录，在服务器节点上执行如下命令修改 mapred-env.sh 文件内容如图 3.20 标注框所示。

```
[xuzheng@hadoop101 hadoop]$ cd /opt/module/hadoop-3.2.2/etc/hadoop/
[xuzheng@hadoop101 hadoop]$ vi mapred-env.sh
```

修改完成后，保存并关闭该文件。

（4）配置 mapred-site.xml 文件。

在 mapred-site.xml 文件中指定 MapReduce 任务运行在 YARN 资源调度器上。在服务器节点上将 mapred-site.xml.template 文件重命名为 mapred-site.xml，然后修改 mapred-site.xml 文件内容如图 3.21 标注框所示，执行命令如下：

```
[xuzheng@hadoop101 hadoop]$ cd /opt/module/hadoop-3.2.2/etc/hadoop/
[xuzheng@hadoop101 hadoop]$ mv mapred-site.xml.template mapred-site.xml
```

```
[xuzheng@hadoop101 hadoop]$ vi mapred-site.xml
```

```
# Licensed to the Apache Software Foundation (ASF) under one or more
# contributor license agreements.  See the NOTICE file distributed with
# this work for additional information regarding copyright ownership.
# The ASF licenses this file to You under the Apache License, Version 2.0
# (the "License"); you may not use this file except in compliance with
# the License.  You may obtain a copy of the License at
#
#     http://www.apache.org/licenses/LICENSE-2.0
#
# Unless required by applicable law or agreed to in writing, software
# distributed under the License is distributed on an "AS IS" BASIS,
# WITHOUT WARRANTIES OR CONDITIONS OF ANY KIND, either express or implied.
# See the License for the specific language governing permissions and
# limitations under the License.

export JAVA_HOME=/opt/module/jdk1.8.0_201

export HADOOP_JOB_HISTORYSERVER_HEAPSIZE=1000
```

图 3.20　修改 mapred-env.sh 文件内容

```
<configuration>
        <property>
                <name>mapreduce.framework.name</name>
                <value>yarn</value>
        </property>
</configuration>
```

图 3.21　修改 mapred-site.xml 文件内容

2. 启动伪分布式YARN集群

（1）启动 HDFS 中的 NameNode、DataNode 和 SecondaryNameNode。

启动 YARN 时，要依赖 HDFS，因此需要先启动 NameNode、DataNode 和 Secondary NameNode，然后启动 YARN。在服务器节点上执行如下命令：

```
[xuzheng@hadoop101 hadoop]$ cd /opt/module/hadoop-3.2.2
[xuzheng@hadoop101 hadoop-3.2.2]$ sbin/hadoop-daemon.sh start namenode
[xuzheng@hadoop101 hadoop-3.2.2]$ sbin/hadoop-daemon.sh start datanode
[xuzheng@hadoop101 hadoop-3.2.2]$ sbin/hadoop-daemon.sh start
secondarynamenode
```

（2）启动 ResourceManager。

ResourceManager 是整个 Hadoop 集群资源的最高管理者，可以不断地处理客户端提交的请求，同时还时刻监控着 Hadoop 集群所有 NodeManager 节点的状态。因此，我们在启动伪分布式 YARN 集群时，首先要启动 ResourceManager。在服务器节点上执行如下命令：

```
[xuzheng@hadoop101 hadoop]$ cd /opt/module/hadoop-3.2.2
[xuzheng@hadoop101 hadoop-3.2.2]$ sbin/yarn-daemon.sh start resourcemanager
```

（3）启动 NodeManager。

NodeManager 是单个节点上的资源最高管理者。但是 NodeManager 在分配和管理资源之前首先要向 ResourceManager 申请资源，同时还要每隔一段时间向 ResourceManager 上报资源使用情况。在服务器节点上执行如下命令：

```
[xuzheng@hadoop101 hadoop]$ cd /opt/module/hadoop-3.2.2
```

```
[xuzheng@hadoop101 hadoop-3.2.2]$ sbin/yarn-daemon.sh start nodemanager
```

（4）通过 Java 自带的 jps 命令查看是否启动成功。

```
[xuzheng@hadoop101 hadoop-3.2.2]$ jps
13586 NameNode
13668 DataNode
13786 SecondaryNameNode
13868 ResourceManager
13986 NodeManager
14068 Jps
```

（5）查看 YARN 网页版信息。

通过浏览器访问地址 http://192.168.10.101:8088，可以查看 YARN 的相关信息，如图 3.22 所示。

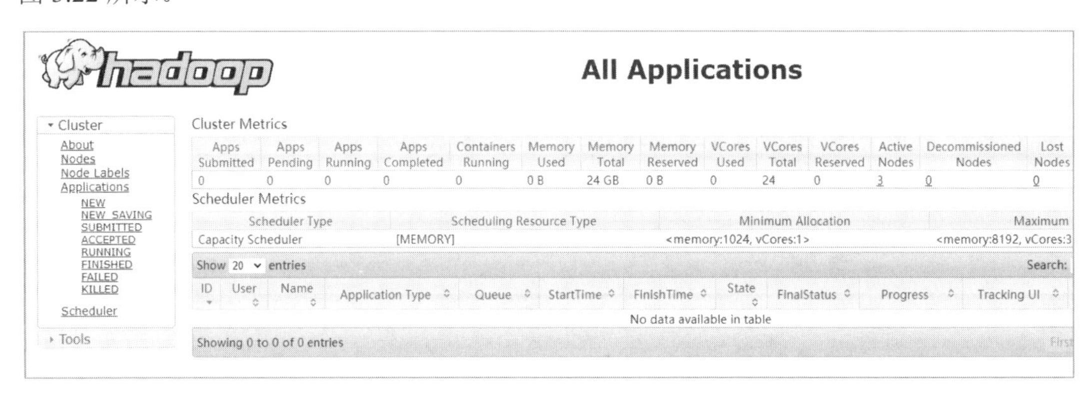

图 3.22　YARN 页面

3. 运行MapReduce程序

（1）运行程序。

目前，我们既启动了 Hadoop 的 HDFS 服务，又启动了 YARN 资源调度器。这样，整个 Hadoop 集群的 CPU、内存和磁盘等资源都是由 YARN 进行调度分配的。在服务器节点上执行如下命令，运行一个 Hadoop 官方提供的 WordCount 案例。

```
[xuzheng@hadoop101 hadoop-3.2.2]$ cd /opt/module/hadoop-3.2.2
[xuzheng@hadoop101 hadoop-3.2.2]$ bin/hadoop jar
share/hadoop/mapreduce/hadoop-mapreduce-examples-3.2.2.jar wordcount /user/
xuzheng/input/ /user/xuzheng/output
```

（2）查看结果。

与 HDFS 类似，查看 MapReduce 运行结果文件有两种方式。第一种是通过浏览器访问 http://192.168.10.101:9870/explorer.html#/user/xuzheng/output，下载输出结果文件，可以查看运行结果的内容。

第二种方式是通过 Hadoop 终端命令来查看/user/xuzheng/output 目录下的运行结果的内容。

```
[xuzheng@hadoop101 hadoop-3.2.2]$ cd /opt/module/hadoop-3.2.2
[xuzheng@hadoop101 hadoop-3.2.2]$ bin/hdfs dfs -ls /user/xuzheng/output
Found 2 items
-rw-r--r--  3   xuzheng supergroup 0   2020-07-14 07:00 /user/xuzheng/
```

```
output/_SUCCESS
-rw-r--r--  3  xuzheng supergroup 38  2020-07-14 07:00 /user/xuzheng/
output/part-r-00000
```

3.3.3　配置历史服务器

为了监控和查看 Hadoop 集群的 MapReduce 任务运行情况和历史信息，需要配置 Hadoop 集群的历史服务器。历史服务器可以将 MapReduce 任务运行情况和日志信息全部记录下来，存储在 HDFS 中。具体的配置步骤如下。

（1）配置 mapred-site.xml 文件。

mapred-site.xml 文件主要用于指定历史服务器服务端的 IP 地址和 Web 端的 IP 地址。在服务器节点上执行如下命令修改 mapred-site.xml 文件内容如图 3.23 标注框所示。

```
[xuzheng@hadoop101 hadoop]$ cd /opt/module/hadoop-3.2.2/etc/hadoop/
[xuzheng@hadoop101 hadoop]$ mv mapred-site.xml.template mapred-site.xml
[xuzheng@hadoop101 hadoop]$ vi mapred-site.xml
```

```
<configuration>
        <property>
                <name>mapreduce.framework.name</name>
                <value>yarn</value>
        </property>
        <property>
                <name>mapreduce.jobhistory.address</name>
                <value>hadoop101:10020</value>
        </property>
        <!-- 历史服务器web端地址 -->
        <property>
        <name>mapreduce.jobhistory.webapp.address</name>
        <value>hadoop101:19888</value>
        </property>
</configuration>
```

图 3.23　修改 mapred-site.xml 文件内容

（2）启动历史服务器。

通过上述文件配置，我们就可以启动 Hadoop 集群的历史服务器了。在服务器节点上执行如下命令。

```
[xuzheng@hadoop101 hadoop-3.2.2]$ cd /opt/module/hadoop-3.2.2
[xuzheng@hadoop101 hadoop-3.2.2]$ sbin/mr-jobhistory-daemon.sh start
historyserver
```

（3）查看历史服务器是否成功启动。

在服务器节点上执行如下命令，查看历史服务器是否启动成功。

```
[xuzheng@hadoop101 hadoop-3.2.2]$ jps
13586 NameNode
13668 DataNode
13786 SecondaryNameNode
13868 ResourceManager
13986 NodeManager
14068 JobHistoryServer
14186 Jps
```

（4）查看 JobHistory。

通过访问 http://hadoop101:19888/jobhistory，可以查看 JobHistory 历史信息，如图 3.24 所示。

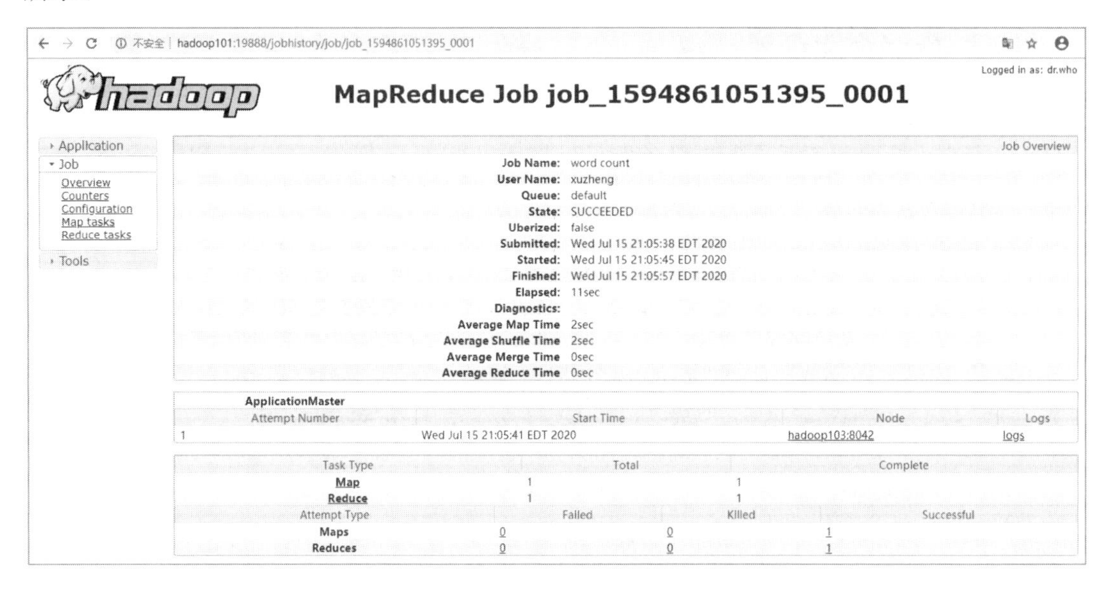

图 3.24　查看 JobHistory 历史信息

3.3.4　配置日志的聚集功能

在 MapReduce 任务运行完成之后，我们希望能够将整个运行情况和日志信息保存在 HDFS 中，便于进行统计分析和开发调试，这就需要用到 Hadoop 框架的日志聚集功能。值得注意的是，当开启日志聚集功能时，需要重新启动 ResourceManager、NodeManager 和 HistoryServer。开启日志聚集功能的具体步骤如下。

（1）配置 yarn-site.xml 文件。

yarn-site.xml 文件主要用于配置是否开启日志聚集功能和设置日志保留时间。在服务器节点上执行如下命令修改 yarn-site.xml 文件内容如图 3.25 标注框所示。

```
[xuzheng@hadoop101 hadoop]$ cd /opt/module/hadoop-3.2.2/etc/hadoop/
[xuzheng@hadoop101 hadoop]$ vi yarn-site.xml
```

（2）重启 ResourceManager、NodeManager 和 HistoryServer。

当开启日志聚集功能时，需要重启 ResourceManager、NodeManager 和 HistoryServer。首先执行关闭操作，在服务器节点上执行如下操作，关闭 ResourceManager、NodeManager 和 HistoryServer。

```
[xuzheng@hadoop101 hadoop]$ cd /opt/module/hadoop-3.2.2
[xuzheng@hadoop101 hadoop-3.2.2]$ sbin/yarn-daemon.sh stop resourcemanager
[xuzheng@hadoop101 hadoop-3.2.2]$ sbin/yarn-daemon.sh stop nodemanager
[xuzheng@hadoop101 hadoop-3.2.2]$ sbin/mr-jobhistory-daemon.sh stop
historyserver
```

```
<configuration>

<!-- Site specific YARN configuration properties -->
        <property>
                <name>yarn.nodemanager.aux-services</name>
                <value>mapreduce_shuffle</value>
        </property>
        <!-- 指定YARN的ResourceManager的地址 -->
        <property>
                <name>yarn.resourcemanager.hostname</name>
                <value>hadoop102</value>
        </property>
        <property>
                <name>yarn.log-aggregation-enable</name>
                <value>true</value>
        </property>
        <!-- 日志保留时间设置为7天 -->
        <property>
                <name>yarn.log-aggregation.retain-seconds</name>
                <value>604800</value>
        </property>
</configuration>
```

图 3.25　修改 yarn-site.xml 文件内容

接下来，在服务器节点上执行如下操作，启动 ResourceManager、NodeManager 和 HistoryServer。

```
[xuzheng@hadoop101 hadoop]$ cd /opt/module/hadoop-3.2.2
[xuzheng@hadoop101 hadoop-3.2.2]$ sbin/yarn-daemon.sh start resourcemanager
[xuzheng@hadoop101 hadoop-3.2.2]$ sbin/yarn-daemon.sh start nodemanager
[xuzheng@hadoop101 hadoop-3.2.2]$ sbin/mr-jobhistory-daemon.sh start
historyserver
```

（3）运行 MapReduce 程序。

在服务器节点上执行如下命令，运行一个 Hadoop 官方提供的 WordCount 案例。

```
[xuzheng@hadoop101 hadoop-3.2.2]$ cd /opt/module/hadoop-3.2.2
[xuzheng@hadoop101 hadoop-3.2.2]$ bin/hadoop jar
share/hadoop/mapreduce/hadoop-mapreduce-examples-3.2.2.jar wordcount /user/
xuzheng/input/
/user/xuzheng/output
```

（4）查看日志。

通过访问 http://hadoop101:19888/jobhistory 来查看 MapReduce 任务的运行日志，如图 3.26 至图 3.28 所示。

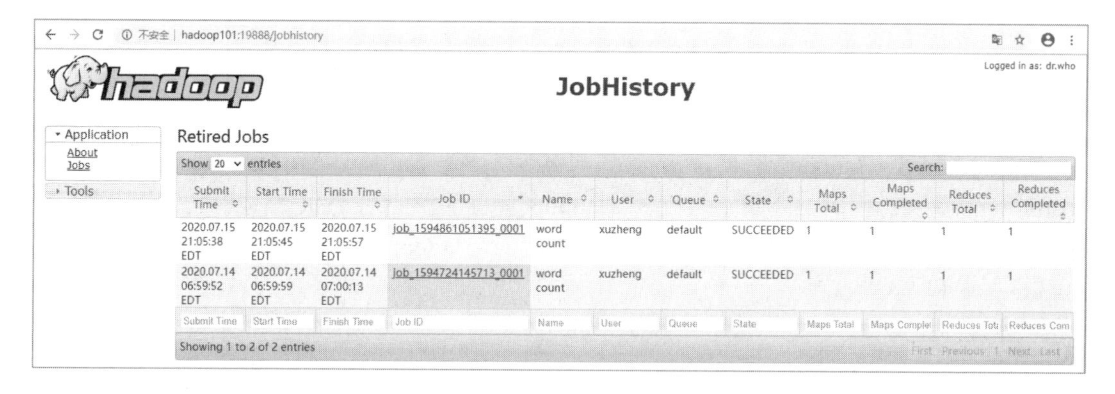

图 3.26　JobHistory 页面

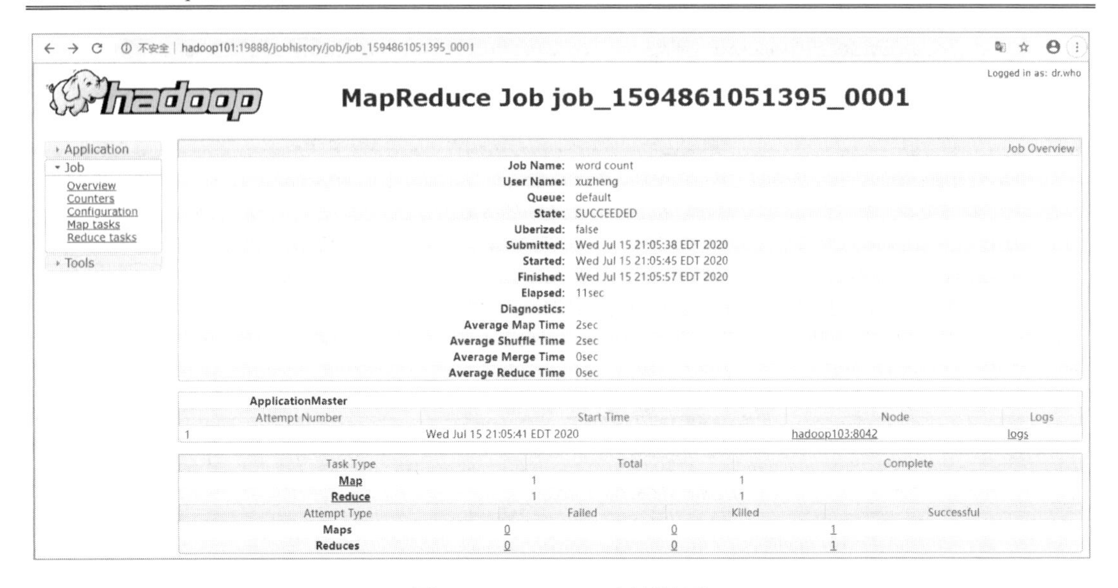

图 3.27　JobHistory 运行情况

图 3.28　日志详情

3.4　配置完全分布式模式

本节将配置 Hadoop 集群的完全分布式运行模式，并运行 Hadoop 官方提供的 WordCount 案例。同时，本节也会配置 Hadoop 集群的单点启动和整体启动方式。完全分布式运行模式是指在多台服务器节点上分别运行 Hadoop 的功能服务，包括 HDFS、MapReduce 和 YARN。

3.4.1　分布式集群环境准备

1. 硬件环境

为了搭建 Hadoop 完全分布式集群环境，需要准备 3 台物理机或者虚拟机，其相关配置参见表 3.1。

2. IP地址配置

分别在 3 台服务器节点上修改/etc/sysconfig/network-scripts/ifcfg-eth0 文件并配置 IP 地址。执行如下命令并修改 ifcfg-eth0 文件内容如图 3.29 标注框所示。

```
[root@localhost etc]# cd /etc/sysconfig/network-scripts/
[root@localhost etc]# vi ifcfg-eth0
```

```
TYPE=Ethernet
BOOTPROTO=static
DEFROUTE=yes
PEERDNS=yes
PEERROUTES=yes
IPV4_FAILURE_FATAL=no
IPV6INIT=yes
IPV6_AUTOCONF=yes
IPV6_DEFROUTE=yes
IPV6_PEERDNS=yes
IPV6_PEERROUTES=yes
IPV6_FAILURE_FATAL=no
IPV6_ADDR_GEN_MODE=stable-privacy
NAME=eth0
UUID=5c7b7296-ae8c-4b78-b750-f74b491fc1a4
DEVICE=eth0
ONBOOT=yes
IPADDR=192.168.10.101
NETMASK=255.255.0.0
```

图 3.29　修改 ifcfg-eth0 配置文件内容

首先，修改 BOOTPROTO=static、ONBOOT=yes 和 NETMASK=255.255.0.0。根据不同的服务器修改 IPADDR，本例配置了 3 台服务器，IP 地址分别为 192.168.10.101、192.168.10.102 和 192.168.10.103。全部修改完后，保存文件并重启网络配置，执行如下命令：

```
[root@hadoop101 network-scripts]# systemctl restart network
```

3. 修改hosts配置文件

分别在 3 台服务器节点上修改/etc/hosts 文件，并配置 hostname 与 IP 地址之间的映射关系。执行如下命令，并在文件末尾追加如图 3.30 所示的标注框内容。

```
[root@localhost etc]# cd /etc/
[root@localhost etc]# vi hosts
```

```
127.0.0.1   localhost localhost.localdomain localhost4 localhost4.localdomain4
::1         localhost localhost.localdomain localhost6 localhost6.localdomain6

192.168.10.101  hadoop101
192.168.10.102  hadoop102      追加内容
192.168.10.103  hadoop103
```

图 3.30　在 hosts 文件末尾追加内容

4. 关闭防火墙

分别在 3 台服务器节点上执行如下命令关闭防火墙，然后检查防火墙是否关闭。

```
[root@localhost etc]# systemctl stop firewalld
[root@localhost etc]# systemctl status firewalld
```

5. 创建一个用户并配置密码

分别在 3 台服务器节点上执行如下命令，创建一个新用户并配置该用户的密码。

```
[root@hadoop101 ~]# useradd xuzheng
[root@hadoop101 ~]# passwd xuzheng
```

6. 给新创建的用户配置root权限

分别在三台服务器节点上执行如下命令，首先修改/etc/sudoers 文件的权限，然后在其中添加如图 3.31 所示的标注框内容。

```
[root@hadoop101 ~]# chmod 640 /etc/sudoers
[root@hadoop101 ~]# vi /etc/sudoers
```

```
##
## Allow root to run any commands anywhere
root    ALL=(ALL)       ALL
xuzheng ALL=(ALL)       ALL      添加内容

## Allows members of the 'sys' group to run networking, software,
## service management apps and more.
# %sys ALL = NETWORKING, SOFTWARE, SERVICES, STORAGE, DELEGATING, PROCESSES, LOCATE, DRIVERS
```

图 3.31　在 sudoers 文件中添加内容

7. 新建两个目录

分别在 3 台服务器节点上执行如下命令，在/opt 目录下创建 module 和 software 两个文件夹。

```
[root@localhost ~]# mkdir /opt/module
[root@localhost ~]# mkdir /opt/software
```

分别在 3 台服务器节点上执行如下命令，修改文件夹/opt/module 和/opt/software 的所有者。

```
[root@localhost opt]# cd /opt/
[root@localhost opt]# chown xuzheng:xuzheng module/ software/
```

8. 配置SSH免密登录

为了便于集群之间不同服务器节点的互相登录，可以利用 SSH 配置集在群间免密登录。在集群的所有服务器节点上执行如下命令。

（1）生成公钥和私钥，执行命令如下：

```
[xuzheng@localhost ~]# ssh-keygen -t rsa
```

然后连续输入 4 个回车符，在/home/xuzheng/.ssh 目录下将会生成 id_rsa（私钥）和 id_rsa.pub（公钥）两个文件。

（2）将公钥复制到允许免密登录的服务器节点上。

```
[xuzheng@hadoop101 ~]$ ssh-copy-id hadoop101
[xuzheng@hadoop101 ~]$ ssh-copy-id hadoop102
[xuzheng@hadoop101 ~]$ ssh-copy-id hadoop103
```

（3）测试免密登录。

分别在集群的所有节点上执行如下命令，测试是否能够免密登录。

```
[xuzheng@hadoop101 ~]$ ssh xuzheng@hadoop101
[xuzheng@hadoop101 ~]$ ssh xuzheng@hadoop102
[xuzheng@hadoop101 ~]$ ssh xuzheng@hadoop103
```

9．Hadoop集群节点服务规划

为了搭建 Hadoop 完全分布式集群，需要在集群中安装 NameNode、DataNode、SecondaryNameNode、ResourceManager 和 NodeManager。下面给出各个服务器节点规划的服务安装列表，如表 3.4 所示。

表 3.4　服务安装列表

hadoop101	hadoop102	hadoop103
NameNode		
DataNode	DataNode	DataNode
		SecondaryNameNode
	ResourceManager	
NodeManager	NodeManager	NodeManager

hadoop101、hadoop102 和 hadoop103 这 3 个服务器节点都可以启动 DataNode 和 NodeManager 服务。不同的是，在 hadoop101 服务器节点上启动 NameNode 服务，在 hadoop102 服务器节点上启动 ResourceManager 服务，在 hadoop103 服务器节点上启动 SecondaryNameNode 服务。

10．安装和配置JDK环境

搭建 Hadoop 完全分布式集群需要依赖 Java 运行环境，我们采用的 JDK 版本为 1.8.0。读者可以访问 http://118.89.217.234:8000/，下载软件压缩包 jdk-8u201-linux-x64.tar.gz，并将该软件包上传至集群每台服务器节点的/opt/software 目录下。接下来，在集群的所有服务器节点上执行如下命令，将压缩包 jdk-8u201-linux-x64.tar.gz 解压至/opt/module 目录下。

```
[xuzheng@hadoop101 software]$ cd /opt/software
[xuzheng@hadoop101 software]$ tar -zxvf jdk-8u201-linux-x64.tar.gz -C
/opt/module/
```

进入/opt/module 目录，查看该目录中的内容，验证压缩包是否已经解压成功，执行命令如下：

```
[xuzheng@hadoop101 software]$ cd /opt/module
[xuzheng@hadoop101 module]$ ls
```

为了能够在任何目录下都可以使用 Java 命令，需要在/etc/profile 文件中配置 Java 环境变量，在集群的所有服务器节点上执行如下命令。

（1）打开/etc/profile 文件。

```
[xuzheng@hadoop101 module]$ sudo vi /etc/profile
```

（2）在/etc/profile 文件的结尾添加如下内容：

```
#JAVA_HOME
export JAVA_HOME=/opt/module/jdk1.8.0_201
export PATH=$PATH:$JAVA_HOME/bin
```

（3）退出并保存/etc/profile 文件，使配置文件生效。

```
[xuzheng@hadoop101 module]$ source /etc/profile
```

（4）测试 JDK 是否安装成功。

```
[xuzheng@hadoop101 module]$ java -version
java version "1.8.0_201"
Java(TM) SE Runtime Environment (build 1.8.0_201-b09)
Java HotSpot(TM) 64-Bit Server VM (build 25.201-b09, mixed mode)
```

3.4.2　配置完全分布式集群

1. 下载和安装Hadoop集群

首先介绍如何下载和安装 Hadoop 集群。在集群的所有服务器节点上执行如下命令。

（1）下载 Hadoop 安装包。

为了方便读者快速安装，读者可以访问 http://118.89.217.234:8000/，下载软件压缩包 hadoop-3.2.2.tar.gz，并将该软件包上传至集群的每台服务器节点的/opt/software 目录下，然后在集群的所有服务器节点上执行如下命令。

（2）创建目录/opt/module/ha。

```
[xuzheng@hadoop101 ~]$ mkdir -p /opt/module/ha
```

（3）解压压缩包至/opt/module/ha 目录下。

```
[xuzheng@hadoop101 ~]$ cd /opt/software
[xuzheng@hadoop101 software]$ tar -xzvf hadoop-3.2.2.tar.gz -C /opt/
module/ha
```

2. 配置Hadoop完全分布式集群

前面介绍了如何下载和安装 Hadoop 完全分布式集群，接下来带领大家配置 Hadoop 完全分布式集群，在集群的所有服务器节点上执行如下命令。

（1）修改 hadoop-env.sh 文件内容如图 3.32 标注框所示。

```
[xuzheng@hadoop101 hadoop]$ cd /opt/module/ha/hadoop-3.2.2/etc/hadoop/
[xuzheng@hadoop101 hadoop]$ vi hadoop-env.sh
```

修改完后，保存并关闭该文件。

（2）修改 core-site.xml 文件内容如图 3.33 标注框所示。

```
[xuzheng@hadoop101 hadoop]$ cd /opt/module/ha/hadoop-3.2.2/etc/hadoop/
[xuzheng@hadoop101 hadoop]$ vi core-site.xml
```

```
# The only required environment variable is JAVA_HOME.  All others are
# optional.  When running a distributed configuration it is best to
# set JAVA_HOME in this file, so that it is correctly defined on
# remote nodes.

# The java implementation to use.
export JAVA_HOME=/opt/module/jdk1.8.0_201
```

图 3.32 修改 hadoop-env.sh 文件内容

```
<?xml version="1.0" encoding="UTF-8"?>
<?xml-stylesheet type="text/xsl" href="configuration.xsl"?>
<!--
  Licensed under the Apache License, Version 2.0 (the "License");
  you may not use this file except in compliance with the License.
  You may obtain a copy of the License at

    http://www.apache.org/licenses/LICENSE-2.0

  Unless required by applicable law or agreed to in writing, software
  distributed under the License is distributed on an "AS IS" BASIS,
  WITHOUT WARRANTIES OR CONDITIONS OF ANY KIND, either express or implied.
  See the License for the specific language governing permissions and
  limitations under the License. See accompanying LICENSE file.
-->

<!-- Put site-specific property overrides in this file. -->

<configuration>
        <property>
                <name>fs.defaultFS</name>
                <value>hdfs://hadoop101:9000</value>
        </property>
        <property>
                <name>hadoop.tmp.dir</name>
                <value>/opt/module/hadoop-2.7.2/data/tmp</value>
        </property>
</configuration>
```

```
<?xml version="1.0" encoding="UTF-8"?>
<?xml-stylesheet type="text/xsl" href="configuration.xsl"?>
<!--
  Licensed under the Apache License, Version 2.0 (the "License");
  you may not use this file except in compliance with the License.
  You may obtain a copy of the License at

    http://www.apache.org/licenses/LICENSE-2.0

  Unless required by applicable law or agreed to in writing, software
  distributed under the License is distributed on an "AS IS" BASIS,
  WITHOUT WARRANTIES OR CONDITIONS OF ANY KIND, either express or implied.
  See the License for the specific language governing permissions and
  limitations under the License. See accompanying LICENSE file.
-->

<!-- Put site-specific property overrides in this file. -->

<configuration>
        <property>
                <name>fs.defaultFS</name>
                <value>hdfs://hadoop101:9000</value>
        </property>
        <!-- 指定Hadoop运行时产生文件的存储目录 -->
        <property>
                <name>hadoop.tmp.dir</name>
                <value>/opt/module/hadoop-3.2.2/data/tmp</value>
        </property>
</configuration>
~
~
~
"core-site.xml" 29L, 1035C
```

图 3.33 修改 core-site.xml 文件内容

（3）执行如下命令，修改 hdfs-site.xml 文件并修改内容如图 3.34 标注框所示。

```
[xuzheng@hadoop101 hadoop]$ cd /opt/module/hadoop-3.2.2/etc/hadoop/
[xuzheng@hadoop101 hadoop]$ vi hdfs-site.xml
```

```
<?xml version="1.0" encoding="UTF-8"?>
<?xml-stylesheet type="text/xsl" href="configuration.xsl"?>
<!--
  Licensed under the Apache License, Version 2.0 (the "License");
  you may not use this file except in compliance with the License.
  You may obtain a copy of the License at

    http://www.apache.org/licenses/LICENSE-2.0

  Unless required by applicable law or agreed to in writing, software
  distributed under the License is distributed on an "AS IS" BASIS,
  WITHOUT WARRANTIES OR CONDITIONS OF ANY KIND, either express or implied.
  See the License for the specific language governing permissions and
  limitations under the License. See accompanying LICENSE file.
-->

<!-- Put site-specific property overrides in this file. -->

<configuration>
        <property>
                <name>dfs.replication</name>
                <value>3</value>
        </property>
        <property>
                <name>dfs.namenode.secondary.http-address</name>
                <value>hadoop103:50090</value>
        </property>
</configuration>
```

图 3.34　修改 hdfs-site.xml 文件内容

（4）配置 yarn-env.sh 文件。

yarn-env.sh 文件主要用于配置 JDK 的安装目录，在服务器节点上修改 yarn-env.sh 文件内容如图 3.35 标注框所示。

```
[xuzheng@hadoop101 hadoop]$ cd /opt/module/hadoop-3.2.2/etc/hadoop/
[xuzheng@hadoop101 hadoop]$ vi yarn-env.sh
```

```
# User for YARN daemons
export HADOOP_YARN_USER=${HADOOP_YARN_USER:-yarn}

# resolve links - $0 may be a softlink
export YARN_CONF_DIR="${YARN_CONF_DIR:-$HADOOP_YARN_HOME/conf}"

# some Java parameters
export JAVA_HOME=/opt/module/jdk1.8.0_201
if [ "$JAVA_HOME" != "" ]; then
  #echo "run java in $JAVA_HOME"
  JAVA_HOME=$JAVA_HOME
fi
```

图 3.35　修改 yarn-env.sh 文件内容

修改完成后，保存并关闭该文件。

（5）配置 yarn-site.xml 文件。

yarn-site.xml 文件主要用于配置 Hadoop 集群的 ResourceManager 节点的 IP 地址、MapReduce 获取数据的方式，以及是否开启日志聚集功能和设置日志保留时间。在服务器节点上修改 yarn-site.xml 文件内容，如图 3.36 所示。

```
[xuzheng@hadoop101 hadoop]$ cd /opt/module/hadoop-3.2.2/etc/hadoop/
[xuzheng@hadoop101 hadoop]$ vi yarn-site.xml
```

```
<configuration>

<!-- Site specific YARN configuration properties -->
        <property>
                <name>yarn.nodemanager.aux-services</name>
                <value>mapreduce_shuffle</value>
        </property>
        <!-- 指定YARN的ResourceManager的地址 -->
        <property>
                <name>yarn.resourcemanager.hostname</name>
                <value>hadoop102</value>
        </property>
        <property>
                <name>yarn.log-aggregation-enable</name>
                <value>true</value>
        </property>
        <!-- 将日志保留时间设置为7天 -->
        <property>
                <name>yarn.log-aggregation.retain-seconds</name>
                <value>604800</value>
        </property>
</configuration>
```

图 3.36　修改 yarn-site.xml 文件内容

（6）配置 mapred-env.sh 文件。

mapred-env.sh 文件主要用于配置 JDK 的安装目录。在服务器节点上执行如下命令修改 mapred-env.sh 文件内容，如图 3.37 标注框所示。

```
[xuzheng@hadoop101 hadoop]$ cd /opt/module/hadoop-3.2.2/etc/hadoop/
[xuzheng@hadoop101 hadoop]$ vi mapred-env.sh
```

```
# Licensed to the Apache Software Foundation (ASF) under one or more
# contributor license agreements.  See the NOTICE file distributed with
# this work for additional information regarding copyright ownership.
# The ASF licenses this file to You under the Apache License, Version 2.0
# (the "License"); you may not use this file except in compliance with
# the License.  You may obtain a copy of the License at
#
#     http://www.apache.org/licenses/LICENSE-2.0
#
# Unless required by applicable law or agreed to in writing, software
# distributed under the License is distributed on an "AS IS" BASIS,
# WITHOUT WARRANTIES OR CONDITIONS OF ANY KIND, either express or implied.
# See the License for the specific language governing permissions and
# limitations under the License.

export JAVA_HOME=/opt/module/jdk1.8.0_201

export HADOOP_JOB_HISTORYSERVER_HEAPSIZE=1000
```

图 3.37　修改 mapred-env.sh 文件内容

修改完成后，保存并关闭该文件。

（7）配置 mapred-site.xml 文件。

mapred-site.xml 文件用于指定让 MapReduce 任务运行在 YARN 资源调度器上。在服务器节点上将 mapred-site.xml.template 文件重命名为 mapred-site.xml，然后修改 mapred-site.xml 文件内容如图 3.38 所示，执行命令如下：

```
[xuzheng@hadoop101 hadoop]$ cd /opt/module/hadoop-3.2.2/etc/hadoop/
[xuzheng@hadoop101 hadoop]$ mv mapred-site.xml.template mapred-site.xml
[xuzheng@hadoop101 hadoop]$ vi mapred-site.xml
```

```
<configuration>
        <property>
                <name>mapreduce.framework.name</name>
                <value>yarn</value>
        </property>
        <property>
                <name>mapreduce.jobhistory.address</name>
                <value>hadoop101:10020</value>
        </property>
        <!-- 历史服务器Web端地址 -->
        <property>
        <name>mapreduce.jobhistory.webapp.address</name>
        <value>hadoop101:19888</value>
        </property>
</configuration>
```

图 3.38　修改 mapred-site.xml 文件内容

3.4.3　配置 Hadoop 集群单点启动

（1）格式化 NameNode（仅第一次启动时格式化）。

当第一次启动 Hadoop 集群时需要格式化 NameNode，以后就不需要再格式化了。在服务器 hadoop101 节点上进入 Hadoop 安装目录并格式化 NameNode，执行命令如下：

```
[xuzheng@hadoop101 hadoop-3.2.2]$ cd /opt/module/hadoop-3.2.2
[xuzheng@hadoop101 hadoop-3.2.2]$ bin/hdfs namenode -format
```

（2）在 hadoop101 节点上启动 NameNode，执行命令如下：

```
[xuzheng@hadoop101 hadoop-3.2.2]$ sbin/hadoop-daemon.sh start namenode
```

（3）在 hadoop101、hadoop102 和 hadoop103 节点上启动 DataNode，执行命令如下：

```
[xuzheng@hadoop101 hadoop-3.2.2]$ sbin/hadoop-daemon.sh start datanode
[xuzheng@hadoop102 hadoop-3.2.2]$ sbin/hadoop-daemon.sh start datanode
[xuzheng@hadoop103 hadoop-3.2.2]$ sbin/hadoop-daemon.sh start datanode
```

（4）在 hadoop103 节点上启动 SecondaryNameNode，执行命令如下：

```
[xuzheng@hadoop103 hadoop-3.2.2]$ sbin/hadoop-daemon.sh start
secondarynamenode
```

（5）在 hadoop102 节点上启动 ResourceManager，执行命令如下：

```
[xuzheng@hadoop101 hadoop-3.2.2]$ sbin/yarn-daemon.sh start
resourcemanager
```

（6）在 hadoop101、hadoop102 和 hadoop103 节点上启动 NodeManager，执行命令如下：

```
[xuzheng@hadoop101 hadoop-3.2.2]$ sbin/yarn-daemon.sh start nodemanager
[xuzheng@hadoop102 hadoop-3.2.2]$ sbin/yarn-daemon.sh start nodemanager
[xuzheng@hadoop103 hadoop-3.2.2]$ sbin/yarn-daemon.sh start nodemanager
```

（7）在 hadoop101 节点上启动 HistoryServer，执行命令如下：

```
[xuzheng@hadoop101 hadoop-3.2.2]$ sbin/mr-jobhistory-daemon.sh start
historyserver
```

（8）通过 Java 自带的 jps 命令查看是否启动成功，执行命令如下：

```
[xuzheng@hadoop101 hadoop-3.2.2]$ jps
13586 NameNode
13668 DataNode
14425 JobHistoryServer
```

```
12859 NodeManager
13868 Jps
[xuzheng@hadoop102 hadoop-3.2.2]$ jps
10098 ResourceManager
10212 NodeManager
10268 DataNode
10388 Jps
[xuzheng@hadoop103 hadoop-3.2.2]$ jps
14023 SecondaryNameNode
14108 DataNode
16449 NodeManager
14292 Jps
```

3.4.4　测试完全分布式集群

为了验证 Hadoop 完全分布式集群的可用性和有效性，本节通过几个案例来测试一下。具体操作步骤如下。

（1）在 HDFS 上创建一个 input 目录，执行命令如下：

```
[xuzheng@hadoop101 hadoop-3.2.2]$ cd /opt/module/hadoop-3.2.2
[xuzheng@hadoop101 hadoop-3.2.2]$ bin/hdfs dfs -mkdir -p /user/xuzheng/
input
```

执行完上述命令后，可以通过浏览器访问 http://192.168.10.101:9870/explorer.html#/，查看是否生成了新的目录结构，如图 3.39 所示。

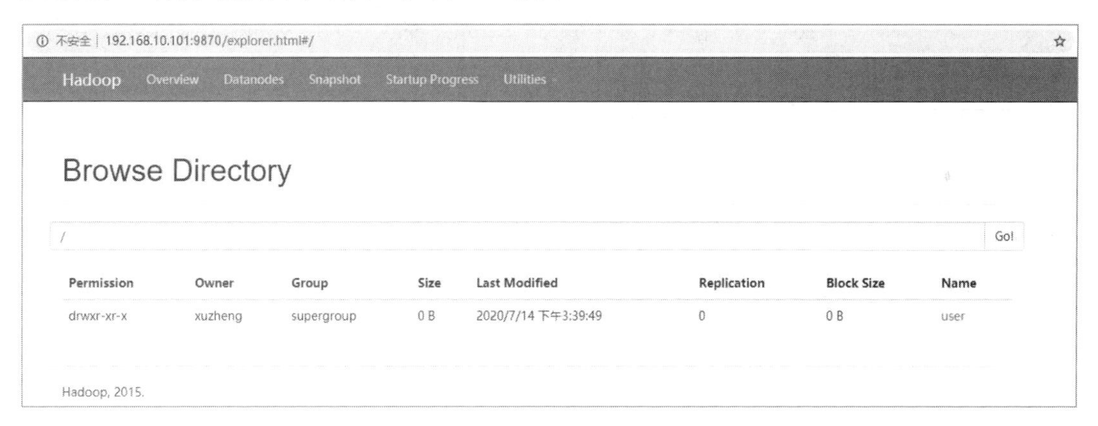

图 3.39　查看 HDFS 目录结构

（2）在 Hadoop 根目录下创建一个 wc.input 文件，执行命令如下：

```
[xuzheng@hadoop101 hadoop-3.2.2]$ cd /opt/module/hadoop-3.2.2
[xuzheng@hadoop101 hadoop-3.2.2]$ vi wc.input
# 添加内容如下
hadoop yarn
hadoop mapreduce
xuzheng
xuzheng
```

（3）将 wc.input 文件上传至 HDFS 上，执行命令如下：

```
[xuzheng@hadoop101 hadoop-3.2.2]$ cd /opt/module/hadoop-3.2.2
[xuzheng@hadoop101 hadoop-3.2.2]$ bin/hdfs dfs -put wc.input /user/
```

```
xuzheng/input/
```

可以通过浏览器访问 http://192.168.10.101:9870/explorer.html#/user/xuzheng/input，查看是否将 wc.input 文件上传成功，如图 3.40 所示。

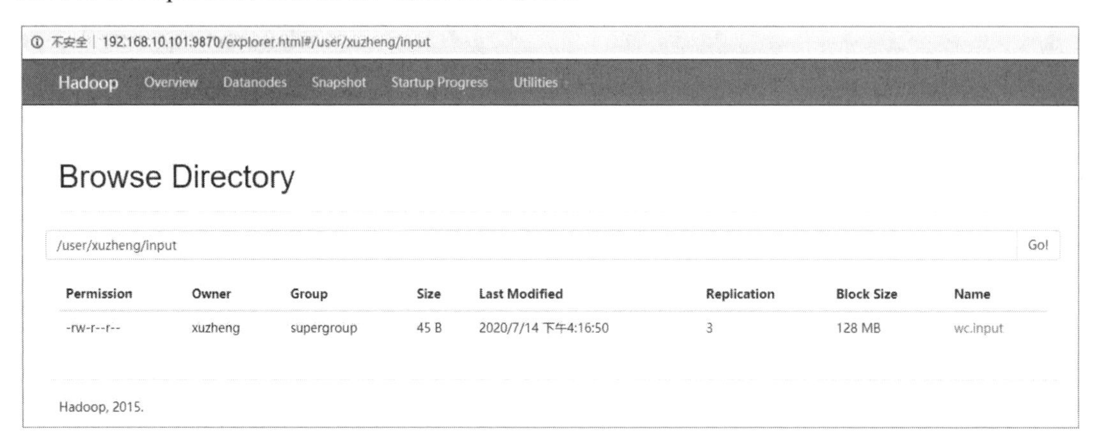

图 3.40　上传文件至 HDFS 上

（4）查看上传文件的内容。

查看 HDFS 中的文件有两种方式。第一种方式是通过浏览器访问 http://192.168.10.101:9870/explorer.html#/user/xuzheng/input，然后单击 wc.input 文件进行下载。第二种方式是通过 Hadoop 终端命令来查看 wc.input 文件的内容。这里我们采用第二种方式。

```
[xuzheng@hadoop101 hadoop-3.2.2]$ cd /opt/module/hadoop-3.2.2
[xuzheng@hadoop101 hadoop-3.2.2]$ bin/hdfs dfs -cat /user/xuzheng/
input/wc.input
hadoop yarn
hadoop mapreduce
xuzheng
xuzheng
```

3.4.5　配置 Hadoop 集群整体启动

在 3.4.3 节中我们详细介绍了 Hadoop 完全分布式集群的单点启动，该方法能够清晰地了解每个服务器节点启动的服务列表，但是配置烦琐，操作复杂。本节将会介绍一种 Hadoop 完全分布式集群的整体启动方法，实现一键启动整个集群的目的，方便使用者操作。具体操作步骤如下。

1. 配置slaves文件

slaves 文件主要用于记录集群中所有节点的 IP 信息。在 Hadoop 完全分布式集群的所有节点上执行如下命令，修改 slaves 文件内容如下：

```
[xuzheng@hadoop101 hadoop]$ cd /opt/module/hadoop-3.2.2/etc/hadoop/
[xuzheng@hadoop101 hadoop]$ vi slaves
# 修改文件内容如下
hadoop101
hadoop102
hadoop103
```

上述命令还需要在 hadoop102 和 hadoop103 节点中执行。值得注意的是，在 slaves 文件的结尾不允许有空格也不允许有空行，否则会出现异常错误。

2. 启动Hadoop完全分布式集群

（1）格式化 NameNode（仅第一次启动时格式化）。

当第一次启动 Hadoop 集群时，需要格式化 NameNode，以后就不需要再格式化了。在 hadoop101 服务器节点上进入 Hadoop 安装目录并格式化 NameNode，执行命令如下：

```
[xuzheng@hadoop101 hadoop-3.2.2]$ cd /opt/module/hadoop-3.2.2
[xuzheng@hadoop101 hadoop-3.2.2]$ bin/hdfs namenode -format
```

（2）启动 HDFS。

在 hadoop101 服务器节点上通过如下命令一键启动整个 Hadoop 完全分布式集群的 HDFS 服务。

```
[xuzheng@hadoop101 hadoop-3.2.2]$ cd /opt/module/hadoop-3.2.2
[xuzheng@hadoop101 hadoop-3.2.2]$ sbin/start-dfs.sh
Starting namenodes on [hadoop101]
hadoop101: starting namenode, logging to hadoop-xuzheng-namenode-
hadoop101.out
hadoop101: starting datanode, logging to hadoop-xuzheng-datanode-
hadoop101.out
hadoop103: starting datanode, logging to hadoop-xuzheng-datanode-
hadoop103.out
hadoop102: starting datanode, logging to hadoop-xuzheng-datanode-
hadoop102.out
Starting SecondaryNameNodes [hadoop103]
hadoop103: starting secondarynamenode, logging to secondarynamenode-
hadoop103.out
```

（3）启动 YARN。

在 hadoop102 服务器节点上通过如下命令一键启动整个 Hadoop 完全分布式集群的 YARN 服务。值得注意的是，如果 NameNode 节点和 ResourceManger 节点不在同一台服务器上，那么不能在 NameNode 节点上启动 YARN 服务，应该在 ResouceManager 所在的服务器上启动 YARN 服务。

```
[xuzheng@hadoop102 hadoop-3.2.2]$ cd /opt/module/hadoop-3.2.2
[xuzheng@hadoop102 hadoop-3.2.2]$ sbin/start-yarn.sh
starting yarn daemons
starting resourcemanager, logging to /opt/module/hadoop-3.2.2/
resourcemanager-hadoop102.out
hadoop103: starting nodemanager, logging to yarn-xuzheng-nodemanager-
hadoop103.out
hadoop101: starting nodemanager, logging to yarn-xuzheng-nodemanager-
hadoop101.out
hadoop102: starting nodemanager, logging to yarn-xuzheng-nodemanager-
hadoop102.out
```

（4）启动历史服务器。

虽然 HDFS 和 YARN 可以通过群体启动的方式启动，但是历史服务器需要单独启动。在 hadoop101 服务器节点上执行如下命令：

```
[xuzheng@hadoop101 hadoop-3.2.2]$ cd /opt/module/hadoop-3.2.2
```

```
[xuzheng@hadoop101 hadoop-3.2.2]$ sbin/mr-jobhistory-daemon.sh start
historyserver
```

（5）验证 Hadoop 集群是否群体启动成功。

在 hadoop101、hadoop102 和 hadoop103 节点上通过 Java 自带的 jps 命令查看 Hadoop 集群是否群体启动成功。

```
[xuzheng@hadoop101 hadoop-3.2.2]$ jps
4608 JobHistoryServer
4658 Jps
4056 NameNode
4440 NodeManager
4190 DataNode
[xuzheng@hadoop102 hadoop-3.2.2]$ jps
3713 ResourceManager
4161 Jps
3827 NodeManager
3593 DataNode
[xuzheng@hadoop103 hadoop-3.2.2]$ jps
4513 SecondaryNameNode
4405 DataNode
4773 Jps
4602 NodeManager
```

3.4.6　配置 Hadoop 集群时间同步

一个 Hadoop 集群中由多个服务器节点组成，每个服务器节点的时间可能不同。为了保证数据和各类操作的一致性，在构建整个 Hadoop 集群时需要保证时间同步。Hadoop 框架中的 HDFS 用来提供数据的存储功能，对于数据的读取和存储等操作，HDFS 会进行日志记录并标记时间戳。如果整个 Hadoop 集群时间不同步甚至差别很大，则会导致整个 Hadoop 集群停止工作。

因此，时间同步对于 Hadoop 来说十分重要，这也是保证数据和各类操作一致性的基础。为了解决整个 Hadoop 集群的时间同步问题，本节首先在集群的一个节点上配置时间服务器，集群的其他节点每间隔 10min 将会向时间服务器发送一次请求，用来进行时间同步。配置时间同步的具体操作如下。

1．时间服务器配置

首先，在 Hadoop 集群中选择某一个节点作为时间服务器节点，然后安装和配置 NTP 服务。特别注意的是，以下的所有操作必须使用 root 用户。

（1）安装 net-tools 服务。

在时间服务器节点上执行如下命令安装 net-tools 服务，然后验证 net-tools 服务是否安装成功。

```
[root@hadoop101 ~]$ yum -y install net-tools
[root@hadoop101 ~]$ rpm -qa | grep net-tools
net-tools-2.0-0.17.20131004git.el7.x86_64
```

（2）安装 NTP 服务。

在时间服务器节点上执行如下命令安装 NTP 服务，然后验证 NTP 服务是否安装成功。

```
[root@hadoop101 ~]$ yum -y install ntp
[root@hadoop101 ~]$ rpm -qa | grep ntp
ntp-4.2.6p5-25.el7.centos.x86_64
ntpdate-4.2.6p5-25.el7.centos.x86_64
```

（3）启动 NTP 服务。

在时间服务器节点上需要先关闭 Chronyd 服务，然后再启动 NTP 服务。

```
# 关闭 Chronyd 服务
[root@hadoop101 ~]$ systemctl stop chronyd
# 关闭开机自启动 Chronyd 功能
[root@hadoop101 ~]$ systemctl disable chronyd
# 开启 ntpd 服务
[root@hadoop101 ~]$ systemctl start ntpd
# 开启开机自启动 ntpd 功能
[root@hadoop101 ~]$ systemctl enable ntpd
```

（4）修改 NTP 配置文件。

在时间服务器节点上修改 NTP 服务的配置文件 ntp.conf，主要配置可以对时间服务器授权的服务器 IP 地址、网关信息及设置时间服务器的层级。在 hadoop101 节点上执行如下操作并修改 ntp.conf 文件内容如图 3.41 标注框所示。

```
[root@hadoop101 ~]$ vi /etc/ntp.conf
# 授权以下网段的所有服务器可以通过该时间服务器查询和同步时间
restrict 192.168.1.0 mask 255.255.0.0 nomodify notrap
# 不适用其他互联网的时间服务器，因此将以下内容注释掉
# server 0.centos.pool.ntp.org iburst
# server 1.centos.pool.ntp.org iburst
# server 2.centos.pool.ntp.org iburst
# server 3.centos.pool.ntp.org iburst
# 添加如下内容，采用本地时间作为时间服务器并为集群中的其他节点提供时间同步服务
server 127.127.1.0
fudge 127.127.1.0 stratum 10
```

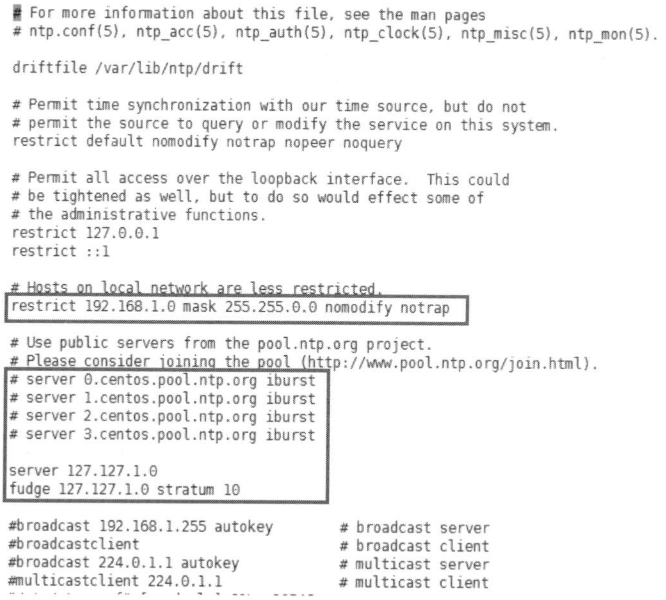

```
# For more information about this file, see the man pages
# ntp.conf(5), ntp_acc(5), ntp_auth(5), ntp_clock(5), ntp_misc(5), ntp_mon(5).

driftfile /var/lib/ntp/drift

# Permit time synchronization with our time source, but do not
# permit the source to query or modify the service on this system.
restrict default nomodify notrap nopeer noquery

# Permit all access over the loopback interface.  This could
# be tightened as well, but to do so would effect some of
# the administrative functions.
restrict 127.0.0.1
restrict ::1

# Hosts on local network are less restricted.
restrict 192.168.1.0 mask 255.255.0.0 nomodify notrap

# Use public servers from the pool.ntp.org project.
# Please consider joining the pool (http://www.pool.ntp.org/join.html).
# server 0.centos.pool.ntp.org iburst
# server 1.centos.pool.ntp.org iburst
# server 2.centos.pool.ntp.org iburst
# server 3.centos.pool.ntp.org iburst

server 127.127.1.0
fudge 127.127.1.0 stratum 10

#broadcast 192.168.1.255 autokey        # broadcast server
#broadcastclient                        # broadcast client
#broadcast 224.0.1.1 autokey            # multicast server
#multicastclient 224.0.1.1              # multicast client
```

图 3.41　修改 ntp.conf 文件内容

（5）修改/etc/sysconfig/ntpd 配置文件。

在时间服务器节点上修改/etc/sysconfig/ntpd 配置文件，使硬件系统时间与操作系统时间保持一致。在 hadoop101 节点上执行如下操作，并且将 ntpd 文件修改如下：

```
[root@hadoop101 ~]$ vi /etc/sysconfig/ntpd
# 添加如下内容
SYNC_HWCLOCK=yes
```

（6）重启 NTP 服务。

```
[root@hadoop101 ~]$ systemctl restart ntpd
```

2. 其他节点时间同步服务配置

在 Hadoop 集群中配置好时间服务器节点后，集群的其他节点每间隔 10min 将会向时间服务器发送一次请求，用来进行时间同步。特别注意的是，以下所有操作必须使用 root 用户。在 Hadoop 集群的其他节点上执行如下操作。

（1）安装 NTP 服务。

在 Hadoop 集群的其他服务器节点上执行如下命令安装 NTP 服务，然后验证 NTP 服务是否安装成功。

```
[root@hadoop101 ~]$ yum -y install ntp
[root@hadoop101 ~]$ rpm -qa | grep ntp
ntp-4.2.6p5-25.el7.centos.x86_64
ntpdate-4.2.6p5-25.el7.centos.x86_64
```

（2）编写定时任务，执行命令如下：

```
[root@hadoop101 ~]$ crontab -e
# 编写内容如下
*/10 * * * * /usr/sbin/ntpdate hadoop102
```

通过上述的配置和操作，Hadoop 集群的其他节点将会每隔 10min 向时间服务器发送一次请求进行时间同步，从而保证整个 Hadoop 集群的时间同步。

3.5　小　　结

本章介绍了搭建 Hadoop 开发环境，安装和配置整个 Hadoop 集群，安装 Hadoop 的环境要求及 Hadoop 的目录结构等相关内容，然后介绍了配置 Hadoop 框架的三种运行模式：本地运行模式、伪分布式运行模式和完全分布式运行模式，通过运行 Hadoop 官方提供的 WordCount 案例来验证 Hadoop 集群的安装状态，最后介绍了 Hadoop 集群的历史日志聚集功能和集群时间同步的设置相关内容。

第2篇
Hadoop 分布式存储技术

⏭ 第4章　HDFS 概述

⏭ 第5章　HDFS 基础操作

⏭ 第6章　HDFS 的读写原理和工作机制

⏭ 第7章　Hadoop 3.x 的新特性

第 4 章　HDFS 概述

自从 Doug Cutting 等人开源实现了 HDFS（Hadoop Distributed File System,分布式文件系统）之后，HDFS 便在很多企业中得到了广泛的应用。本章将从 HDFS 的定义、产生背景、优缺点和组成架构等方面进行介绍 HDFS 的相关内容。

4.1　HDFS 的背景和定义

本节将介绍 HDFS 的定义和产生背景，帮助读者加深对 HDFS 的理解。

4.1.1　HDFS 产生的背景

随着用户数量和业务量的不断增多，企业服务器每天都在产生大量的业务数据、日志数据和资料数据等。面对日益增长的海量数据，单个服务器已经无法满足海量数据的存储需求。

为了解决这个问题，人们开始考虑将多台服务器组成一个集群，用于存储日益增长的海量数据，但是这种方式不易管理和维护，无法快速地查找数据。因此，如何统一且高效地管理这个集群，如何快速且准确地读取数据和查找数据，成为企业不得不考虑的问题。

2003 年，谷歌公司发表了颠覆时代的大数据论文 *The Google File System*，基于这篇论文，Doug Cutting 等人开源实现了 HDFS，彻底解决了统一管理多个服务器上的海量数据文件问题，因此在很多企业中得到了广泛的应用。

4.1.2　HDFS 的定义

首先，HDFS 是一个文件系统，可以用来存储海量文件，与 Linux 文件系统类似，采用目录树的结构形式来管理和定位文件。其次，HDFS 是分布式的文件系统，是由集群中的所有节点共同支撑的系统，每个节点各司其职，分别提供存储、检索和管理等功能。

虽然 HDFS 从根本上解决了存储和管理海量数据的问题，但是 HDFS 适用于一次写入，多次读出的场景且不支持文件的修改。HDFS 更擅长进行海量数据的存储和分析。下一节将会详细地介绍 HDFS 的优缺点。

4.2　HDFS 的优缺点

HDFS 解决了存储和管理海量数据的问题，具有高可靠和高容错等优点。同时，HDFS 也存在一些缺点。本节将会分别介绍 HDFS 的优点和缺点。

4.2.1　HDFS 的优点

在第 2 章 Hadoop 概述中我们介绍了 Hadoop 具有“四高”的特点：高可靠性、高扩展性、高效性和高容错性。HDFS 作为 Hadoop 的重要组成部分，具有以下优点。

1．高可靠性

HDFS 可以构建在廉价的机器上，并且具有多副本机制，底层维护了多个数据副本，即使 HDFS 集群的某个数据存储节点出现宕机或者其他故障，其他的非故障节点会正常对外提供数据服务，因此不会出现数据丢失的情况。而且，当故障节点恢复为正常状态时，会同步其他正常节点的数据，保障数据的一致性。HDFS 默认的数据副本数量为 3，也就是说 Hadoop 集群存储的每一条数据都有 3 个备份。

2．高扩展性

HDFS 能够在集群中自动地分配任务数据，并且可以灵活地横向扩展数以千计的服务器节点。当企业有重大的商业活动时，数据量会突然增大，HDFS 集群原有的数据存储节点的容量已经不能满足存储数据的需求，需要在原始的分布式集群上动态服役新的数据存储节点。

HDFS 可以做到在无须关闭 HDFS 集群的情况下，动态地服役新的数据存储节点，实现动态扩容。同时，HDFS 还可以通过添加黑名单的方式实现动态退役数据节点，并且退役数据节点上的数据会自动备份到 HDFS 集群的其他节点上，保证数据的一致性。

3．高效性

HDFS 是一种擅长处理数据体量大、文件数量规模大的分布式文件系统。HDFS 可以处理的数据规模达到 GB、TB 甚至 PB 级的数据，同时可以处理百万级规模以上的文件数量。HDFS 基于大规模集群可以分布式存储海量的数据文件。

对于大文件来说，HDFS 采用分块策略，将大文件分成若干小块进行存储。因此，HDFS 在存储和管理数据时具有更高的效率。此外，HDFS 通过机架感知机制，可以合理地选择副本的存储节点，以达到更高效地存储和访问数据。

4．高容错性

HDFS 具有多备份机制，每个数据可以备份多个。当 HDFS 中的某个数据丢失时，HDFS 能够自动地利用其他备份数据将丢失的数据进行恢复，保证 HDFS 能够正常运行。在 Hadoop 2.x 版本和 Hadoop 3.x 版本中，HDFS 通过配置 Active 和 Standby 两个 NameNode

节点实现在集群中对 NameNode 的热备来解决单点故障问题。

如果其中状态为 Active 的 NameNode 节点出现故障，如机器崩溃或机器需要升级维护，则 HDFS-HA 会将该节点的状态转变为 Standby，并激活另一台 NameNode 节点，保证 HDFS 集群能够正常工作。

4.2.2　HDFS 的缺点

除了前面讲述的优点，HDFS 还存在一些不足。例如，在 4.1.2 节中，我们提到 HDFS 适用于一次写入，多次读出的场景且不支持文件的修改。

1．不支持低延时的数据访问

与传统的关系型数据库不同，如 MySQL 和 Oracle 等，HDFS 不支持低延时的数据访问，无法实现毫秒级的数据访问功能。HDFS 在完成数据访问操作时，要先访问 NameNode 节点，然后 NameNode 节点根据元数据信息访问相应的 DataNode，最后由 DataNode 节点通过网络传输将数据返回给客户端。整个数据访问过程涉及多个 I/O 操作。众所周知，I/O 操作是非常耗时的，尤其对于大文件。因此，HDFS 不支持低延时的数据访问。

2．无法高效地存储大量的小文件

在 HDFS 中，NameNode 主要负责存储 Hadoop 文件的元数据，如文件名、文件目录结构、文件创建时间、文件权限、文件副本数及每个文件的块列表和块所在的 DataNode 等信息。每个 Hadoop 文件的元数据大小为 150byte，而在一个服务器节点中，NameNode 分得的内存大小为 128GB。

如果在 HDFS 中存储了大量的小文件，则会消耗大量的内存资源，从而影响整个 HDFS 的性能和执行效率。而且对于 HDFS 来说，小文件存储的寻址时间会超过传输时间，这也与 HDFS 设计目标相悖。

3．不支持并发写入和随机修改文件

在 HDFS 中，一个文件只能由一个线程进行写入，不允许多个线程同时写入。目前，HDFS 仅支持数据的追加，不允许文件的随机修改。也就是说，HDFS 不支持随机写操作。即使是追加数据，HDFS 也是将该文件进行备份，然后在备份文件中追加数据，最后将追加数据的备份文件再上传至 HDFS 中。数据的追加操作会浪费磁盘存储资源。

4.3　HDFS 的组成架构

HDFS 主要负责海量数据的存储和管理，主要由 NameNode（NN）、DataNode（DN）和 SecondaryNameNode（2NN）三个部分组成，如图 4.1 所示。

其中，NameNode 主要负责存储和管理 Hadoop 文件的元数据，如文件名、文件目录结构、文件创建时间、文件权限、文件副本数及每个文件的块列表和块所在的 DataNode 等信息。概括地说，NameNode 主要具有以下功能：

❑ 管理 HDFS 的名称空间。

HDFS 与 Linux 文件系统类似，采用目录树的结构管理和定位文件。而 HDFS 的目录树是由名称空间 Namespace 进行管理的，名称空间管理的文件目录树是存储在 NameNode 内存中的，这样做可以大大提高数据的访问速度。

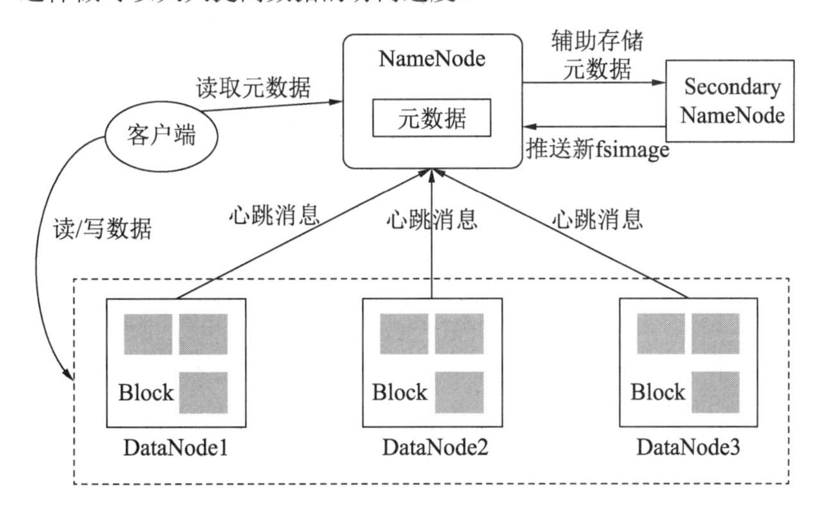

图 4.1　HDFS 架构组成

❑ 配置副本策略。

HDFS 通过配置副本策略来加速 MapReduce 分布式计算编程框架的读写速度。这种副本策略可以保证分布式文件系统的每个数据文件都采用分块存储的方式。存储在分布式文件系统中的每个数据块都存在多个备份，并且每个备份分别存储在 HDFS 的不同数据节点上。这种策略既提高了文件随机读和并发读的效率，又体现了 HDFS 的高可靠性和高效性。

❑ 管理数据块的映射信息。

HDFS 中包含 NameNode 和 DataNode，其中，DataNode 负责存储文件的数据块。同时，HDFS 具有多副本机制，每个数据块在 HDFS 集群中都有备份，并且分布在不同的 DataNode 节点上。而 NameNode 就负责记录并管理这些数据块的映射信息。

❑ 处理客户端 Client 的读/写请求。

NameNode 其实是整个 HDFS 的最高管理者，它负责管理整个文件系统的所有元数据。当客户端 Client 发起读请求访问某个数据请求时，客户端 Client 先要去访问 NameNode 获取所访问的元数据（文件的块列表及块所在的 DataNode 信息等）。

在 NameNode 返回相应的元数据信息后，客户端 Client 才能拿到所访问数据的具体地址信息，然后才能进行访问。当客户端 Client 发起存储某个数据的写请求时，客户端 Client 先要去访问 NameNode，将所存储数据的元数据信息（文件名、文件大小和文件副本数据等）发送给 NameNode。

当 NameNode 接收到相应的元数据信息时，会向客户端 client 发送规划的分块数量及相应的 DataNode 地址信息。客户端 Client 根据规划的分块数量及相应的 DataNode 地址信息进行分布式存储。

DataNode 利用本地文件系统存储 Hadoop 文件块数据及块数据的校验和。概括地说，

DataNode 主要具有以下功能：

- 存储文件的数据块。

NameNode 主要负责存储和管理每个文件的块列表和块所在的 DataNode 等信息。而 DataNode 是真正存储文件的数据块的地方。

- 执行数据块的读/写操作。

当客户端 Client 向 NameNode 发送读/写请求时，客户端 Client 要先访问 NameNode 获取数据的元数据信息，根据这些元数据信息，找到相应的 DataNode 节点，然后向 DataNode 发送执行读/写数据块的请求。当 DataNode 收到请求时，会对其管理的数据块进行读/写操作。

SecondaryNameNode 用来监控 HDFS 状态的辅助后台程序，每隔一段时间获取 HDFS 元数据的快照信息。值得注意的是，SecondaryNameNode 并不是第二个 NameNode。初学者看见这个单词，很容易联想到 SecondaryNameNode 是 NameNode 的备份节点，一旦 NameNode 出现宕机或者其他故障，SecondaryNameNode 会恢复元数据并承担 NameNode 的职责。其实并不是这样，SecondaryNameNode 是用来辅助 NameNode 工作的，当 NameNode 出现宕机或者其他故障时，它并不能立刻替换 NameNode 并对外提供 NameNode 服务。概括地说，SecondaryNameNode 主要具有以下功能。

- 辅助 NameNode。

NameNode 在工作时会在磁盘中备份元数据的 FsImage，然后将对元数据的更新操作追加到 Edits 文件（只进行追加操作，效率很高）。每当元数据有更新或者添加元数据时，NameNode 修改内存中的元数据并追加到 Edits 中。因此，当 NameNode 出现宕机或者其他故障时，SecondaryNameNode 能够利用 FsImage 和 Edits 的合并合成元数据。

然而，NameNode 定期进行 FsImage 和 Edits 的合并，会使效率降低。因此，SecondaryNameNode 用来辅助 NameNode 工作，专门用于进行 FsImage 和 Edits 的合并，并推送给 NameNode。

- 恢复部分元数据。

当 NameNode 节点出现断电或者遭遇其他紧急情况时，SecondaryNameNode 可以用来帮助 NameNode 进行元数据的恢复。但是，SecondaryNameNode 并不能恢复所有的数据，可能会出现数据的丢失。

4.4　设置 HDFS 文件块的大小

HDFS 中的文件在物理上是分块存储的，数据块的大小可以通过配置 HDFS 参数来进行设置。在 Hadoop 1.x 版本中，数据块默认为 64MB，而在 Hadoop 3.x 版本中，数据块默认为 128MB。

例如，我们通过客户端 Client 向 HDFS 中上传一个大小为 1GB 的数据，HDFS 会将这个文件每隔 128MB 切分为一块，然后将切分的多个数据块存储在 HDFS 的不同的 DataNode 节点上。当文件大小不足 128MB 时，HDFS 会将这个文件划分为一个数据块并存储在一个 DataNode 节点上，大小就不再是 128MB 了，而是文件实际大小。为什么在 Hadoop 3.x 版本中，Hadoop 官方会将每个数据块大小设置为 128MB 呢？Hadoop 官方给出了以下解释。

假设，在 HDFS 中存储了大量的文件，也就是说存储了大量的数据块。根据大量的试验和统计分析，Hadoop 查找某一个指定数据块的寻址时间约为 10ms。举例来说，客户端 Client 要上传一个文件，客户端首先会向 NameNode 发送上传文件请求。当 NameNode 接收到上传请求时，会去寻找一个 DataNode 节点，然后找到一块可以存储数据块的存储空间，并将这个地址返回给客户端。

也就是说，从 NameNode 接收到上传请求到将地址返回客户端所消耗的时间约为 10ms。Hadoop 官方专家指出，当 HDFS 寻址时间为传输时间的 1%时，HDFS 为最佳状态。由此可以计算出 HDFS 的最佳数据传输时间约为 1s（10ms/0.01=1000ms）。

结合目前市场的磁盘性能情况分析，主流的磁盘传输速率约为 128MB/s。再根据最佳数据传输时间，可以计算出最佳传输大小约为 128MB。因此，在 Hadoop 3.x 版本中，Hadoop 官方会将每个数据块大小设置为 128MB。

Hadoop 官方文档指出，每个数据块参数不能设置得太小，也不能设置得太大。如果数据块参数设置太小，那么会增加 HDFS 寻址数据块的时间。例如，客户端 Client 向 HDFS 上传一个大小为 1GB 的数据，如果数据块参数设置为 1MB，那么就需要分 1024 个数据块。Hadoop 查找某一个指定数据块的寻址时间约为 10ms，那么总体的寻址时间为 10s，这严重影响了 HDFS 的效率。

如果数据块参数设置太大，那么会导致从磁盘传输数据的时间明显大于定位数据块所需的时间。也就是说，HDFS 寻址时间将远小于传输时间的 1%，HDFS 不会是最佳状态。总而言之，数据块大小参数的设置主要取决于 Hadoop 集群磁盘的传输速率。

4.5　小　结

本章介绍了 HDFS 的产生背景、定义、HDFS 的优缺点和组织架构，分析了 HDFS 从根本上解决存储和管理海量数据的原因，最后介绍了如何设置 HDFS 存储的数据块的大小。

第 5 章　HDFS 基础操作

从本章开始，我们正式介绍如何使用 HDFS，主要从 Shell 命令操作和 API 调用操作两个方面进行讲解。

HDFS 的 Shell 命令操作简单、易上手，通过几行命令就能实现 HDFS 的增、删、改、查操作，但是其无法进行封装和二次开发，也不支持多种开发语言的客户端。

HDFS 的 API 调用操作敏捷、灵活，并且支持多种开发语言的客户端，便于开发人员进行封装和二次开发，然而其开发代码烦琐，有一定的学习成本。为了满足不同读者的需求，我们针对这两个使用场景进行详细讲解，帮助读者应对不同的需求场景。

5.1　HDFS 的 Shell 命令操作

用户在命令行终端输入 HDFS 的相关命令，即可实现对 HDFS 的操作。HDFS 的 Shell 命令简单、易懂，与 Linux 命令十分类似，大大降低了开发人员的学习成本。

5.1.1　HDFS 的帮助命令

在 HDFS 中，官方设置了大量的操作命令便于用户进行文件的增、删、改、查等各类操作。读者可以通过以下命令查看 HDFS 的所有命令。

```
[xuzheng@hadoop101 hadoop-3.2.2]$ cd /opt/module/hadoop-3.2.2
[xuzheng@hadoop101 hadoop-3.2.2]$ bin/hdfs dfs
Usage: hadoop fs [generic options]
    [-appendToFile <localsrc> ... <dst>]
    [-cat [-ignoreCrc] <src> ...]
    [-checksum <src> ...]
    [-chgrp [-R] GROUP PATH...]
    [-chmod [-R] <MODE[,MODE]... | OCTALMODE> PATH...]
    [-chown [-R] [OWNER][:[GROUP]] PATH...]
    [-copyFromLocal [-f] [-p] [-l] <localsrc> ... <dst>]
    [-copyToLocal [-p] [-ignoreCrc] [-crc] <src> ... <localdst>]
    [-count [-q] [-h] <path> ...]
    [-cp [-f] [-p | -p[topax]] <src> ... <dst>]
    [-createSnapshot <snapshotDir> [<snapshotName>]]
    [-deleteSnapshot <snapshotDir> <snapshotName>]
    [-df [-h] [<path> ...]]
    [-du [-s] [-h] <path> ...]
    [-expunge]
    [-find <path> ... <expression> ...]
    [-get [-p] [-ignoreCrc] [-crc] <src> ... <localdst>]
    [-getfacl [-R] <path>]
```

```
    [-getfattr [-R] {-n name | -d} [-e en] <path>]
    [-getmerge [-nl] <src> <localdst>]
    [-help [cmd ...]]
    [-ls [-d] [-h] [-R] [<path> ...]]
    [-mkdir [-p] <path> ...]
    [-moveFromLocal <localsrc> ... <dst>]
    [-moveToLocal <src> <localdst>]
    [-mv <src> ... <dst>]
    [-put [-f] [-p] [-l] <localsrc> ... <dst>]
    [-renameSnapshot <snapshotDir> <oldName> <newName>]
    [-rm [-f] [-r|-R] [-skipTrash] <src> ...]
    [-rmdir [--ignore-fail-on-non-empty] <dir> ...]
    [-setfacl [-R] [{-b|-k} {-m|-x <acl_spec>} <path>]|[--set <acl_spec>
<path>]]
    [-setfattr {-n name [-v value] | -x name} <path>]
    [-setrep [-R] [-w] <rep> <path> ...]
    [-stat [format] <path> ...]
    [-tail [-f] <file>]
    [-test -[defsz] <path>]
    [-text [-ignoreCrc] <src> ...]
    [-touchz <path> ...]
    [-truncate [-w] <length> <path> ...]
    [-usage [cmd ...]]

Generic options supported are
-conf <configuration file>     specify an application configuration file
-D <property=value>            use value for given property
-fs <local|namenode:port>      specify a namenode
-jt <local|resourcemanager:port>    specify a ResourceManager
-files <comma separated list of files>    specify comma separated files to
be copied to the map reduce cluster
-libjars <comma separated list of jars>    specify comma separated jar files
to include in the classpath.
-archives <comma separated list of archives>    specify comma separated
archives to be unarchived on the compute machines.

The general command line syntax is
bin/hadoop command [genericOptions] [commandOptions
```

此外，也可以查看每个命令的具体功能说明和使用方法。例如，在 Hadoop 集群的任意一个服务器节点上执行如下命令：

```
[xuzheng@hadoop101 hadoop-3.2.2]$ cd /opt/module/hadoop-3.2.2
[xuzheng@hadoop101 hadoop-3.2.2]$ bin/hdfs dfs -help rm
-rm [-f] [-r|-R] [-skipTrash] <src> ... :
  Delete all files that match the specified file pattern. Equivalent to the
Unix
  command "rm <src>"

  -skipTrash  option bypasses trash, if enabled, and immediately deletes
<src>
  -f    If the file does not exist, do not display a diagnostic message or
        modify the exit status to reflect an error.
  -[rR]  Recursively deletes directories
```

在输出结果中，可以查看如何删除 HDFS 的文件或者目录。例如：在删除命令 rm 后添加参数-f，可以强制删除；在删除命令 rm 后添加参数-r，可以递归地删除 HDFS 的目录。

5.1.2　显示 HDFS 的目录信息

使用过 Linux 操作系统的用户都知道如何查看 Linux 操作系统下某个目录的信息。与 Linux 文件系统类似，在 HDFS 中，通过-ls 命令可以查看 HDFS 目录信息。在 Hadoop 集群的任意一个服务器节点上执行如下命令，可以查看 HDFS 中的根目录信息。

```
[xuzheng@hadoop101 hadoop-3.2.2]$ cd /opt/module/hadoop-3.2.2
[xuzheng@hadoop101 hadoop-3.2.2]$ bin/hdfs dfs -ls /
Found 2 items
drwxr-xr-x   - xuzheng supergroup      0 2020-07-03 10:47 /dh-test
drwxr-xr-x   - xuzheng supergroup      0 2020-07-05 20:43 /spark_history
```

如果是第一次启动 HDFS，那么在根目录下是没有任何内容的，为了演示效果，笔者在根目录下添加了一些信息。此外，还可以查看 HDFS 中某个具体目录的信息，如/dh-test 目录。

```
[xuzheng@hadoop101 hadoop-3.2.2]$ cd /opt/module/hadoop-3.2.2
[xuzheng@hadoop101 hadoop-3.2.2]$ bin/hdfs dfs -ls /dh-test
Found 3 items
drwxr-xr-x - xuzheng supergroup  0  2020-07-03 10:47 /dh-test/02a91f1c-
e561-4ef49db97966
drwxr-xr-x - xuzheng supergroup  0  2020-07-03 05:16 /dh-test/3ed787be-
b7c4-d7b3f20bfae1
drwxr-xr-x - xuzheng supergroup  0  2020-07-01 11:56 /dh-test/59771298-
828c-661e722dc6d9
```

5.1.3　创建 HDFS 目录

在 Linux 文件系统中，用户可以使用 mkdir 命令创建一个目录，对于 HDFS 来说，执行如下命令可以创建 HDFS 目录。

```
[xuzheng@hadoop101 hadoop-3.2.2]$ cd /opt/module/hadoop-3.2.2
[xuzheng@hadoop101 hadoop-3.2.2]$ bin/hdfs dfs -mkdir /user
[xuzheng@localhost hadoop-3.2.2]# bin/hdfs dfs -ls /
Found 3 items
drwxr-xr-x   - xuzheng supergroup      0 2020-07-03 10:47 /dh-test
drwxr-xr-x   - xuzheng supergroup      0 2020-07-05 20:43 /spark_history
drwxr-xr-x   - xuzheng supergroup      0 2020-07-20 13:43 /user
```

通过上一节提到的显示 HDFS 目录信息的命令-ls，可以查看/user 目录是否创建成功。如果想创建多级目录，需要添加参数-p，执行命令如下：

```
[xuzheng@localhost hadoop-3.2.2]# bin/hdfs dfs -mkdir -p /user/xuzheng
[xuzheng@localhost hadoop-3.2.2]# bin/hdfs dfs -ls /
Found 4 items
drwxr-xr-x   - xuzheng supergroup       0 2020-07-03 10:47 /dh-test
drwxr-xr-x   - xuzheng supergroup       0 2020-07-05 20:43 /spark_history
drwxr-xr-x   - xuzheng supergroup       0 2020-07-20 13:43 /user
[xuzheng@localhost hadoop-3.2.2]# bin/hdfs dfs -ls /user
Found 1 items
drwxr-xr-x   - xuzheng supergroup       0 2020-07-20 13:46 /user/xuzheng
```

5.1.4　将本地文件复制到 HDFS 中

HDFS 最主要的作用就是帮助用户存储海量的数据，因此如何将文件上传至 HDFS 并实现多备份存储至关重要。接下来将会介绍如何将本地文件系统中的文件复制到 HDFS 中。在 Hadoop 集群的任意一个服务器节点上执行命令-copyFromLocal，可以将本地文件上传至 HDFS 中，通过-ls 命令可以查看是否上传成功。

```
[xuzheng@localhost hadoop-3.2.2]$ cd /opt/module/hadoop-3.2.2
[xuzheng@localhost hadoop-3.2.2]# bin/hdfs dfs -copyFromLocal README.txt
/user/xuzheng
[xuzheng@localhost hadoop-3.2.2]# bin/hdfs dfs -ls /user/xuzheng
Found 1 items
-rw-r--r--   1 xuzheng supergroup       1366 2020-07-20 14:25 /user/xuzheng/
README.txt
```

5.1.5　将 HDFS 中的文件复制到本地文件系统中

用户在使用 HDFS 时，除了将文件上传到 HDFS 中，实现多备份存储之外，有时还需要将存储在 HDFS 中的文件下载下来进行查看和分析。本节将会介绍如何将 HDFS 中的文件复制到本地文件系统中。在 Hadoop 集群的任意一个服务器节点上执行命令-copyToLocal，可以将 HDFS 中的文件下载到本地文件系统中，并且可以通过 ls 命令查看是否下载成功。

```
[xuzheng@localhost  hadoop-3.2.2]$  cd /opt/module/hadoop-3.2.2
[xuzheng@localhost hadoop-3.2.2]# bin/hdfs dfs -copyToLocal /user/xuzheng/
README.txt  ./README-copy.txt
[xuzheng@localhost  hadoop-3.2.2]#  ls
bin  data  etc  include  lib  libexec  LICENSE.txt  logs  NOTICE.txt
README-copy.txt  README.txt  sbin  share
```

5.1.6　输出 HDFS 文件内容

上一节我们通过命令-copyToLocal 将 HDFS 中的文件下载到本地文件系统上进行查看和分析。为了便于用户能够及时查看并分析 HDFS 中的文件，可以执行如下命令，输出 HDFS 中的文件内容。

```
[xuzheng@localhost  hadoop-3.2.2]$  cd /opt/module/hadoop-3.2.2
[xuzheng@localhost hadoop-3.2.2]# bin/hdfs dfs -cat /user/xuzheng/
README.txt
For the latest information about Hadoop, please visit our website at:

   http://hadoop.apache.org/core/

and our wiki, at:

   http://wiki.apache.org/hadoop/

This distribution includes cryptographic software.  The country in
which you currently reside may have restrictions on the import,
possession, use, and/or re-export to another country, of
encryption software.  BEFORE using any encryption software, please
check your country's laws, regulations and policies concerning the
import, possession, or use, and re-export of encryption software, to
see if this is permitted.  See <http://www.wassenaar.org/> for more
information.
```

```
The U.S. Government Department of Commerce, Bureau of Industry and
Security (BIS), has classified this software as Export Commodity
Control Number (ECCN) 5D002.C.1, which includes information security
software using or performing cryptographic functions with asymmetric
algorithms. The form and manner of this Apache Software Foundation
distribution makes it eligible for export under the License Exception
ENC Technology Software Unrestricted (TSU) exception (see the BIS
Export Administration Regulations, Section 740.13) for both object
code and source code.

The following provides more details on the included cryptographic
software:
  Hadoop Core uses the SSL libraries from the Jetty project written
by mortbay.org.
```

5.1.7　追加 HDFS 文件内容

除了可以输出 HDFS 中的文件之外，还可以向 HDFS 中的文件追加内容。为了便于演示，我们首先在本地文件系统中创建 aaa.txt 和 bbb.txt 两个文件并编辑如下内容。

```
[xuzheng@localhost  hadoop-3.2.2]$  cd /opt/module/hadoop-3.2.2
[xuzheng@localhost  hadoop-3.2.2]#  vi aaa.txt
# 编辑内容如下
hadoop yarn
hadoop mapreduce
xuzheng
xuzheng
[xuzheng@localhost  hadoop-3.2.2]#  vi bbb.txt
# 编辑内容如下
hello world
```

然后保存并退出。接下来将两个文件上传至 HDFS，再通过-ls 命令查看文件是否上传成功。

```
[xuzheng@localhost  hadoop-3.2.2]$  cd /opt/module/hadoop-3.2.2
[xuzheng@localhost  hadoop-3.2.2]# bin/hdfs dfs -copyFromLocal aaa.txt
/user/xuzheng
[xuzheng@localhost  hadoop-3.2.2]# bin/hdfs dfs -copyFromLocal bbb.txt
/user/xuzheng
[xuzheng@localhost  hadoop-3.2.2]# bin/hdfs dfs -ls /user/xuzheng
Found 2 items
-rw-r--r--   1 xuzheng supergroup      1366 2020-07-20 14:25 /user/xuzheng/
README.txt
-rw-r--r--   1 xuzheng supergroup        45 2020-07-20 15:05 /user/xuzheng/
aaa.txt
-rw-r--r--   1 xuzheng supergroup        12 2020-07-20 15:05 /user/xuzheng/
bbb.txt
```

最后，通过-appendToFile 命令向 HDFS 中的 aaa.txt 文件追加 bbb.txt 文件中的内容，并通过-cat 命令查看是否追加成功。

```
[xuzheng@localhost  hadoop-3.2.2]$  cd /opt/module/hadoop-3.2.2
[xuzheng@localhost  hadoop-3.2.2]#  bin/hdfs dfs -appendToFile bbb.txt
/user/xuzheng/aaa.txt
[xuzheng@localhost  hadoop-3.2.2]#  bin/hdfs dfs -cat /user/xuzheng/
```

```
aaa.txt
hadoop yarn
hadoop mapreduce
xuzheng
xuzheng
hello world
```

5.1.8　修改 HDFS 文件操作权限

在 Linux 文件系统中，每个文件都有自己的操作权限，如可读、可写和可执行。在 HDFS 中，每个文件也有相应的操作权限，读者可以通过 5.1.2 节所讲述的-ls 命令来查看指定目录下所有文件的操作权限。

```
[xuzheng@localhost  hadoop-3.2.2]$  cd /opt/module/hadoop-3.2.2
[xuzheng@localhost  hadoop-3.2.2]#  bin/hdfs dfs -ls /user/xuzheng
Found 4 items
-rw-r--r--   1 xuzheng supergroup         57 2020-07-20 15:19 /user/xuzheng/
aaa.txt
-rw-r--r--   1 xuzheng supergroup         12 2020-07-20 15:15 /user/xuzheng/
bbb.txt
-rw-r--r--   1 xuzheng supergroup         11 2020-07-20 15:37 /user/xuzheng/
ccc.txt
-rw-r--r--   1 xuzheng supergroup         57 2020-07-20 15:47 /user/xuzheng/
eee.txt
```

与 Linux 文件系统类似，通过-chmod 命令也可以修改 HDFS 中的文件操作权限。在 Hadoop 集群的任意一个服务器节点上执行命令-chmod，可以将 HDFS 中的文件操作权限进行修改，通过-ls 命令可以查看是否修改成功。

```
[xuzheng@localhost  hadoop-3.2.2]$  cd /opt/module/hadoop-3.2.2
[xuzheng@localhost hadoop-3.2.2]# bin/hdfs dfs -chmod 666 /user/xuzheng/
aaa.txt
[xuzheng@localhost hadoop-3.2.2]# bin/hdfs dfs -ls /user/xuzheng
Found 4 items
-rw-rw-rw-   1 xuzheng supergroup         57 2020-07-20 15:19 /user/xuzheng/
aaa.txt
-rw-r--r--   1 xuzheng supergroup         12 2020-07-20 15:15 /user/xuzheng/
bbb.txt
-rw-r--r--   1 xuzheng supergroup         11 2020-07-20 15:37 /user/xuzheng/
ccc.txt
-rw-r--r--   1 xuzheng supergroup         57 2020-07-20 15:47 /user/xuzheng/
eee.txt
```

5.1.9　将本地文件移动至 HDFS 中

5.1.4 节介绍了如何将本地文件上传到 HDFS 中。HDFS 中的-moveFromLocal 命令可以将本地文件移动到 HDFS 中，类似 Linux 系统中的 mv 剪切命令。首先在本地文件系统中创建一个文件 ccc.txt，然后编辑如下内容。

```
[xuzheng@localhost  hadoop-3.2.2]$  cd /opt/module/hadoop-3.2.2
[xuzheng@localhost  hadoop-3.2.2]#  vi ccc.txt
# 编辑内容如下
hello hdfs
```

在 Hadoop 集群的任意一个服务器节点上执行命令-moveFromLocal，然后通过-ls 命令查看是否移动成功。

```
[xuzheng@localhost  hadoop-3.2.2]$  cd /opt/module/hadoop-3.2.2
[xuzheng@localhost  hadoop-3.2.2]#  bin/hdfs dfs -moveFromLocal ccc.txt
/user/xuzheng
[xuzheng@localhost  hadoop-3.2.2]#  ls
aaa.txt  bbb.txt  bin  data  etc  include  lib  libexec  LICENSE.txt  logs
NOTICE.txt  README-copy.txt  README.txt  sbin  share
[xuzheng@localhost  hadoop-3.2.2]#  bin/hdfs dfs -ls /user/xuzheng
Found 4 items
-rw-r--r--   1 xuzheng supergroup       1366 2020-07-20 14:25 /user/xuzheng/
README.txt
-rw-r--r--   1 xuzheng supergroup         57 2020-07-20 15:19 /user/xuzheng/
aaa.txt
-rw-r--r--   1 xuzheng supergroup         12 2020-07-20 15:15 /user/xuzheng/
bbb.txt
-rw-r--r--   1 xuzheng supergroup         11 2020-07-20 15:37 /user/xuzheng/
ccc.txt
```

5.1.10　复制 HDFS 文件

5.1.4 节介绍了如何将本地文件上传到 HDFS 中。HDFS 中的-cp 命令可以将 HDFS 中的文件从一个路径复制至另一个路径。

```
[xuzheng@localhost  hadoop-3.2.2]$ cd /opt/module/hadoop-3.2.2
[xuzheng@localhost  hadoop-3.2.2]# bin/hdfs dfs -cp /user/xuzheng/aaa.txt
/user/xuzheng/ddd.txt
[xuzheng@localhost  hadoop-3.2.2]# bin/hdfs dfs -ls /user/xuzheng
Found 5 items
-rw-r--r--   1 xuzheng supergroup       1366 2020-07-20 14:25 /user/xuzheng/
README.txt
-rw-r--r--   1 xuzheng supergroup         57 2020-07-20 15:19 /user/xuzheng/
aaa.txt
-rw-r--r--   1 xuzheng supergroup         12 2020-07-20 15:15 /user/xuzheng/
bbb.txt
-rw-r--r--   1 xuzheng supergroup         11 2020-07-20 15:37 /user/xuzheng/
ccc.txt
-rw-r--r--   1 xuzheng supergroup         57 2020-07-20 15:47 /user/xuzheng/
ddd.txt
```

5.1.11　移动 HDFS 文件

5.1.9 节介绍了如何将本地文件移动到 HDFS 中。HDFS 中的-mv 命令可以将 HDFS 中的文件从一个路径移动至另一个路径，类似 Linux 系统中的剪切命令。

```
[xuzheng@localhost  hadoop-3.2.2]$ cd /opt/module/hadoop-3.2.2
[xuzheng@localhost  hadoop-3.2.2]# bin/hdfs dfs -mv /user/xuzheng/ddd.txt
/user/xuzheng/eee.txt
[xuzheng@localhost  hadoop-3.2.2]# bin/hdfs dfs -ls /user/xuzheng
Found 5 items
-rw-r--r--   1 xuzheng supergroup       1366 2020-07-20 14:25 /user/xuzheng/
README.txt
-rw-r--r--   1 xuzheng supergroup         57 2020-07-20 15:19 /user/xuzheng/
```

```
aaa.txt
-rw-r--r--   1 xuzheng supergroup          12 2020-07-20 15:15 /user/xuzheng/
bbb.txt
-rw-r--r--   1 xuzheng supergroup          11 2020-07-20 15:37 /user/xuzheng/
ccc.txt
-rw-r--r--   1 xuzheng supergroup          57 2020-07-20 15:47 /user/xuzheng/
eee.txt
```

5.1.12　上传 HDFS 文件

5.1.4 节介绍了如何将本地文件上传到 HDFS 中。在 HDFS 中，除了-copyFromLocal 命令可以将本地文件移动到 HDFS 中以外，-put 命令也可以实现本地文件的上传功能。在 Hadoop 集群的任意一个服务器节点上执行-put 命令，可以将本地文件上传至 HDFS，通过-ls 命令可以查看是否上传成功。

```
[xuzheng@localhost hadoop-3.2.2]$ cd /opt/module/hadoop-3.2.2
[xuzheng@localhost hadoop-3.2.2]# bin/hdfs dfs -put README.txt /user/
xuzheng
[xuzheng@localhost hadoop-3.2.2]# bin/hdfs dfs -ls /user/xuzheng
Found 1 items
-rw-r--r--   1 xuzheng supergroup        1366 2020-07-20 14:25 /user/xuzheng/
README.txt
```

5.1.13　下载 HDFS 文件

5.1.5 节介绍了如何将 HDFS 中的文件下载到本地。在 HDFS 中，除了-copyToLocal 命令可以将 HDFS 中的文件下载到本地以外，-get 命令也可以实现 HDFS 文件的下载功能。在 Hadoop 集群的任意一个服务器节点上执行-get 命令，可以将 HDFS 的文件下载到本地文件系统上，通过 ls 命令查看是否下载成功。

```
[xuzheng@localhost  hadoop-3.2.2]$  cd /opt/module/hadoop-3.2.2
[xuzheng@localhost hadoop-3.2.2]# bin/hdfs dfs -get /user/xuzheng/
README.txt  ./README-copy.txt
[xuzheng@localhost  hadoop-3.2.2]#  ls
bin  data  etc  include  lib  libexec  LICENSE.txt  logs  NOTICE.txt
README-copy.txt  README.txt  sbin  share
```

5.1.14　删除文件或目录

用户在使用 HDFS 时，除了实现对 HDFS 文件的新增、修改和查看操作以外，还可以对存储在 HDFS 中的文件或者目录进行删除。接下来将介绍如何将 HDFS 的文件或者目录进行删除。在 Hadoop 集群的任意一个服务器节点上执行-rm 命令，可以将 HDFS 中的文件进行删除，通过 ls 命令可以查看是否删除成功。

```
[xuzheng@localhost  hadoop-3.2.2]$  cd /opt/module/hadoop-3.2.2
[xuzheng@localhost  hadoop-3.2.2]#  bin/hdfs dfs -rm /user/xuzheng/
README.txt
20/07/20 16:21:31 INFO fs.TrashPolicyDefault: Namenode trash configuration:
Deletion interval = 0 minutes, Emptier interval = 0 minutes.
Deleted /user/xuzheng/README.txt
```

```
[xuzheng@localhost  hadoop-3.2.2]#  bin/hdfs dfs -ls /user/xuzheng
Found 4 items
-rw-r--r--   1 xuzheng supergroup          57 2020-07-20 15:19 /user/xuzheng/
aaa.txt
-rw-r--r--   1 xuzheng supergroup          12 2020-07-20 15:15 /user/xuzheng/
bbb.txt
-rw-r--r--   1 xuzheng supergroup          11 2020-07-20 15:37 /user/xuzheng/
ccc.txt
-rw-r--r--   1 xuzheng supergroup          57 2020-07-20 15:47 /user/xuzheng/
eee.txt
```

如果要对 HDFS 中的目录进行删除操作，则需要添加额外的参数-r。

```
[xuzheng@localhost  hadoop-3.2.2]$  cd /opt/module/hadoop-3.2.2
[xuzheng@localhost  hadoop-3.2.2]$ bin/hdfs dfs -rm -r /user/tmp
20/07/21 12:59:44 INFO fs.TrashPolicyDefault: Namenode trash configuration:
Deletion interval = 0 minutes, Emptier interval = 0 minutes.
Deleted /user/tmp
```

5.1.15　批量下载 HDFS 文件

5.1.5 节和 5.1.13 节都介绍了如何将 HDFS 中的文件下载到本地，但是，-copyToLocal 和-get 命令只能下载单个文件，无法处理多个文件。为了便于多个文件的合并下载并将其存储在本地的一个文件中，可以使用-getmerge 命令。在 Hadoop 集群的任意一个服务器节点上执行命令-getmerge，可以将 HDFS 中的多个文件合并下载到本地，通过 ls 命令可以查看是否下载成功。

```
[xuzheng@localhost  hadoop-3.2.2]$  cd /opt/module/hadoop-3.2.2
[root@localhost hadoop-3.2.2]# bin/hdfs dfs -getmerge /user/xuzheng/
* ./merge.txt
[root@localhost hadoop-3.2.2]# ls
aaa.txt  bbb.txt  bin  data  etc  include  lib  libexec  LICENSE.txt  logs
merge.txt  NOTICE.txt  README-copy.txt  README.txt  sbin  share
[root@localhost hadoop-3.2.2]# cat merge.txt
hadoop yarn
hadoop mapreduce
xuzheng
xuzheng
hello world
hello world
hello hdfs
hadoop yarn
hadoop mapreduce
xuzheng
xuzheng
hello world
```

5.1.16　显示文件的末尾

为了能够及时定位指定文件的末尾信息，在 HDFS 中可以使用如下命令。

```
[xuzheng@localhost  hadoop-3.2.2]$  cd /opt/module/hadoop-3.2.2
[xuzheng@localhost  hadoop-3.2.2]#  bin/hdfs dfs -tail /user/xuzheng/
aaa.txt
hadoop yarn
hadoop mapreduce
xuzheng
xuzheng
hello world
```

5.1.17　统计目录的大小

为了便于统计 HDFS 指定目录的大小，HDFS 提供了-du 命令。同时，通过添加参数-s，可以显示指定目录下的所有文件的大小。在 Hadoop 集群的任意一个服务器节点上执行命令-du，可以统计 HDFS 目录下每个文件的大小。

```
[xuzheng@localhost  hadoop-3.2.2]$  cd /opt/module/hadoop-3.2.2
[xuzheng@localhost  hadoop-3.2.2]#  bin/hdfs dfs -du /user/xuzheng
57  /user/xuzheng/aaa.txt
12  /user/xuzheng/bbb.txt
11  /user/xuzheng/ccc.txt
57  /user/xuzheng/eee.txt
[xuzheng@localhost  hadoop-3.2.2]# bin/hdfs dfs -du -s /user/xuzheng
137  /user/xuzheng
```

5.1.18　设置 HDFS 中的文件副本数量

HDFS 不仅能够存储海量的数据，同时还支持多备份存储。当某个 DataNode 节点死机或者出现其他故障时，其数据在 Hadoop 集群中的其他 DataNode 节点都有备份，可以继续对外提供服务，因此 HDFS 具有可靠性。

在 HDFS 中，文件的副本数量可以调节，默认的副本数量为 3。在 Hadoop 集群的任意一个服务器节点上执行命令-setrep，可以设置 HDFS 目录下每个文件的副本数量。

```
[xuzheng@localhost  hadoop-3.2.2]$  cd /opt/module/hadoop-3.2.2
[xuzheng@localhost  hadoop-3.2.2]#  bin/hdfs dfs -setrep 6 /user/xuzheng/
aaa.txt
```

5.2　HDFS 的 API 调用操作

对于 HDFS 的 API 调用操作，用户可以基于 Java 和 Python 等语言调用 HDFS 提供的 API 接口，实现对 HDFS 的增、删、改、查操作。HDFS 的 API 调用操作敏捷、灵活，支持多种开发语言的客户端，便于开发人员进行封装和二次开发。

5.2.1　准备开发环境

为了能够实现 HDFS 的 API 调用操作，需要准备以下开发环境。

1．搭建一个Maven工程

本节基于集成开发工具 IntelliJ IDEA 进行 Java 编程开发，并且构建一个 Maven 工程 hdfs-client-demo，实现对 HDFS 的增、删、改、查操作。为了搭建一个 Maven 工程项目，需要执行如下步骤。

（1）打开 IntelliJ IDEA。

打开集成开发工具 IntelliJ IDEA，单击选项 Create New Project 创建一个项目，如图 5.1 所示。

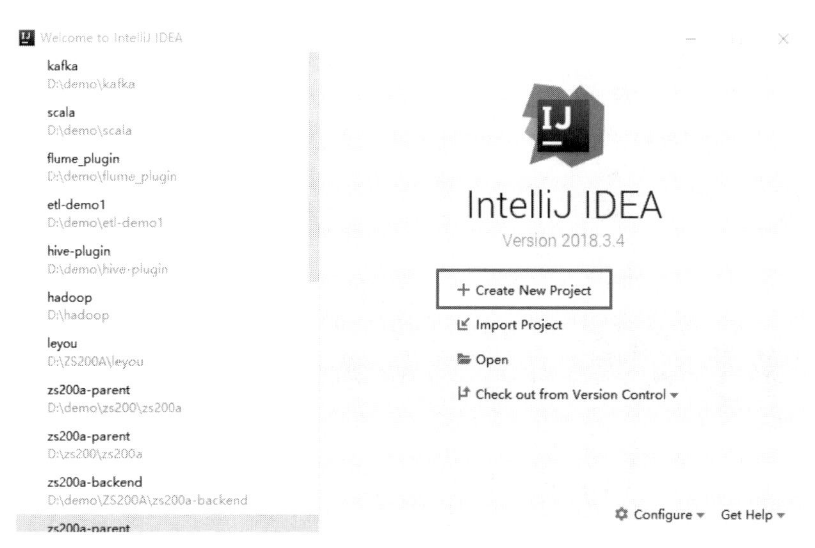

图 5.1　打开 IDEA 开发工具

（2）选择 Maven 工程。

按照图 5.2 所示，首先选择一个 Maven 工程，然后配置 Java 的版本信息，最后单击 Next 按钮。

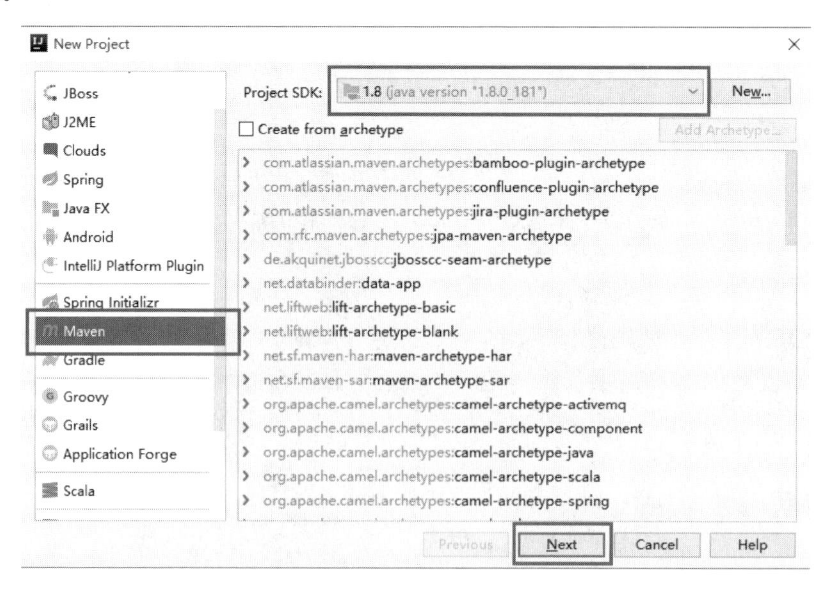

图 5.2　选择 Maven 工程

（3）添加 Maven 工程版本信息。

填写 Maven 工程的版本信息，如 GroupId、ArtifactId 和 Version，如图 5.3 所示。

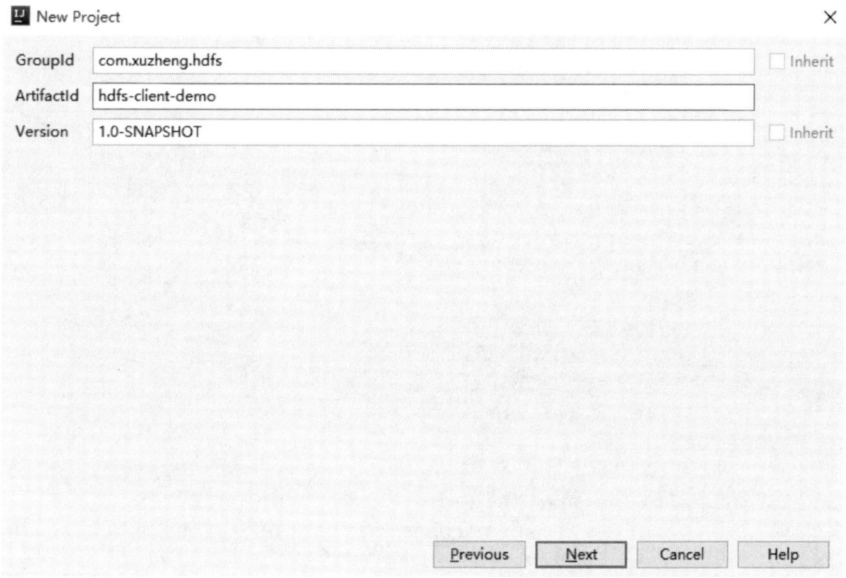

New Project
GroupId
com.xuzheng.hdfs
Inherit
ArtifactId
hdfs-client-demo
Version
1.0-SNAPSHOT
Inherit
Previous
Next
Cancel
Help

图 5.3　添加 Maven 工程的版本信息

（4）填写 Maven 工程名称和存储位置。

填写 Maven 工程的名称，同时填写该 Maven 工程存储的位置，如图 5.4 所示。

New Project
Project name:
hdfs-client-demo
Project location:
D:\demo\hdfs-client-demo
More Settings
Previous
Finish
Cancel
Help

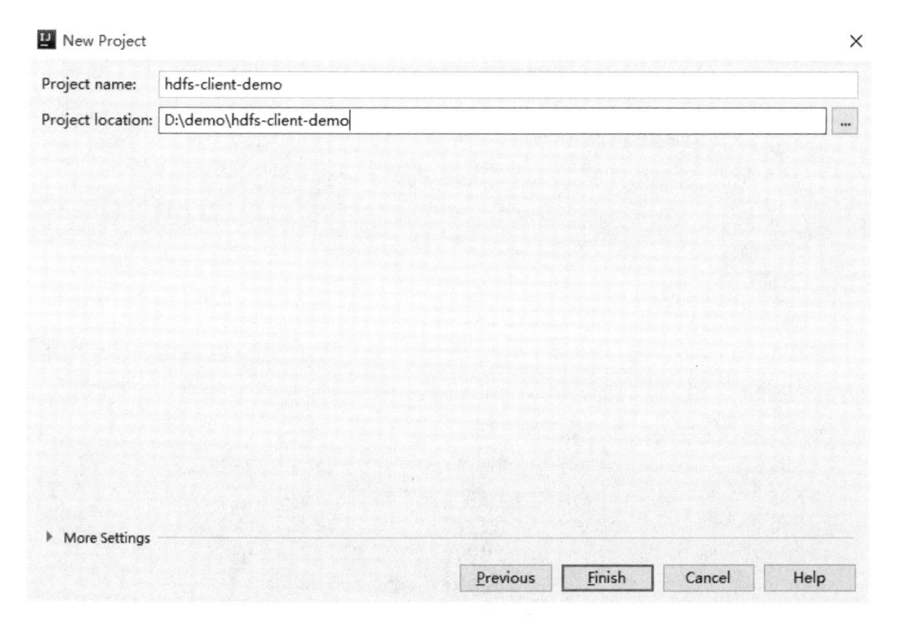

图 5.4　填写 Maven 工程名称和存储位置

2. 添加依赖包的信息

pom.xml 文件是 Maven 工程项目的一种配置文件，用来标记项目的相关开发包引入坐标、依赖关系和使用者需要遵守的规则等信息。在该 Maven 项目的 pom.xml 文件中添加内容如下：

```
<dependencies>
       <dependency>
           <groupId>junit</groupId>
           <artifactId>junit</artifactId>
           <version>RELEASE</version>
       </dependency>
       <dependency>
           <groupId>org.apache.logging.log4j</groupId>
           <artifactId>log4j-core</artifactId>
           <version>2.8.2</version>
       </dependency>
       <dependency>
           <groupId>org.apache.hadoop</groupId>
           <artifactId>hadoop-common</artifactId>
           <version>3.2.2</version>
       </dependency>
       <dependency>
           <groupId>org.apache.hadoop</groupId>
           <artifactId>hadoop-client</artifactId>
           <version>3.2.2</version>
       </dependency>
       <dependency>
           <groupId>org.apache.hadoop</groupId>
           <artifactId>hadoop-hdfs</artifactId>
           <version>3.2.2</version>
       </dependency>
       <dependency>
           <groupId>jdk.tools</groupId>
           <artifactId>jdk.tools</artifactId>
           <version>1.8</version>
           <scope>system</scope>
           <systemPath>${JAVA_HOME}/lib/tools.jar</systemPath>
       </dependency>
</dependencies>
```

3. 添加log4j配置信息

本节在创建 maven 项目时引入了 log4j 的 jar 包，为了能够正常运行 log4j 程序，需要在 src/main/resources 目录下添加一个 log4j.properties 配置文件，添加内容如下：

```
log4j.rootLogger=INFO, stdout
log4j.appender.stdout=org.apache.log4j.ConsoleAppender
log4j.appender.stdout.layout=org.apache.log4j.PatternLayout
log4j.appender.stdout.layout.ConversionPattern=%d %p [%c] - %m%n
log4j.appender.logfile=org.apache.log4j.FileAppender
log4j.appender.logfile.File=target/spring.log
log4j.appender.logfile.layout=org.apache.log4j.PatternLayout
log4j.appender.logfile.layout.ConversionPattern=%d %p [%c] - %m%n
```

5.2.2　通过 API 创建目录

用户可以通过 Shell 脚本命令-mkdir 创建 HDFS 目录。如果想通过 API 调用的方式创建一个 HDFS 目录，则需要编写一个 HdfsClient 类并实现一个 testMkdirs 方法，具体代码如下：

```
public class HdfsClient{
@Test
public void testMkdirs() throws IOException, InterruptedException, 
URISyntaxException{

        // 1. 获取文件系统
        Configuration configuration = new Configuration();
        // 配置在集群上运行

        FileSystem fs = FileSystem.get(new URI("hdfs://hadoop101:9000"), 
configuration, "xuzheng");

        // 2. 创建目录
        fs.mkdirs(new Path("/user/xuzheng/test"));

        // 3. 关闭资源
        fs.close();
    }
}
```

5.2.3　通过 API 上传文件

用户可以通过 Shell 命令-copyFromLocal 将本地文件上传至 HDFS 中。如果想通过 API 调用的方式将文件上传至 HDFS 中，则需要编写一个 HdfsClient 类并实现一个 testCopyFromLocalFile 方法，具体代码如下：

```
public class HdfsClient{
@Test
public void testCopyFromLocalFile() throws IOException, InterruptedException, 
URISyntaxException {

        // 1. 获取文件系统
        Configuration configuration = new Configuration();
        configuration.set("dfs.replication", "3");
        FileSystem fs = FileSystem.get(new URI("hdfs://hadoop101:9000"), 
configuration, "xuzheng");

        // 2. 上传文件
        fs.copyFromLocalFile(new Path("d:/aaa.txt"), new Path("/user/
xuzheng/aaa.txt"));

        // 3. 关闭资源
        fs.close();
    }
}
```

5.2.4　通过 API 下载文件

用户可以通过 Shell 命令-copyToLocal 将 HDFS 中的文件下载至本地。如果想通过 API

调用的方式将文件下载至本地，则需要编写一个 HdfsClient 类并实现一个 testCopyToLocalFile 方法，具体代码如下：

```
public class HdfsClient{
@Test
public void testCopyToLocalFile() throws IOException, InterruptedException,
URISyntaxException{

        // 1. 获取文件系统
        Configuration configuration = new Configuration();
        FileSystem fs = FileSystem.get(new URI("hdfs://hadoop101:9000"),
configuration, "xuzheng");

        // 2. 执行下载操作
        // boolean delSrc 指是否将原文件删除
        // Path src 指要下载的文件路径
        // Path dst 指将文件存储的路径
        fs.copyToLocalFile(false, new Path("/user/xuzheng/aaa.txt"), new
Path("d:/e.txt"), true);

        // 3. 关闭资源
        fs.close();
    }
}
```

5.2.5　通过 API 删除目录

用户可以通过 Shell 命令-rm 将 HDFS 中的目录进行删除。如果想通过 API 调用的方式删除 HDFS 中的目录，则需要编写一个 HdfsClient 类并实现一个 testDelete 方法，具体代码如下：

```
public class HdfsClient{
@Test
public void testDelete() throws IOException, InterruptedException,
URISyntaxException{

    // 1. 获取文件系统
    Configuration configuration = new Configuration();
    FileSystem fs = FileSystem.get(new URI("hdfs://hadoop101:9000"),
configuration, "xuzheng");

    // 2. 执行删除
    fs.delete(new Path("/user/xuzheng/test"), true);

    // 3. 关闭资源
    fs.close();
    }
}
```

5.2.6　通过 API 修改文件名称

用户可以通过 Shell 命令-mv 将 HDFS 中的文件从一个路径移动至另一个路径，同时该命令也可以实现文件的重命名。如果想通过 API 调用的方式将 HDFS 中的文件进行重命名，则需要编写一个 HdfsClient 类并实现一个 testRename 方法，具体代码如下：

```
public class HdfsClient{
@Test
public void testRename() throws IOException, InterruptedException,
URISyntaxException{

    // 1. 获取文件系统
    Configuration configuration = new Configuration();
    FileSystem fs = FileSystem.get(new URI("hdfs://hadoop101:9000"),
configuration, "xuzheng");

    // 2. 修改文件名称
    fs.rename(new Path("/user/xuzheng/aaa.txt"), new Path("/user/xuzheng/
bbb.txt"));

    // 3. 关闭资源
    fs.close();
    }
}
```

5.2.7　通过 API 查看文件详情

用户可以通过 Shell 命令-ls 查看 HDFS 目录中的文件信息，如文件大小、文件操作权限、文件所有者和创建时间等。如果想通过 API 调用的方式查看 HDFS 目录中文件的信息，则需要编写一个 HdfsClient 类并实现一个 testListFiles 方法，具体代码如下：

```
public class HdfsClient{
@Test
public void testListFiles() throws IOException, InterruptedException,
URISyntaxException{

    // 1. 获取文件系统
    Configuration configuration = new Configuration();
    FileSystem fs = FileSystem.get(new URI("hdfs://hadoop101:9000"),
configuration, "xuzheng");

    // 2. 获取文件详情
    RemoteIterator<LocatedFileStatus> listFiles = fs.listFiles(new
Path("/"), true);

    while(listFiles.hasNext()){
        LocatedFileStatus status = listFiles.next();

        // 输出详情
        // 文件名称
        System.out.println(status.getPath().getName());
        // 长度
        System.out.println(status.getLen());
        // 权限
        System.out.println(status.getPermission());
        // 分组
        System.out.println(status.getGroup());
```

```
        // 获取存储的块信息
        BlockLocation[] blockLocations = status.getBlockLocations();

        for (BlockLocation blockLocation : blockLocations) {

            // 获取块存储的主机节点
            String[] hosts = blockLocation.getHosts();

            for (String host : hosts) {
                System.out.println(host);
            }
        }
    }

    // 3. 关闭资源
    fs.close();
    }
}
```

5.2.8　通过 API 判断文件和目录

用户可以通过 API 调用的方式判断 HDFS 中的文件或者目录，需要编写一个 HdfsClient 类并实现一个 testListStatus 方法，具体代码如下：

```
public class HdfsClient{
@Test
public void testListStatus() throws IOException, InterruptedException,
URISyntaxException{

    // 1. 获取文件的配置信息
    Configuration configuration = new Configuration();
    FileSystem fs = FileSystem.get(new URI("hdfs://hadoop101:9000"),
configuration, "xuzheng");

    // 2. 判断是文件还是文件夹
    FileStatus[] listStatus = fs.listStatus(new Path("/"));

    for (FileStatus fileStatus : listStatus) {

        // 如果是文件
        if (fileStatus.isFile()) {
                System.out.println("f:"+fileStatus.getPath().getName());
            }else {
                System.out.println("d:"+fileStatus.getPath().getName());
            }
        }

    // 3. 关闭资源
    fs.close();
    }
}
```

5.2.9　通过 I/O 流上传文件

5.2.3 节介绍了通过 API 调用的方式将本地文件上传到 HDFS 中的方法。此外，也可以采用 I/O 流的方式实现数据的上传。将本地文件上传至 HDFS 中需要编写一个 HdfsClient 类，并实现一个 putFileToHDFS 方法，具体代码如下：

```
public class HdfsClient{
@Test
public void putFileToHDFS() throws IOException, InterruptedException,
URISyntaxException {

    // 1. 获取文件系统
    Configuration configuration = new Configuration();
    FileSystem fs = FileSystem.get(new URI("hdfs://hadoop101:9000"),
configuration, "xuzheng");

    // 2. 创建输入流
    FileInputStream fis = new FileInputStream(new File("d:/aaa.txt"));

    // 3. 获取输出流
    FSDataOutputStream fos = fs.create(new Path("/user/xuzheng/aaa.txt"));

    // 4. 流的复制
    IOUtils.copyBytes(fis, fos, configuration);

    // 5. 关闭资源
    IOUtils.closeStream(fos);
    IOUtils.closeStream(fis);
    fs.close();
    }
}
```

5.2.10　通过 I/O 流下载文件

5.2.4 节介绍了如何通过 API 调用的方式将 HDFS 中的文件下载到本地。此外，也可以采用 I/O 流的方式实现数据的下载。将 HDFS 中的文件下载到本地，需要编写一个 HdfsClient 类并实现一个 getFileFromHDFS 方法，具体代码如下：

```
public class HdfsClient{
@Test
public void getFileFromHDFS() throws IOException, InterruptedException,
URISyntaxException{

    // 1. 获取文件系统
    Configuration configuration = new Configuration();
    FileSystem fs = FileSystem.get(new URI("hdfs://hadoop101:9000"),
configuration, "xuzheng");

    // 2. 获取输入流
    FSDataInputStream fis = fs.open(new Path("/user/xuzheng/aaa.txt"));
```

```
    // 3. 获取输出流
    FileOutputStream fos = new FileOutputStream(new File("d:/eee.txt"));

    // 4. 流的复制
    IOUtils.copyBytes(fis, fos, configuration);

    // 5. 关闭资源
    IOUtils.closeStream(fos);
    IOUtils.closeStream(fis);
    fs.close();
    }
}
```

5.2.11　通过 I/O 流定位文件读取位置

对于存储在 HDFS 中的大文件，一般采取分块下载的方式将其下载到本地。下载完第一块文件后，记录文件读取的位置。在准备读取第二块文件时需要定位到上一次读取的位置处，然后依次读取整个文件的内容。编写一个 HdfsClient 类，并实现 readFileSeek1 和 readFileSeek2 两个方法，具体代码如下：

```
public class HdfsClient{
@Test
public void readFileSeek1() throws IOException, InterruptedException,
URISyntaxException{

    // 1. 获取文件系统
    Configuration configuration = new Configuration();
    FileSystem fs = FileSystem.get(new URI("hdfs://hadoop101:9000"),
configuration, "xuzheng");

    // 2. 获取输入流
    FSDataInputStream fis = fs.open(new Path("/user/xuzheng/hadoop-
3.2.2.tar.gz"));

    // 3. 创建输出流
    FileOutputStream fos = new FileOutputStream(new File("d:/hadoop-
3.2.2.tar.gz.part1"));

    // 4. 流的复制
    byte[] buf = new byte[1024];

    for(int i =0 ; i < 1024 * 128; i++){
        fis.read(buf);
        fos.write(buf);
    }

    // 5. 关闭资源
    IOUtils.closeStream(fis);
```

```
    IOUtils.closeStream(fos);
    fs.close();
    }

@Test
public void readFileSeek2() throws IOException, InterruptedException,
URISyntaxException{

    // 1. 获取文件系统
    Configuration configuration = new Configuration();
    FileSystem fs = FileSystem.get(new URI("hdfs://hadoop101:9000"),
configuration, "xuzheng");

    // 2. 打开输入流
    FSDataInputStream fis = fs.open(new Path("/user/xuzheng/hadoop-
3.2.2.tar.gz"));

    // 3. 定位输入数据位置
    fis.seek(1024*1024*128);

    // 4. 创建输出流
    FileOutputStream fos = new FileOutputStream(new File("d:/hadoop-
3.2.2.tar.gz.part2"));

    // 5. 流的复制
    IOUtils.copyBytes(fis, fos, configuration);

    // 6. 关闭资源
    IOUtils.closeStream(fis);
    IOUtils.closeStream(fos);
    }
}
```

5.3　小　　结

本章首先介绍了 HDFS 的帮助命令，HDFS 的上传、下载和删除等命令，其次介绍了操作 HDFS 的两种方式，即 Shell 命令操作方式和 API 调用操作方式。通过 Shell 运行多个操作命令，实现 HDFS 的增、删、改、查操作。

最后介绍了如何使用 API 调用的方式操作 HDFS。HDFS 的 API 调用操作非常灵活，支持多种开发语言的客户端，便于开发人员进行封装和二次开发，但开发代码烦琐。

第 6 章　HDFS 的读写原理和工作机制

HDFS 从根本上解决了存储和管理海量数据的问题，其主要功能就是将文件从客户端上传至 HDFS 中（写数据流程），以及将 HDFS 中的文件下载到客户端（读数据流程）中。本章将针对 HDFS 的写数据流程和读数据流程进行讲解，并剖析 HDFS 的读写原理和工作机制。

6.1　剖析 HDFS 的写数据流程

HDFS 的写数据流程就是将客户端上传的文件存储在 DataNode 节点中，并将元数据交由 NameNode 节点进行管理。

6.1.1　剖析文件写入流程

第 5 章详细讲解了 HDFS 的 Shell 操作和 API 调用方式，介绍了如何使用 Shell 和 API 两种方式上传文件并完成写数据操作。本节将详细剖析 HDFS 的写数据流程，如图 6.1 所示。

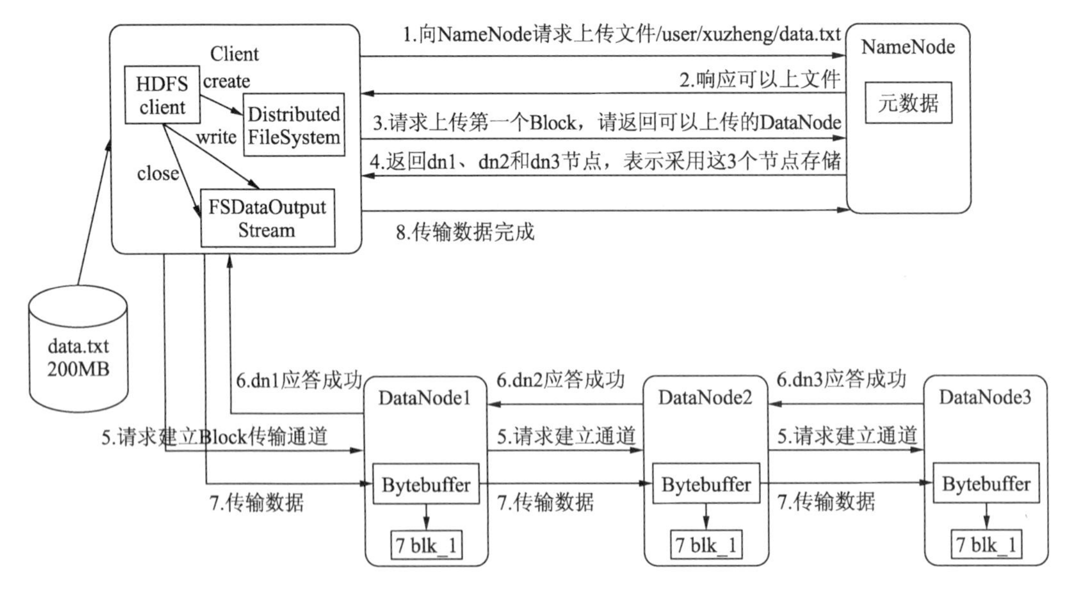

图 6.1　HDFS 的写数据流程

在客户端 Client 发起一个写数据流程之前，客户端要进行相应的环境准备和预处理操作。例如，当客户端把存储在本地磁盘上的一个大小为 200MB 的 data.txt 文件上传至 HDFS 中时，客户端首先要运行一个分布式文件系统的实例对象。以下是具体的 HDFS 的写数据流程。

（1）客户端 Client 发起请求。

在客户端 Client 经过环境准备和文件预处理操作后，客户端 Client 会运行一个分布式文件系统的实例对象，并通过配置文件找到 NameNode 的 IP 地址，然后向 NameNode 发起一个上传文件的请求，然后将所写入数据的元数据信息（文件名、文件大小、文件副本数量、创建时间等）发送给 NameNode。

（2）NameNode 响应请求。

NameNode 节点不仅管理着 HDFS 中所有的元数据信息，而且时刻监控着 DataNode 的资源使用情况。当 NameNode 接收到客户端 Client 发来的写数据请求时，NameNode 会先检查 DataNode 的资源使用情况或者文件是否合法，然后根据检查结果对客户端 Client 进行响应，并发送规划的分块数量。如果 DataNode 有足够的空间进行存储或者 NameNode 检查文件合法，则 NameNode 节点会向客户端 Client 发送可以上传文件的响应；否则 NameNode 节点会向客户端 Client 发送拒绝上传文件的响应。

（3）客户端 Client 请求上传第一个数据块 Block。

当客户端 Client 收到 NameNode 发来可以上传文件的响应时，客户端 Client 会根据规划的分块数量对上传文件进行分块，然向 NameNode 节点发送上传第一个数据块 Block 的请求并请求上传的 DataNode 节点列表信息。

（4）NameNode 返回 DataNode 节点列表。

当 NameNode 节点接收到客户端 Client 发送的请求时，NameNode 节点采用机架感知机制，从 Hadoop 集群中选择符合副本参数设置的数个 DataNode 节点返回给客户端 Client。例如，当 HDFS 副本数参数设置为 3 时，则 NameNode 会从 Hadoop 集群中选择 3 个 DataNode 节点返回给客户端 Client，表示采用这 3 个 DataNode 节点存储第一个数据块 Block。也就是说，这 3 个 DataNode 节点都存储相同的第一个数据块 Block。HDFS 就是采用这种多备份机制或冗余备份来保证数据的高可靠性的。

（5）请求建立数据块 Block 传输通道。

客户端 Client 通过 FSDataOutputStream 建立数据块传输通道，并向 DataNode 节点列表中的所有节点请求建立数据块 Block 传输通道。

（6）DataNode 节点列表响应请求。

DataNode 节点列表中的所有节点在接收到建立数据块通道的请求后，向客户端 Client 发送通道建立成功的响应。

（7）客户端传输数据。

客户端 Client 接收到 DataNode 节点发送的成功响应后，客户端通过传输通道开始向 DataNode 节点列表中的所有节点传输数据。在数据传输的过程中，客户端 Client 先将数据传输到 DataNode 节点的内存中，然后由 DataNode 节点的内存数据块 Block 通过传输通道将数据传输至另一个 DataNode 节点的内存中。同时 Client 客户端也会将数据传递到自己的磁盘上进行保存。这种传输数据的效率明显提高了。

（8）数据传输完成。

在客户端 Client 的数据传输完成后，客户端会主动释放 FSDataOutputStream 并关闭传输通道。

6.1.2　计算网络拓扑节点的距离

在 6.1.1 节中我们提到，当 HDFS 副本数参数设置为 3 时，NameNode 会采用机架感知机制从 Hadoop 集群中选择 3 个 DataNode 节点返回给客户端 Client。在 HDFS 写数据的过程中，NameNode 会选择距离待上传数据最近的 DataNode 节点接收数据。为了能更好地解释机架感知机制，我们首先引入一个概念—网络拓扑节点距离。网络拓扑节点距离是指两个节点到达最近的共同祖先的距离总和。

通过图 6.2 来举例描述不同节点之间的网络拓扑节点距离。在图 6.2 中，c1 表示一个机房，d1 和 d2 表示两个大数据集群，是按照业务功能进行划分的。其中，集群 d1 用来做广告推荐业务，集群 d2 是用来做用户画像业务。集群 d1 包含有 3 个机架 r1、r2 和 r3，集群 d2 包含有 3 个机架 r4、r5 和 r6。每个机架都有 3 个服务器节点 n0、n1 和 n2。我们规定 /d1/r1/n0 表示集群 d1 中 r1 机架上的第 n0 个服务器节点，那么它与自身之间的距离为 0，即 Distance(/d1/r1/n0, /d1/r1/n0)=0。

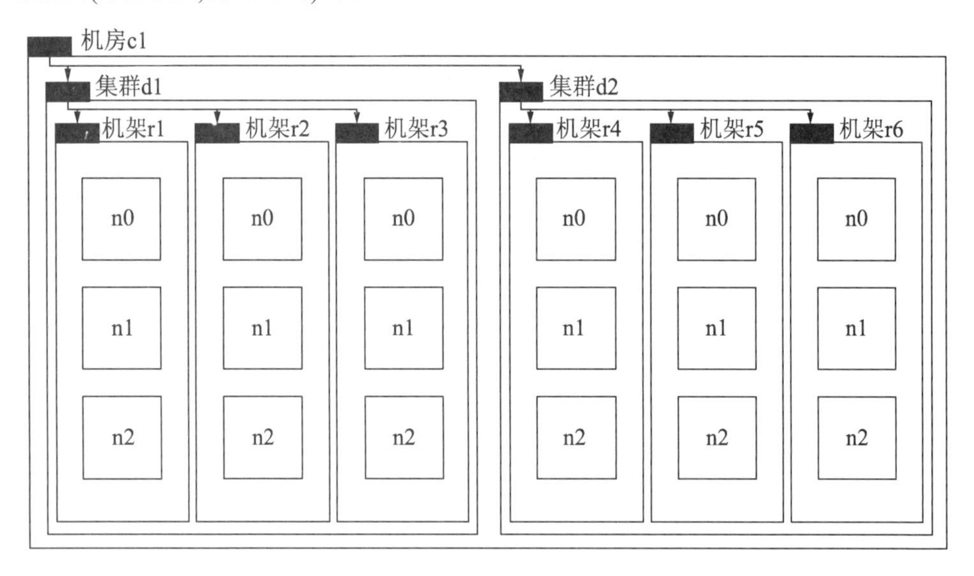

图 6.2　服务器节点拓扑示意

对于同一个机架上的不同服务器节点，如/d1/r1/n1 和/d1/r1/n2，它们的共同祖先为机架 r1。其中，Distance(/d1/r1/n1, /d1/r1)=1，即服务器节点/d1/r1/n1 到达祖先机架 r1 的距离为 1。同理，服务器节点/d1/r1/n2 到达祖先机架 r1 的距离为 1，即 Distance(/d1/r1/n2, /d1/r1)=1。因此，Distance(/d1/r1/n1, /d1/r1/n2)=2，即服务器节点/d1/r1/n1 到达服务器节点 /d1/r1/n2 的距离为 2。

对于同一个集群的不同机架上的服务器节点，如/d1/r2/n1 和/d1/r3/n2，它们的共同祖先为集群 d1。其中，Distance(/d1/r2/n1, /d1)=2，即服务器节点/d1/r2/n1 到达祖先集群 d1 的距离为 2。同理，Distance(/d1/r3/n2, /d1)=2，即服务器节点/d1/r3/n2 到达祖先集群 d1 的距离为 2。因此，Distance(/d1/r2/n1, /d1/r3/n2)=2，即服务器节点/d1/r2/n1 到达服务器节点/d1/r3/n2 的距离为 4。

对于同一个机房的不同集群的不同机架上的服务器节点，如/d1/r2/n1 和/d2/r4/n1，它们的共同祖先为机房 c1。其中，Distance(/d1/r2/n1, /c1)=3，即服务器节点/d1/r2/n1 到达祖先机房 c1 的距离为 3。同理，Distance(/d2/r4/n1, /c1)=3，即服务器节点/d2/r4/n1 到达祖先机房 c1 的距离为 3。因此，Distance(/d2/r4/n1, /c1)=3，即服务器节点/d1/r2/n1 到达服务器节点/d2/r4/n1 的距离为 6。

6.1.3　机架感知

基于 6.1.2 节介绍的网络拓扑节点距离，本节介绍一下机架感知策略。一般情况下，当 HDFS 的副本参数数量设置为 3 时，HDFS 选择 DataNode 节点的策略是，首先选择同一机架的一个服务器节点，然后选择同一机架的不同的服务器节点，最后选择不同机架的不同服务器节点。

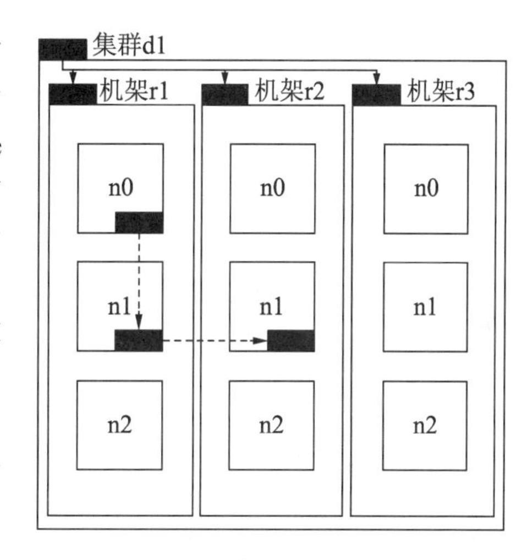

图 6.3　机架感知策略

这种策略可以减少机架之间的写操作，能够大大提高写操作的效率，同时提高集群的容错能力。第一个副本选择客户端 Client 所在的服务器节点，如果客户端 Client 在集群之外，那么就随机选择一个服务器节点。第二个副本选择和第一个副本位于同一个机架的服务器节点，但不是第一个副本节点，如果有多个节点且距离相同，那么就随机选择一个服务器节点。第三个副本选择与第一个副本位于不同机架的服务器节点，如果有多个节点其距离相同，那么就随机选择一个服务器节点，如图 6.3 所示。

6.2　剖析 HDFS 的读数据流程

第 5 章中我们详细讲解了 HDFS 的 Shell 操作和 API 调用方式，介绍了如何使用 Shell 和 API 两种方式下载文件并完成读数据。本节将详细剖析 HDFS 的读数据流程，如图 6.4 所示。

在客户端 Client 发起一个读数据流程之前，客户端需要经过一系列的环境准备和预处理。例如，当客户端把存储在 HDFS 上的一个大小为 200MB 的 data.txt 文件下载到本地磁盘中时，客户端首先要运行一个分布式文件系统的实例对象。以下是具体的 HDFS 的读数据流程。

（1）客户端 Client 发起请求。

在客户端 Client 经过环境准备和文件预处理操作后，客户端 Client 会运行一个分布式文件系统的实例对象，并通过配置文件找到 NameNode 的 IP 地址，然后向 NameNode 发起一个下载文件/user/xuzheng/data.txt 的请求，请求下载该文件的具体存储地址，也就是文件每个数据块所在的 DataNode 信息。

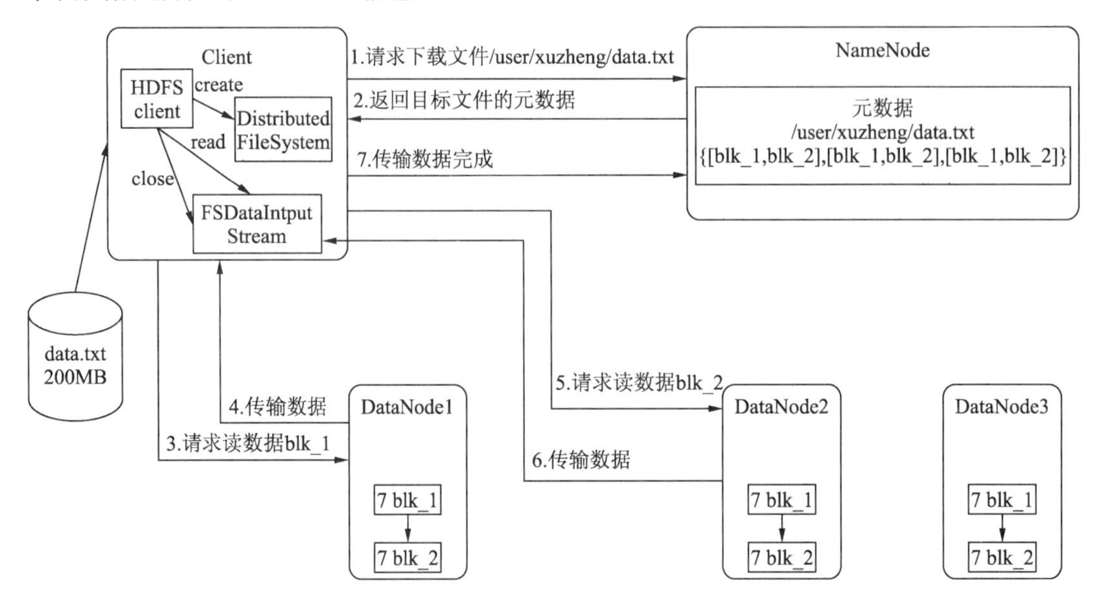

图 6.4　HDFS 的读数据流程

（2）NameNode 响应请求。

NameNode 节点管理着 HDFS 中所有的元数据信息，以及每个文件的数据块存储的位置信息。当 NameNode 接收到客户端 Client 发来的写数据请求时，NameNode 会先检查下载文件的元数据信息是否合法，然后根据检查结果对客户端 Client 进行响应，并发送该文件的元数据信息（文件名、文件大小、文件副本数量、数据块所在 DataNode 节点等）。如果 NameNode 检查文件合法，则 NameNode 节点会向客户端 Client 发送可以下载文件的响应；否则 NameNode 节点会向客户端 Client 发送拒绝下载文件的响应。

（3）建立数据块 Block 传输通道并请求读取数据块 blk_1。

客户端 Client 通过 FSDataInputStream 建立数据块传输通道，并根据 NameNode 发送的文件元数据信息和数据块所在的 DataNode 节点的列表信息，向存储数据块 blk_1 的 DataNode 节点发起读取数据块的请求。

（4）DataNode 节点响应请求并传输数据块 blk_1。

DataNode 节点接收到客户端 Client 读取数据块的请求后，通过传输通道向客户端 Client 传输数据块 blk_1。

（5）建立数据块 Block 传输通道并请求读取数据块 blk_2。

客户端 Client 通过 FSDataInputStream 建立数据块传输通道，并根据 NameNode 发送的文件元数据信息和数据块所在的 DataNode 节点的列表信息，向存储数据块 blk_2 的 DataNode 节点发起读取数据块的请求。

（6）DataNode 节点响应请求并传输数据块 blk_2。

DataNode 节点接收到客户端 Client 读取数据块的请求后，通过传输通道向客户端 Client 传输数据块 blk_2。

（7）数据传输完成。

DataNode 完成向客户端 Client 传输数据的任务后，客户端会主动释放 FSDataInputStream

并关闭传输通道。

6.3　剖析 NameNode 和 SecondaryNameNode 的工作机制

本节将详细讲解 NameNode 和 SecondaryNameNode 的工作机制，同时还会介绍如何配置 CheckPoint 时间，NameNode 故障处理机制，集群安全模式和 NameNode 多目录的相关内容。

6.3.1　解析 NN 和 2NN 的工作机制

4.3 节在介绍 HDFS 组成架构时提到了 SecondaryNameNode 的功能是辅助 NameNode 和帮助 NameNode 恢复部分元数据。SecondaryNameNode 用来辅助 NameNode 工作，专门用于进行 FsImage 和 Edits 的合并，并推送给 NameNode。

当 NameNode 节点出现断电或者遭遇其他紧急情况时，SecondaryNameNode 可以帮助 NameNode 进行元数据的恢复。但是，SecondaryNameNode 并不能恢复所有的数据，可能会出现数据丢失。那么，HDFS 为什么需要 SecondaryNameNode 来辅助 NameNode 工作呢？

为了解释这个问题，我们首先解释一下 NameNode 中的元数据是存储在哪里的，是在磁盘中还是在内存中。NameNode 负责存储和管理整个 HDFS 的元数据信息，当客户端 Client 发起读/写请求时，首先要访问 NameNode 获取元数据信息，然后再执行后面的操作。

如果 NameNode 的元数据信息存储在 NameNode 节点的磁盘中，面对大量的客户端 Client 读/写数据请求，则 NameNode 要经常访问磁盘读取元数据，必然会产生大量的 I/O 操作，效率非常低。因此，NameNode 中的元数据信息存储在 NameNode 节点的内存中。

如果 NameNode 中的元数据信息存储在 NameNode 节点的内存中，NameNode 节点一旦出现断电或者其他不可逆的故障时，则存储在内存中的元数据将会全部丢失，从而导致整个 HDFS 无法正常工作。即使排除故障之后，NameNode 也无法恢复元数据信息。由此可见，如果 NameNode 中的元数据存储在磁盘中，则访问效率低；如果 NameNode 中的元数据存储在内存中，则无法保证可靠性。

针对以上两个问题，NameNode 将元数据信息存储在内存中同时又在磁盘中保存了元数据的镜像文件 FsImage。但这会导致另外一个问题：当 NameNode 更新存储在内存中的元数据时，如果也更新磁盘中的备份 FsImage，那么仍然会造成效率低下。如果不更新磁盘中的备份 FsImage，那么就会导致元数据不一致。

因此，NameNode 又引入了 Edits 日志文件。该文件只是用来记录对元数据的操作日志，不记录元数据信息。当 NameNode 节点内存中的元数据进行新增、修改、删除或者更新操作时，NameNode 会将该操作写入 Edits 日志文件。磁盘中的镜像文件 FsImage 负责保存更新前的元数据信息，而 Edits 日志文件负责记录更新操作。由于 Edits 日志文件只是进行追加操作，不会进行随机写操作，因此更新 Edits 日志文件的效率非常高。

此外，Edits 日志文件是保存在磁盘中的，即使出现断电或者其他不可逆的故障，NameNode 也可以根据镜像文件 FsImage 和 Edits 日志文件进行元数据的恢复。通过这种方式，既能解决效率低下，又能保证高可靠性。

在企业中，一个 Hadoop 大数据集群需要保证 7×24 小时不停机。也就是说，一旦启动 HDFS，一般情况下不会再关机，会一直运行这个服务。如果长时间将 NameNode 更新操作写入 Edits 日志文件，必然会导致 Edits 日志文件变得越来越大，从而追加效率也会变得很低，而且，一旦出现断电或者其他不可逆的故障，就需要消耗很长的时间来恢复元数据。因此，需要 HDFS 定期地将镜像文件 FsImage 和 Edits 日志文件进行合并。

4.3 节我们在介绍 HDFS 组成架构时提到了 NameNode 的功能：管理 HDFS 的名称空间 Namespace，配置副本策略，管理数据块的映射信息和处理客户端 Client 大量的读/写请求。如果将镜像文件 FsImage 和 Edits 日志文件定期进行合并的工作仍由 NameNode 负责，那么势必会造成其效率低下。

因此，HDFS 引入了一个新的节点 SecondaryNameNode，主要用来辅助 NameNode 节点，负责合并镜像文件 FsImage 和 Edits 日志文件。在 Hadoop 集群中，NameNode 节点和 SecondaryNameNode 节点不在同一个服务器上，这样当 NameNode 节点出现断电或者其他不可逆的故障时，SecondaryNameNode 能够利用镜像文件 FsImage 和 Edits 日志文件进行数据恢复。

接下来将详细介绍 NameNode 和 SecondaryNameNode 的工作机制，如图 6.5 所示。

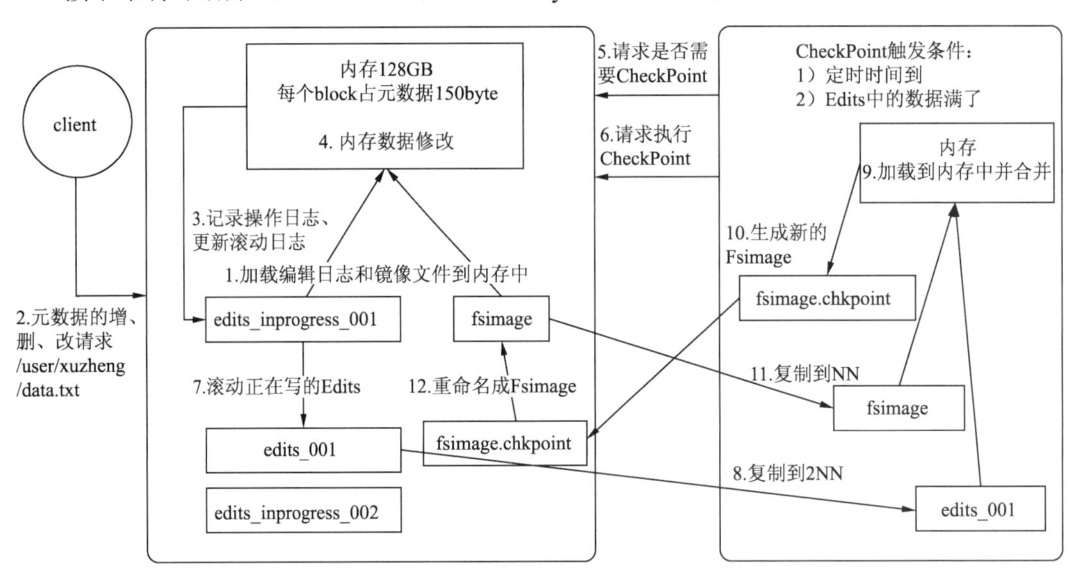

图 6.5　NameNode 和 SecondaryNameNode 的工作机制

FsImage 是 NameNode 节点内存中元数据的镜像文件，Edits 日志文件是记录更新元数据的每一步操作。通过 FsImage 镜像文件和 Edits 日志文件的合并，可以恢复内存中最新的元数据信息。以下是 NameNode 和 SecondaryNameNode 工作的具体执行步骤。

（1）启动 NameNode。

如果 HDFS 集群是第一次启动 NameNode，那么需要进行 NameNode 的初始化操作。完成 NameNode 初始化后，HDFS 会创建 FsImage 镜像文件和 Edits 日志文件。

如果 HDFS 集群不是第一次启动 NameNode，那么 NameNode 会直接将 FsImage 镜像文件和 Edits 日志文件进行合并，生成元数据并加载到内存中。此时 NameNode 内存就用于存储 HDFS 所有的且最新的元数据信息。在企业级的 HDFS 中，为 NameNode 分配的内存一般默认为 128GB，每个数据块在 NameNode 中的元数据占 150byte。

（2）客户端发送更新请求。

客户端 Client 会向 NameNode 发送数据更新请求，如新增、删除和修改等。这些请求都会对 NameNode 内存中的元数据进行修改。

（3）NameNode 记录操作日志。

当客户端向 NameNode 发送数据更新请求后，NameNode 会将这些更新请求的操作记录到 Edits 日志文件中。值得注意的是，这里提到的客户端发送的更新请求不包含查询元数据的请求。也就是说，查询元数据的操作不会记录在 Edits 日志文件中，因为查询操作不会更改元数据信息。在 4.1.2 节中我们提到 HDFS 适用于一次写入，多次读出的场景。

在企业应用场景中会有大量的 NameNode 查询操作，如果将这些查询操作也记录到 Edits 日志文件中，则会使 Edits 日志文件过大。Edits 日志文件过大，容易触发 CheckPoint，从而导致 FsImage 镜像文件和 Edits 日志文件频繁合并，影响 NameNode 的执行效率。

（4）更新 NameNode 内存中的元数据。

当客户端向 NameNode 发送数据的更新请求时，NameNode 首先会记录这些更新请求的操作并保存到 Edits 日志文件中。Edits 日志文件是存储在磁盘上的，此时 NameNode 内存中的元数据信息并没有进行更新。NameNode 在等待这些更新请求的操作保存到磁盘后，再更新 NameNode 内存中的元数据信息。那么，NameNode 为什么会将这些更新请求先记录到 Edits 日志文件中，而不是将 NameNode 内存中的元数据信息进行更新呢？

如果 NameNode 先将内存中的元数据信息进行更新，一旦 NameNode 出现断电或者其他故障，就会导致元数据全部丢失，这些更新请求也没有被记录下来，无法保证 HDFS 的高可靠性。因此，NameNode 首先将这些更新请求记录到 Edits 日志文件中，然后更新内存中的元数据信息。

（5）SecondaryNameNode 发起 CheckOut 请求。

如果长时间地将 NameNode 更新操作写入 Edits 日志文件中，必然会使 Edits 日志文件变得越来越大，从而导致 NameNode 在启动加载 Edits 时变慢。此时，SecondaryNameNode 就会登场，辅助 NameNode 节点负责合并镜像文件 FsImage 和 Edits 日志文件。

所谓的镜像文件 FsImage 和 Edits 日志文件合并，就是将镜像文件 Fsimage 和 Edits 日志文件加载到内存中，按照 Edits 日志文件中的操作对 FsImage 进行一步步更新操作，最终形成新的 FsImage。SecondaryNameNode 节点会向 NameNode 发起 CheckOut 请求，请求 NameNode 是否需要进行 CheckOut 检查，检查 Edits 日志文件是否过大。

如果 Edits 日志文件过大，SecondaryNameNode 节点则会进行镜像文件 FsImage 和 Edits 日志文件的合并。SecondaryNameNode 节点不能时时刻刻向 NameNode 发送 CheckOut 请求，以免影响 NameNode 的执行效率。

触发 CheckOut 请求的条件有两个。一个条件是 SecondaryNameNode 节点每隔一段时间就发送一次 CheckOut 请求，如每隔一个小时 SecondaryNameNode 节点就发送一次 CheckOut 请求；另一个条件是当 Edits 日志文件中的数据达到一定的阈值时，如当 Edits 日志文件中存储了 100 万条操作记录时，那么 SecondaryNameNode 节点就发送一次

CheckOut 请求。只要满足这两个条件中的一项，SecondaryNameNode 节点就发送一次 CheckOut 请求。

（6）SecondaryNameNode 请求执行 CheckPoint。

当触发 CheckOut 请求时，SecondaryNameNode 就会向 NameNode 请求执行 CheckOut 操作。

（7）NameNode 滚动正在写的 Edits 日志文件。

当 SecondaryNameNode 向 NameNode 请求执行 CheckOut 操作时，NameNode 会将镜像文件 FsImage 和 Edits 日志文件进行合并。如果直接将镜像文件 FsImage 和 Edits 日志文件进行合并，那么会导致丢失客户端发送的最新更新请求。当镜像文件 FsImage 和 Edits 日志文件进行合并时，此时客户端也有可能发送更新请求，这会导致丢失这些更新请求。

因此，NameNode 在将镜像文件 FsImage 和 Edits 日志文件合并前，会滚动正在写的 Edits 日志文件。例如，当前的 Edits 日志文件为 edits_inprogress_001，NameNode 滚动正在写的 Edits 日志文件会产生 edits_001 和 edits_inprogress_002 两个文件。edits_001 文件为文件 edits_inprogress_001 的备份，而 edits_inprogress_002 文件会负责记录客户端发送的更新请求。这样做既能保证不丢失客户端发送的更新请求，又不会影响备份 FsImage 和 Edits 日志文件的合并。

（8）将镜像文件 FsImage 和 Edits 日志文件复制到 SecondaryNameNode 上。

在 NameNode 滚动正在写的 Edits 日志文件时，NameNode 会将产生的文件 edits_001 和镜像文件 FsImage 复制至 SecondaryNameNode 节点进行合并。

（9）加载镜像文件 FsImage 和 Edits 日志文件。

在 NameNode 将产生的镜像文件 FsImage 和 Edits 日志文件复制至 SecondaryNameNode 节点上后，SecondaryNameNode 会将这两个文件加载到内存中进行合并操作。

（10）生成新的镜像文件 FsImage.chkpoint。

SecondaryNameNode 会将镜像文件 FsImage 和 Edits 日志文件加载到内存中进行合并操作，合并后会产生新的镜像文件 FsImage.chkpoint。

（11）将镜像文件 FsImage.chkpoint 复制到 NameNode 上。

生成新的镜像文件 FsImage.chkpoint 后，SecondaryNameNode 节点会将镜像文件 FsImage.chkpoint 推送给 NameNode 节点。

（12）将镜像文件 FsImage.chkpoint 重命名为 FsImage。

当 SecondaryNameNode 节点将镜像文件 FsImage.chkpoint 推送给 NameNode 节点时，此时在 NameNode 节点上存在着两个镜像文件，NameNode 会将新生成的镜像文件 FsImage.chkpoint 重命名为 FsImage。

6.3.2　解析 FsImage 和 Edits 文件

前面介绍了 NameNode 和 SecondaryNameNode 的工作机制，详细讲解了 HDFS 中的 SecondaryNameNode 是如何辅助 NameNode，进行镜像文件 FsImage 和 Edits 日志文件合并的。接下来将对镜像文件 FsImage 和 Edits 日志文件这两个文件进行解析。

在 6.3.1 节中提过，当 HDFS 集群是第一次启动 NameNode 时，需要进行 NameNode 的初始化操作。完成 NameNode 初始化后，HDFS 会创建 FsImage 镜像文件和 Edits 日志文件等。

镜像文件 FsImage 是 HDFS 元数据的一个永久性的检查点，包含 HDFS 的所有元数据信息（所有目录和文件 iNode 序列化信息等）。

Edits 日志文件保存 HDFS 的所有更新操作的信息，客户端 Client 执行的所有写操作优先会被写入 Edits 日志文件中。

seen_txid 文件保存的是一个数字，该数字表示当前正在记录客户端写操作的 Edits 日志文件编号。NameNode 可以根据 seen_txid 文件找到当前正在记录客户端写操作的 Edits 编辑日志文件。

VERSION 文件存放了一些版本信息。

当 HDFS 中的 NameNode 启动时，NameNode 会将镜像文件 FsImage 和 Edits 日志文件加载到内存中，并将这两个文件进行合并，在内存中生成 NameNode 所有的元数据信息。这种机制可以确保内存中的元数据信息是最新的并且是同步的。

在 HDFS 集群中的 NameNode 节点上执行如下命令，可以查看初始化 NameNode 时 HDFS 创建的文件列表。

```
[xuzheng@localhost  hadoop-3.2.2]$  cd /opt/module/hadoop-3.2.2/data/
tmp/dfs/name/current
[xuzheng@localhost  current]$  ls -la
-rw-rw-r--  1   xuzheng supergroup  354 2020-07-20 11:44 fsimage_
0000000000000
-rw-rw-r--  1   xuzheng supergroup  62  2020-07-20 11:44 fsimage_
0000000000000.md5
-rw-rw-r--  1   xuzheng supergroup  2   2020-07-20 11:44 seen_txid
-rw-rw-r--  1   xuzheng supergroup  203 2020-07-20 11:44 VERSION
[xuzheng@localhost  current]$ cat seen_txid
0
```

NameNode 初始化时，因为没有客户端发来的任何更新请求，所以是没有 Edits 日志文件的。通过查看 seen_txid 文件的内容，可以发现内容为 0，也就是说当前没有 Edits 日志文件。下面通过执行如下命令来启动 HDFS。

```
[xuzheng@localhost  current]$  /opt/module/hadoop-3.2.2/sbin/start-dfs.sh
Starting namenodes on [hadoop101]
hadoop101: starting namenode, logging to /opt/module/hadoop-3.2.2/logs/
hadoop-xuzheng-namenode-hadoop101.out
hadoop101: starting datanode, logging to /opt/module/hadoop-3.2.2/logs/
hadoop-xuzheng-datanode-hadoop101.out
hadoop102: starting datanode, logging to /opt/module/hadoop-3.2.2/logs/
hadoop-xuzheng-datanode-hadoop102.out
hadoop103: starting datanode, logging to /opt/module/hadoop-3.2.2/logs/
hadoop-xuzheng-datanode-hadoop103.out
Starting secondary namenodes on [hadoop103]
hadoop103: starting secondarynamenode, logging to /opt/module/hadoop-
3.2.2/logs/hadoop-xuzheng-secondarynamenode-hadoop103.out
```

当 HDFS 启动时，NameNode 节点就会产生 Edits 日志文件。在 HDFS 集群中的 NameNode 节点上执行如下命令，可以查看启动 NameNode 时 HDFS 创建的文件列表。

```
[xuzheng@localhost  hadoop-3.2.2]$  cd /opt/module/hadoop-3.2.2/data/
tmp/dfs/name/current
[xuzheng@localhost  current]$  ls -la
-rw-rw-r--  1   xuzheng supergroup  1048567 2020-07-20 11:46 edits_
```

```
inprogress_0000001
-rw-rw-r-- 1  xuzheng supergroup 354 2020-07-20 11:44 fsimage_
0000000000000
-rw-rw-r-- 1  xuzheng supergroup 62  2020-07-20 11:44 fsimage_
0000000000000.md5
-rw-rw-r-- 1  xuzheng supergroup 2   2020-07-20 11:46 seen_txid
-rw-rw-r-- 1  xuzheng supergroup 203 2020-07-20 11:44 VERSION
[xuzheng@localhost  current]$ cat seen_txid
1
```

NameNode 启动后，我们发现 NameNode 生成了新的文件 edits_inprogress_0000001，同时发现 seen_txid 文件被修改了。通过查看 seen_txid 文件的内容发现内容为 1，表示当前正在记录客户端写操作的 Edits 日志文件的编号为 1，即 edits_inprogress_0000001。

此外，NameNode 在启动后会进行一次 CheckOut 操作。SecondaryNameNode 会将镜像文件 FsImage 和 Edits 日志文件进行合并，形成新的镜像文件 FsImage 并推送给 NameNode。通过在 NameNode 节点上执行如下命令可以看到，经过 CheckOut 操作后，形成了新的镜像文件 fsimage_0000000000002。

```
[xuzheng@localhost  hadoop-3.2.2]$  cd /opt/module/hadoop-3.2.2/data/
tmp/dfs/name/current
[xuzheng@localhost  current]$  ls -la
-rw-rw-r-- 1  xuzheng supergroup 42  2020-07-20 11:47 edits_0000001-
0000002
-rw-rw-r-- 1  xuzheng supergroup 1048567 2020-07-20 11:47 edits_
inprogress_0000003
-rw-rw-r-- 1  xuzheng supergroup 354 2020-07-20 11:44 fsimage_
0000000000000
-rw-rw-r-- 1  xuzheng supergroup 62  2020-07-20 11:44 fsimage_
0000000000000.md5
-rw-rw-r-- 1  xuzheng supergroup 354 2020-07-20 11:47 fsimage_
0000000000002
-rw-rw-r-- 1  xuzheng supergroup 62  2020-07-20 11:47 fsimage_
0000000000002.md5
-rw-rw-r-- 1  xuzheng supergroup 2   2020-07-20 11:47 seen_txid
-rw-rw-r-- 1  xuzheng supergroup 203 2020-07-20 11:44 VERSION
[xuzheng@localhost  current]$ cat seen_txid
3
```

edits_0000001-0000002 日志文件是由 edits_inprogress_0000001 滚动生成的文件，而 edits_inprogress_0000003 是当前正在记录客户端更新操作的日志文件。其中，新生成的镜像文件为 fsimage_0000000000002。接下来向 HDFS 上传一个文件，然后观察/opt/module/hadoop-3.2.2/data/tmp/dfs/name/current 目录下的文件变化情况。

```
[xuzheng@localhost  hadoop-3.2.2]$  hdfs dfs -put test.txt /
[xuzheng@localhost  hadoop-3.2.2]$  cd /opt/module/hadoop-3.2.2/data/
tmp/dfs/name/current
[xuzheng@localhost  current]$  ls -la
-rw-rw-r-- 1  xuzheng supergroup 42  2020-07-20 11:47 edits_0000001-
0000002
-rw-rw-r-- 1  xuzheng supergroup 1048587 2020-07-20 11:48 edits_
inprogress_0000003
-rw-rw-r-- 1  xuzheng supergroup 354 2020-07-20 11:44 fsimage_
0000000000000
-rw-rw-r-- 1  xuzheng supergroup 62  2020-07-20 11:44 fsimage_
0000000000000.md5
```

```
-rw-rw-r-- 1  xuzheng supergroup 354 2020-07-20 11:47 fsimage_
0000000000002
-rw-rw-r-- 1  xuzheng supergroup 62  2020-07-20 11:47 fsimage_
0000000000002.md5
-rw-rw-r-- 1  xuzheng supergroup 2   2020-07-20 11:47 seen_txid
-rw-rw-r-- 1  xuzheng supergroup 203 2020-07-20 11:44 VERSION
[xuzheng@localhost  current]$ cat seen_txid
3
```

通过观察/opt/module/hadoop-3.2.2/data/tmp/dfs/name/current 目录下的文件变化情况发现，编辑日志文件 edits_inprogress_0000003 的大小和修改时间发生了变化，说明客户端上传文件的更新操作被 edits_inprogress_0000003 日志文件记录了下来。

由于编码方式和文件格式不同，镜像文件 FsImage 和 Edits 日志文件在 Linux 文件系统中打开时会出现乱码。例如，在 Linux 系统下，使用 cat 或者 vim 命令打开镜像文件 FsImage 和 Edits 日志文件都会出现乱码。基于上述的问题，HDFS 提供了如下命令可以打开镜像文件 FsImage 和 Edits 日志文件，便于用户进行查看。

首先，通过 oiv 命令将镜像文件 fsimage_0000000000000 转换成 XML 格式的文件，在 NameNode 节点上执行如下操作：

```
[xuzheng@localhost  hadoop-3.2.2]$  cd /opt/module/hadoop-3.2.2/data/
tmp/dfs/name/current
[xuzheng@localhost  current]$  hdfs oiv -p XML -i fsimage_0000000000000 -o
fsimage.xml
[xuzheng@localhost  current]$  ls -la
-rw-rw-r-- 1  xuzheng supergroup 42  2020-07-20 11:47 edits_0000001-
0000002
-rw-rw-r-- 1  xuzheng supergroup 1048587 2020-07-20 11:48 edits_
inprogress_0000003
-rw-rw-r-- 1  xuzheng supergroup 354 2020-07-20 11:44 fsimage_
0000000000000
-rw-rw-r-- 1  xuzheng supergroup 62  2020-07-20 11:44 fsimage_
0000000000000.md5
-rw-rw-r-- 1  xuzheng supergroup 354 2020-07-20 11:47 fsimage_
0000000000002
-rw-rw-r-- 1  xuzheng supergroup 62  2020-07-20 11:47 fsimage_
0000000000002.md5
-rw-rw-r-- 1  xuzheng supergroup 2   2020-07-20 11:47 seen_txid
-rw-rw-r-- 1  xuzheng supergroup 203 2020-07-20 11:44 VERSION
-rw-rw-r-- 1  xuzheng supergroup 993 2020-07-20 11:49 fsimage.xml
[xuzheng@localhost  current]$ cat fsimage.xml
<?xml version="1.0"?>
<fsimage>
<NameSection>
<genstampV1>1000</genstampV1>
<genstampV2>1000</genstampV2>
<genstampV1Limit>0</genstampV1Limit>
<lastAllocatedBlockId>1073741824</lastAllocatedBlockId>
<txid>0</txid>
</NameSection>
<inode>
    <id>16386</id>
    <type>DIRECTORY</type>
    <name>user</name>
    <mtime>151722284477</mtime>
```

```
        <permission>atguigu:supergroup:rwxr-xr-x</permission>
        <nsquota>-1</nsquota>
        <dsquota>-1</dsquota>
    </inode>
    <inode>
        <id>16387</id>
        <type>DIRECTORY</type>
        <name>atguigu</name>
        <mtime>1512790549080</mtime>
        <permission>atguigu:supergroup:rwxr-xr-x</permission>
        <nsquota>-1</nsquota>
        <dsquota>-1</dsquota>
    </inode>
    <inode>
        <id>16389</id>
        <type>FILE</type>
        <name>wc.input</name>
        <replication>3</replication>
        <mtime>1512722322219</mtime>
        <atime>1512722321610</atime>
        <perferredBlockSize>134217728</perferredBlockSize>
        <permission>atguigu:supergroup:rw-r--r--</permission>
        <blocks>
            <block>
                <id>1073741825</id>
                <genstamp>1001</genstamp>
                <numBytes>59</numBytes>
            </block>
        </blocks>
    </inode >
    </fsimage>
```

其次，通过 oev 命令将 edits_inprogress_0000003 日志文件转换成 XML 格式的文件，在 NameNode 节点上执行如下操作：

```
[xuzheng@localhost  hadoop-3.2.2]$  cd /opt/module/hadoop-3.2.2/data/
tmp/dfs/name/current
[xuzheng@localhost  current]$  hdfs oev -p XML -i edits_inprogress_0000003
-o edits.xml
[xuzheng@localhost  current]$  ls -la
-rw-rw-r-- 1   xuzheng supergroup  42  2020-07-20 11:47 edits_0000001-
0000002
-rw-rw-r-- 1   xuzheng supergroup  1048587 2020-07-20 11:48 edits_
inprogress_0000003
-rw-rw-r-- 1   xuzheng supergroup  354 2020-07-20 11:44 fsimage_
0000000000000
-rw-rw-r-- 1   xuzheng supergroup  62  2020-07-20 11:44 fsimage_
0000000000000.md5
-rw-rw-r-- 1   xuzheng supergroup  354 2020-07-20 11:47 fsimage_
0000000000002
-rw-rw-r-- 1   xuzheng supergroup  62  2020-07-20 11:47 fsimage_
0000000000002.md5
-rw-rw-r-- 1   xuzheng supergroup  2   2020-07-20 11:47 seen_txid
-rw-rw-r-- 1   xuzheng supergroup  203 2020-07-20 11:44 VERSION
-rw-rw-r-- 1   xuzheng supergroup  993 2020-07-20 11:49 fsimage.xml
-rw-rw-r-- 1   xuzheng supergroup  2660    2020-07-20 11:50 edits.xml
[xuzheng@localhost  current]$ cat edits.xml
```

```
<?xml version="1.0" encoding="UTF-8"?>
<EDITS>
    <EDITS_VERSION>-63</EDITS_VERSION>
    <RECORD>
        <OPCODE>OP_START_LOG_SEGMENT</OPCODE>
        <DATA>
            <TXID>129</TXID>
        </DATA>
    </RECORD>
    <RECORD>
        <OPCODE>OP_ADD</OPCODE>
        <DATA>
            <TXID>130</TXID>
            <LENGTH>0</LENGTH>
            <INODEID>16407</INODEID>
            <PATH>/hello7.txt</PATH>
            <REPLICATION>2</REPLICATION>
            <MTIME>1512943607866</MTIME>
            <ATIME>1512943607866</ATIME>
            <BLOCKSIZE>134217728</BLOCKSIZE>
            <CLIENT_NAME>DFSClient_NONMAPREDUCE_-1544295051_1</CLIENT_NAME>
            <CLIENT_MACHINE>192.168.1.5</CLIENT_MACHINE>
            <OVERWRITE>true</OVERWRITE>
            <PERMISSION_STATUS>
                <USERNAME>atguigu</USERNAME>
                <GROUPNAME>supergroup</GROUPNAME>
                <MODE>420</MODE>
            </PERMISSION_STATUS>
            <RPC_CLIENTID>908eafd4-9aec-4288-96f1-e8011d181561</RPC_CLIENTID>
            <RPC_CALLID>0</RPC_CALLID>
        </DATA>
    </RECORD>
    <RECORD>
        <OPCODE>OP_ALLOCATE_BLOCK_ID</OPCODE>
        <DATA>
            <TXID>131</TXID>
            <BLOCK_ID>1073741839</BLOCK_ID>
        </DATA>
    </RECORD>
    <RECORD>
        <OPCODE>OP_SET_GENSTAMP_V2</OPCODE>
        <DATA>
            <TXID>132</TXID>
            <GENSTAMPV2>1016</GENSTAMPV2>
        </DATA>
    </RECORD>
    <RECORD>
        <OPCODE>OP_ADD_BLOCK</OPCODE>
        <DATA>
            <TXID>133</TXID>
            <PATH>/hello7.txt</PATH>
            <BLOCK>
                <BLOCK_ID>1073741839</BLOCK_ID>
                <NUM_BYTES>0</NUM_BYTES>
                <GENSTAMP>1016</GENSTAMP>
            </BLOCK>
            <RPC_CLIENTID></RPC_CLIENTID>
```

```
            <RPC_CALLID>-2</RPC_CALLID>
        </DATA>
    </RECORD>
    <RECORD>
        <OPCODE>OP_CLOSE</OPCODE>
        <DATA>
            <TXID>134</TXID>
            <LENGTH>0</LENGTH>
            <INODEID>0</INODEID>
            <PATH>/hello7.txt</PATH>
            <REPLICATION>2</REPLICATION>
            <MTIME>1512943608761</MTIME>
            <ATIME>1512943607866</ATIME>
            <BLOCKSIZE>134217728</BLOCKSIZE>
            <CLIENT_NAME></CLIENT_NAME>
            <CLIENT_MACHINE></CLIENT_MACHINE>
            <OVERWRITE>false</OVERWRITE>
            <BLOCK>
                <BLOCK_ID>1073741839</BLOCK_ID>
                <NUM_BYTES>25</NUM_BYTES>
                <GENSTAMP>1016</GENSTAMP>
            </BLOCK>
            <PERMISSION_STATUS>
                <USERNAME>atguigu</USERNAME>
                <GROUPNAME>supergroup</GROUPNAME>
                <MODE>420</MODE>
            </PERMISSION_STATUS>
        </DATA>
    </RECORD>
</EDITS>
```

6.3.3　CheckPoint 时间设置

前面说过，触发 CheckOut 请求的条件有两个：一个是 SecondaryNameNode 节点每隔一段时间就发送一次 CheckOut 请求，如每隔一个小时 SecondaryNameNode 节点就发送一次 CheckOut 请求；另一个是当 Edits 日志文件中的数据达到一定的阈值时，如 Edits 日志文件中存储了 100 万条操作记录，则 SecondaryNameNode 节点就发送一次 CheckOut 请求。

在默认情况下，HDFS 的 SecondaryNameNode 每隔一个小时执行一次 CheckPoint 操作。同时，HDFS 在默认情况下，当 SecondaryNameNode 检测到 Edits 日志文件记录客户端更新请求的条数达到 100 万次时，也会执行 CheckPoint 操作。CheckPoint 时间参数和操作记录次数可以通过修改 hdfs-default.xml 文件进行配置。

```
[xuzheng@localhost  hadoop-3.2.2]$  cd /opt/module/hadoop-3.2.2
[xuzheng@localhost  hadoop-3.2.2]$  cd ./share/doc/hadoop/hadoop-project-dist/hadoop-hdfs
[xuzheng@localhost  hadoop-hdfs]$  vi hdfs-default.xml
<property>
  <name>dfs.namenode.checkpoint.period</name>
  <value>3600</value>
</property>
<property>
  <name>dfs.namenode.checkpoint.txns</name>
  <value>1000000</value>
```

```
<description>操作记录次数</description>
</property>
<property>
  <name>dfs.namenode.checkpoint.check.period</name>
  <value>60</value>
<description> 每分钟就检查一次操作次数</description>
</property >
```

可以看出，CheckPoint 时间参数为 dfs.namenode.checkpoint.period，其值为 3600，单位为 s。CheckPoint 操作记录次数参数为 dfs.namenode.checkpoint.txns，其值为 1 000 000，单位为次。当 NameNode 中的 Edits 日志文件的记录数达到 100 万次的时候，SecondaryNameNode 就会发起一次 CheckPoint 操作。

然而，在 HDFS 集群中，SecondaryNameNode 节点和 NameNode 节点是位于不同的服务器节点上的，而 Edits 日志文件是保存在 NameNode 节点上的。那么，SecondaryNameNode 节点是如何检测位于 NameNode 中的 Edits 日志文件的操作记录数达到 100 万次的呢？答案是 SecondaryNameNode 在启动的时候会开启一个定时任务，默认情况下，每间隔 1min，SecondaryNameNode 就会向 NameNode 发送一次请求，请求获取 Edits 日志文件的操作记录数。

6.3.4　NameNode 故障处理

在 Hadoop 集群中，运行 HDFS，能够对外提供分布式存储服务。面对客户端发送的大量读/写请求，NameNode 需要稳定地运行，一旦 NameNode 出现故障，那么整个 HDFS 将全体瘫痪。如果 NameNode 出现故障无法正常工作，则可以通过以下两种方法进行数据恢复。

1．把SecondaryNameNode中的数据复制至NameNode存储数据的目录下

把 SecondaryNameNode 中的数据复制到 NameNode 存储数据的目录下进行 NameNode 数据的恢复，需要执行如下步骤。

（1）强行终止 NameNode 进程。

当 NameNode 出现死机或者其他故障时，NameNode 进程仍处于开启状态，但是不能对外提供服务，无法正常工作，因此需要用户使用如下的命令强制杀死 NameNode 进程。

```
[xuzheng@localhost  hadoop-3.2.2]$  cd /opt/module/hadoop-3.2.2
[xuzheng@localhost  hadoop-3.2.2]$  jps
13586 NameNode
13668 DataNode
13786 SecondaryNameNode
13868 Jps
[xuzheng@localhost  hadoop-3.2.2]$  kill -9 13586
```

（2）删除 NameNode 存储的数据。

将 NameNode 上存储的元数据信息进行删除，在 NameNode 节点上执行如下操作。

```
[xuzheng@localhost  hadoop-3.2.2]$  cd /opt/module/hadoop-3.2.2
[xuzheng@localhost  hadoop-3.2.2]$  rm -fr /opt/module/hadoop-3.2.2/
data/tmp/dfs/name/*
```

（3）复制数据。

把 SecondaryNameNode 中的数据复制到 NameNode 存储数据的目录下。

```
[xuzheng@localhost  hadoop-3.2.2]$  cd /opt/module/hadoop-3.2.2/data/
tmp/dfs
[xuzheng@localhost  dfs]$  scp -r xuzheng@hadoop103:/opt/module/hadoop-
3.2.2/data/tmp/dfs/namesecondary/* ./name/
```

（4）重启 NameNode。

将 SecondaryNameNode 中的数据复制到 NameNode 存储数据的目录下后，重启 HDFS 中的 NameNode。

```
[xuzheng@localhost  hadoop-3.2.2]$  cd /opt/module/hadoop-3.2.2
[xuzheng@localhost  hadoop-3.2.2]$  sbin/hadoop-daemon.sh start namenode
```

2. 启动NameNode守护进程

通过采用 importCheckpoint 选项开启 NameNode 守护进程，能够把 SecondaryNameNode 中的数据复制至 NameNode 存储数据的目录下。

（1）修改配置文件。

为了启动 NameNode 守护进程，需要在 HDFS 的 hdfs-site.xml 文件中进行参数配置，主要配置其 CheckPoint 时间参数和 NameNode 的目录。在 NameNode 节点上执行如下操作：

```
[xuzheng@localhost  hadoop-3.2.2]$  cd /opt/module/hadoop-3.2.2/
[xuzheng@localhost  hadoop-3.2.2]$  vi etc/hadoop/hdfs-site.xml
# 修改内容如下
<property>
  <name>dfs.namenode.checkpoint.period</name>
  <value>3600</value>
</property>
<property>
  <name>dfs.namenode.name.dir</name>
  <value>/opt/module/hadoop-3.2.2/data/tmp/dfs/name</value>
</property>
```

修改完 hdfs-site.xml 的参数配置后，重新启动 HDFS，执行如下命令，停止并启动整个 Hadoop 完全分布式集群的 HDFS 服务。

```
[xuzheng@hadoop101 hadoop-3.2.2]$ cd /opt/module/hadoop-3.2.2
[xuzheng@hadoop101 hadoop-3.2.2]$ sbin/stop-dfs.sh
Stopping namenodes on [hadoop101]
hadoop101: stopping namenode
hadoop103: stopping datanode
hadoop101: stopping datanode
hadoop102: stopping datanode
Stopping secondary namenodes [hadoop103]
hadoop103: stopping secondarynamenode
[xuzheng@hadoop101 hadoop-3.2.2]$ sbin/start-dfs.sh
Starting namenodes on [hadoop101]
hadoop101: starting namenode, logging to hadoop-xuzheng-namenode-
hadoop101.out
hadoop101: starting datanode, logging to hadoop-xuzheng-datanode-
hadoop101.out
hadoop103: starting datanode, logging to hadoop-xuzheng-datanode-
```

```
hadoop103.out
hadoop102: starting datanode, logging to hadoop-xuzheng-datanode-
hadoop102.out
Starting secondary namenodes [hadoop103]
hadoop103: starting secondarynamenode, logging to secondarynamenode-
hadoop103.out
```

（2）终止 NameNode 进程。

```
[xuzheng@hadoop101 hadoop-3.2.2]$ jps
13586 NameNode
13668 DataNode
13786 SecondaryNameNode
13868 Jps
[xuzheng@hadoop101 hadoop-3.2.2]$ kill -9 namenode 的进程 ID
```

（3）删除 NameNode 存储的数据。

在 HDFS 的 NameNode 节点上执行如下命令，删除 NameNode 存储的所有元数据信息。

```
[xuzheng@hadoop101 hadoop-3.2.2]$ cd /opt/module/hadoop-3.2.2
[xuzheng@hadoop101 hadoop-3.2.2]$ rm -rf /opt/module/hadoop-3.2.2/data/
tmp/dfs/name/*
```

（4）将 SecondaryNameNode 上的数据复制到 NameNode 上。

在 HDFS 中，如果是完全分布式模式，那么 SecondaryNameNode 和 NameNode 不在同一个主机节点上，应该将 SecondaryNameNode 存储数据的目录复制到 NameNode 存储数据的同级目录下，同时删除 in_use.lock 文件。在 HDFS 的 NameNode 节点上执行如下命令：

```
[xuzheng@hadoop101 hadoop-3.2.2]$ cd /opt/module/hadoop-3.2.2/data/tmp/
dfs
[xuzheng@hadoop101 dfs]$ ls -la
drwx------  1   xuzheng supergroup  4096    2020-07-20 11:47 data
drwxrwx-r-x 1   xuzheng supergroup  4096    2020-07-20 11:48 name
drwxrwx-r-x 1   xuzheng supergroup  4096    2020-07-20 11:44 namesecondary
[xuzheng@hadoop101 dfs]$  scp -r xuzheng@hadoop103:/opt/module/hadoop-
3.2.2/data/tmp/dfs/namesecondary ./
[xuzheng@hadoop102 namesecondary]$ cd namesecondary
[xuzheng@hadoop102 namesecondary]$ rm -rf in_use.lock
```

（5）导入检查点数据。

在 HDFS 的 NameNode 节点上执行如下命令，导入检查点数据。

```
 [xuzheng@hadoop101 hadoop-3.2.2]$ cd /opt/module/hadoop-3.2.2
[xuzheng@hadoop101 hadoop-3.2.2]$ bin/hdfs namenode -importCheckpoint
```

（6）启动 NameNode。

在 HDFS 的 NameNode 节点上执行如下命令启动 NameNode。

```
[xuzheng@hadoop101 hadoop-3.2.2]$ cd /opt/module/hadoop-3.2.2
[xuzheng@hadoop101 hadoop-3.2.2]$ sbin/hadoop-daemon.sh start namenode
```

6.3.5　集群安全模式

当 HDFS 中的 NameNode 启动时，NameNode 首先将镜像文件 FsImage 加载到内存中并执行 Edits 编辑日志中的各项操作。当 NameNode 在内存中建立了 HDFS 元数据的映像时，NameNode 会创建一个新的 FsImage 文件和一个空的 Edits 编辑日志。此时，NameNode 开始监听 DataNode 发送来的请求。从 NameNode 开始启动到 NameNode 开始监听 DataNode 发送的请求，NameNode 在默认的情况下会运行集群安全模式，即客户端 Client 只能对 HDFS 执行读操作，不能执行写操作。

HDFS 中的数据块由 DataNode 节点进行存储和管理，而数据块的元数据信息交由 NameNode 节点进行管理和维护。在 HDFS 正常运行期间，NameNode 会将 DataNode 上的所有数据块的元数据信息加载到内存中。

当 HDFS 中的 NameNode 启动时，NameNode 会一直运行安全模式，此时所有的 DataNode 节点会向 NameNode 发送最新的数据块列表信息。存储在 HDFS 中的数据都有副本且分别存储在不同的 DataNode 节点上，其副本数量为 HDFS 设置的最小副本数。当 NameNode 接收到所有数据的最少一个副本的块位置信息时，NameNode 才会高效地运行分布式文件系统。

当 HDFS 满足最小副本条件时，NameNode 节点默认会在 30s 后退出集群安全模式。最小副本条件是指整个 HFDS 中 99.9%的数据块满足最小副本级别。值得注意的是，对于一个刚刚初始化的 HDFS，由于其还没有任何数据块，因此 NameNode 不会进入安全模式。

在默认情况下，HDFS 集群会自动地进入集群安全模式，此时客户端 Client 只能对 HDFS 执行读操作，不能执行写操作。HDFS 集群完成启动后会自动退出安全模式，此时客户端 Client 就能对 HDFS 执行读/写操作了。同时，用户也可以通过执行下面的 Shell 命令，手动操作集群安全模式的运行状态。

（1）进入集群安全模式状态。

```
[xuzheng@hadoop101 hadoop-3.2.2]$ cd /opt/module/hadoop-3.2.2
[xuzheng@hadoop101 hadoop-3.2.2]$ bin/hdfs dfsadmin -safemode enter
```

（2）查看集群安全模式状态。

```
[xuzheng@hadoop101 hadoop-3.2.2]$ cd /opt/module/hadoop-3.2.2
[xuzheng@hadoop101 hadoop-3.2.2]$ bin/hdfs dfsadmin -safemode get
```

（3）退出集群安全模式状态。

```
[xuzheng@hadoop101 hadoop-3.2.2]$ cd /opt/module/hadoop-3.2.2
[xuzheng@hadoop101 hadoop-3.2.2]$ bin/hdfs dfsadmin -safemode leave
```

（4）等待集群安全模式状态。

```
[xuzheng@hadoop101 hadoop-3.2.2]$ cd /opt/module/hadoop-3.2.2
[xuzheng@hadoop101 hadoop-3.2.2]$ bin/hdfs dfsadmin -safemode wait
```

对于进入、退出和查看集群安全模式的三个命令，读者通过命令描述能够理解其含义，但是对于等待集群安全模式，读者可能不清楚其命令含义。接下来通过一个实际案例来解释等待集群安全模式的含义。在 NameNode 节点上执行如下操作。

（1）查看当前的集群安全模式。

先查看集群的安全模式。

```
[xuzheng@hadoop101 hadoop-3.2.2]$ cd /opt/module/hadoop-3.2.2
[xuzheng@hadoop101 hadoop-3.2.2]$ bin/hdfs dfsadmin -safemode get
Safe mode is OFF
```

（2）打开集群安全模式并上传文件。

当打开集群安全模式时，客户端 Client 是无法执行写操作的。此时，如果向 HDFS 上传文件，那么会提示上传失败。

```
[xuzheng@hadoop101 hadoop-3.2.2]$ cd /opt/module/hadoop-3.2.2
[xuzheng@hadoop101 hadoop-3.2.2]$ bin/hdfs dfsadmin -safemode enter
Safe mode is ON
[xuzheng@hadoop101 hadoop-3.2.2]$ bin/hdfs dfs -put NOTICE.txt /
put: Cannot create file/NOTICE.txt._COPYING_. Name node is in safe mode.
```

（3）创建等待集群安全模式案例脚本。

```
[xuzheng@hadoop101 hadoop-3.2.2]$ cd /opt/module/hadoop-3.2.2
[xuzheng@hadoop101 hadoop-3.2.2]$ vim safemode.sh
# 添加内容如下
#!/bin/bash
hdfs dfsadmin -safemode wait
bin/hdfs dfs -put /opt/module/hadoop-3.2.2/NOTICE.txt /
```

（4）执行脚本。

执行完./safemode.sh 脚本后，系统会一直处于等待状态，等待集群安全模式从打开状态变为关闭状态。

```
[xuzheng@hadoop101 hadoop-3.2.2]$ cd /opt/module/hadoop-3.2.2
[xuzheng@hadoop101 hadoop-3.2.2]$ chmod 777 safemode.sh
[xuzheng@hadoop101 hadoop-3.2.2]$ ./safemode.sh
```

（5）关闭集群安全模式。

关闭集群安全模式并进入 HDFS 的根目录下查看 safemode.sh 脚本中的文件是否成功上传。

```
[xuzheng@hadoop101 hadoop-3.2.2]$ cd /opt/module/hadoop-3.2.2
[xuzheng@hadoop101 hadoop-3.2.2]$ bin/hdfs dfsadmin -safemode leave
Safe mode is OFF
[xuzheng@hadoop101 hadoop-3.2.2]$ bin/hdfs dfs -ls /
Found 1 items
-rw-r--r--  3   xuzheng supergroup 38  2020-07-14 07:00 /NOTICE.txt
```

6.3.6　NameNode 多目录配置

为了提高 HDFS 的可靠性，可以将 NameNode 目录配置成多个，并且每个目录中的数据完全相同，成为 NameNode 的备份。在 HDFS 的 NameNode 节点上执行如下命令进行 NameNode 多目录配置。

（1）修改 hdfs-site.xml 文件。

```
[xuzheng@hadoop101 ~]$ cd /opt/module/ha/hadoop-3.2.2/etc/hadoop/
[xuzheng@hadoop101 hadoop]$ vi hdfs-site.xml
# 修改内容如下
<property>
    <name>dfs.namenode.name.dir</name>
<value>file:///${hadoop.tmp.dir}/dfs/name1,file:///${hadoop.tmp.dir}/
dfs/name2</value>
</property>
```

（2）停止运行 HDFS 并在集群所有节点上删除 data 和 logs 中的所有数据。

```
[xuzheng@hadoop101 ~]$ cd /opt/module/ha/hadoop-3.2.2
[xuzheng@hadoop101 hadoop-3.2.2]$ sbin/stop-dfs.sh
```

```
Stopping namenodes on [hadoop101]
hadoop101: stopping namenode
hadoop103: stopping datanode
hadoop101: stopping datanode
hadoop102: stopping datanode
Stopping secondary namenodes [hadoop103]
hadoop103: stopping secondarynamenode
[xuzheng@hadoop101 hadoop-3.2.2]$ rm -rf data/ logs/
[xuzheng@hadoop102 hadoop-3.2.2]$ rm -rf data/ logs/
[xuzheng@hadoop103 hadoop-3.2.2]$ rm -rf data/ logs/
```

（3）格式化 NameNode 并启动 HDFS 集群。

```
[xuzheng@hadoop101 hadoop]$ cd /opt/module/ha/hadoop-3.2.2/
[xuzheng@hadoop101 hadoop-3.2.2]$ bin/hdfs namenode -format
[xuzheng@hadoop101 hadoop-3.2.2]$ sbin/hadoop-daemon.sh start namenode
```

（4）查看结果。

```
[xuzheng@hadoop101 hadoop]$ cd /opt/module/ha/hadoop-3.2.2/data/tmp/dfs
drwx-------    1  xuzheng supergroup  4096   2020-07-20 11:48 data
drwxrwx-r-x 1  xuzheng supergroup  4096   2020-07-20 11:48 name1
drwxrwx-r-x 1  xuzheng supergroup  4096   2020-07-20 11:48 name2
```

6.4　剖析 DataNode

本节将详细讲解 DataNode 的工作机制、动态服役和退役数据节点。同时，还会介绍如何配置掉线时限参数和 NameNode 多目录。

6.4.1　解析 DataNode 的工作机制

前面提到 DataNode 利用本地文件系统存储 Hadoop 文件块数据及块数据的校验和。概括地说，DataNode 的主要功能是存储文件的数据块和执行数据块的读/写操作。接下来将详细讲解 DataNode 的工作机制，如图 6.6 所示。

以下是 DataNode 工作时的具体执行步骤。

（1）DataNode 向 NameNode 注册。

DataNode 在启动之后，会主动向 NameNode 注册自己的信息。

（2）NameNode 响应注册状态。

当 DataNode 主动向 NameNode 注册自己的信息时，NameNode 节点会向 DataNode 响应注册状态。如果 DataNode 注册成功，则 NameNode 节点会向 DataNode 响应注册成功状态。如果 DataNode 注册失败，则 NameNode 节点会向 DataNode 响应注册失败状态。

（3）周期性上报数据块信息。

DataNode 在注册成功之后，会每隔一段时间向 NameNode 上报自己所有数据块的信息，包括数据内容、数据长度、校验和及时间戳等。NameNode 能够及时了解 DataNode 是否有数据丢失的情况。

（4）DataNode 发送心跳。

DataNode 节点每隔 3s 会向 NameNode 发送一次心跳，向 NameNode 节点上报自己的状态信息，并且心跳返回结果带有 NameNode 发送给 DataNode 的命令。

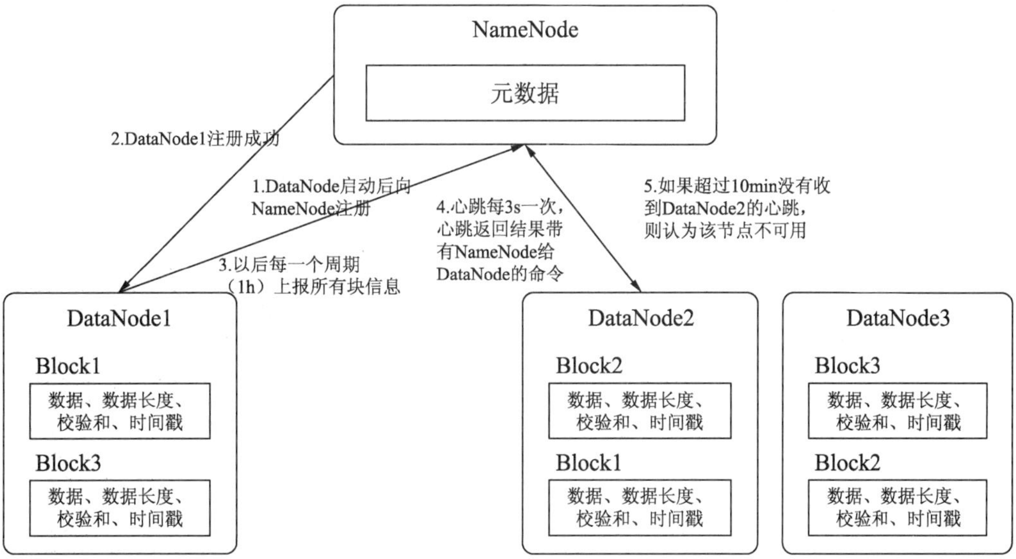

图 6.6　DataNode 的工作机制

（5）DataNode 不可用。

如果 NameNode 超过 10min 没有收到某个 DataNode 发送的心跳，则认为该 DataNode 节点处于不可用状态。

6.4.2　保证数据的完整性

前面讲解了 HDFS 的四大优点，其中包括高可靠性。HDFS 可以构建在廉价的机器上并且具有多个副本，底层维护了多个数据副本。即使在 HDFS 集群中的某个数据存储节点出现宕机或者其他故障，其他的非故障节点也会正常对外提供数据服务，不会出现数据丢失的情况。

此外，当故障节点恢复为正常状态时，会同步其他正常节点的数据，保障数据的一致性和完整性。那么，HDFS 是如何保证数据的完整性的呢？

DataNode 存储着数据块的元数据信息，包括数据内容、数据长度、校验和与时间戳等。当 DataNode 节点读取数据块的时候，会先计算该数据块的校验和，并与 DataNode 中记录该数据块创建时的校验和进行比对。如果比对不一致，那么说明该数据块已经损坏。

由于 HDFS 是多副本机制，当客户端 Client 读取的数据块出现损坏时，客户端 Client 会读取其他 DataNode 节点上的备份数据块并检测其校验和。此外，对于已经存储在 DataNode 节点上的数据块，DataNode 也会周期性地检测其检验和。以下是 DataNode 保证数据完整性的具体步骤。

（1）当 DataNode 读取数据块时，首先会计算校验和。如果计算后的校验和，与数据块创建时不一致，则说明数据块已经损坏。

（2）客户端 Client 读取其他 DataNode 上的备份数据块。

（3）DataNode 在其文件创建后，会每间隔一段时间验证校验和。

6.4.3　设置掉线时限参数

前面说过 DataNode 会每隔 3s 就会向 NameNode 发送一次心跳，给 NameNode 节点上报自己的状态信息，并且心跳返回结果带有 NameNode 发送给 DataNode 的命令。

当 DataNode 经常出现死亡或者其他故障时，就会导致 DataNode 无法与 NameNode 进行正常通信，也无法接收 NameNode 发送的命令。此时，NameNode 不会马上将该 DataNode 节点判定为死亡或不可用状态。NameNode 会计算当前时间与上一次发送心跳时间的时间间隔，并且设定一个时间阈值，称为 DataNode 掉线时限。HDFS 默认的 DataNode 掉线时限为 10min30s。在此，我们定义 DataNode 掉线时限为 TimeOut，其计算公式如下：

TimeOut = 2 * dfs.namenode.heartbeat.recheck-interval + 10 * dfs.heartbeat.interval

在 HDFS 中，dfs.namenode.heartbeat.recheck-interval 的默认配置值为 300 000ms，也就是 5min，而 dfs.heartbeat.interval 的默认配置值为 3s。因此，HDFS 默认的 DataNode 掉线时限为 10min30s。在实际企业开发中，用户可以根据自己的服务器性能调整 DataNode 掉线时限。如果服务器性能比较低，那么需要将 DataNode 掉线时限调高；如果服务器性能比较高，那么需要将 DataNode 掉线时限调低。

6.4.4　服役新的数据节点

在实际的企业开发中，HDFS 的 DataNode 节点一般情况下是不会发生变化的，节点数量与初始创建时保持一致。

然而，当企业新增了多条业务线或者举办重大活动时，如参加淘宝双 11、京东 618 活动等，业务数据会突然增多。此时，HDFS 中原有的 DataNode 节点已经无法满足业务数据存储的需求，因此需要动态地增加 DataNode 节点，也就是说，在不关闭 HDFS 集群和不影响正常业务的情况下，服役新的 DataNode 节点来应对突然增加的业务数据。在 HDFS 中执行如下步骤，可以实现服役新的 DataNode 节点。

1. 硬件环境

为了演示如何在 HDFS 中服役新的 DataNode 节点，需要额外准备一台物理机或者虚拟机。

2. IP地址配置

在新增加的服务节点上修改/etc/sysconfig/network-scripts/ifcfg-eth0 文件并配置 IP 地址。执行如下命令，并修改 ifcfg-eth0 文件内容如图 6.7 标注框所示。

```
[root@localhost etc]# cd /etc/sysconfig/network-scripts/
[root@localhost etc]# vi ifcfg-eth0
```

首先修改 BOOTPROTO=static、ONBOOT=yes 和 NETMASK=255.255.0.0。根据不同的服务器修改 IPADDR，在本例中配置了 3 台服务器，其 IP 地址分别为 192.168.10.101、192.168.10.102 和 192.168.10.103。全部修改完成后，保存文件并重启网络配置，执行如下

命令：

```
[root@hadoop101 network-scripts]# systemctl restart network
```

```
TYPE=Ethernet
BOOTPROTO=static
DEFROUTE=yes
PEERDNS=yes
PEERROUTES=yes
IPV4_FAILURE_FATAL=no
IPV6INIT=yes
IPV6_AUTOCONF=yes
IPV6_DEFROUTE=yes
IPV6_PEERDNS=yes
IPV6_PEERROUTES=yes
IPV6_FAILURE_FATAL=no
IPV6_ADDR_GEN_MODE=stable-privacy
NAME=eth0
UUID=5c7b7296-ae8c-4b78-b750-f74b491fc1a4
DEVICE=eth0
ONBOOT=yes
IPADDR=192.168.10.101
NETMASK=255.255.0.0
```

图 6.7　修改 ifcfg-eth0 配置文件内容

3．修改hosts配置文件

在新增加的服务器节点上修改/etc/hosts 文件，并配置 hostname 与 IP 地址之间的映射关系。执行如下命令并在文件末尾追加如下内容。

```
[root@localhost etc]# cd /etc/
[root@localhost etc]# vi hosts
# 添加内容如下
hadoop104 192.168.10.104
```

4．关闭防火墙

在新增加的服务器节点上执行如下命令关闭防火墙，然后检查防火墙是否关闭。

```
[root@localhost etc]# systemctl stop firewalld
[root@localhost etc]# systemctl status firewalld
```

5．创建一个用户并配置密码

在新增加的服务器节点上执行如下命令创建一个新用户，然后配置该用户的密码。

```
[root@hadoop104 ~]# useradd xuzheng
[root@hadoop104 ~]# passwd xuzheng
```

6．配置新创建的用户具有root权限

在新增加的服务器节点上执行如下命令，首先修改/etc/sudoers 的文件权限，然后在该文件中添加内容如图 6.8 标注框所示。

```
[root@hadoop104 ~]# chmod 640 /etc/sudoers
[root@hadoop104 ~]# vi /etc/sudoers
```

```
##
## Allow root to run any commands anywhere
root    ALL=(ALL)       ALL
xuzheng ALL=(ALL)       ALL
```

添加内容

```
## Allows members of the 'sys' group to run networking, software,
## service management apps and more.
# %sys ALL = NETWORKING, SOFTWARE, SERVICES, STORAGE, DELEGATING, PROCESSES, LOCATE, DRIVERS
```

图 6.8　为 sudoers 文件添加内容

7．新建两个目录

在新增加的服务器节点上执行如下命令，在/opt 目录下创建 module 和 software 两个文件夹。

```
[root@localhost ~]# mkdir /opt/module
[root@localhost ~]# mkdir /opt/software
```

分别在 3 台服务器节点上执行如下命令，修改两个文件夹/opt/module 和/opt/software 的所有者。

```
[root@localhost opt]# cd /opt/
[root@localhost opt]# chown xuzheng:xuzheng module/ software/
```

8．安装和配置JDK环境

搭建 Hadoop 完全分布式集群需要依赖 Java 运行环境，我们采用的 JDK 版本为 1.8.0。读者可以访问 http://118.89.217.234:8000/，下载软件压缩包 jdk-8u201-linux-x64.tar.gz，并将该软件包上传至集群每一台服务器节点的/opt/software 目录下。接下来，在集群的所有服务器节点上通过执行如下命令，将压缩包 jdk-8u201-linux-x64.tar.gz 解压至/opt/module 目录下。

```
[xuzheng@hadoop104 software]$ cd /opt/software
[xuzheng@hadoop104 software]$ tar -zxvf jdk-8u201-linux-x64.tar.gz -C /opt/module/
```

进入/opt/module 目录查看该目录中的内容，验证压缩包是否已经解压成功，执行命令如下：

```
[xuzheng@hadoop104 software]$ cd /opt/module
[xuzheng@hadoop104 module]$ ls
```

为了能够在任何目录下都可以使用 Java 命令，需要在/etc/profile 文件中配置 Java 的环境变量，在集群的所有服务器节点下执行如下命令：

（1）打开/etc/profile 文件：

```
[xuzheng@hadoop104 module]$ sudo vi /etc/profile
```

（2）在/etc/profile 文件的结尾添加如下内容：

```
#JAVA_HOME
export JAVA_HOME=/opt/module/jdk1.8.0_201
export PATH=$PATH:$JAVA_HOME/bin
```

（3）退出并保存/etc/profile 文件，使配置文件生效：

```
[xuzheng@hadoop104 module]$ source /etc/profile
```

（4）测试 JDK 是否安装成功：

```
[xuzheng@hadoop104 module]$ java -version
java version "1.8.0_201"
Java(TM) SE Runtime Environment (build 1.8.0_201-b09)
Java HotSpot(TM) 64-Bit Server VM (build 25.201-b09, mixed mode)
```

9. 下载和安装Hadoop集群

首先介绍如何下载和安装 Hadoop 集群，在集群的所有服务器节点上执行如下命令。

（1）下载 Hadoop 安装包。

为了方便读者快速安装 Hadoop 集群，读者可以访问 http://118.89.217.234:8000/，下载软件压缩包 hadoop-3.2.2.tar.gz，并将该软件包上传至集群中每一台服务器节点的/opt/software 目录下，然后在集群的所有服务器节点上执行下面的步骤。

（2）创建目录/opt/module/ha：

```
[xuzheng@hadoop104 ~]$ mkdir -p /opt/module/ha
```

（3）解压压缩包至/opt/module/ha 目录下：

```
[xuzheng@hadoop104 ~]$ cd /opt/software
[xuzheng@hadoop104 software]$ tar -xzvf hadoop-3.2.2.tar.gz -C /opt/
module/ha
```

10. 配置Hadoop完全分布式集群

介绍了如何下载和安装 Hadoop 完全分布式集群之后，接下来将配置 Hadoop 完全分布式集群，在集群的所有服务器节点上执行如下命令。

（1）修改 hadoop-env.sh 文件内容如图 6.9 标注框所示。

```
[xuzheng@hadoop104 hadoop]$ cd /opt/module/ha/hadoop-3.2.2/etc/hadoop/
[xuzheng@hadoop104 hadoop]$ vi hadoop-env.sh
```

修改完成后，保存并关闭该文件。

```
# The only required environment variable is JAVA_HOME.  All others are
# optional.  When running a distributed configuration it is best to
# set JAVA_HOME in this file, so that it is correctly defined on
# remote nodes.

# The java implementation to use.
export JAVA_HOME=/opt/module/jdk1.8.0_201
```

图 6.9　修改 hadoop-env.sh 文件内容

（2）修改 core-site.xml 文件内容如图 6.10 标注框所示。

```
[xuzheng@hadoop104 hadoop]$ cd /opt/module/ha/hadoop-3.2.2/etc/hadoop/
[xuzheng@hadoop104 hadoop]$ vi core-site.xml
```

（3）修改 hdfs-site.xml 文件内容如图 6.11 标注框所示。

```
[xuzheng@hadoop104 hadoop]$ cd /opt/module/hadoop-3.2.2/etc/hadoop/
[xuzheng@hadoop104 hadoop]$ vi hdfs-site.xml
```

```
<?xml version="1.0" encoding="UTF-8"?>
<?xml-stylesheet type="text/xsl" href="configuration.xsl"?>
<!--
  Licensed under the Apache License, Version 2.0 (the "License");
  you may not use this file except in compliance with the License.
  You may obtain a copy of the License at

    http://www.apache.org/licenses/LICENSE-2.0

  Unless required by applicable law or agreed to in writing, software
  distributed under the License is distributed on an "AS IS" BASIS,
  WITHOUT WARRANTIES OR CONDITIONS OF ANY KIND, either express or implied.
  See the License for the specific language governing permissions and
  limitations under the License. See accompanying LICENSE file.
-->

<!-- Put site-specific property overrides in this file. -->

<configuration>
        <property>
                <name>fs.defaultFS</name>
                <value>hdfs://hadoop101:9000</value>
        </property>
        <!-- 指定Hadoop运行时产生文件的存储目录 -->
        <property>
                <name>hadoop.tmp.dir</name>
                <value>/opt/module/hadoop-3.2.2/data/tmp</value>
        </property>
</configuration>
~
~
~
"core-site.xml" 29L, 1035C
```

图 6.10　修改 core-site.xml 文件

```
<?xml version="1.0" encoding="UTF-8"?>
<?xml-stylesheet type="text/xsl" href="configuration.xsl"?>
<!--
  Licensed under the Apache License, Version 2.0 (the "License");
  you may not use this file except in compliance with the License.
  You may obtain a copy of the License at

    http://www.apache.org/licenses/LICENSE-2.0

  Unless required by applicable law or agreed to in writing, software
  distributed under the License is distributed on an "AS IS" BASIS,
  WITHOUT WARRANTIES OR CONDITIONS OF ANY KIND, either express or implied.
  See the License for the specific language governing permissions and
  limitations under the License. See accompanying LICENSE file.
-->

<!-- Put site-specific property overrides in this file. -->

<configuration>
        <property>
                <name>dfs.replication</name>
                <value>3</value>
        </property>
        <property>
                <name>dfs.namenode.secondary.http-address</name>
                <value>hadoop103:50090</value>
        </property>
</configuration>
```

图 6.11　修改 hdfs-site.xml 文件内容

（4）配置 yarn-env.sh 文件。

对于 yarn-env.sh 文件，主要配置 JDK 的安装目录，在服务器节点上执行如下命令修改 yarn-env.sh 文件内容如图 6.12 标注框所示。

```
[xuzheng@hadoop104 hadoop]$ cd /opt/module/hadoop-3.2.2/etc/hadoop/
[xuzheng@hadoop104 hadoop]$ vi yarn-env.sh
```

```
# User for YARN daemons
export HADOOP_YARN_USER=${HADOOP_YARN_USER:-yarn}

# resolve links - $0 may be a softlink
export YARN_CONF_DIR="${YARN_CONF_DIR:-$HADOOP_YARN_HOME/conf}"

# some Java parameters
export JAVA_HOME=/opt/module/jdk1.8.0_201
if [ "$JAVA_HOME" != "" ]; then
  #echo "run java in $JAVA_HOME"
  JAVA_HOME=$JAVA_HOME
fi
```

图 6.12　修改 yarn-env.sh 文件内容

修改完成后，保存并关闭该文件。

（5）配置 yarn-site.xml 文件。

yarn-site.xml 文件主要用于配置 Hadoop 集群的 ResourceManager 节点的 IP 地址、MapReduce 获取数据的方式、是否开启日志聚集功能和日志的保留时间。在服务器节点上执行如下命令修改 yarn-site.xml 文件内容如图 6.13 所示。

```
[xuzheng@hadoop104 hadoop]$ cd /opt/module/hadoop-3.2.2/etc/hadoop/
[xuzheng@hadoop104 hadoop]$ vi yarn-site.xml
```

```
<configuration>

<!-- Site specific YARN configuration properties -->
        <property>
                <name>yarn.nodemanager.aux-services</name>
                <value>mapreduce_shuffle</value>
        </property>
        <!-- 指定YARN的ResourceManager的地址 -->
        <property>
                <name>yarn.resourcemanager.hostname</name>
                <value>hadoop102</value>
        </property>
        <property>
                <name>yarn.log-aggregation-enable</name>
                <value>true</value>
        </property>
        <!-- 日志保留时间设置7天 -->
        <property>
                <name>yarn.log-aggregation.retain-seconds</name>
                <value>604800</value>
        </property>
</configuration>
```

图 6.13　修改 yarn-site.xml 文件内容

（6）配置 mapred-env.sh 文件。

mapred-env.sh 文件主要用于配置 JDK 的安装目录，在服务器节点上执行如下命令修改 mapred-env.sh 文件内容如图 6.14 标注框所示。

```
[xuzheng@hadoop104 hadoop]$ cd /opt/module/hadoop-3.2.2/etc/hadoop/
[xuzheng@hadoop104 hadoop]$ vi mapred-env.sh
```

```
# Licensed to the Apache Software Foundation (ASF) under one or more
# contributor license agreements.  See the NOTICE file distributed with
# this work for additional information regarding copyright ownership.
# The ASF licenses this file to You under the Apache License, Version 2.0
# (the "License"); you may not use this file except in compliance with
# the License.  You may obtain a copy of the License at
#
#     http://www.apache.org/licenses/LICENSE-2.0
#
# Unless required by applicable law or agreed to in writing, software
# distributed under the License is distributed on an "AS IS" BASIS,
# WITHOUT WARRANTIES OR CONDITIONS OF ANY KIND, either express or implied.
# See the License for the specific language governing permissions and
# limitations under the License.

export JAVA_HOME=/opt/module/jdk1.8.0_201

export HADOOP_JOB_HISTORYSERVER_HEAPSIZE=1000
```

图 6.14 修改 mapred-env.sh 文件内容

修改完成后，保存并关闭该文件。

（7）配置 mapred-site.xml 文件。

mapred-site.xml 文件主要用于指定让 MapReduce 任务运行在 YARN 资源调度器上。在服务器节点上将 mapred-site.xml.template 文件重命名为 mapred-site.xml，并且修改 mapred-site.xml 文件内容如图 6.15 所示。

```
[xuzheng@hadoop104 hadoop]$ cd /opt/module/hadoop-3.2.2/etc/hadoop/
[xuzheng@hadoop104 hadoop]$ mv mapred-site.xml.template mapred-site.xml
[xuzheng@hadoop104 hadoop]$ vi mapred-site.xml
```

```
<configuration>
        <property>
                <name>mapreduce.framework.name</name>
                <value>yarn</value>
        </property>
        <property>
                <name>mapreduce.jobhistory.address</name>
                <value>hadoop101:10020</value>
        </property>
        <!-- 历史服务器Web端地址 -->
        <property>
        <name>mapreduce.jobhistory.webapp.address</name>
        <value>hadoop101:19888</value>
        </property>
</configuration>
```

图 6.15 修改 mapred-site.xml 文件内容

11. 在新的节点上启动DataNode

在 hadoop104 节点上启动 DataNode 服务，然后查看是否启动成功。执行命令如下：

```
[xuzheng@hadoop104 ~]$ cd /opt/module/hadoop-3.2.2
[xuzheng@hadoop104 hadoop-3.2.2]$ sbin/hadoop-daemon.sh start datanode
[xuzheng@hadoop104 hadoop-3.2.2]$ jps
13668 DataNode
13868 Jps
```

12．数据再平衡

添加新的 DataNode 节点后，此时在新节点中还没有数据，会出现 Hadoop 集群中的数据不平衡现象。为了解决这个问题，在集群的 NameNode 节点上执行如下命令，实现集群的数据平衡。

```
[xuzheng@hadoop101 ~]$ cd /opt/module/hadoop-3.2.2
[xuzheng@hadoop101 hadoop-3.2.2]$ sbin/start-balance.sh
```

6.4.5　退役旧的数据节点

在前面的内容中介绍了如何在一个已经构建好的 Hadoop 集群中服役新的数据节点。当公司业务线减少时，产生的业务数据也会越来越少，Hadoop 集群中会出现闲置的数据节点，因此需要在原有集群基础上动态退役旧的数据节点。在企业的实际开发中，有两种退役旧数据节点的方法。

1．添加白名单

添加到白名单中的 DataNode 节点可以访问 HDFS 中的 NameNode，不在白名单中的 DataNode 节点将被拒绝访问。在 HDFS 中执行下面的步骤可以添加白名单。

（1）创建 dfs.hosts 文件。

在 HDFS 的 NameNode 节点上进入配置文件目录，然后创建一个文件 dfs.hosts。

```
[xuzheng@hadoop101 ~]$ cd /opt/module/hadoop-3.2.2/etc/hadoop
[xuzheng@hadoop101 hadoop]$ touch dfs.hosts
[xuzheng@hadoop101 hadoop]$ vi dfs.hosts
# 添加内容如下
hadoop101
hadoop102
hadoop103
```

在本例中，将 hadoop101、hadoop102 和 hadoop103 添加到白名单中，hadoop104 没有添加到白名单中。也就是说，hadoop104 无法访问 HDFS 的 NameNode 节点。

（2）修改 hdfs-site.xml 配置文件。

在 HDFS 的所有节点上修改 hdfs-site.xml 配置文件，添加 dfs.hosts 属性。

```
[xuzheng@hadoop101 hadoop]$ cd /opt/module/hadoop-3.2.2/etc/hadoop/
[xuzheng@hadoop101 hadoop]$ vi hdfs-site.xml
# 添加内容如下
<configuration>
        <property>
                <name>dfs.hosts</name>
                <value>/opt/module/hadoop-3.2.2/etc/hadoop/dfs.hosts</value>
        </property>
</configuration>
```

（3）刷新 NameNode。

```
[xuzheng@hadoop101 hadoop]$ cd /opt/module/hadoop-3.2.2
[xuzheng@hadoop101 hadoop-3.2.2]$ hdfs dfsadmin -refreshNodes
Refresh nodes successful
```

（4）刷新 ResourceManager。

```
[xuzheng@hadoop102 hadoop]$ cd /opt/module/hadoop-3.2.2
[xuzheng@hadoop102 hadoop-3.2.2]$ yarn rmadmin -refreshNodes
```

（5）数据再平衡。

退役旧的数据节点后，可能会出现 Hadoop 集群中的数据不平衡现象，为了解决这个问题，在集群的 NameNode 节点上执行如下命令，实现集群数据的再平衡。

```
[xuzheng@hadoop101 ~]$ cd /opt/module/hadoop-3.2.2
[xuzheng@hadoop101 hadoop-3.2.2]$ sbin/start-balance.sh
```

2．黑名单退役

在企业实际开发中，退役旧的数据节点时通常使用黑名单退役的方式，添加到黑名单上的服务器节点都会被强制退出。同时，黑名单中退役 DataNode 节点上的数据会被自动复制到 HDFS 的其他可用 DataNode 节点上。但是，通过添加白名单的方式却无法自动复制数据。如果在 HDFS 中服役节点的数据小于等于副本数，那么是不能成功退役的，需要修改副本数后才能退役。

（1）创建 dfs.hosts.exclude 文件。

在 HDFS 的 NameNode 节点上进入配置文件的目录，然后创建一个文件 dfs.hosts。

```
[xuzheng@hadoop101 ~]$ cd /opt/module/hadoop-3.2.2/etc/hadoop
[xuzheng@hadoop101 hadoop]$ touch dfs.hosts.exclude
[xuzheng@hadoop101 hadoop]$ vi dfs.hosts.exclude
# 添加内容如下
hadoop104
```

在本例中，将 hadoop104 添加到黑名单中。也就是说，hadoop104 无法访问 HDFS 的 NameNode 节点。

（2）修改 hdfs-site.xml 配置文件。

在 HDFS 的所有节点上修改 hdfs-site.xml 配置文件，添加 dfs.hosts.exclude 属性。

```
[xuzheng@hadoop101 hadoop]$ cd /opt/module/hadoop-3.2.2/etc/hadoop/
[xuzheng@hadoop101 hadoop]$ vi hdfs-site.xml
# 添加内容如下
<configuration>
       <property>
              <name>dfs.hosts.exclude</name>
              <value>/opt/module/hadoop-3.2.2/etc/hadoop/dfs.hosts.
exclude</value>
       </property>
</configuration>
```

（3）刷新 NameNode。

```
[xuzheng@hadoop101 hadoop]$ cd /opt/module/hadoop-3.2.2
[xuzheng@hadoop101 hadoop-3.2.2]$ hdfs dfsadmin -refreshNodes
Refresh nodes successful
```

（4）刷新 ResourceManager。

```
[xuzheng@hadoop102 hadoop]$ cd /opt/module/hadoop-3.2.2
[xuzheng@hadoop102 hadoop-3.2.2]$ yarn rmadmin -refreshNodes
```

（5）停止DataNode。

当退役节点的状态变为decommissioned后，表明退役数据节点中所有的数据块已经被复制到其他可用的数据节点上。此时可以手动停止DataNode节点和NodeManager节点。

```
[xuzheng@hadoop101 hadoop]$ cd /opt/module/hadoop-3.2.2
[xuzheng@hadoop101 hadoop-3.2.2]$ sbin/hadoop-daemon.sh stop datanode
```

（6）停止NodeManager。

```
[xuzheng@hadoop101 hadoop]$ cd /opt/module/hadoop-3.2.2
[xuzheng@hadoop101 hadoop-3.2.2]$ sbin/hadoop-daemon.sh stop nodemanager
Refresh nodes successful
```

（7）数据再平衡。

退役旧的数据节点后，可能会出现Hadoop集群中的数据不平衡现象，为了解决这个问题，在集群的NameNode节点上执行如下命令，实现集群数据的再平衡。

```
[xuzheng@hadoop101 ~]$ cd /opt/module/hadoop-3.2.2
[xuzheng@hadoop101 hadoop-3.2.2]$ sbin/start-balance.sh
```

6.4.6　DataNode多目录配置

在6.3.6节中讲解了NameNode多目录配置的方法，主要是为了提高HDFS的可靠性，并且使每个目录中的数据完全相同，成为NameNode的备份。在HDFS中，DataNode也可以进行多目录配置，但是每个目录中存储的数据块不一致，也不是DataNode的副本。DataNode多目录配置的主要作用是保证所有磁盘能够被均衡利用。在HDFS中执行如下的命令，进行DataNode多目录配置。

（1）修改hdfs-site.xml文件。

```
[xuzheng@hadoop101 ~]$ cd /opt/module/ha/hadoop-3.2.2/etc/hadoop/
[xuzheng@hadoop101 hadoop]$ vi hdfs-site.xml
# 修改内容如下
<property>
    <name>dfs.datanode.data.dir</name>
<value>file:///${hadoop.tmp.dir}/dfs/data1,file:///${hadoop.tmp.dir}/
dfs/data2</value>
</property>
```

（2）停止HDFS并在集群所有节点上删除data和logs中的所有数据。

```
[xuzheng@hadoop101 ~]$ cd /opt/module/ha/hadoop-3.2.2
[xuzheng@hadoop101 hadoop-3.2.2]$ sbin/stop-dfs.sh
Stopping namenodes on [hadoop101]
hadoop101: stopping namenode
hadoop103: stopping datanode
hadoop101: stopping datanode
hadoop102: stopping datanode
Stopping secondary namenodes [hadoop103]
hadoop103: stopping secondarynamenode
[xuzheng@hadoop101 hadoop-3.2.2]$ rm -rf data/ logs/
[xuzheng@hadoop102 hadoop-3.2.2]$ rm -rf data/ logs/
[xuzheng@hadoop103 hadoop-3.2.2]$ rm -rf data/ logs/
```

（3）格式化 NameNode 并启动 HDFS 集群。

```
[xuzheng@hadoop101 hadoop]$ cd /opt/module/ha/hadoop-3.2.2/
[xuzheng@hadoop101 hadoop-3.2.2]$ bin/hdfs namenode -format
[xuzheng@hadoop101 hadoop-3.2.2]$ sbin/hadoop-daemon.sh start namenode
```

（4）查看结果。

```
[xuzheng@hadoop101 hadoop]$ cd /opt/module/ha/hadoop-3.2.2/data/tmp/dfs
drwx------    1   xuzheng   supergroup  4096    2020-07-20 12:18 data1
drwx------    1   xuzheng   supergroup  4096    2020-07-20 12:18 data2
drwxrwx-r-x   1   xuzheng   supergroup  4096    2020-07-20 11:48 name1
drwxrwx-r-x   1   xuzheng   supergroup  4096    2020-07-20 11:48 name2
```

6.5　小　　结

本章首先介绍了 HDFS 的写数据流程和 HDFS 的读数据流程，其次介绍了 NameNode 和 SecondaryNameNode 的工作机制，同时讲解了 FsImage 镜像文件和 Edits 编辑日志的作用以及 HDFS 集群的安全模式，最后介绍了 DataNode 的工作机制，以及如何服役新的数据节点和退役旧的数据节点。

第 7 章　Hadoop 3.x 的新特性

在 2.5 节中介绍过 Hadoop 2.x 版本将 MapReduce 进行了拆分，独立出了一个资源调度模块 YARN，大大降低了系统间的耦合性。Hadoop 3.x 版本与之前版本相比，除了组成架构不同之外，在 Hadoop 3.x 版本中还增加了许多新特性。

7.1　纠删码技术

Hadoop 通过多副本机制来保证数据的可靠性。冗余备份使原始数据在存储的过程中消耗了更多的磁盘空间，导致磁盘有效使用率变低。因此，在保证数据可靠性的前提下，如何提高存储利用率已成为 Hadoop 面对的主要问题之一。在 Hadoop 3.x 版本中，Hadoop 引入了纠删码技术，不但可以提高 50%以上的存储利用率，而且可以保证数据的可靠性。

7.1.1　探究纠删码技术原理

纠删码技术是一种编码容错技术，最早用于通信行业，在数据传输中进行数据恢复。它通过对数据进行分块，然后计算出校验数据，使各个部分的数据产生关联性。当一部分数据丢失时，可以通过剩余的数据块和校验块计算出丢失的数据块。

Reed-Solomon(RS)码是存储系统较为常用的一种纠删码，它有两个参数 k 和 m，记为 RS(k,m)。如图 7.1 所示，一个生成矩阵 ***GT*** 与由 k 个数据块组成的向量相乘，得到一个新的向量，即纠删码向量，该向量由 k 个数据块和 m 个校验块构成。如果一个数据块丢失，可以通过生成矩阵和纠删码向量进行计算，从而恢复丢失的数据块。RS(k,m)最多可容忍 m 个块（包括数据块和校验块）丢失。

GT　　　　Data　　　　Parity

$$\begin{pmatrix} 1 & 2 & 3 \\ 4 & 5 & 6 \end{pmatrix} \times \begin{pmatrix} 7 \\ 8 \\ 9 \end{pmatrix} = \begin{pmatrix} 50 \\ 122 \end{pmatrix}$$

$1\times7+2\times8+3\times9=50$

$4\times7+5\times8+6\times9=122$

图 7.1　纠删码实例

例如，我们有 7、8、9 三个原始数据，通过与生成矩阵 ***GT*** 相乘，得到两个校验数据 50 和 122。

7.1.2　简述纠删码模式布局方案

在传统模式下，HDFS 中的文件基本构成单位是 Block 数据块。而在纠删码模式下，文件的基本构成单位是 Block group。在纠删码模式下涉及 Block group 应该如何存储的问题。Hadoop 官方给出了两种布局方案，一种是连续布局，另一种是条形布局。

1．连续布局

Hadoop 文件中的数据会依次写入数据块中，当一个数据块写满之时，会再写入下一个数据块，这种布局策略称为连续布局。这种布局易于实现，并且可以与多副本存储策略进行灵活转换，但是这种布局策略需要客户端缓存足够的数据块，不适合存储小文件。

2．条形布局

条是由若干个相同大小的单元构成的序列。Hadoop 文件中的数据会依次写入条的各个单元中，当一个条写满之后再写入下一个条，一个条中的不同单元位于不同的数据块中，这种布局策略称为条形布局。这种布局策略对文件大小不敏感，并且不需要客户端缓存过多的数据，但是这种布局策略与多副本存储策略进行转换时不够灵活。由于这种布局策略会将原来存储在一个节点上的数据块分散到不同的数据节点上，因此会影响一些位置敏感任务的性能。

7.1.3　解读纠删码策略

在 Hadoop 3.x 版本中，纠删码技术有多种策略，不同的策略在数据冗余度和解析速度方面有所不同。

- RS-10-4-1024k 策略：使用 RS 编码，每 10 个数据单元生成 4 个校验单元，共 14 个单元，也就是说，在这 14 个单元中，只要有任意的 10 个单元存在，无论是数据单元还是校验单元，只要总数等于 10，就可以得到完整的原始数据。其中，每个单元的大小是 1048576Byte。
- RS-3-2-1024k 策略：使用 RS 编码，每 3 个数据单元生成 2 个校验单元，共 5 个单元，也就是说，在这 5 个单元中，只要有任意的 3 个单元存在，无论是数据单元还是校验单元，只要总数等于 3，就可以得到原始数据。其中，每个单元的大小是 1048576Byte。
- RS-6-3-1024k 策略：使用 RS 编码，每 6 个数据单元生成 3 个校验单元，共 9 个单元，也就是说，在这 9 个单元中，只要有任意的 6 个单元存在，无论是数据单元还是校验单元，只要总数等于 6，就可以得到原始数据。其中，每个单元的大小是 1048576Byte。
- RS-LEGACY-6-3-1024k 策略：和上面的 RS-6-3-1024k 策略类似，区别是编码的算法为 rs-legacy。
- XOR-2-1-1024k 策略：该策略使用 XOR 编码（速度比 RS 编码快），每 2 个数据单元生成 1 个校验单元，共 3 个单元，也就是说，在这 3 个单元中，只要有任意的 2 个单元存在，无论是数据单元还是校验单元，只要总数等于 2，就可以得到原始数据。每个单元的大小是 1048576Byte。

7.1.4　查看纠删码

在 Hadoop 3.x 版本中，通过执行如下命令，可以查看当前版本是否支持纠删码技术和当前支持的纠删码策略。

```
[xuzheng@hadoop101 hadoop]$ hdfs ec -listPolicies
Erasure Coding Policies:
ErasureCodingPolicy=[Name=RS-10-4-1024k, Schema=[ECSchema=[Codec=rs,
numDataUnits=10, numParityUnits=4]], CellSize=1048576, Id=5], State=
DISABLED
ErasureCodingPolicy=[Name=RS-3-2-1024k, Schema=[ECSchema=[Codec=rs,
numDataUnits=3, numParityUnits=2]], CellSize=1048576, Id=2], State=
DISABLED
ErasureCodingPolicy=[Name=RS-6-3-1024k, Schema=[ECSchema=[Codec=rs,
numDataUnits=6, numParityUnits=3]], CellSize=1048576, Id=1], State=
ENABLED
ErasureCodingPolicy=[Name=RS-LEGACY-6-3-1024k, Schema=[ECSchema=[Codec=
rs-legacy, numDataUnits=6, numParityUnits=3]], CellSize=1048576, Id=3],
State=DISABLED
ErasureCodingPolicy=[Name=XOR-2-1-1024k, Schema=[ECSchema=[Codec=xor,
numDataUnits=2, numParityUnits=1]], CellSize=1048576, Id=4], State=
DISABLED
```

当本地主机与远程目标主机之间配置了 SSH 时，执行如下命令可以将远程目标主机中的数据复制到本地主机上。

7.1.5　设置纠删码

在 Hadoop 3.x 版本中，通过执行如下命令可以设置纠删码策略。纠删码策略是与具体的 HDFS 路径相关联的。纠删码策略设置成功后，所有在此目录下存储的文件都会执行这个策略。

首先，在 HDFS 中创建目录 rs，然后查看其是否设置了纠删码策略。下面的执行结果显示，该目录并没有设置纠删码策略。默认情况下，HDFS 新建的目录不会设置纠删码策略。

```
[xuzheng@hadoop101 hadoop]$ hdfs dfs -mkdir /rs
[xuzheng@hadoop101 ~]$ hdfs ec -getPolicy -path /rs
The erasure coding policy of /rs is unspecified
```

其次，为 HDFS 中的/rs 目录设置纠删码策略，执行如下命令可以为 HDFS 中的/rs 路径设置 RS-6-3-1024k 策略。

```
[xuzheng@hadoop101 ~]$ hdfs ec -setPolicy -path /rs -policy RS-6-3-1024k
Set RS-6-3-1024k erasure coding policy on /rs
[xuzheng@hadoop101 ~]$ hdfs ec -enablePolicy -policy RS-3-2-1024k
Erasure coding policy RS-3-2-1024k is enabled
[xuzheng@hadoop101 ~]$ hdfs ec -setPolicy -path /rs -policy RS-3-2-1024k
Set RS-3-2-1024k erasure coding policy on /rs
```

设置成功后，可以通过 7.1.4 节介绍的查看纠删码命令，查看纠删码策略是否设置成功。从下面的执行结果中可以看出，HDFS 中的/rs 目录已经成功设置了 RS-6-3-1024k 策略。

```
[xuzheng@hadoop101 ~]$ hdfs ec -getPolicy -path /rs
RS-6-3-1024k
```

7.2　复制 HDFS 集群间的数据

在 Hadoop 3.x 版本中，Hadoop 提供了一种可以在不同 HDFS 集群中进行数据复制的方法。

7.2.1　采用 scp 实现 HDFS 集群间的数据复制

在 HDFS 中经常涉及不同服务器节点之间的数据传输等操作。在 Linux 操作系统中，可以利用系统自带的 scp 命令实现两个服务器节点之间的数据传输。如果本地主机与远程目标主机之间配置了 SSH，那么执行如下命令可以将本地主机中的数据复制到远程目标主机上。

```
[xuzheng@hadoop101 hadoop]$ touch hello.txt
[xuzheng@hadoop101 hadoop]$ scp -r hello.txt xuzheng@hadoop102:/user/
xuzheng/hello.txt
```

如果本地主机与远程目标主机之间配置了 SSH，那么执行如下命令可以将远程目标主机中的数据复制到本地主机上。

```
[xuzheng@hadoop101 ~]$ cd /opt/module/ha/hadoop-3.2.2/etc/hadoop
[xuzheng@hadoop101 hadoop]$ scp -r xuzheng@hadoop102:/user/xuzheng/hello.
txt hello2.txt
```

如果在两个远程主机之间没有配置 SSH，则可以通过本地主机中转的方式实现两个远程主机之间的文件复制，执行命令如下：

```
[xuzheng@hadoop101 ~]$ cd /opt/module/ha/hadoop-3.2.2/etc/hadoop
[xuzheng@hadoop101 ~]$ scp -r xuzheng@hadoop102:/user/xuzheng/hello.txt
xuzheng@hadoop103:/user/xuzheng/hello.txt
```

7.2.2　采用 distcp 实现 HDFS 集群间的数据复制

前面介绍了在 HDFS 集群中，不同服务器节点之间的数据复制方法，如果想要从一个 HDFS 集群向另一个 HDFS 集群中递归地复制数据，仅使用 scp 命令肯定是无法满足需求的。在 Hadoop 2.x 版本中提供了一种可以在不同 HDFS 集群中进行数据复制的方法。执行如下命令，采用 Hadoop 的 distcp 命令实现两个 HDFS 集群之间的数据递归复制。

```
[xuzheng@hadoop101 ~]$ cd /opt/module/ha/hadoop-3.2.2
[xuzheng@hadoop101 hadoop-3.2.2]$ bin/hadoop distcp
hdfs://haoop101:9000/user/xuzheng/hello.txt hdfs://hadoop201:9000/
user/xuzheng/hello.txt
```

7.3　解决海量小文件的存储问题

HDFS 在最初设计时是为了解决大文件的存储问题，因此不适合大量小文件的存储。HDFS 在运行时，NameNode 会将所有的元数据信息加载到内存中便于快速读取。在 HDFS

中，每个文件、目录和数据块占用的内存为 150Bytes。如果存储的小文件过多的话，则会导致内存溢出。因此，NameNode 节点的内存大小会影响存储文件的数量。在 Hadoop 3.x 版本中提供了一种解决存储海量小文件的方法。

7.3.1　HDFS 存储小文件的弊端

HDFS 在存储数据时，首先会对数据进行分块操作，然后将数据块存储在 DataNode 节点上，将数据块的元数据信息存储在 NameNode 节点上。NameNode 工作时会将 HDFS 所有的元数据信息都加载到内存中。如果在 HDFS 中存储了大量的小文件，那么会导致大量的小文件会耗尽 NameNode 的内存，影响整个 HDFS 集群的运行效率。

7.3.2　将海量小文件存储为 HAR 文件

在 Hadoop 3.x 版本中提供了一种解决存储海量小文件的方法，即将多个小文件归档成一个 HDFS 存档文件或者 HAR 文件。HDFS 存档文件是一种更加高效的文件存档工具，它将文件存档到 HDFS 块中，这样能够减少 NameNode 节点的内存占用情况，同时又能够实现对文件进行访问。

对于 NameNode 节点来说，HDFS 存档文件是一个整体，NameNode 只需要记录整体的元数据信息即可，但是对于 HDFS 存档文件内部来说，仍然是由多个独立的小文件组成。

接下来通过一个案例来说明如何将大量的小文件归档成一个 HDFS 存档文件或者 HAR 文件。

1．启动YARN集群

开启 HDFS 的存档文件功能需要依赖于 YARN 集群，因此需要先要启动 YARN 集群。在 hadoop102 服务器节点上通过如下命令一键启动整个 Hadoop 完全分布式集群的 YARN 服务。值得注意的是，如果 NameNode 节点和 ResourceManger 节点不在同一台服务器上，那么不能在 NameNode 节点上启动 YARN 服务，必须应该在 ResouceManager 所在的服务器上启动 YARN 服务。

```
[xuzheng@hadoop102 hadoop-3.2.2]$ cd /opt/module/hadoop-3.2.2
[xuzheng@hadoop102 hadoop-3.2.2]$ sbin/start-yarn.sh
starting yarn daemons
starting resourcemanager, logging to /opt/module/hadoop-3.2.2/
resourcemanager-hadoop102.out
hadoop103: starting nodemanager, logging to yarn-xuzheng-nodemanager-
hadoop103.out
hadoop101: starting nodemanager, logging to yarn-xuzheng-nodemanager-
hadoop101.out
hadoop102: starting nodemanager, logging to yarn-xuzheng-nodemanager-
hadoop102.out
```

2．进行文件存档

将 HDFS /user/xuzheng/input 目录下的所有文件归档成一个名为 input.har 的归档文件，并把归档后的 HAR 文件存储到/user/xuzheng/output 目录下。

```
[xuzheng@hadoop102 ~]$ cd /opt/module/hadoop-3.2.2
[xuzheng@hadoop102 hadoop-3.2.2]$ bin/hadoop archive -archiveName
input.har -p /user/xuzheng/input/* /user/xuzheng/output
```

3．查看存档文件

存储在 HDFS /user/xuzheng/output/input 目录下的存档文件 input.har 相当于一个压缩文件，如果想要查看该存档文件的，可以执行如下命令：

```
[xuzheng@hadoop102 ~]$ cd /opt/module/hadoop-3.2.2
[xuzheng@hadoop102 hadoop-3.2.2]$ bin/hadoop fs -lsr har:///user/xuzheng/
output/input.har
```

4．查看存档文件中的文件

存储在 HDFS /user/xuzheng/output/input 目录下的存档文件 input.har 相当于一个压缩文件，如果想要查看该压缩文件中的某个文件，可以执行如下命令：

```
[xuzheng@hadoop102 ~]$ cd /opt/module/hadoop-3.2.2
[xuzheng@hadoop102 hadoop-3.2.2]$ bin/hadoop fs -cat har:///user/xuzheng/
output/input.har/cat.txt
```

5．解压存档文件

将存储在 HDFS /user/xuzheng/output/input 目录下的存档文件 input.har 进行解压，可以执行如下命令：

```
[xuzheng@hadoop102 ~]$ cd /opt/module/hadoop-3.2.2
[xuzheng@hadoop102 hadoop-3.2.2]$ bin/hadoop fs -cp har:///user/xuzheng/
output/input.har/*   /user/xuzheng
```

7.4　配置 HDFS 回收站

在 Hadoop 3.x 版本中提供了一种类似于 Windows 系统回收站的功能，HDFS 回收站可以将删除的文件在不超时的情况下恢复成原数据，起到防止误删除及备份的作用。

HDFS 回收站的具体实现就是在 NameNode 进程中开启一个后台线程 Emptier，该线程负责管理和监控回收站配置目录下的所有文件。任何进入 HDFS 回收站中的文件都会被分配一个超时时间。当后台线程 Emptier 检测到某一个文件的生存周期超过了超时时间，那么该线程会自动删除该文件。在默认情况下，HDFS 的回收站功能是关闭的。HDFS 的设计初衷是不建议用户随意删除 HDFS 中的任何文件。

7.4.1　回收站的功能参数说明

在 HDFS 的配置文件中有两个与 HDFS 回收站相关的参数。其中，fs.trash.interval 表示进入 HDFS 回收站的文件的存活时间（min），默认值 fs.trash.interval=0，表示禁用 HDFS 回收站功能。fs.trash.checkpoint.interval 表示 HDFS 检查回收站的间隔时间，默认值 fs.trash.checkpoint.interval=0，表示该值的设置与 fs.trash.interval 的值保持一致。在 Hadoop

的官方文档中要求，HDFS 检查回收站的间隔时间 fs.trash.checkpoint.interval 要小于等于 HDFS 回收站中的文件的存活时间 fs.trash.interval。

7.4.2　解析回收站的工作机制

接下来详细讲解 HDFS 回收站的工作机制，如图 7.2 所示为 HDFS 回收站工作时的具体执行步骤。

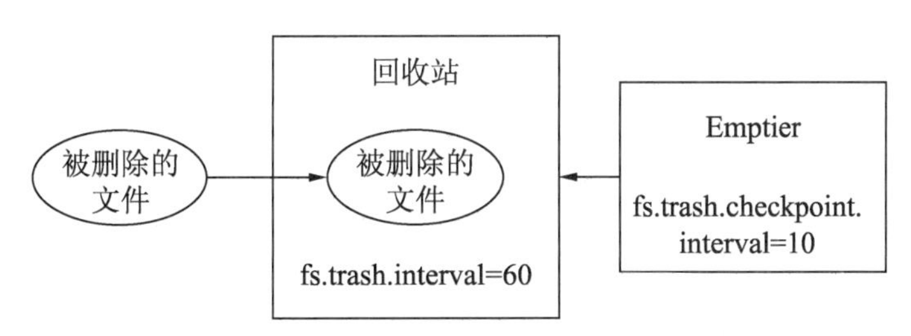

图 7.2　HDFS 回收站工作机制

对于在 HDFS 中被删除的文件，系统会将该文件送入 HDFS 回收站并为其分配一个文件存活时间 fs.trash.interval。这里设置为 60min，也就是说，当文件在回收站里超过 60min 时，就会被系统删除。

在 HDFS 中，并不是时刻都在检测回收站内的文件是否超时的，这样会占用大量的资源，大大影响 HDFS 的运行效率。NameNode 进程会开启一个后台线程 Emptier，该线程负责管理和监控回收站配置目录下的所有文件内容。HDFS 通过配置一个参数 fs.trash.checkpoint.interval 来设置 HDFS 检查回收站的间隔时间。这里设置为 10min，也就是说每隔 10min，后台线程 Emptier 会检查一次回收站，检测回收站内的文件是否超时。如果有文件超时，则删除该文件。

7.4.3　开启回收站的功能

在默认情况下，HDFS 的回收站功能是关闭的。HDFS 的设计初衷是不建议用户随意删除 HDFS 中的任何文件。如果要开启 HDFS 回收站功能，需要对 Hadoop 的配置参数进行设置。分别在 HDFS 集群所有的节点上修改文件 core-site.xml，执行如下命令设置文件的存活时间为 60min。

```
[xuzheng@hadoop101 ~]$ cd /opt/module/ha/hadoop-3.2.2/etc/hadoop/
[xuzheng@hadoop101 hadoop]$ vi core-site.xml
# 修改内容如下
<property>
<name>fs.trash.interval</name>
<value>60</value>
</property>
```

7.4.4　修改访问回收站的用户名称

在默认情况下，HDFS 回收站只允许 dr.who 用户访问，因此，需要修改允许访问回收站的用户名称。

分别在 HDFS 集群所有的节点上修改文件 core-site.xml，执行如下命令设置允许访问回收站的用户为 xuzheng。

```
[xuzheng@hadoop101 ~]$ cd /opt/module/ha/hadoop-3.2.2/etc/hadoop/
[xuzheng@hadoop101 hadoop]$ vi core-site.xml
# 修改内容如下
<property>
  <name>hadoop.http.staticuser.user</name>
  <value>xuzheng</value>
</property>
```

修改完配置后，重启整个 HDFS 集群和 YARN 集群。

7.4.5　测试回收站的功能

前面介绍了开启 HDFS 回收站功能的方法，下面通过删除一个文件来测试回收站功能是否生效。在 HDFS 集群的任意一个服务器节点上执行如下命令-rm，可以将 HDFS 中的文件进行删除，通过-ls 命令可以查看是否删除成功。

```
[xuzheng@localhost  hadoop-3.2.2]$  cd /opt/module/hadoop-3.2.2
[xuzheng@localhost  hadoop-3.2.2]#  bin/hdfs dfs -rm /user/xuzheng/
README.txt
20/07/20 16:21:31 INFO fs.TrashPolicyDefault: Namenode trash configuration:
Deletion interval = 60 minutes, Emptier interval = 0 minutes.
Moved 'hdfs://hadoop101:9000/user/xuzheng/README.txt' to trash at hdfs://
hadoop101:9000/user/xuzheng/.Trash/Current
[xuzheng@localhost  hadoop-3.2.2]#  bin/hdfs dfs -ls /user/xuzheng
Found 4 items
-rw-r--r--   1 xuzheng supergroup        57 2020-07-20 15:19 /user/xuzheng/
                                            aaa.txt
-rw-r--r--   1 xuzheng supergroup        12 2020-07-20 15:15 /user/xuzheng/
                                            bbb.txt
-rw-r--r--   1 xuzheng supergroup        11 2020-07-20 15:37 /user/xuzheng/
                                            ccc.txt
-rw-r--r--   1 xuzheng supergroup        57 2020-07-20 15:47 /user/xuzheng/
                                            eee.txt
```

接下来在 HDFS 集群的任意一个服务器节点上执行如下命令，访问 HDFS 回收站，查看在回收站中是否存在刚删除的文件 README.txt。

```
[xuzheng@localhost  hadoop-3.2.2]$  cd /opt/module/hadoop-3.2.2
[xuzheng@localhost  hadoop-3.2.2]#  bin/hdfs dfs -ls /user/xuzheng/
.Trash/Current
Found 1 items
-rw-r--r--  1 xuzheng supergroup 57 2020-07-20 15:19 /user/xuzheng/
.Trash/Current/README.txt
```

7.4.6　恢复回收站中的数据

前面我们删除了一个文件，该文件会进入回收站中。如果在企业的实际开发中因误删操作导致某个文件被删除，那么可以执行如下命令，将 HDFS 回收站中的文件进行恢复。

```
[xuzheng@localhost  hadoop-3.2.2]$  cd /opt/module/hadoop-3.2.2
[xuzheng@localhost  hadoop-3.2.2]#  bin/hadoop fs -mv
/user/xuzheng/.Trash/Current/user/xuzheng   /user/xuzheng
[xuzheng@localhost  hadoop-3.2.2]#  bin/hdfs dfs -ls /user/xuzheng
Found 5 items
-rw-r--r--   1 xuzheng supergroup          57 2020-07-20 15:19 /user/xuzheng/
                                              aaa.txt
-rw-r--r--   1 xuzheng supergroup          12 2020-07-20 15:15 /user/xuzheng/
                                              bbb.txt
-rw-r--r--   1 xuzheng supergroup          11 2020-07-20 15:37 /user/xuzheng/
                                              ccc.txt
-rw-r--r--   1 xuzheng supergroup          57 2020-07-20 15:47 /user/xuzheng/
                                              eee.txt
-rw-r--r--   1 xuzheng supergroup          57 2020-07-20 16:17 /user/xuzheng/
                                              README.txt
```

7.4.7　清空回收站

在企业的实际开发中，如果想要清空回收站，那么可以执行如下命令，将 HDFS 回收站中的文件进行清空。

```
[xuzheng@localhost  hadoop-3.2.2]$  cd /opt/module/hadoop-3.2.2
[xuzheng@localhost  hadoop-3.2.2]#  bin/hadoop fs -expunge
```

7.5　HDFS 快照管理

在 Hadoop 3.x 版本中提供了快照管理功能，帮助用户为 HDFS 的目录进行备份，并记录所有文件的更新、删除和修改操作。

开启指定目录的快照功能，执行命令如下：

```
[xuzheng@hadoop101 ~]$ cd /opt/module/ha/hadoop-3.2.2
[xuzheng@hadoop101 hadoop-3.2.2]$ bin/hdfs dfsadmin -allowSnapshot
/user/xuzheng/input
```

关闭指定目录的快照功能，执行命令如下：

```
[xuzheng@hadoop101 ~]$ cd /opt/module/ha/hadoop-3.2.2
[xuzheng@hadoop101 hadoop-3.2.2]$ bin/hdfs dfsadmin -disallowSnapshot
/user/xuzheng/input
```

创建指定目录的快照，执行命令如下：

```
[xuzheng@hadoop101 ~]$ cd /opt/module/ha/hadoop-3.2.2
[xuzheng@hadoop101 hadoop-3.2.2]$ bin/hdfs dfsadmin -createSnapshot
/user/xuzheng/input
```

在创建指定目录的快照时指定名称，执行命令如下：

```
[xuzheng@hadoop101 ~]$ cd /opt/module/ha/hadoop-3.2.2
[xuzheng@hadoop101 hadoop-3.2.2]$ bin/hdfs dfs -createSnapshot /user/
xuzheng/input xu0815
```

对已创建好的快照进行重命名，执行命令如下：

```
[xuzheng@hadoop101 ~]$ cd /opt/module/ha/hadoop-3.2.2
```

```
[xuzheng@hadoop101 hadoop-3.2.2]$ bin/hdfs dfs -renameSnapshot /user/
xuzheng/input/  xu0815 xu0816
```

显示可以进行快照的目录，执行命令如下：

```
[xuzheng@hadoop101 ~]$ cd /opt/module/ha/hadoop-3.2.2
[xuzheng@hadoop101 hadoop-3.2.2]$ bin/hdfs lsSnapshottableDir
```

比较两个快照的不同，执行命令如下：

```
[xuzheng@hadoop101 ~]$ cd /opt/module/ha/hadoop-3.2.2
[xuzheng@hadoop101 hadoop-3.2.2]$ bin/hdfs dfs -snapshotDiff /user/
xuzheng/input/  xu0815 xu0816
```

恢复快照，执行命令如下：

```
[xuzheng@hadoop101 ~]$ cd /opt/module/ha/hadoop-3.2.2
[xuzheng@hadoop101 hadoop-3.2.2]$ bin/hdfs dfs -cp
/user/xuzheng/input/.snapshot/s20170708-134303.027 /user
```

7.6　小　　结

本章首先介绍了纠删码技术，其次介绍了如何在两个HDFS集群之间复制数据，如何解决海量小文件的存储问题，以及HDFS的回收站机制，回收站能够把已删除的文件在不超时的情况下进行数据恢复，起到防止误删除的作用。最后介绍了HDFS的快照管理功能，帮助用户为HDFS的目录进行备份并记录所有文件的更新、删除和修改操作，帮助读者对Hadoop 3.x版本有一个全面的认识。

第3篇 MapReduce 分布式编程框架

⏭ 第8章　MapReduce 概述

⏭ 第9章　MapReduce 开发基础

⏭ 第10章　MapReduce 框架的原理

⏭ 第11章　MapReduce 数据压缩

⏭ 第12章　YARN 资源调度器

⏭ 第13章　Hadoop 企业级优化

第 8 章　MapReduce 概述

本章将介绍 MapReduce 的基本概念，分析 MapReduce 的优缺点，并且一步步地剖析 MapReduce 核心编程思想。最后，通过一个 Hadoop 官方提供的 WordCount 案例，解析 MapReduce 程序的代码。

8.1　MapReduce 的定义

MapReduce 是一套分布式计算程序的编程框架，也是基于 Hadoop 的数据分析计算的核心框架。MapReduce 能够屏蔽底层复杂的操作，帮助用户快速构建一个分布式计算程序，将一个复杂的计算任务分解成多个可以并行执行的任务，帮助用户合理地利用分布式集群的计算资源，在多个节点运行 MapReduce 任务。

MapReduce 处理分布式计算程序的过程分为两个阶段：Map 阶段和 Reduce 阶段。其中，Map 阶段负责将一个 MapReduce 任务分解成多个子任务，而 Reduce 阶段负责将多个子任务计算后的结果进行汇总。

8.2　MapReduce 的优缺点

本节介绍 MapReduce 的优缺点。MapReduce 具有易编程和高容错等优点，但是 MapReduce 是适用于海量数据的离线计算，不擅长实时计算、流式计算和 DAG 计算。

8.2.1　MapReduce 的优点

MapReduce 分布式计算框架具有易编程、高扩展、高容错和海量处理能力的特点，为整个 Hadoop 集群提供分布式计算能力。

1．易编程

MapReduce 是一套分布式计算程序的编程框架，用户只需要实现 Mapper 和 Reducer 接口，就能够实现一个分布式计算程序。同时，这个分布式计算程序能够运行在由大量廉价的服务器组成的 Hadoop 集群上，用户不需要关心整个集群的连接方式、资源情况和任务调度情况，这使得 MapReduce 编程框架因此流行起来并得到了广泛关注。

2. 高扩展性

MapReduce 的扩展性其实本质上是由 Hadoop 提供的。Hadoop 能够在整个集群中自动地分配 MapReduce 任务，并且可以灵活地横向扩展数以千计的计算节点。随着企业业务的增长，计算量会增大，Hadoop 集群原有的计算节点的容量已经不能满足 MapReduce 任务计算的需求，需要在原本的分布式集群上动态服役新的计算节点。Hadoop 可以做到在无须关闭 Hadoop 集群的情况下动态地服役新的计算节点 NodeManager，实现计算资源的动态扩容。

3. 高容错性

MapReduce 分布式计算程序能够运行在由大量廉价机器组成的 Hadoop 集群上，这就要求 MapReduce 具有很高的容错性。当整个 Hadoop 集群并行运行大量的 MapReduce 程序时，很容易导致集群中的一台或者几台服务器出现宕机，无法对外提供服务。此时，MapReduce 会自动将运行在这台服务器上的计算任务转移到其他良好的计算节点上进行计算，以保障整个任务运行成功。

4. 适合海量数据的离线处理

由于良好的扩展性，Hadoop 可以灵活地横向扩展数以千计的计算节点。因此，MapReduce 可以在由上千台服务器节点组成的 Hadoop 集群上运行分布式计算任务，提供 PB 级海量数据的处理能力。

8.2.2 MapReduce 的缺点

前面介绍了 MapReduce 分布式计算框架的 4 个优点，MapReduce 分布式计算框架也有缺点，具体如下。

1. 不擅长实时计算

MapReduce 可以提供处理 PB 级海量数据的能力，但是无法像 MySQL 一样快速响应结果，也就是说其无法在毫秒级或者秒级时间内给出计算结果。

MapReduce 处理分布式计算程序的过程分为两个阶段：Map 阶段和 Reduce 阶段。其实在执行 Map 阶段之前，MapReduce 还需要做大量的准备工作，如读取数据、分片规划、资源调度和任务分配等。这些准备工作会消耗大量的时间，因此 MapReduce 无法在毫秒级或者秒级时间内给出计算结果。但是，在整个大数据生态中，Storm、Spark 和 Flink 等组件可以进行实时计算。

2. 不擅长流式计算

在流式计算中，输入的数据是动态变化的，而 MapReduce 由于自身设计的原因，决定其输入的数据集必须是静态的，因此 MapReduce 也不擅长流式计算。

3. 不擅长DAG计算

考虑以下情景，多个作业之间可能存在依赖关系，后一个作业的输入为上一个作业的输出。在这种情况下，一个 MapReduce 任务是无法完成上述操作的，Hadoop 会将每个作业当作一次 MapReduce 任务，每次 MapReduce 任务计算的结果都会先写入磁盘，然后下一次 MapReduce 任务会先将数据从磁盘中读出，然后再进行计算。因此，在这种情况下 MapReduce 会造成大量的 I/O 操作，而且每创建一次 MapReduce 任务都会消耗大量的时间，导致 MapReduce 无法高效地进行 DAG 计算。

8.3　MapReduce 的核心编程思想

本节将深入讲解 MapReduce 的核心编程思想并重点剖析 MapReduce 进程，帮助读者理解 MapReduce 的工作机制。

8.3.1　深入理解核心思想

MapReduce 处理分布式计算程序的过程主要分为两个阶段：Map 阶段和 Reduce 阶段。在 Map 阶段，MapReduce 根据分片的数量创建相应数量的 MapTask 进程，每个分片对应一个 MapTask 进程，而且这些 MapTask 进程之间完全并行执行，互不干扰。

在 Reduce 阶段，MapReduce 根据分区的数量创建相应数量的 ReduceTask 进程，每个区片对应一个 ReduceTask 进程，而且这些 ReduceTask 进程之间完全并行执行，互不干扰。此外，Reduce 阶段的输入数据完全来自于 Map 阶段中所有 MapTask 进程的输出数据。

在 MapReduce 分布式计算程序中只能由一个 Map 阶段和一个 Reduce 阶段组成。对于业务逻辑复杂的任务，MapReduce 只能通过串联多个 MapReduce 程序进行运算。

接下来通过一个 Hadoop 官方提供的 WordCount 案例来深入分析 MapReduce 的核心编程思想。WordCount 案例的需求是统计在某个目录下的所有文件中每个单词出现的总次数，并且要求在查询结果中将首字母为 a 至 p 的单词分为一个文件，首字母为 q 至 z 的单词分为一个文件。整个 WordCount 案例的分布式计算流程如图 8.1 所示。

1. 输入数据

输入数据为两个填入了大量英文单词的文件。其中，第一个文件的大小为 200MB，第二个文件的大小为 100MB。

2. 数据分片

MapReduce 根据预先设置的分片大小参数，将输入的每个数据文件进行单独分片处理。Hadoop 默认的分片大小参数为 128MB。MapReduce 中的分片与 HDFS 中的分块是两个不同的概念，虽然都是将数据进行划分，但是 MapReduce 中的分片指的是逻辑上的划分，而 HDFS 中的分块指的是物理上的划分。

因此，对于第一个文件，MapReduce 会将该文件分为两个片，第一个分片大小为

128MB，第二个分片大小为 72MB。对于第二个文件，由于该文件大小为 100MB，没有超过 Hadoop 默认的分片大小，因此 MapReduce 会将该文件分为一个片，大小为 100MB。

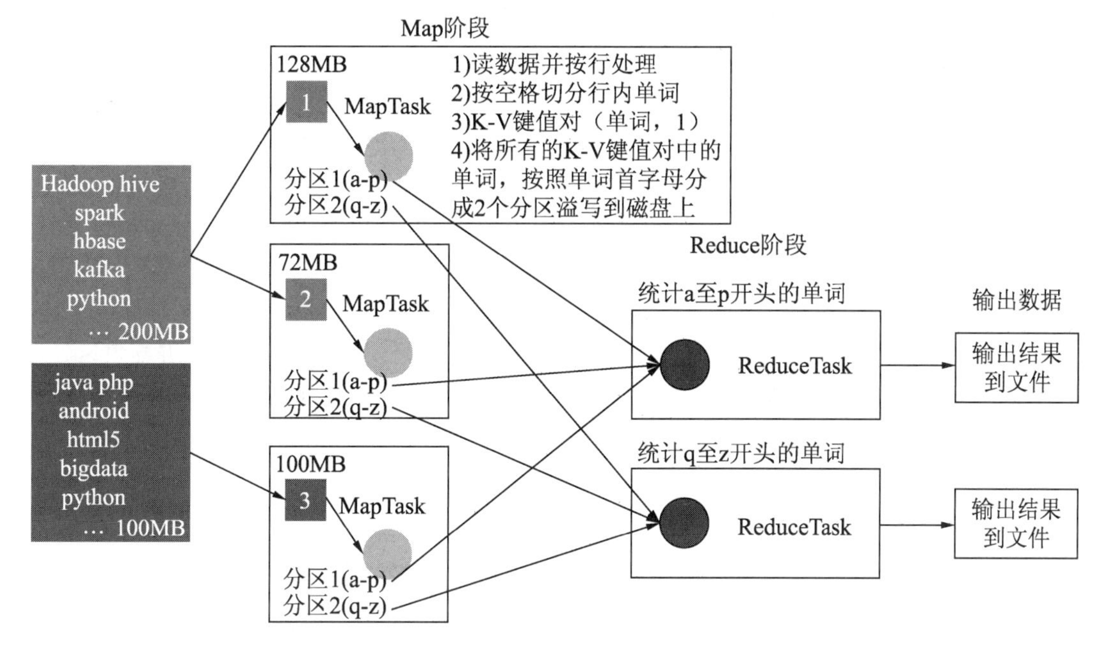

图 8.1　WordCount 案例的分布式计算流程

3. Map阶段

在 Map 阶段，MapReduce 针对每个文件的分片创建一个 MapTask 进程，每个 MapTask 进程负责处理相应的分片数据。在 Map 阶段对数据进行的分片操作是逻辑上的划分，并没有对数据在物理上进行划分，并且这些 MapTask 进程之间完全并行执行，互不干扰。

在每个 MapTask 进程中，首先读入 WordCount 数据文件并按行处理，针对每行数据按照空格进行切分，提取每行中的单词并将提取的每个单词封装成 K-V 键值对的形式。然后将所有封装好的 K-V 键值对按照单词首字母划分到两个分区中并溢写到磁盘上。

4. Reduce阶段

在 Reduce 阶段，MapReduce 根据分区的数量，创建相应数量的 ReduceTask 进程。WordCount 案例最后会输出两个文件，一个文件用于统计首字母为 a 至 p 的单词，另一个文件用于统计首字母为 q 至 z 开头的单词。每个分区对应一个 ReduceTask 进程，而且，这些 ReduceTask 进程之间完全并行执行，互不干扰。此外，Reduce 阶段的输入数据完全来自于 Map 阶段中所有 MapTask 进程的输出数据。

5. 输出数据

在 WordCount 案例中，MapReduce 创建了两个 ReduceTask 进程，每个 ReduceTask 进程都会处理 Map 阶段输出的数据并输出到文件中。也就是说，最后会输出两个文件，一个文件用于统计首字母为 a 至 p 的单词，另一个文件用于统计首字母为 q 至 z 开头的单词。

8.3.2　MapReduce 进程解析

一个完整的 MapReduce 分布式计算程序在执行过程中会有三类实例进程同时运行，分别是 MrAppMaster、MapTask 和 ReduceTask。

MrAppMaster 进程本质上就是 ApplicationMaster。前面提到 ApplicationMaster 主要负责每个任务资源的申请、调度和分配，向 ResourceManager 申请资源，与 NodeManager 进行交互，监控并汇报任务的运行状态、申请资源的使用情况和作业的进度等，同时，跟踪任务状态和进度，定时向 ResourceManager 发送心跳消息，上报资源的使用情况和应用的进度信息。此外，ApplicationMaster 还负责本作业内的任务的容错。

MapTask 进程主要负责在 Map 阶段对整个数据的处理。每个 MapTask 进程负责处理 MapReduce 的每个分片数据，并将处理完的数据输出到 ReduceTask 进程中。

ReduceTask 进程主要负责在 Reduce 阶段对整个数据的处理，接收来自 Map 阶段的输出数据，将数据进行汇总分析，并将结果输出到目的文件中。

8.4　官方的 WordCount 源码解析

前面介绍了如何在 Windows 环境下运行官方提供的 WordCount 案例。接下来从代码层面解析官方提供的 WordCount 案例源码。Hadoop 官方将 WordCount 案例源码封装在 Hadoop 安装目录的 hadoop-mapreduce-examples-3.2.2.jar 中。为了便于读者下载并查看源码，笔者已将 hadoop-mapreduce-examples-3.2.2.jar 上传至笔者独立部署的 FTP 服务器上，读者可以通过访问 FTP 服务器地址 http://118.89.217.234:8000，下载这个 jar 包。

为了能够查看官方的 WordCount 案例的源码，需要先访问 FTP 服务器地址 http://118.89.217.234:8000，并下载 hadoop-mapreduce-examples-3.2.2.jar。然后使用反编译工具 jd-gui.exe 对该 jar 包进行反编译并获取源码。本书已将反编译工具 jd-gui.exe 上传至笔者独立部署的 FTP 服务器上，读者可以通过访问 FTP 服务器地址 http://118.89.217.234:8000，下载该工具。

反编译工具 jd-gui.exe 可以在 Windows 环境中运行，双击该文件即可运行，如图 8.2 所示。

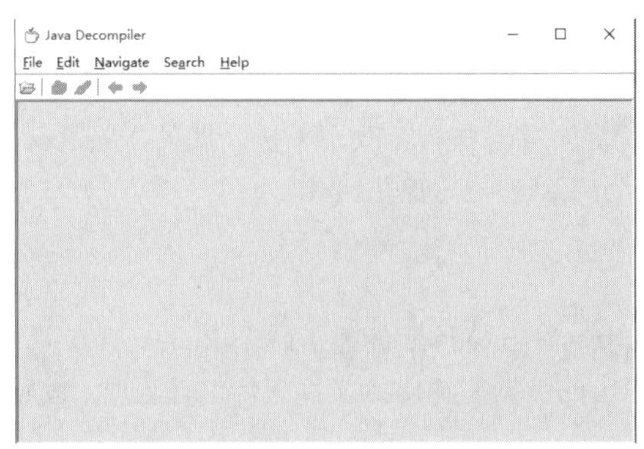

图 8.2　反编译工具 jd-gui 界面

然后将需要进行反编译的 jar 包拖曳至反编译工具 jd-gui.exe 的窗口中，此时在窗口中将会显示该 jar 包的所有目录和文件信息，如图 8.3 所示。

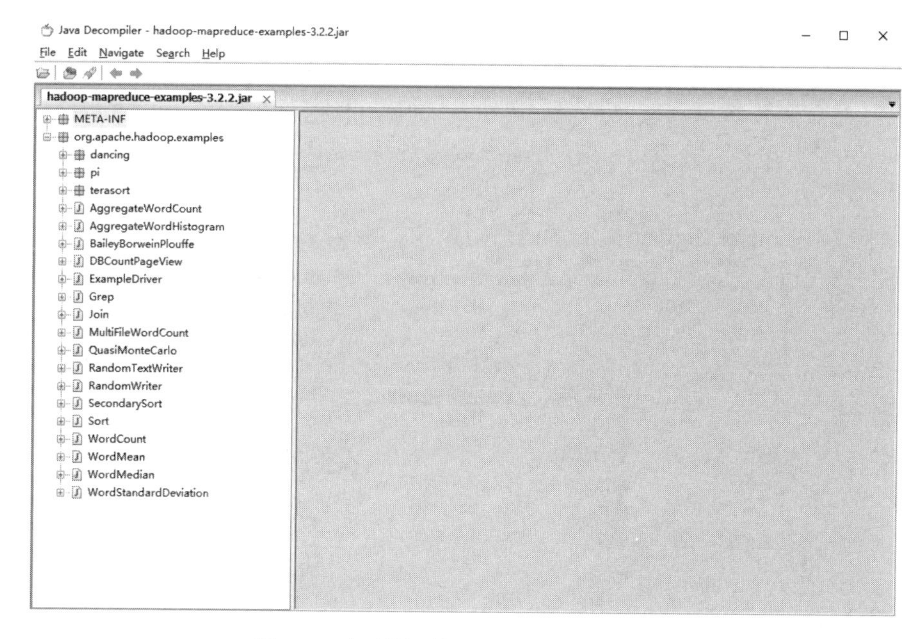

图 8.3　需反编译的 jar 拖曳至 jd-gui 窗口

单击 WordCount，即可查看 WordCount.java 文件中的所有代码，如图 8.4 所示。在 WordCount.java 文件中定义了 3 个 Java 类，分别是 WordCount 类、TokenizerMapper 类和 IntSumReducer 类。TokenizerMapper 类为负责 Map 阶段的 Mapper 实现类，IntSumReducer 类为负责 Reduce 阶段的 Reducer 实现类，而 WordCount 类是负责配置 TokenizerMapper 类和 IntSumReducer 实现类并驱动整个 MapReduce 分布式计算程序执行的驱动类。

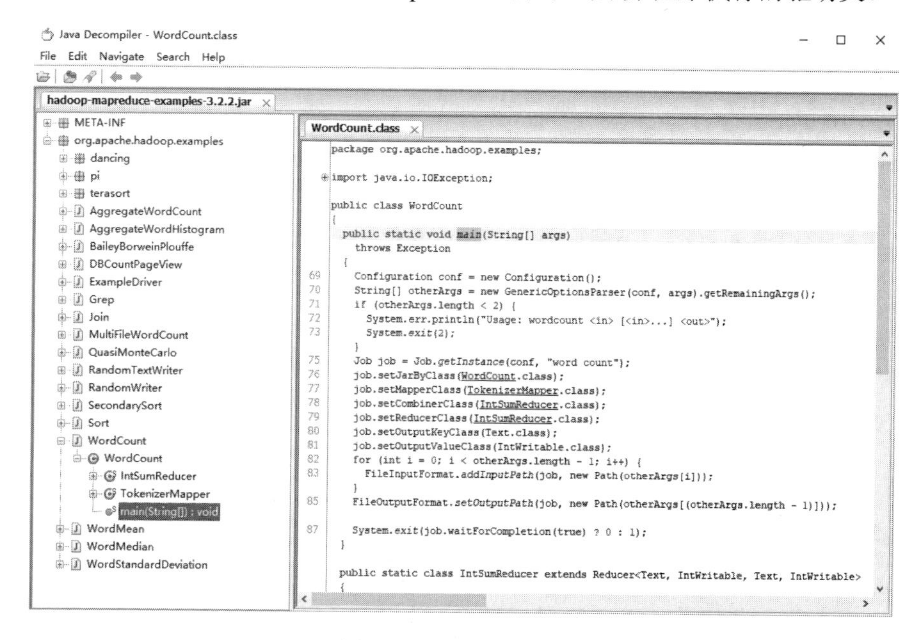

图 8.4　WordCount 源码

前面讲过 MapReduce 是一套分布式计算程序的编程框架，用户只需要实现 Mapper 和 Reducer 接口，就能够实现一个分布式计算程序。

在 WordCount 案例中，TokenizerMapper 类负责读取每行数据并按行处理，然后针对每行数据按照空格进行切分，提取每行数据中的单词并将提取到的每个单词封装成 K-V 键值对形式，然后将所有封装好的 K-V 键值对溢写到磁盘上。IntSumReducer 类负责接收来自于 TokenizerMapper 类的输出，并将输出数据进行汇总，最后将汇总数据输出到结果文件中。

接下来对 TokenizerMapper 类的源码进行解析，源码如下：

```
public static class TokenizerMapper extends Mapper<Object, Text, Text,
IntWritable>
{
    private static final IntWritable one = new IntWritable(1);
    private Text word = new Text();

    public void map(Object key, Text value, Mapper<Object, Text, Text,
IntWritable>.Context context) throws IOException, InterruptedException
    {
      StringTokenizer itr = new StringTokenizer(value.toString());
      while (itr.hasMoreTokens()) {
        this.word.set(itr.nextToken());
        context.write(this.word, one);
      }
    }
}
```

可以看出，TokenizerMapper 类继承了 Mapper 类，而 Mapper 类是一个泛型类。在泛型类 Mapper<Object, Text, Text, IntWritable>中，Text 和 IntWritable 都是 Hadoop 官方提供的序列化类。其中，Text 是字符串的序列化类，IntWritable 是整型的序列化类。

此外，泛型类 Mapper<Object, Text, Text, IntWritable>的前两个类，Object 和 Text 代表 MapTask 的输入，其中，Object 表示读取字符的偏移量，Text 表示读取行的内容；后两个类 Text 和 IntWritable 代表 MapTask 的输出，其中，Text 表示提取的单词内容，IntWritable 表示该单词出现的次数。

TokenizerMapper 类中的 map 函数主要负责处理 MapTask 进程的业务逻辑。map 函数先读取数据的每行，并按行处理，然后针对每行数据按照空格进行切分并提取每行数据中的单词，最后将提取的每个单词封装成 K-V 键值对的形式，并将所有封装好的 K-V 键值对传递给 ReduceTask 进程。

IntSumReducer 类继承了 Reducer 类，而 Reducer 类是一个泛型类。在泛型类 Reducer <Text, IntWritable, Text, IntWritable>中，Text 和 IntWritable 都是 Hadoop 官方提供的序列化类，其中，Text 是字符串的序列化类，IntWritable 是整型的序列化类。

此外，泛型类 Mapper<Text, IntWritable, Text, IntWritable>的前两个类 Text 和 IntWritable 代表 ReduceTask 的输入，其中，Text 表示提取的单词内容，IntWritable 表示该单词出现的次数；后两个类 Text 和 IntWritable 代表 ReduceTask 的输出，其中，Text 表示提取的单词内容，IntWritable 表示汇总后该单词出现的总次数。

IntSumReducer 类中的 reduce 函数主要负责处理 ReduceTask 进程的业务逻辑。reduce 函数接收来自于 TokenizerMapper 类的输出，并将输出数据进行汇总。最后将汇总数据输出到结果文件中。

WordCount 类中的 main 函数是整个 MapReduce 程序的入口，负责配置 TokenizerMapper 实现类和 IntSumReducer 实现类，并驱动整个 MapReduce 分布式计算程序执行的驱动类。

8.5　小　　结

本章首先介绍了 MapReduce 的定义，然后介绍了 MapReduce 的优缺点和核心编程思想。MapReduce 是一套分布式计算程序的编程框架，也是基于 Hadoop 的数据分析计算的核心框架。最后通过一个 Hadoop 官方提供的 WordCount 案例，深度解析了 MapReduce 程序的代码。

第 9 章　MapReduce 开发基础

本章将介绍如何使用 MapReduce，主要从 Hadoop 序列化、MapReduce 编程规范和实现官方的 WordCount 案例三个方面进行介绍。

9.1　Hadoop 的序列化概述

本节将重点介绍 Hadoop 序列化与反序列化的定义、序列化的原因及其特点，帮助读者加深对于 Hadoop 序列化的理解。

9.1.1　序列化与反序列化的定义

序列化就是把加载到内存中的 Java 对象转换为字节序列，便于存储在磁盘上。反序列化就是将存储在磁盘上的数据转换成内存中的 Java 对象。

9.1.2　进行序列化的原因

MapReduce 在对数据进行分析时，首先要去 HDFS 中读取数据并将数据加载到内存中，然后将数据赋值给 Java 对象，这个过程也叫作反序列化。当 MapReduce 将分析结果进行输出时，会将 Java 对象存储到磁盘中，这个过程叫作序列化。Java 提供了序列化的接口 java.io.Serializable，但是该接口类并不适用于大数据存储的场景，因此 Hadoop 官方封装了一套序列化类。

9.1.3　Hadoop 序列化的特点

Hadoop 官方提供的序列化机制具有紧凑、快速、可扩展和互操作的特点。Hadoop 序列化能够高效地使用存储空间，并且在读写数据时 I/O 操作较少。随着通信协议的升级，Hadoop 序列化机制可以灵活扩展，同时支持多种语言的相互调用。

9.2　数据序列化的类型

本节将会重点介绍 Hadoop 序列化的基本类型、集合类型和用户自定义类型。同时，通过实现 Hadoop 序列化类型案例，帮助读者加深对于 Hadoop 序列化的理解。

9.2.1　基本类型

在 Java 语言中，常见的基本数据类型分别是 boolean、byte、short、int、long、float、double、String 和 null。同样，Hadoop 也对这几种基本数据类型进行了序列化封装，对应的 Hadoop 数据序列化类型如表 9.1 所示。

表 9.1　Java基本数据类型对应的Hadoop数据序列化类型

Java类型	Hadoop Writable类型
boolean	BooleanWritable
byte	ByteWritable
short	ShortWritable
int	IntWritable
long	LongWritable
float	FloatWritable
double	DoubleWritable
String	Text
null	NullWritable

9.2.2　集合类型

在 Java 语言中，常见的集合数据类型分别是 map 和 array。同样，Hadoop 也对集合数据类型进行了序列化封装，对应的 Hadoop 数据序列化类型如表 9.2 所示。

表 9.2　Java集合数据类型对应的Hadoop数据序列化类型

Java类型	Hadoop Writable类型
map	MapWritable
array	ArrayWritable

9.2.3　用户自定义类型

在企业实际开发中，Hadoop 官方提供的序列化类型通常不能满足所有的业务需求。例如，对于用户自定义的数据类型，Hadoop 官方就没有办法提供其序列化类型，只能由用户自己去实现。

为了能够自定义序列化类型，用户需要在创建自定义类型的时候实现 Hadoop 官方提供的序列化接口类 Writable。在反序列化时，需要使用 Java 的反射技术调用空参构造函数，因此用户创建的自定义类型中必须包含无参构造方法。在实现序列化接口类时，需要重写序列化方法和反序列化方法。值得注意的是，反序列化的顺序和序列化的顺序要保持完全一致。如果需要将自定义的 bean 放在 key 中传输，则还需要实现 Comparable 接口，因为 Shuffle 过程要求对 key 能够可排序。

9.2.4　序列化类型案例实战

接下来通过实例详细讲解如何实现一个 Hadoop 序列化类型。我们手写 Hadoop 序列化类型案例的需求是能够统计所有手机号码的上行流量、下行流量和总流量。实现 Hadoop 序列化类型案例的具体编写步骤如下。

1．创建输入文件

在 Hadoop 序列化类型案例中，首先创建一个输入文件 phone_data .txt，MapReduce 程序就是来统计所有手机号码的上行流量、下行流量和总流量。为了便于读者快速构建 Hadoop 序列化类型案例，笔者已经将输入文件 phone_data.txt 上传至笔者独立部署的 FTP 服务器上，读者可以访问 FTP 服务器地址 http://118.89.217.234:8000 下载该输入文件。该输入文件的部分内容如下：

```
1   18804620115  192.168.10.101  www.xz-blogs.cn  2814  5641  200
2   18804620116  192.168.10.102  www.baidu.com    2814  5641  200
3   18804620117  192.168.10.103  www.163.com      2814  5641  200
4   18804620118  192.168.10.104  www.xz-blogs.cn  2814  5641  200
```

2．解读输入文件的数据格式

本例的目的是统计输入文件 phone_data.txt 中的所有手机号码的上行流量、下行流量和总流量。为了使读者能够更好地理解输入文件，接下来解读其数据格式。

```
序号 手机号码      IP 地址          网址             上行流量 下行流量 状态码
1    18804620115 192.168.10.101  www.xz-blogs.cn  2814     5641     200
2    18804620116 192.168.10.102  www.baidu.com    2814     5641     200
```

根据上述的输入文件和数据格式及该案例实现的功能，可以预测输出文件中的内容应该如下：

```
手机号码          上行流量      下行流量      总流量
18804620117      5362         10235        10597
```

3．搭建一个Maven工程

本例基于集成开发工具 IntelliJ IDEA 进行 Java 编程开发，并且构建一个 Maven 工程 mapreduce-demo，实现一个 MapReduce 分布式计算程序。为了搭建一个 Maven 工程项目，需要执行如下步骤。

（1）打开 IntelliJ IDEA。

打开集成开发工具 IntelliJ IDEA，单击 Create New Project 选项创建一个项目，如图 9.1 所示。

（2）选择 Maven 工程。

选择一个 Maven 工程，然后配置 Java 的版本信息，最后单击 Next 按钮，如图 9.2 所示。

（3）添加 Maven 工程的版本信息。

在弹出的对话框中填写 Maven 工程的版本信息，如 GroupId、ArtifactId 和 Version，然后单击 Next 按钮，如图 9.3 所示。

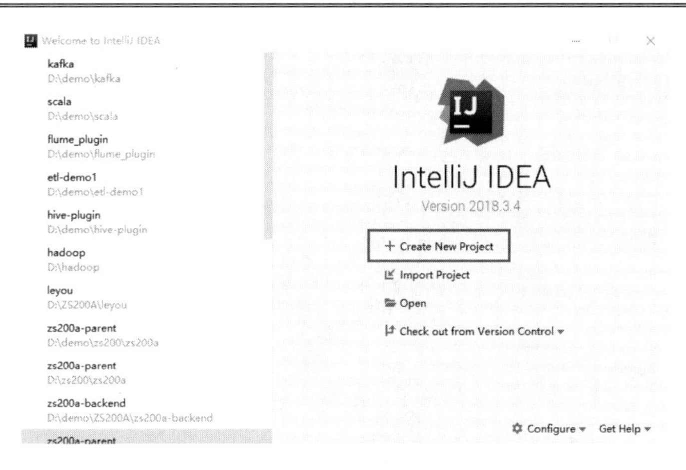

图 9.1　打开 IDEA 开发工具

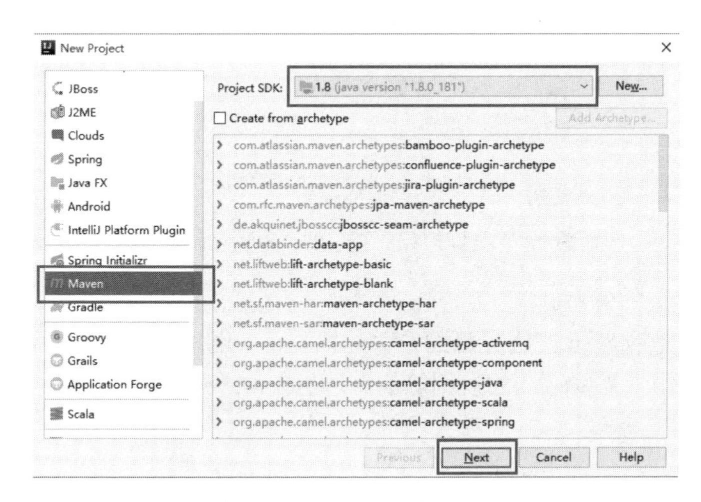

图 9.2　选择 Maven 工程

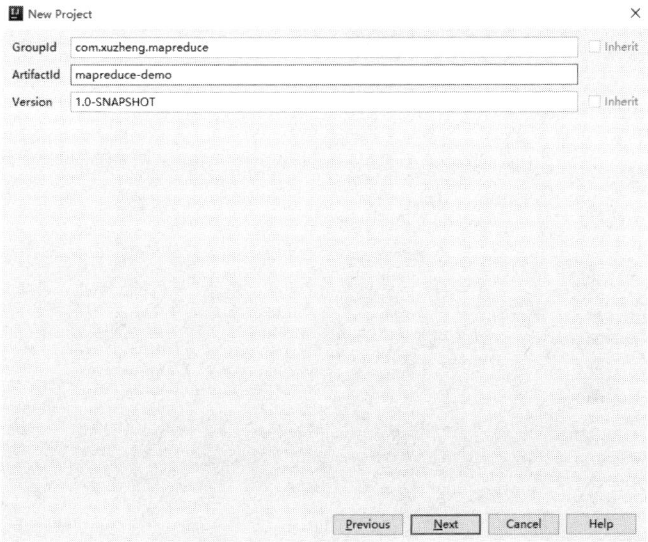

图 9.3　添加 Maven 工程版本信息

（4）填写 Maven 工程名称和存储位置。

在弹出的对话框中填写 Maven 工程的名称和工程存储的位置，然后单击 Finish 按钮，如图 9.4 所示。

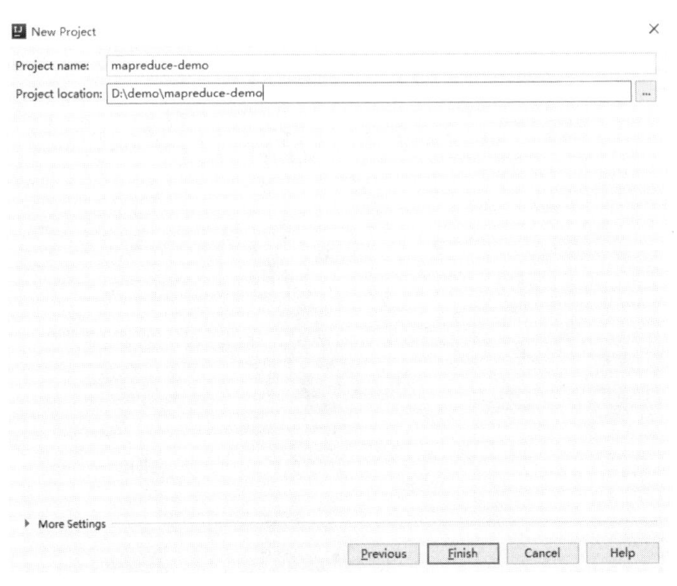

图 9.4　填写 Maven 工程的名称和存储位置

（5）添加依赖包的信息。

pom.xml 文件是 Maven 工程项目的一种配置文件，用来标记项目的相关开发包引入坐标、依赖关系和使用者需要遵守的规则等信息。在该 Maven 项目的 pom.xml 文件中添加如下内容：

```
<?xml version="1.0" encoding="UTF-8"?>
<project xmlns="http://maven.apache.org/POM/4.0.0"
         xmlns:xsi="http://www.w3.org/2001/XMLSchema-instance"
         xsi:schemaLocation="http://maven.apache.org/POM/4.0.0 http://
maven.apache.org/xsd/maven-4.0.0.xsd">
    <modelVersion>4.0.0</modelVersion>

    <groupId>com.xuzheng.mapreduce</groupId>
    <artifactId>mapreduce-demo</artifactId>
    <version>1.0-SNAPSHOT</version>

    <dependencies>
        <dependency>
            <groupId>junit</groupId>
            <artifactId>junit</artifactId>
            <version>RELEASE</version>
        </dependency>
        <dependency>
            <groupId>org.apache.logging.log4j</groupId>
            <artifactId>log4j-core</artifactId>
            <version>2.8.2</version>
        </dependency>
        <dependency>
            <groupId>org.apache.hadoop</groupId>
            <artifactId>hadoop-common</artifactId>
```

```
            <version>3.2.2</version>
        </dependency>
        <dependency>
            <groupId>org.apache.hadoop</groupId>
            <artifactId>hadoop-client</artifactId>
            <version>3.2.2</version>
        </dependency>
        <dependency>
            <groupId>org.apache.hadoop</groupId>
            <artifactId>hadoop-hdfs</artifactId>
            <version>3.2.2</version>
        </dependency>
    </dependencies>

    <build>
        <plugins>
            <plugin>
                <artifactId>maven-compiler-plugin</artifactId>
                <version>2.3.2</version>
                <configuration>
                    <source>1.8</source>
                    <target>1.8</target>
                </configuration>
            </plugin>
            <plugin>
                <artifactId>maven-assembly-plugin </artifactId>
                <configuration>
                    <descriptorRefs>
                        <descriptorRef>jar-with-dependencies</descriptorRef>
                    </descriptorRefs>
                    <archive>
                        <manifest>
                            <mainClass>com.xuzheng.mapreduce.flowsum.
FlowsumDriver </mainClass>
                        </manifest>
                    </archive>
                </configuration>
                <executions>
                    <execution>
                        <id>make-assembly</id>
                        <phase>package</phase>
                        <goals>
                            <goal>single</goal>
                        </goals>
                    </execution>
                </executions>
            </plugin>
        </plugins>
    </build>
</project>
```

（6）添加 log4j 配置文件。

本例在创建 Maven 项目时引入了 log4j 的 jar 包。为了能够正常运行 log4j 程序，需要在 src/main/resources 目录下添加一个 log4j.properties 配置文件并添加如下内容：

```
log4j.rootLogger=INFO, stdout
log4j.appender.stdout=org.apache.log4j.ConsoleAppender
```

```
log4j.appender.stdout.layout=org.apache.log4j.PatternLayout
log4j.appender.stdout.layout.ConversionPattern=%d %p [%c] - %m%n
log4j.appender.logfile=org.apache.log4j.FileAppender
log4j.appender.logfile.File=target/spring.log
log4j.appender.logfile.layout=org.apache.log4j.PatternLayout
log4j.appender.logfile.layout.ConversionPattern=%d %p [%c] - %m%n
```

4．编写统计手机流量的Bean对象

首先创建一个统计手机流量的类并实现 Hadoop 序列化接口 Writable。在进行反序列化时，需要使用 Java 的反射技术调用空参构造函数，因此在用户创建的自定义类型中必须包含无参构造方法 FlowBean。在实现序列化接口类时，需要重写序列化方法和反序列化方法，注意，反序列化的顺序和序列化的顺序要保持完全一致。

```
package com.xuzheng.mapreduce.flowsum;

import java.io.DataInput;
import java.io.DataOutput;
import java.io.IOException;
import org.apache.hadoop.io.Writable;

// 1. 实现 Writable 接口
public class FlowBean implements Writable{

    private long upFlow;
    private long downFlow;
    private long sumFlow;

    //2. Java 无参构造函数
    public FlowBean() {
        super();
    }

    public FlowBean(long upFlow, long downFlow) {
        super();
        this.upFlow = upFlow;
        this.downFlow = downFlow;
        this.sumFlow = upFlow + downFlow;
    }

    //3. 写序列化方法
    @Override
    public void write(DataOutput out) throws IOException {
        out.writeLong(upFlow);
        out.writeLong(downFlow);
        out.writeLong(sumFlow);
    }

    //4. 反序列化方法
    //5. 反序列化方法读顺序必须和写序列化方法的写顺序一致
    @Override
    public void readFields(DataInput in) throws IOException {
        this.upFlow  = in.readLong();
        this.downFlow = in.readLong();
        this.sumFlow = in.readLong();
```

```
    }

    // 6. 编写 toString 方法，方便后续输出到文本
    @Override
    public String toString() {
        return upFlow + "\t" + downFlow + "\t" + sumFlow;
    }

    public long getUpFlow() {
        return upFlow;
    }

    public void setUpFlow(long upFlow) {
        this.upFlow = upFlow;
    }

    public long getDownFlow() {
        return downFlow;
    }

    public void setDownFlow(long downFlow) {
        this.downFlow = downFlow;
    }

    public long getSumFlow() {
        return sumFlow;
    }

    public void setSumFlow(long sumFlow) {
        this.sumFlow = sumFlow;
    }
}
```

5. 编写Mapper文件

在 Mapper 实现类中，首先接收输入文本的每行数据，并将其转化成 String 字符串类型。当每接收一行数据时，Mapper 实现类就会调用一次 map 函数。在 map 函数中将转化成 String 字符串类型的数据按照空格进行分割，然后读取手机号码、上行流量和下行流量，再将读取到的数据以 K-V 键值对的形式输入。编写一个 FlowCountMapper 类并重写一个 map 方法，具体代码如下：

```
package com.xuzheng.mapreduce.flowsum;

import java.io.IOException;
import org.apache.hadoop.io.LongWritable;
import org.apache.hadoop.io.Text;
import org.apache.hadoop.mapreduce.Mapper;

public class FlowCountMapper extends Mapper<LongWritable, Text, Text,
FlowBean>{

    FlowBean v = new FlowBean();
    Text k = new Text();

    @Override
```

```
    protected void map(LongWritable key, Text value, Context context)
    throws IOException, InterruptedException {

        // 1. 读取 value 值
        String line = value.toString();

        // 2. 分割字符串
        String[] fields = line.split("\t");

        // 3. 封装对象
        // 取出手机号码
        String phoneNum = fields[1];

        // 取出上行流量和下行流量
        long upFlow = Long.parseLong(fields[fields.length - 3]);
        long downFlow = Long.parseLong(fields[fields.length - 2]);

        k.set(phoneNum);
        v.set(downFlow, upFlow);

        // 4. 输出结果
        context.write(k, v);
    }
}
```

6. 编写Reducer文件

在 Reducer 实现类中接收 Mapper 实现类输出的 K-V 键值对。Reducer 实现类的所有业务处理逻辑交由 reduce 函数负责，而且 reduce 函数会对输入的每组具有相同 K 的 K-V 键值对进行调用，并汇总具有相同 K 的手机流量信息。编写一个 FlowCountReducer 类，并重写一个 reduce 方法，具体代码如下：

```
package com.xuzheng.mapreduce.flowsum;

import java.io.IOException;
import org.apache.hadoop.io.Text;
import org.apache.hadoop.mapreduce.Reducer;

public class FlowCountReducer extends Reducer<Text, FlowBean, Text,
FlowBean> {

    @Override
    protected void reduce(Text key, Iterable<FlowBean> values, Context
context)throws IOException, InterruptedException {

        long sum_upFlow = 0;
        long sum_downFlow = 0;

        // 1. 遍历所用 Bean，将其中的上行流量，下行流量分别累加
        for (FlowBean flowBean : values) {
            sum_upFlow += flowBean.getUpFlow();
            sum_downFlow += flowBean.getDownFlow();
        }

        // 2. 封装对象
```

```
        FlowBean resultBean = new FlowBean(sum_upFlow, sum_downFlow);

        // 3. 输出 key 和 resultBean
        context.write(key, resultBean);
    }
}
```

7. 编写Driver文件

Driver 类负责配置 Mapper 实现类和 Reducer 实现类，并获得 job 对象实例。同时，Driver 类指定 MapReduce 程序 jar 所在的路径位置，并将整个 MapReduce 程序提交到 YARN 集群上。编写一个 WordCountDriver 类，具体代码如下：

```
package com.xuzheng.mapreduce.flowsum;

import java.io.IOException;
import org.apache.hadoop.conf.Configuration;
import org.apache.hadoop.fs.Path;
import org.apache.hadoop.io.Text;
import org.apache.hadoop.mapreduce.Job;
import org.apache.hadoop.mapreduce.lib.input.FileInputFormat;
import org.apache.hadoop.mapreduce.lib.output.FileOutputFormat;

public class FlowsumDriver {

    public static void main(String[] args) throws IllegalArgumentException,
IOException, ClassNotFoundException, InterruptedException {

        // 1. 获取配置信息或者 job 对象实例
        Configuration configuration = new Configuration();
        Job job = Job.getInstance(configuration);

        // 2. 指定本程序的 jar 包所在的本地路径
        job.setJarByClass(FlowsumDriver.class);

        // 3. 指定本业务 job 要使用的 mapper/Reducer 业务类
        job.setMapperClass(FlowCountMapper.class);
        job.setReducerClass(FlowCountReducer.class);

        // 4. 指定 mapper 输出数据的 K-V 类型
        job.setMapOutputKeyClass(Text.class);
        job.setMapOutputValueClass(FlowBean.class);

        // 5. 指定最终输出数据的 K-V 类型
        job.setOutputKeyClass(Text.class);
        job.setOutputValueClass(FlowBean.class);

        // 6. 指定 job 输入的原始文件所在的目录
        FileInputFormat.setInputPaths(job, new Path(args[0]));
        FileOutputFormat.setOutputPath(job, new Path(args[1]));

        // 7. 将 job 中配置的相关参数及 job 所用的 Java 类所在的 jar 包提交给 YARN 运行
        boolean result = job.waitForCompletion(true);
        System.exit(result ? 0 : 1);
    }
}
```

8. 打包Maven工程

通过终端命令行进入 Maven 工程目录，然后在该目录下执行如下命令，进行 Maven 工程打包操作。

```
D:\demo\mapreduce-demo> mvn package
```

打包成功后，在 Maven 工程的 target 目录下将会生成 mapreduce-demo-1.0-SNAPSHOT.jar，将该 jar 包上传到 Hadoop 集群中即可。

9. 启动Hadoop集群

（1）启动 HDFS。

在 hadoop101 服务器节点上通过如下命令一键启动整个 Hadoop 完全分布式集群的 HDFS 服务。

```
[xuzheng@hadoop101 hadoop-3.2.2]$ cd /opt/module/hadoop-3.2.2
[xuzheng@hadoop101 hadoop-3.2.2]$ sbin/start-dfs.sh
Starting namenodes on [hadoop101]
hadoop101: starting namenode, logging to hadoop-xuzheng-namenode-
hadoop101.out
hadoop101: starting datanode, logging to hadoop-xuzheng-datanode-
hadoop101.out
hadoop103: starting datanode, logging to hadoop-xuzheng-datanode-
hadoop103.out
hadoop102: starting datanode, logging to hadoop-xuzheng-datanode-
hadoop102.out
Starting secondary namenodes [hadoop103]
hadoop103: starting secondarynamenode, logging to secondarynamenode-
hadoop103.out
```

（2）启动 YARN。

在 hadoop102 服务器节点上通过如下命令，一键启动整个 Hadoop 完全分布式集群的 YARN 服务。值得注意的是，如果 NameNode 节点和 ResourceManger 节点不在同一台服务器上，那么不能在 NameNode 节点上启动 Yarn 服务，必须在 ResouceManager 所在的服务器上启动 YARN 服务。

```
[xuzheng@hadoop101 hadoop-3.2.2]$ cd /opt/module/hadoop-3.2.2
[xuzheng@hadoop101 hadoop-3.2.2]$ sbin/start-yarn.sh
starting yarn daemons
starting resourcemanager, logging to /opt/module/hadoop-3.2.2/
resourcemanager-hadoop102.out
hadoop103: starting nodemanager, logging to yarn-xuzheng-nodemanager-
hadoop103.out
hadoop101: starting nodemanager, logging to yarn-xuzheng-nodemanager-
hadoop101.out
hadoop102: starting nodemanager, logging to yarn-xuzheng-nodemanager-
hadoop102.out
```

（3）启动历史服务器。

虽然 HDFS 和 YARN 可以通过群体方式启动，但是历史服务器需要单独启动。在 hadoop101 服务器节点上执行命令如下：

```
[xuzheng@hadoop101 hadoop-3.2.2]$ cd /opt/module/hadoop-3.2.2
[xuzheng@hadoop101 hadoop-3.2.2]$ sbin/mr-jobhistory-daemon.sh start
historyserver
```

（4）上传输入文件。

HDFS 和 YARN 启动后，将输入文件 phone_data.txt 上传到 HDFS。首先使用 mkdir 命令创建一个输入目录/input 和一个输出目录/output，然后在 HDFS 中执行如下命令可以创建 HDFS 目录。

```
[xuzheng@hadoop101 hadoop-3.2.2]$ cd /opt/module/hadoop-3.2.2
[xuzheng@hadoop101 hadoop-3.2.2]$ bin/hdfs dfs -mkdir /input
[xuzheng@hadoop101 hadoop-3.2.2]$ bin/hdfs dfs -mkdir /output
[xuzheng@localhost hadoop-3.2.2]# bin/hdfs dfs -ls /
Found 4 items
drwxr-xr-x   - xuzheng supergroup      0 2020-07-03 10:47 /dh-test
drwxr-xr-x   - xuzheng supergroup      0 2020-07-05 20:43 /spark_history
drwxr-xr-x   - xuzheng supergroup      0 2020-07-20 13:43 /input
drwxr-xr-x   - xuzheng supergroup      0 2020-07-20 13:44 /output
```

然后将输入文件 phone_data .txt 上传到 HDFS 的/input 目录下。对于 HDFS 来说，执行如下命令可以将文件上传至 HDFS 目录下。

```
[xuzheng@localhost hadoop-3.2.2]$ cd /opt/module/hadoop-3.2.2
[xuzheng@localhost hadoop-3.2.2]# bin/hdfs dfs -put wc.input /input
[xuzheng@localhost hadoop-3.2.2]# bin/hdfs dfs -ls /input
Found 1 items
-rw-r--r--   1 xuzheng supergroup      1366 2020-07-20 14:25 /input/phone_
data .txt
```

10．运行Hadoop序列化案例程序

将 Hadoop 序列化案例程序生成的 jar 上传到 Hadoop 集群的/opt/software 目录下，执行如下命令可以运行一个 MapReduce 程序。

```
[xuzheng@localhost hadoop-3.2.2]$ cd /opt/module/hadoop-3.2.2
[xuzheng@localhost hadoop-3.2.2]# bin/hadoop jar /opt/software/mapreduce-
demo-1.0-SNAPSHOT.jar com.xuzheng.mapreduce.flowsum.FlowsumDriver /input/
phone_data .txt /output
```

9.3　如何开发 MapReduce 程序

本节将会重点介绍 MapReduce 的编程规范。通过实现官方提供的 WordCount 案例来帮助读者加深对于 MapReduce 编程的理解。

9.3.1　MapReduce 编程规范

编写一个完整的 MapReduce 分布式计算程序，需要遵循以下 MapReduce 编程规范。

- 首先需要实现 Hadoop 的 Mapper 泛型类和 Reducer 泛型类。其次还需要编写一个 Driver 驱动类，负责配置 Mapper 实现类和 Reducer 实现类，并驱动整个 MapReduce 分布式计算程序执行。

- 在 Map 阶段用户需要自定义一个 Mapper 实现类并继承 Hadoop 中的 Mapper 泛型类。要求 Map 阶段输入的数据为 K-V 键值对的形式，K-V 键值对的类型可以自定义，但是要与 Mapper 泛型的前两个类型保持一致。
- 要求在 Map 阶段输出的数据为 K-V 键值对的形式，K-V 键值对的类型可以自定义，但是要与 Mapper 泛型的后两个类型保持一致。在 Mapper 实现类中，所有的业务处理逻辑都交由 map 函数负责，而且 map 函数会对输入的每个 K-V 键值对进行调用。
- 在 Reduce 阶段需要自定义一个 Reducer 实现类并继承 Hadoop 中的 Reducer 泛型类。要求 Reduce 阶段输入的数据为 K-V 键值对的形式，与 Map 阶段输出的数据形式保持一致。
- 要求 Reduce 阶段输出的数据为 K-V 键值对的形式，K-V 键值对的类型可以自定义，但是要与 Reducer 泛型的后两个类型保持一致。Reducer 实现类的所有业务处理逻辑由 reduce 函数负责，而且 reduce 函数会对输入的每组具有相同 K 的 K-V 键值对进行调用。
- Driver 驱动类相当于 YARN 集群的客户端，负责配置 Mapper 实现类和 Reducer 实现类，同时将整个 MapReduce 程序提交到 YARN 集群中。

9.3.2　WordCount 案例实战

接下来编写一个 WordCount 程序，实现与 Hadoop 官方提供的 WordCount 案例相同的功能，提升读者对于 MapReduce 编程的理解。我们手写 WordCount 案例的需求是能够对给定文件中的所有单词进行统计，统计每个单词出现的总次数。WordCount 程序的具体的编写步骤如下。

1．创建输入文件

在 WordCount 案例中，首先创建一个输入文件 wc.input，MapReduce 程序用于统计在该输入文件中每个单词出现的总次数。该输入文件的内容如下：

```
xuzheng xuzheng
java java
hadoop hive hbase kafka
spark flume hadoop java
```

根据上述输入文件及 WordCount 的实现功能，可以预测输出文件的内容如下：

```
xuzheng 2
java 3
hadoop 2
hive 1
hbase 1
kafka 1
spark 1
flume 1
```

2．搭建一个Maven工程

本例基于集成开发工具 IntelliJ IDEA 进行 Java 编程开发，并且构建一个 Maven 工程

mapreduce-demo，实现一个 MapReduce 分布式计算程序。为了搭建一个 Maven 工程项目，需要执行如下步骤。

（1）打开 IntelliJ IDEA。

打开集成开发工具 IntelliJ IDEA，单击 Create New Project 创建一个项目，如图 9.5 所示。

图 9.5　打开 IDEA 开发工具

（2）选择 Maven 工程。

选择一个 Maven 工程，然后配置 Java 的版本信息，最后单击 Next 按钮，如图 9.6 所示。

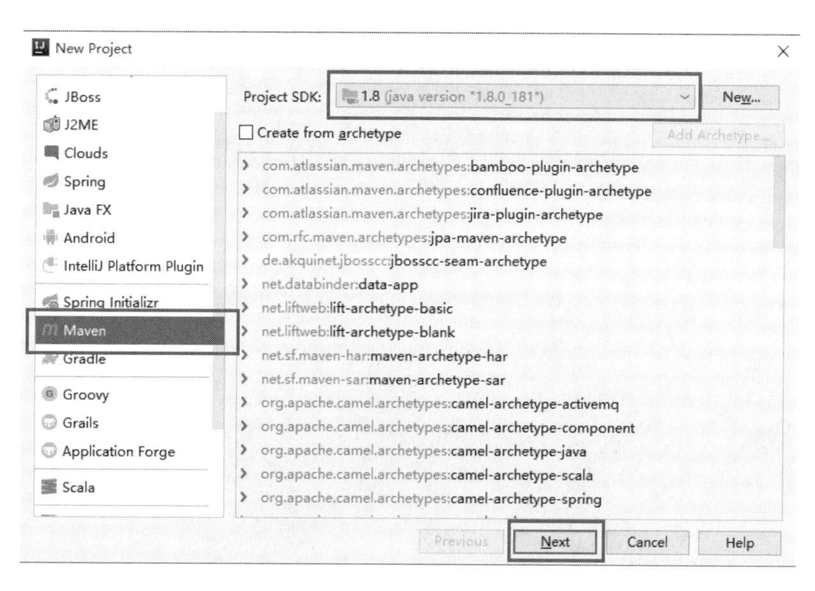

图 9.6　选择 Maven 工程

（3）添加 Maven 工程的版本信息。

在弹出的对话框中填写 Maven 工程的版本信息，如 GroupId、ArtifactId 和 Version，然后单击 Next 按钮，如图 9.7 所示。

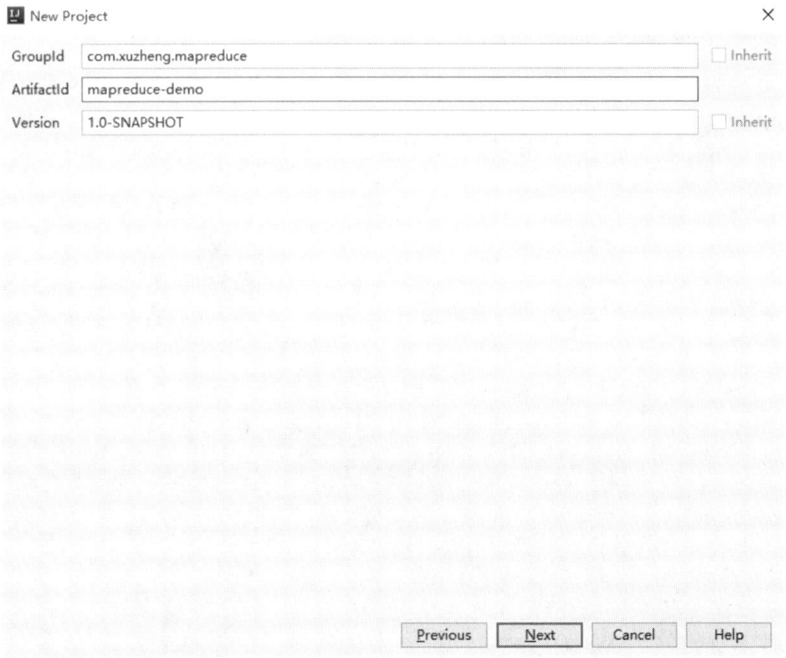

New Project
GroupId
com.xuzheng.mapreduce
Inherit
ArtifactId
mapreduce-demo
Version
1.0-SNAPSHOT
Inherit
Previous
Next
Cancel
Help

图 9.7　添加 Maven 工程的版本信息

（4）填写 Maven 工程的名称和存储位置。

在弹出的对话框中填写 Maven 工程的名称及存储位置，然后单击 Finish 按钮，如图 9.8 所示。

New Project
Project name:
mapreduce-demo
Project location:
D:\demo\mapreduce-demo
More Settings
Previous
Finish
Cancel
Help

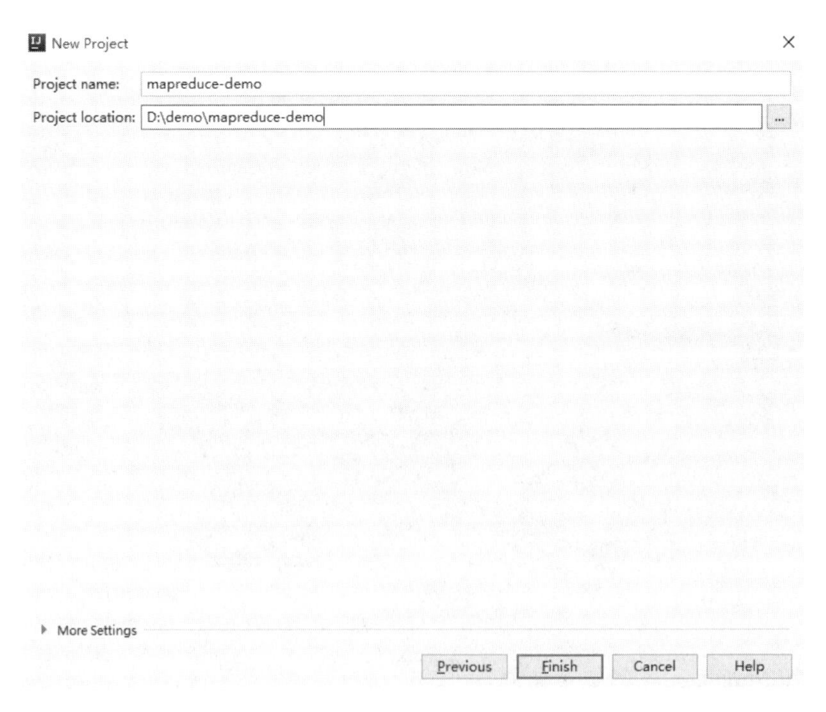

图 9.8　填写 Maven 工程名称和存储位置

（5）添加依赖包的信息。

pom.xml 文件是 Maven 工程项目的一种配置文件，用来标记项目的相关开发包引入坐标、依赖关系和使用者需要遵守的规则等信息。在该 Maven 项目的 pom.xml 文件中添加内容如下：

```
<?xml version="1.0" encoding="UTF-8"?>
<project xmlns="http://maven.apache.org/POM/4.0.0"
        xmlns:xsi="http://www.w3.org/2001/XMLSchema-instance"
        xsi:schemaLocation="http://maven.apache.org/POM/4.0.0
http://maven.apache.org/xsd/maven-4.0.0.xsd">
    <modelVersion>4.0.0</modelVersion>

    <groupId>com.xuzheng.mapreduce</groupId>
    <artifactId>mapreduce-demo</artifactId>
    <version>1.0-SNAPSHOT</version>

    <dependencies>
        <dependency>
            <groupId>junit</groupId>
            <artifactId>junit</artifactId>
            <version>RELEASE</version>
        </dependency>
        <dependency>
            <groupId>org.apache.logging.log4j</groupId>
            <artifactId>log4j-core</artifactId>
            <version>2.8.2</version>
        </dependency>
        <dependency>
            <groupId>org.apache.hadoop</groupId>
            <artifactId>hadoop-common</artifactId>
            <version>3.2.2</version>
        </dependency>
        <dependency>
            <groupId>org.apache.hadoop</groupId>
            <artifactId>hadoop-client</artifactId>
            <version>3.2.2</version>
        </dependency>
        <dependency>
            <groupId>org.apache.hadoop</groupId>
            <artifactId>hadoop-hdfs</artifactId>
            <version>3.2.2</version>
        </dependency>
    </dependencies>

    <build>
        <plugins>
            <plugin>
                <artifactId>maven-compiler-plugin</artifactId>
                <version>2.3.2</version>
                <configuration>
                    <source>1.8</source>
                    <target>1.8</target>
                </configuration>
            </plugin>
            <plugin>
                <artifactId>maven-assembly-plugin </artifactId>
```

```
                <configuration>
                    <descriptorRefs>
                        <descriptorRef>jar-with-dependencies</descriptorRef>
                    </descriptorRefs>
                    <archive>
                        <manifest>
<mainClass>com.xuzheng.mapreduce.wordcount.WordCountDriver</mainClass>
                        </manifest>
                    </archive>
                </configuration>
                <executions>
                    <execution>
                        <id>make-assembly</id>
                        <phase>package</phase>
                        <goals>
                            <goal>single</goal>
                        </goals>
                    </execution>
                </executions>
            </plugin>
        </plugins>
    </build>
</project>
```

（6）添加 log4j 配置文件。

本例在创建 Maven 项目时引入了 log4j 的 jar 包，为了能够正常运行 log4j 程序，需要在 src/main/resources 目录下添加一个 log4j.properties 配置文件并在其中添加如下内容：

```
log4j.rootLogger=INFO, stdout
log4j.appender.stdout=org.apache.log4j.ConsoleAppender
log4j.appender.stdout.layout=org.apache.log4j.PatternLayout
log4j.appender.stdout.layout.ConversionPattern=%d %p [%c] - %m%n
log4j.appender.logfile=org.apache.log4j.FileAppender
log4j.appender.logfile.File=target/spring.log
log4j.appender.logfile.layout=org.apache.log4j.PatternLayout
log4j.appender.logfile.layout.ConversionPattern=%d %p [%c] - %m%n
```

3. 编写Mapper文件

在 Mapper 实现类中接收输入文本中的每行数据，并将其转化成 String 字符串类型。每接收一行数据，Mapper 实现类就会调用一次 map 函数。在 map 函数中将转化成 String 字符串类型的数据按照空格分割成多个单词，然后将分割的每个单词以键值对形式输入。编写一个 WordCountMapper 类并重写一个 map 方法，具体代码如下：

```
package com.xuzheng.mapreduce.wordcount;

import org.apache.hadoop.io.IntWritable;
import org.apache.hadoop.io.LongWritable;
import org.apache.hadoop.io.Text;
import org.apache.hadoop.mapreduce.Mapper;

import java.io.IOException;

public class WordCountMapper extends Mapper<LongWritable, Text, Text,
IntWritable> {
```

```
    private Text k = new Text();
    private IntWritable v = new IntWritable(1);

    @Override
    protected void map(LongWritable key, Text value, Context context)
throws IOException, InterruptedException {

        // 1. 读取 value 值
        String line = value.toString();

        // 2. 分割字符串
        String[] words = line.split(" ");

        // 3. 输出对象
        for (String word : words) {
            k.set(word);
            context.write(k, v);
        }
    }
}
```

4. 编写Reducer文件

在 Reducer 实现类中接收 Mapper 实现类输出的 K-V 键值对。Reducer 实现类的所有业务处理逻辑由 reduce 函数负责，而且 reduce 函数会对输入的每组具有相同 K 的 K-V 键值对进行调用，并汇总具有相同 K 的单词个数。编写一个 WordCountReducer 类并重写一个 reduce 方法，具体代码如下：

```
package com.xuzheng.mapreduce.wordcount;

import org.apache.hadoop.io.IntWritable;
import org.apache.hadoop.io.Text;
import org.apache.hadoop.mapreduce.Reducer;

import java.io.IOException;

public class WordCountReducer extends Reducer<Text, IntWritable, Text,
IntWritable> {

    private int sum;
    private IntWritable v = new IntWritable();

    @Override
    protected void reduce(Text key, Iterable<IntWritable> values,Context
context) throws IOException, InterruptedException {

        // 1. 累加求和
        sum = 0;
        for (IntWritable count : values) {
            sum += count.get();
        }

        // 2. 输出
        v.set(sum);
```

```
        context.write(key,v);
    }
}
```

5．编写Driver文件

Driver 类负责配置 Mapper 实现类和 Reducer 实现类，并获得 job 对象实例。Driver 类用于指定 MapReduce 程序 jar 所在的路径位置，并将整个 MapReduce 程序提交到 YARN 集群中。编写一个 WordCountDriver 类，具体代码如下：

```
package com.xuzheng.mapreduce.wordcount;

import org.apache.hadoop.conf.Configuration;
import org.apache.hadoop.fs.Path;
import org.apache.hadoop.io.IntWritable;
import org.apache.hadoop.io.Text;
import org.apache.hadoop.mapreduce.Job;
import org.apache.hadoop.mapreduce.lib.input.FileInputFormat;
import org.apache.hadoop.mapreduce.lib.output.FileOutputFormat;

import java.io.IOException;

public class WordCountDriver {

    public static void main(String[] args) throws IOException,
ClassNotFoundException, InterruptedException {

        // 1. 获取配置信息及封装任务
        Configuration configuration = new Configuration();
        Job job = Job.getInstance(configuration);

        // 2. 设置 jar 加载路径
        job.setJarByClass(WordCountDriver.class);

        // 3. 设置 map 和 reduce 类
        job.setMapperClass(WordCountMapper.class);
        job.setReducerClass(WordCountReducer.class);

        // 4. 设置 map 输出
        job.setMapOutputKeyClass(Text.class);
        job.setMapOutputValueClass(IntWritable.class);

        // 5. 设置最终输出 K-V 类型
        job.setOutputKeyClass(Text.class);
        job.setOutputValueClass(IntWritable.class);

        // 6. 设置输入和输出路径
        FileInputFormat.setInputPaths(job, new Path(args[0]));
        FileOutputFormat.setOutputPath(job, new Path(args[1]));

        // 7. 提交任务作业
        boolean result = job.waitForCompletion(true);

        System.exit(result ? 0 : 1);
    }
}
```

6. 打包Maven工程

通过终端命令行进入 Maven 工程目录下，然后在该目录下执行如下命令进行 Maven 工程的打包操作。

```
D:\demo\mapreduce-demo> mvn package
```

打包成功后，在 Maven 工程的 target 目录下生成 mapreduce-demo-1.0-SNAPSHOT.jar，将该 jar 包上传到 Hadoop 集群中。

7. 启动Hadoop集群

（1）启动 HDFS。

在 hadoop101 服务器节点上，通过如下命令一键启动整个 Hadoop 完全分布式集群的 HDFS 服务。

```
[xuzheng@hadoop101 hadoop-3.2.2]$ cd /opt/module/hadoop-3.2.2
[xuzheng@hadoop101 hadoop-3.2.2]$ sbin/start-dfs.sh
Starting namenodes on [hadoop101]
hadoop101: starting namenode, logging to hadoop-xuzheng-namenode-
hadoop101.out
hadoop101: starting datanode, logging to hadoop-xuzheng-datanode-
hadoop101.out
hadoop103: starting datanode, logging to hadoop-xuzheng-datanode-
hadoop103.out
hadoop102: starting datanode, logging to hadoop-xuzheng-datanode-
hadoop102.out
Starting secondary namenodes [hadoop103]
hadoop103: starting secondarynamenode, logging to secondarynamenode-
hadoop103.out
```

（2）启动 YARN。

在 hadoop102 服务器节点上，通过如下命令一键启动整个 Hadoop 完全分布式集群的 YARN 服务。值得注意的是，如果 NameNode 节点和 ResourceManger 节点不在同一台服务器上，那么不能在 NameNode 节点上启动 YARN 服务，必须在 ResouceManager 所在的服务器上启动 YARN 服务。

```
[xuzheng@hadoop101 hadoop-3.2.2]$ cd /opt/module/hadoop-3.2.2
[xuzheng@hadoop101 hadoop-3.2.2]$ sbin/start-yarn.sh
starting yarn daemons
starting resourcemanager, logging to /opt/module/hadoop-3.2.2/
resourcemanager-hadoop102.out
hadoop103: starting nodemanager, logging to yarn-xuzheng-nodemanager-
hadoop103.out
hadoop101: starting nodemanager, logging to yarn-xuzheng-nodemanager-
hadoop101.out
hadoop102: starting nodemanager, logging to yarn-xuzheng-nodemanager-
hadoop102.out
```

（3）启动历史服务器。

虽然 HDFS 和 YARN 可以通过群体方式启动，但是历史服务器需要单独启动。在 hadoop101 服务器节点上执行如下命令：

```
[xuzheng@hadoop101 hadoop-3.2.2]$ cd /opt/module/hadoop-3.2.2
```

```
[xuzheng@hadoop101 hadoop-3.2.2]$ sbin/mr-jobhistory-daemon.sh start
historyserver
```

（4）上传输入文件。

HDFS 和 YARN 启动后，将输入文件 wc.input 上传到 HDFS 中。首先使用 mkdir 命令创建一个输入目录/input 和一个输出目录/output，在 HDFS 中执行如下命令，可以创建 HDFS 目录。

```
[xuzheng@hadoop101 hadoop-3.2.2]$ cd /opt/module/hadoop-3.2.2
[xuzheng@hadoop101 hadoop-3.2.2]$ bin/hdfs dfs -mkdir /input
[xuzheng@hadoop101 hadoop-3.2.2]$ bin/hdfs dfs -mkdir /output
[xuzheng@localhost hadoop-3.2.2]# bin/hdfs dfs -ls /
Found 4 items
drwxr-xr-x   - xuzheng supergroup      0 2020-07-03 10:47 /dh-test
drwxr-xr-x   - xuzheng supergroup      0 2020-07-05 20:43 /spark_history
drwxr-xr-x   - xuzheng supergroup      0 2020-07-20 13:43 /input
drwxr-xr-x   - xuzheng supergroup      0 2020-07-20 13:44 /output
```

然后将输入文件 wc.input 上传到 HDFS 的/input 目录下。在 HDFS 中执行如下命令可以将文件上传至 HDFS 目录下。

```
[xuzheng@localhost hadoop-3.2.2]$ cd /opt/module/hadoop-3.2.2
[xuzheng@localhost hadoop-3.2.2]# bin/hdfs dfs -put wc.input /input
[xuzheng@localhost hadoop-3.2.2]# bin/hdfs dfs -ls /input
Found 1 items
-rw-r--r--  1 xuzheng supergroup  1366 2020-07-20 14:25 /input/wc.input
```

8. 运行WordCount程序

将 WordCount 程序生成的 jar 上传到 Hadoop 集群的/opt/software 目录下，执行如下命令可以运行一个 MapReduce 程序。

```
[xuzheng@localhost hadoop-3.2.2]$ cd /opt/module/hadoop-3.2.2
[xuzheng@localhost hadoop-3.2.2]# bin/hadoop jar /opt/software/mapreduce-
demo-1.0-SNAPSHOT.jar com.xuzheng.mapreduce.wordcount.WordCountDriver
/input/wc.input /output
```

9.4　小　　结

本章介绍了 Hadoop 序列化的类型和 MapReduce 的编程规范。通过一个 Hadoop 序列化类型案例，清晰阐述了 Hadoop 序列化的过程。最后介绍了 MapReduce 的编程规范，通过手写一个 WordCount 案例，让读者对 MapReduce 分布式计算程序有一个更加清晰的认识。

第 10 章　MapReduce 框架的原理

本章将解析 MapReduce 分布式编程框架的原理和工作流程，并剖析 MapTask、Shuffle 和 ReduceTask 的工作机制。

10.1　InputFormat 数据输入解析

在运行 MapReduce 分布式计算程序时，首先要进行数据的输入，并且将数据按照不同的 InputFormat 数据输入实现类进行切片。Hadoop 官方提供了 4 种 InputFormat 数据输入实现类，分别是 FileInputFormat、CombineTextInputFormat、KeyValueTextInputFormat 和 NLineInputFormat，并且支持自定义 InputFormat 数据输入类。

10.1.1　切片与 MapTask 的并行度决定机制

MapTask 的并行度决定 Map 阶段的任务处理并发度，进而影响整个 MapReduce 任务的处理速度，而切片的数量决定了 MapTask 的并行度。在实际开发中，并不是 MapTask 的并行度越大越好。例如，对于 1GB 的数据进行分布式计算时，开启 10 个 MapTask 进程能够大大提高系统的并行执行能力。

对 1MB 的数据进行分布式计算时，在开启 10 个 MapTask 进程后，系统的并发执行能力并没有提高，反而因为较多的 I/O 操作使分布式计算能力降低了。因此，如何合理地选择切片数据，决定整个系统的并行执行能力。

在剖析 HDFS 写数据流程时讲过数据分块的概念。HDFS 在存储文件的时候，将文件按照 128MB 大小分为一块，对文件在物理上进行切块存储。本节提到的切片只是在逻辑上对数据进行切片，并不会在磁盘上将其切分成片进行存储。接下来通过一个实例来讲解数据切片与 MapTask 并行度决定机制，如图 10.1 所示。

对于一个大小为 300MB 的文件 ss.avi 来说，在 HDFS 中其按照每块 128MB 存储在 3 个 DataNode 节点上。如果在执行 MapReduce 分布式计算程序之前，按照每片 128MB 大小进行切片，那么在读取数据时，每个切片恰好能够从每个 DataNode 节点上读取完整的一个数据块。

如果在执行 MapReduce 分布式计算程序之前，按照每片 100MB 大小进行切片，那么在读取第一片数据时需要从 DataNode1 上读取 100MB 数据。

当读取第二片数据时，要先从 DataNode1 上读取第 100～128MB 的数据，再从 DataNode2 上读取第 128～200MB 的数据。

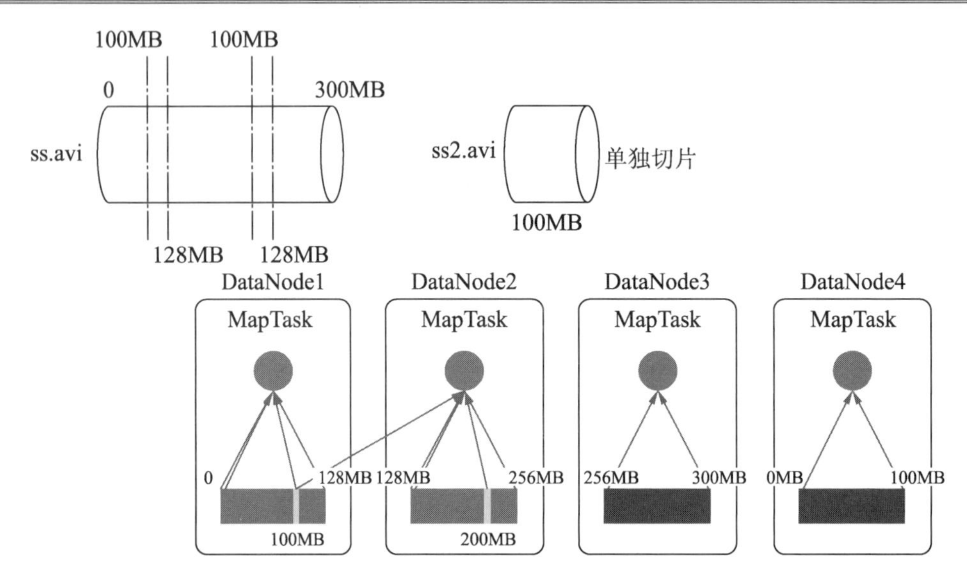

图 10.1　切片与 MapTask 并行度决定机制

当读取第三片数据时，先从 DataNode2 上读取第 200～256MB 的数据，再从 DataNode3 上读取第 256～300MB 的数据。这样就会造成跨节点读取数据，大大增加了 I/O 操作，增大数据读取的时间。

因此，在实际开发过程中，每个切片的大小设置为每个分块的大小。对于每个切片，MapReduce 任务会分配一个 MapTask 进程进行处理，并行执行整个 Map 阶段。同时，在进行数据切片时，MapReduce 不会考虑整个数据集的大小，而是针对于数据集中的每个文件进行切片。

例如，数据集有两个文件，一个大小为 300MB 的文件 ss.avi 和一个大小为 100MB 的文件 ss2.avi。在进行数据切片时，首先对文件 ss.avi 进行切片，在 DataNode1 上读取 0～128MB 的数据，在 DataNode2 上读取 128～256MB 的数据，在 DataNode3 上读取 256～300MB 的数据。然后对文件 ss2.avi 进行切片，在 DataNode4 上读取 0～100MB 的数据。MapTask 的并行度决定机制概括如下：

- 一个 MapReduce 任务的 Map 阶段的并行度由客户端提交任务时的切片数量决定。
- 对于每个切片，系统会分配一个 MapTask 进程进行处理。
- 在默认情况下，切片大小与分块大小是一致的。
- 在进行数据切片时，不考虑数据集整体，而是对于每个文件进行单独切片。

10.1.2　FileInputFormat 的切片机制解析

FileInputFormat 是一个类，继承于 InputFormat 抽象类，该类通过调用自己内部的 getSplits 方法对数据进行切片操作。在 getSplits 方法内部，FileInputFormat 类首先找到待分片数据存储的目录。然后遍历该目录下所有的文件，获取每个文件的名称、长度和块信息等。对于每个待切片的文件，FileInputFormat 会根据切片大小对文件进行切片并返回切片规划。

然后将切片规划提交至 YARN 集群，YARN 集群中的 MrAppMaster 就可以根据切片规划开启相同数量的 MapTask 进程了。FileInputFormat 的切片机制概括如下。

1. 查找数据存储目录

在 getSplits 方法内部，FileInputFormat 类通过调用 listStatus 方法找到待分片数据存储的目录。

2. 遍历文件

FileInputFormat 类会遍历待分片数据存储目录下的所有文件，获取每个文件的名称、长度、块信息，以及每个块在 DataNode 上的存储位置。同时，FileInputFormat 类通过调用 isSplitable 方法，判断该目录下的每个文件是否可以进行切片操作。例如，对于一些压缩文件和归档文件，MapReduce 是不能对这些文件进行切片操作的。

3. 处理每个待切片的文件

（1）获取文件大小。

FileInputFormat 类通过 fs.sizeOf 方法计算每个待切片的文件的大小。

（2）计算每个切片的大小。

FileInputFormat 类通过 computeSplitSize 方法计算每个切片的大小。在默认情况下，每个切片的大小与每个切块的大小保持一致，也就是 128MB。

（3）对文件进行切片。

对文件进行切片操作之前，FileInputFormat 类会先判断剩余数据的大小是否为默认切片大小的 1.1 倍。如果其值大于 1.1，那么对剩余的数据进行切片；否则就不进行切片。

（4）返回切片规划。

FileInputFormat 类将所有的切片规划返回并存储在 List<InputSplit>列表中。其中，InputSplit 负责存储切片的元数据信息，如起始位置、长度和所在 DataNode 节点的列表等。

4. 提交切片至YARN

FileInputFormat 类将切片规划提交至 YARN 集群，YARN 集群中的 MrAppMaster 就可以根据切片规划开启相同数量的 MapTask 进程了。

10.1.3　CombineTextInputFormat 的切片机制

MapReduce 默认使用 TextInputFormat 类的切片机制对任务按照文件进行切片规划。这种切片机制有一点不足就是，无论数据文件有多小，TextInputFormat 类都会将每个文件进行单独切片，并且对于每个切片，MapReduce 都会为之分配一个 MapTask 进程。如果存在大量的小文件，那么就会产生大量的切片，就会开启大量的 MapTask 进程，既造成资源的浪费，又会使处理效率非常低。因此，创建 MapTask 进程的开销比分析数据的开销大得多。

CombineTextInputFormat 类用于处理大量小文件的场景，该类可以将大量的小文件从逻辑上规划到一个切片中，MapReduce 会为这些小文件开启一个 MapTask 进程，从而大大减少了开启 MapTask 进程的数量。这样既减少了资源的浪费，又提高了数据处理的效率。

CombineTextInputFormat 类通过调用 setMaxInputSplitSize 方法来设置虚拟存储切片的最大值。例如，可以将这个值设置为 10MB，当多个小文件的总大小不超过 10MB 时，MapReduce 只会为这些文件开启一个 MapTask 进程。CombineTextInputFormat 类的切片机制主要分为两个过程，即虚拟存储过程和切片过程。

- 虚拟存储过程：统计输入目录下所有文件的大小，依次和预先设置的虚拟存储切片最大值 setMaxInputSplitSize 进行比较，如果不大于设置的虚拟存储切片最大值，则逻辑上划分一个块。如果输入文件的大小大于设置的虚拟存储切片最大值并且超过 2 倍，那么以最大值切割一块；当输入文件的大小超过设置的最大值且不大于最大值 2 倍时，此时会将文件平均分为 2 个虚拟存储块，这样做的目的是防止出现太小的切片。
- 切片过程：判断虚拟存储的文件大小是否大于 setMaxInputSplitSize 值。如果虚拟存储文件的大小大于等于 setMaxInputSplitSize 值，则单独形成一个切片；如果虚拟存储的文件大小不大于 setMaxInputSplitSize 值，则和下一个虚拟存储文件进行合并，共同形成一个切片。

这里通过一个具体的实例来讲解 CombineTextInputFormat 切片机制。例如，假设虚拟存储切片的最大值为 4MB。当前有 4 个小文件，分别是 a.txt、b.txt、c.txt 和 d.txt，大小分别为 1.7MB、5.1MB、3.4MB 和 6.8MB。

在虚拟存储过程中，文件 a.txt 的大小为 1.7MB，小于虚拟存储切片最大值 4MB，则将该文件在逻辑上划分一个块虚拟文件 1。

文件 b.txt 的大小为 5.1MB，大于虚拟存储切片最大值 4MB 且不大于虚拟存储切片最大值的 2 倍，因此将该文件在逻辑上平均划分成 2 个虚拟存储块，分别是虚拟文件 2 和虚拟文件 3，每一块大小都是 2.55MB。

文件 c.txt 的大小为 3.4MB，小于虚拟存储切片最大值 4MB，因此将该文件在逻辑上划分为一个块虚拟文件 4。

文件 d.txt 的大小为 6.8MB，大于虚拟存储切片最大值 4MB 且不大于虚拟存储切片最大值的 2 倍，则将该文件在逻辑上平均划分成 2 个虚拟存储块，分别是虚拟文件 5 和虚拟文件 6，每一块大小都是 3.4MB。

在切片过程中，首先判断虚拟文件 1 是否大于 setMaxInputSplitSize 值，虚拟文件 1 的大小为 1.7MB，不大于 setMaxInputSplitSize 值 4MB，因此，虚拟文件 1 和虚拟文件 2 进行合并，共同形成一个切片。

然后判断虚拟文件 3 是否大于 setMaxInputSplitSize 值，虚拟文件 3 的大小为 2.55MB，不大于 setMaxInputSplitSize 值 4MB，因此，虚拟文件 3 和虚拟文件 4 进行合并，共同形成一个切片。

最后判断虚拟文件 5 是否大于 setMaxInputSplitSize 值，虚拟文件 5 的大小为 3.4MB，不大于 setMaxInputSplitSize 值 4MB，因此，虚拟文件 5 和虚拟文件 6 进行合并，共同形成一个切片。

最终，4 个小文件 a.txt、b.txt、c.txt 和 d.txt 划分成 3 个切片，大小分别为 4.25MB、5.95MB 和 6.8MB。

10.1.4　CombineTextInputFormat 案例实战

本节将实现一个 CombineTextInputFormat 案例，用来解决大量小文件的切片问题。CombineTextInputFormat 类能够将多个小文件划分成一个切片，可以帮助读者对于 CombineTextInputFormat 切片机制的理解。CombineTextInputFormat 案例程序的具体编写步骤如下。

1. 准备输入文件

在 CombineTextInputFormat 案例中首先准备 4 个输入文件 a.txt、b.txt、c.txt 和 d.txt，分别为 1.7MB、5.1MB、3.4MB 和 6.8MB。为了便于读者快速构建案例，笔者已经将 4 个输入文件 a.txt、b.txt、c.txt 和 d.txt 上传至笔者独立部署的 FTP 服务器上，读者可以通过访问 FTP 服务器地址 http://118.89.217.234:8000，下载该案例中的 4 个输入文件。4 个输入文件的大致内容如下：

```
xuzheng xuzheng
java java
hadoop hive hbase kafka
spark flume hadoop java
```

2. 搭建一个Maven工程

本例基于集成开发工具 IntelliJ IDEA 进行 Java 编程开发，并且构建一个 Maven 工程 mapreduce-demo，实现一个 MapReduce 分布式计算程序。为了搭建一个 Maven 工程项目，需要执行如下几步。

（1）打开 IntelliJ IDEA。

打开集成开发工具 IntelliJ IDEA，单击 Create New Project 选项创建一个项目，如图 10.2 所示。

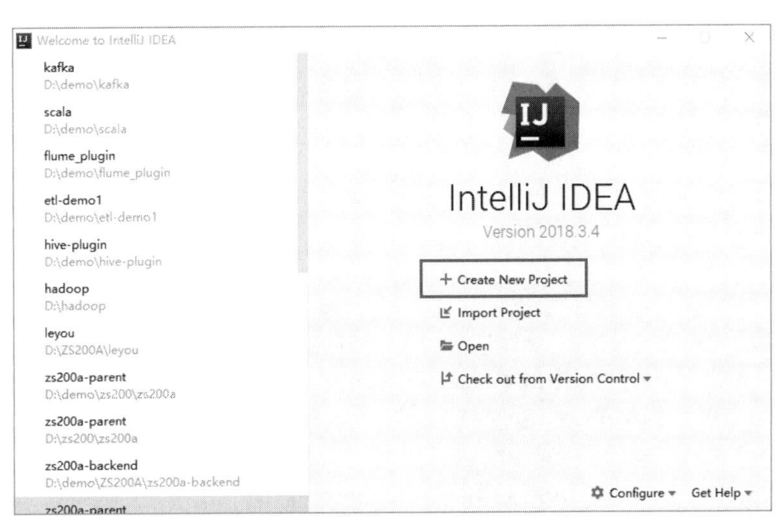

图 10.2　打开 IDEA 开发工具

（2）选择 Maven 工程。

在弹出的对话框中首先选择一个 Maven 工程，然后配置 Java 的版本信息，最后单击 Next 按钮，如图 10.3 所示。

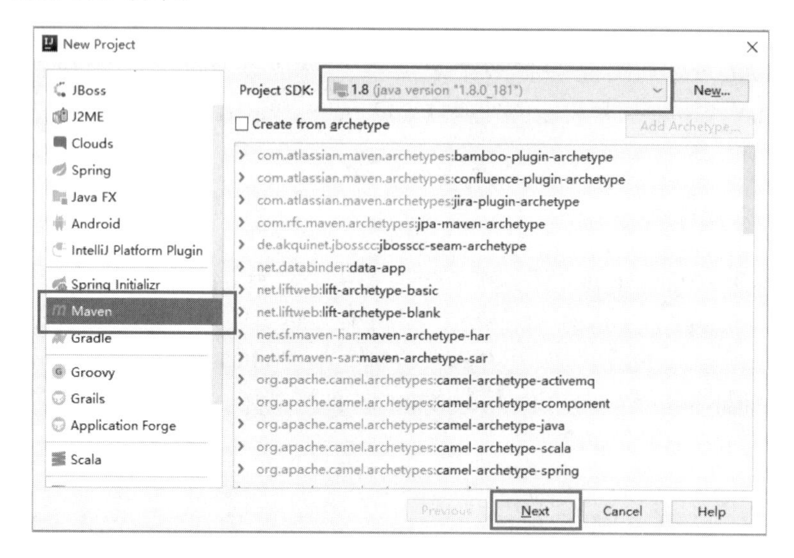

图 10.3　选择 Maven 工程

（3）添加 Maven 工程版本信息。

在弹出的对话框中填写 Maven 工程的版本信息，如 GroupId、ArtifactId 和 Version，然后单击 Next 按钮，如图 10.4 所示。

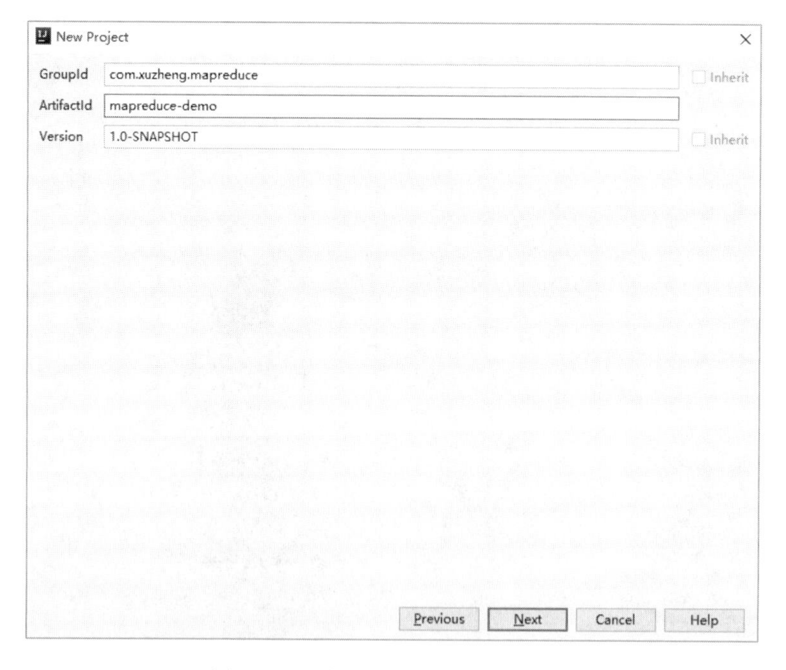

图 10.4　添加 Maven 工程版本信息

（4）填写 Maven 工程名称和存储位置。

在弹出的对话框中填写 Maven 工程的名称和该 Maven 工程存储的位置，单击 Finish

按钮，如图 10.5 所示。

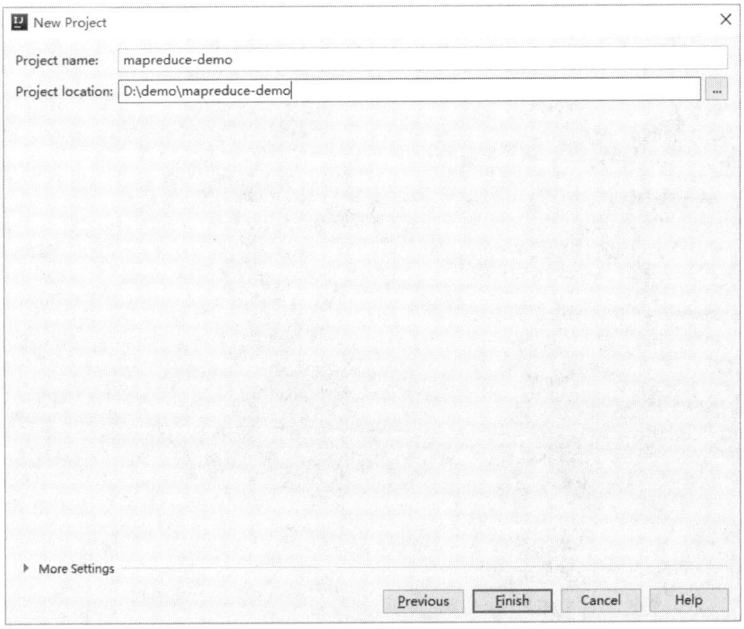

图 10.5　填写 Maven 工程名称和存储位置

（5）添加依赖包的信息。

pom.xml 文件是 Maven 工程项目的一种配置文件，用来标记项目的相关开发包引入坐标、依赖关系和使用者需要遵守的规则等信息。在该 Maven 项目的 pom.xml 文件中添加内容如下：

```
<?xml version="1.0" encoding="UTF-8"?>
<project xmlns="http://maven.apache.org/POM/4.0.0"
        xmlns:xsi="http://www.w3.org/2001/XMLSchema-instance"
        xsi:schemaLocation="http://maven.apache.org/POM/4.0.0
http://maven.apache.org/xsd/maven-4.0.0.xsd">
    <modelVersion>4.0.0</modelVersion>

    <groupId>com.xuzheng.mapreduce</groupId>
    <artifactId>mapreduce-demo</artifactId>
    <version>1.0-SNAPSHOT</version>

    <dependencies>
        <dependency>
            <groupId>junit</groupId>
            <artifactId>junit</artifactId>
            <version>RELEASE</version>
        </dependency>
        <dependency>
            <groupId>org.apache.logging.log4j</groupId>
            <artifactId>log4j-core</artifactId>
            <version>2.8.2</version>
        </dependency>
        <dependency>
            <groupId>org.apache.hadoop</groupId>
            <artifactId>hadoop-common</artifactId>
```

```
            <version>3.2.2</version>
        </dependency>
        <dependency>
            <groupId>org.apache.hadoop</groupId>
            <artifactId>hadoop-client</artifactId>
            <version>3.2.2</version>
        </dependency>
        <dependency>
            <groupId>org.apache.hadoop</groupId>
            <artifactId>hadoop-hdfs</artifactId>
            <version>3.2.2</version>
        </dependency>
    </dependencies>

    <build>
        <plugins>
            <plugin>
                <artifactId>maven-compiler-plugin</artifactId>
                <version>2.3.2</version>
                <configuration>
                    <source>1.8</source>
                    <target>1.8</target>
                </configuration>
            </plugin>
            <plugin>
                <artifactId>maven-assembly-plugin </artifactId>
                <configuration>
                    <descriptorRefs>
                        <descriptorRef>jar-with-dependencies</descriptorRef>
                    </descriptorRefs>
                    <archive>
                        <manifest>
<mainClass>com.xuzheng.mapreduce.wordcount.WordCountDriver</mainClass>
                        </manifest>
                    </archive>
                </configuration>
                <executions>
                    <execution>
                        <id>make-assembly</id>
                        <phase>package</phase>
                        <goals>
                            <goal>single</goal>
                        </goals>
                    </execution>
                </executions>
            </plugin>
        </plugins>
    </build>
</project>
```

（6）添加 log4j 配置文件。

本例在创建 Maven 项目时引入了 log4j 的 jar 包，为了能够正常运行 log4j 程序，需要在 src/main/resources 目录下添加一个 log4j.properties 配置文件并添加如下内容：

```
log4j.rootLogger=INFO, stdout
log4j.appender.stdout=org.apache.log4j.ConsoleAppender
log4j.appender.stdout.layout=org.apache.log4j.PatternLayout
```

```
log4j.appender.stdout.layout.ConversionPattern=%d %p [%c] - %m%n
log4j.appender.logfile=org.apache.log4j.FileAppender
log4j.appender.logfile.File=target/spring.log
log4j.appender.logfile.layout=org.apache.log4j.PatternLayout
log4j.appender.logfile.layout.ConversionPattern=%d %p [%c] - %m%n
```

3．编写Mapper文件

在 Mapper 实现类中接收输入文本的每行数据并转化成 String 字符串类型。每接收一行数据，Mapper 实现类就会调用一次 map 函数。在 map 函数中要将转化成 String 字符串类型的数据按照空格分割成多个单词，然后将分割的每个单词都输入为 K-V 键值对的形式。编写一个 WordCountMapper 类并重写一个 map 方法，具体代码如下：

```
package com.xuzheng.mapreduce.wordcount;

import org.apache.hadoop.io.IntWritable;
import org.apache.hadoop.io.LongWritable;
import org.apache.hadoop.io.Text;
import org.apache.hadoop.mapreduce.Mapper;

import java.io.IOException;

public class WordCountMapper extends Mapper<LongWritable, Text, Text,
IntWritable> {

    private Text k = new Text();
    private IntWritable v = new IntWritable(1);

    @Override
    protected void map(LongWritable key, Text value, Context context)
throws IOException, InterruptedException {

        // 1. 读取 value 的值
        String line = value.toString();

        // 2. 分割字符串
        String[] words = line.split(" ");

        // 3. 输出 k 对象
        for (String word : words) {
            k.set(word);
            context.write(k, v);
        }
    }
}
```

4．编写Reducer文件

在 Reducer 实现类中接收 Mapper 实现类输出的 K-V 键值对。Reducer 实现类的所有业务处理逻辑由 reduce 函数负责，而且 reduce 函数会对输入的每组具有相同 K 的 K-V 键值对进行调用，并汇总具有相同 K 的单词个数。编写一个 WordCountReducer 类并重写一个 reduce 函数，具体代码如下：

```
package com.xuzheng.mapreduce.wordcount;

import org.apache.hadoop.io.IntWritable;
import org.apache.hadoop.io.Text;
import org.apache.hadoop.mapreduce.Reducer;

import java.io.IOException;

public class WordCountReducer extends Reducer<Text, IntWritable, Text,
IntWritable> {

    private int sum;
    private IntWritable v = new IntWritable();

    @Override
    protected void reduce(Text key, Iterable<IntWritable> values,Context
context) throws IOException, InterruptedException {

        // 1. 累加求和
        sum = 0;
        for (IntWritable count : values) {
            sum += count.get();
        }

        // 2. 输出累加和
        v.set(sum);
        context.write(key,v);
    }
}
```

5. 编写Driver文件

Driver 类负责配置 Mapper 实现类和 Reducer 实现类，并获得 job 对象实例。同时，Driver 类指定 MapReduce 程序 jar 所在的路径位置，并将整个 MapReduce 程序提交到 YARN 集群中。编写一个 WordCountDriver 类，具体代码如下：

```
package com.xuzheng.mapreduce.wordcount;

import org.apache.hadoop.conf.Configuration;
import org.apache.hadoop.fs.Path;
import org.apache.hadoop.io.IntWritable;
import org.apache.hadoop.io.Text;
import org.apache.hadoop.mapreduce.Job;
import org.apache.hadoop.mapreduce.lib.input.FileInputFormat;
import org.apache.hadoop.mapreduce.lib.output.FileOutputFormat;
import org.apache.hadoop.mapreduce.lib.input.CombineTextInputFormat;

import java.io.IOException;

public class WordCountDriver {

    public static void main(String[] args) throws IOException,
ClassNotFoundException, InterruptedException {

        // 1. 获取配置信息及封装任务
        Configuration configuration = new Configuration();
```

```
        Job job = Job.getInstance(configuration);

        // 2. 设置 jar 加载路径
        job.setJarByClass(WordCountDriver.class);

        // 3. 设置 map 和 Reduce 类
        job.setMapperClass(WordCountMapper.class);
        job.setReducerClass(WordCountReducer.class);

        // 4. 设置 map 输出
        job.setMapOutputKeyClass(Text.class);
        job.setMapOutputValueClass(IntWritable.class);

        // 5. 设置最终输出 K-V 类型
        job.setOutputKeyClass(Text.class);
        job.setOutputValueClass(IntWritable.class);

        // 6. 设置 InputFormat 为 CombineTextInputFormat
        Job.setInputFormatClass(CombineTextInputFormat.class);

        // 7. 设置虚拟存储切片最大值为 4MB
        CombineTextInputFormat.setMaxInputSplitSize(job, 4194304);

        // 8. 设置输入和输出路径
        FileInputFormat.setInputPaths(job, new Path(args[0]));
        FileOutputFormat.setOutputPath(job, new Path(args[1]));

        // 9. 提交任务作业
        boolean result = job.waitForCompletion(true);

        System.exit(result ? 0 : 1);
    }
}
```

6. 打包Maven工程

通过终端命令行进入 Maven 工程的目录，然后在该目录下执行如下命令进行 Maven 工程的打包操作。

```
D:\demo\mapreduce-demo> mvn package
```

打包成功后，在 Maven 工程的 target 目录下将会生成 mapreduce-demo-1.0-SNAPSHOT.jar 包，将该 jar 包上传到 Hadoop 集群中。

7. 启动Hadoop集群

（1）启动 HDFS。

在 hadoop101 服务器节点，通过如下命令一键启动整个 Hadoop 完全分布式集群的 HDFS 服务。

```
[xuzheng@hadoop101 hadoop-3.2.2]$ cd /opt/module/hadoop-3.2.2
[xuzheng@hadoop101 hadoop-3.2.2]$ sbin/start-dfs.sh
Starting namenodes on [hadoop101]
hadoop101: starting namenode, logging to hadoop-xuzheng-namenode-
hadoop101.out
hadoop101: starting datanode, logging to hadoop-xuzheng-datanode-
```

```
hadoop101.out
hadoop103: starting datanode, logging to hadoop-xuzheng-datanode-
hadoop103.out
hadoop102: starting datanode, logging to hadoop-xuzheng-datanode-
hadoop102.out
Starting secondary namenodes [hadoop103]
hadoop103: starting secondarynamenode, logging to secondarynamenode-
hadoop103.out
```

（2）启动 YARN。

在 hadoop102 服务器节点上，通过如下命令一键启动整个 Hadoop 完全分布式集群的 YARN 服务。值得注意的是，如果 NameNode 节点和 ResourceManger 节点不在同一台服务器上，则不能在 NameNode 节点上启动 YARN 服务，必须在 ResouceManager 所在的机器上启动 YARN 服务。

```
[xuzheng@hadoop101 hadoop-3.2.2]$ cd /opt/module/hadoop-3.2.2
[xuzheng@hadoop101 hadoop-3.2.2]$ sbin/start-yarn.sh
starting yarn daemons
starting resourcemanager, logging to /opt/module/hadoop-3.2.2/
resourcemanager-hadoop102.out
hadoop103: starting nodemanager, logging to yarn-xuzheng-nodemanager-
hadoop103.out
hadoop101: starting nodemanager, logging to yarn-xuzheng-nodemanager-
hadoop101.out
hadoop102: starting nodemanager, logging to yarn-xuzheng-nodemanager-
hadoop102.out
```

（3）启动历史服务器。

虽然 HDFS 和 YARN 可以通过群体方式启动，但是历史服务器需要单独启动。在 hadoop101 服务器节点上执行如下命令：

```
[xuzheng@hadoop101 hadoop-3.2.2]$ cd /opt/module/hadoop-3.2.2
[xuzheng@hadoop101 hadoop-3.2.2]$ sbin/mr-jobhistory-daemon.sh start
historyserver
```

（4）上传输入文件。

HDFS 和 YARN 启动后，将 4 个输入文件 a.txt、b.txt、c.txt 和 d.txt 上传到 HDFS 中。首先使用 mkdir 命令创建一个输入目录/input 和一个输出目录/output，在 HDFS 中执行如下命令，可以创建 HDFS 目录。

```
[xuzheng@hadoop101 hadoop-3.2.2]$ cd /opt/module/hadoop-3.2.2
[xuzheng@hadoop101 hadoop-3.2.2]$ bin/hdfs dfs -mkdir /input
[xuzheng@hadoop101 hadoop-3.2.2]$ bin/hdfs dfs -mkdir /output
[xuzheng@localhost hadoop-3.2.2]# bin/hdfs dfs -ls /
Found 4 items
drwxr-xr-x   - xuzheng supergroup       0 2020-07-03 10:47 /dh-test
drwxr-xr-x   - xuzheng supergroup       0 2020-07-05 20:43 /spark_history
drwxr-xr-x   - xuzheng supergroup       0 2020-07-20 13:43 /input
drwxr-xr-x   - xuzheng supergroup       0 2020-07-20 13:44 /output
```

然后将输入文件 a.txt、b.txt、c.txt 和 d.txt 上传到 HDFS 的/input 目录下。在 HDFS 中执行如下命令将文件上传至 HDFS 目录下。

```
[xuzheng@localhost hadoop-3.2.2]$ cd /opt/module/hadoop-3.2.2
[xuzheng@localhost hadoop-3.2.2]# bin/hdfs dfs -put a.txt /input
[xuzheng@localhost hadoop-3.2.2]# bin/hdfs dfs -put b.txt /input
```

```
[xuzheng@localhost hadoop-3.2.2]# bin/hdfs dfs -put c.txt /input
[xuzheng@localhost hadoop-3.2.2]# bin/hdfs dfs -put d.txt /input
[xuzheng@localhost hadoop-3.2.2]# bin/hdfs dfs -ls /input
Found 4 items
-rw-r--r--   1 xuzheng supergroup      1366 2020-07-20 14:25 /input/a.txt
-rw-r--r--   1 xuzheng supergroup      1366 2020-07-20 14:26 /input/b.txt
-rw-r--r--   1 xuzheng supergroup      1366 2020-07-20 14:27 /input/c.txt
-rw-r--r--   1 xuzheng supergroup      1366 2020-07-20 14:28 /input/d.txt
```

8. 运行WordCount程序

将 WordCount 程序生成的 jar 上传到 Hadoop 集群的/opt/software 目录下，执行如下的命令运行一个 MapReduce 程序。

```
[xuzheng@localhost hadoop-3.2.2]$ cd /opt/module/hadoop-3.2.2
[xuzheng@localhost hadoop-3.2.2]# bin/hadoop jar /opt/software/mapreduce-
demo-1.0-SNAPSHOT.jar com.xuzheng.mapreduce.wordcount.WordCountDriver
/input/ /output
```

10.1.5　归纳 FileInputFormat 的其他子类

FileInputFormat 类主要用于处理文件的一个 InputFormat 类，在 MapReduce 程序中负责对数据进行切片和将数据输出到 Map 阶段。FileInputFormat 有很多实现类，包括 NLineInputFormat、TextInputFormat、SequenceFileInputFormat、CombineTextInputFormat、KeyValueTextInputFormat 和 FixedLengthInputFormat 等。为了满足不同场景的需要，用户可以自定义 InputFormat 实现类。

1. TextInputFormat类

在 MapReduce 分布式计算框架中，TextInputFormat 类是默认的 FileInputFormat 子类。TextInputFormat 类的切片机制将任务按照文件进行切片规划，并将每个文件进行单独切片。TextInputFormat 类按照行读取数据并将每行数据封装成 K-V 键值对，然后输出到 Map 阶段。K-V 键值对的 K 为 LongWritable 类型，表示存储该行在整个文件中的起始字节偏移量，K-V 键值对的 V 为 Text 类型，表示该行的内容，不包括任何行终止符，如换行符。

为了更加直观地理解 TextInputFormat 类，我们通过一个文本实例来解释。首先 TextInputFormat 类会将输入文件进行切片处理，例如，某一个切片文本的内容如下：

```
Rich learning form
Intelligent learning engine
Learning more convenient
```

TextInputFormat 类会处理每个切片并将每行数据封装成 K-V 键值对，内容如下：

```
(0, Rich learning form)
(18, Intelligent learning engine)
(46, Learning more convenient)
```

2. KeyValueTextInputFormat类

在 MapReduce 分布式计算框架中，KeyValueTextInputFormat 类也是 FileInputFormat 的一个子类。KeyValueTextInputFormat 类的切片机制将文件按照切片进行规划并将每个文件进行单独切片。

KeyValueTextInputFormat 类按照行读取数据，然后将每行数据按照指定分隔符分割成 Key 和 Value 并封装成 K-V 键值对输出到 Map 阶段。MapReduce 中默认的指定分隔符为 tab 制表符，可以在驱动类中设置指定的分隔符。K-V 键值对中的 K 为 Text 类型，表示该行指定分隔符之前的内容，K-V 键值对中的 V 为 Text 类型，表示该行指定分隔符之后的内容。

为了更加直观地理解 KeyValueTextInputFormat 类，下面举一个文本实例。首先 KeyValueTextInputFormat 类会将输入文件进行切片处理，假如某一个切片中的文本内容如下：

```
line1:Rich learning form
line2:Intelligent learning engine
line3:Learning more convenient
```

KeyValueTextInputFormat 类会处理每个切片并将每行数据封装成 K-V 键值对，内容如下：

```
(line1, Rich learning form)
(line2, Intelligent learning engine)
(line3, Learning more convenient)
```

3．NLineInputFormat类

在 MapReduce 分布式计算框架中，NLineInputFormat 类也是 FileInputFormat 的一个子类。NLineInputFormat 类的切片机制与 TextInputFormat 不同，它将文件按照指定行数 N 分成若干个小文件。假设指定行数 N 为 5，输入文件的总行数为 50 行，则切片数量为 10。如果指定行数 N 为 5，输入文件的总行数为 51 行，那么切片数量为 11。

NLineInputFormat 类按照行读取数据，并将每行数据封装成 K-V 键值对输出到 Map 阶段。K-V 键值对中的 K 为 LongWritable 类型，用于存储该行在整个文件中的起始字节偏移量，K-V 键值对中的 V 为 Text 类型，表示该行的内容不包括任何行终止符，如换行符。

为了更加直观地理解 NLineInputFormat 类，下面通过一个文本实例来讲解。首先 NLineInputFormat 类会将输入的文件进行切片，假如输入文件的文本内容如下：

```
Rich learning form
Intelligent learning engine
Learning more convenient
From the real world
```

如果 NLineInputFormat 类指定切片的行数 N=2，则会产生两个切片，MapReduce 会为两个切片开启两个 MapTask 进程。每个切片包含两行内容，第一个切片的内容如下：

```
Rich learning form
Intelligent learning engine
```

第二个切片的内容如下：

```
Learning more convenient
From the real world
```

NLineInputFormat 类会处理每个切片，并将每行数据封装成 K-V 键值对，然后输出到 Map 阶段相应的 MapTask 进程。第一个 MapTask 进程接收到的数据如下：

```
(0, Rich learning form)
(18, Intelligent learning engine)
```

第二个 MapTask 进程接收到的数据如下：

```
(46, Learning more convenient)
(71, From the real world)
```

除了上述提到的 3 个 FileInputFormat 子类，还有 FixedLengthInputFormat 和 SequenceFileInputFormat。同时，为了满足不同场景的需要，用户可以自定义 InputFormat 子类。通过表 10.1 能够更加直观地查看不同 InputFormat 子类之间的区别。

表 10.1　InputFormat子类总结

InputFormat	切片规则（getSplits）	封装K-V方式（createRecordReader）
FileInputFormat	按照文件进行切片规划，将每个文件进行单独切片	未实现
TextInputFormat	继承FileInputFormat	LineRecordReader<偏移量,行数据>
CombineTextInputFormat	将大量的小文件从逻辑上规划到一个切片中	CombineFileRecordReader<偏移量,行数据>
KeyValueTextInputFormat	继承FileInputFormat	KeyValueLineRecordReader<分隔符前,分隔符后>
NLineInputFormat	对文件按照指定行数N进行切片规划，然后将所有的文件进行切片	LineRecordReader<偏移量,行数据>
自定义InputFormat	继承FileInputFormat	自定义RecordReader

10.1.6　KeyValueTextInputFormat 案例实战

本节将实现一个 KeyValueTextInputFormat 案例，帮助读者提升对于 KeyValueTextInputFormat 切片机制的理解。

KeyValueTextInputFormat 类按照行进行读取数据，然后将每行数据按照指定分隔符分割成 Key 和 Value 并封装成 K-V 键值对输出到 Map 阶段。MapReduce 中默认的指定分隔符为 Tab 制表符，用户可以在驱动类中设置指定的分隔符。K-V 键值对中的 K 为 Text 类型，表示该行指定分隔符之前的内容，K-V 键值对中的 V 为 Text 类型，表示该行指定分隔符之后的内容。

KeyValueTextInputFormat 案例程序的具体编写步骤如下。

1．准备输入文件

在 KeyValueTextInputFormat 案例中首先准备输入文件 data.txt。为了便于快速构建案例，笔者已经将输入文件 data.txt 上传至笔者独立部署的 FTP 服务器上，读者可以通过访问 FTP 服务器地址 http://118.89.217.234:8000，下载该案例中的输入文件。

本节的 KeyValueTextInputFormat 案例的目的是统计输入文件中第一个单词相同的行数。基于上述需求，我们需要在驱动类中设置分隔符为空格，同时设置输入格式为 KeyValueTextInputFormat.class。

在本例中，输入文件的大致内容如下：

```
hello xuzheng
java java
hello world
java spark flume hadoop java
```

根据上述输入文件及 KeyValueTextInputFormat 案例的实现功能，可以预测输出文件中的内容大致如下：

```
hello 2
java 2
```

2．搭建一个Maven工程

本例基于集成开发工具 IntelliJ IDEA 进行 Java 编程开发，并且构建一个 Maven 工程 mapreduce-demo，实现一个 MapReduce 分布式计算程序。为了搭建一个 Maven 工程项目，需要执行如下步骤。

（1）打开 IntelliJ IDEA。

打开集成开发工具 IntelliJ IDEA，单击 Create New Project 选项创建一个项目，如图 10.6 所示。

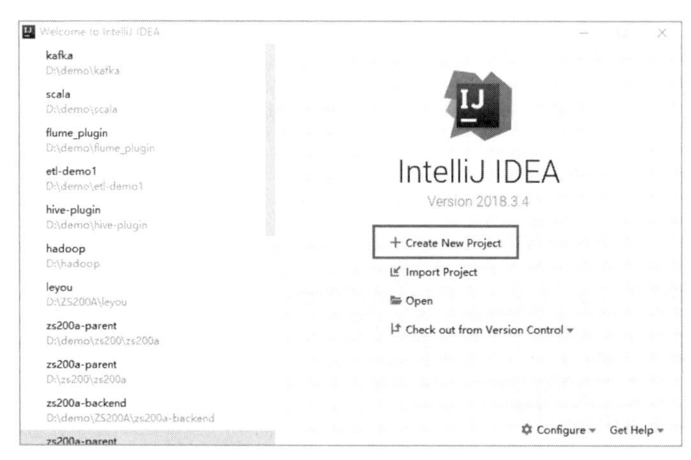

图 10.6　打开 IDEA 开发工具

（2）选择 Maven 工程。

在弹出的对话框中选择一个 Maven 工程，然后配置 Java 的版本信息，最后单击 Next 按钮，如图 10.7 所示。

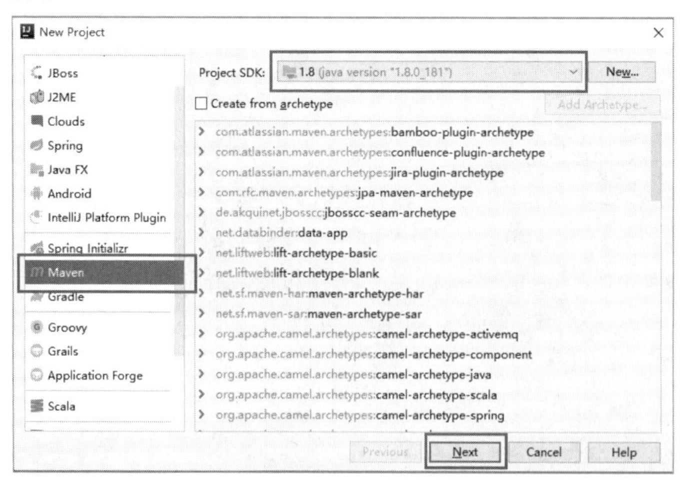

图 10.7　选择 Maven 工程

（3）添加 Maven 工程版本信息。

在弹出的对话框中填写 Maven 工程的版本信息，如 GroupId、ArtifactId 和 Version，然后单击 Next 按钮，如图 10.8 所示。

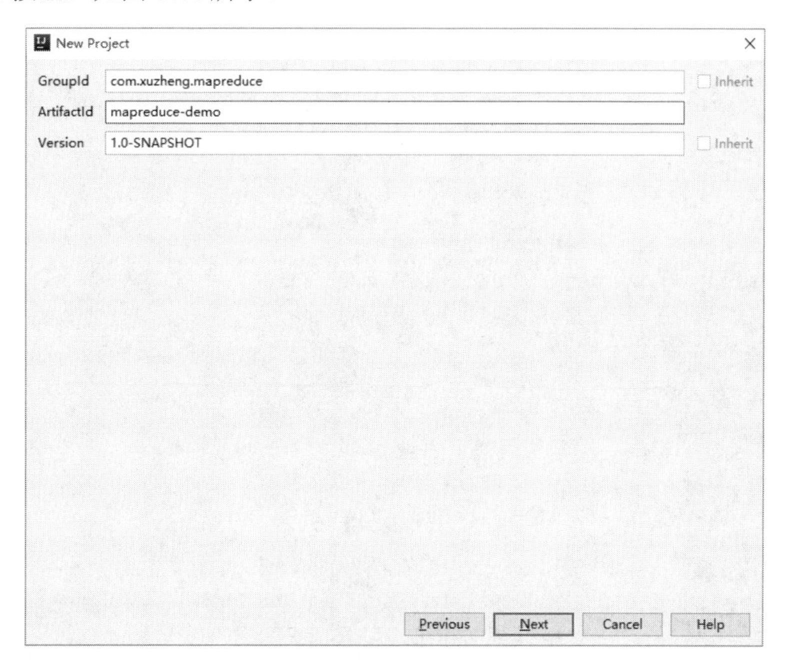

图 10.8　添加 Maven 工程版本信息

（4）填写 Maven 工程名称和存储位置。

在弹出的对话框中填写 Maven 工程的名称和存储位置，单击 Finish 按钮，如图 10.9 所示。

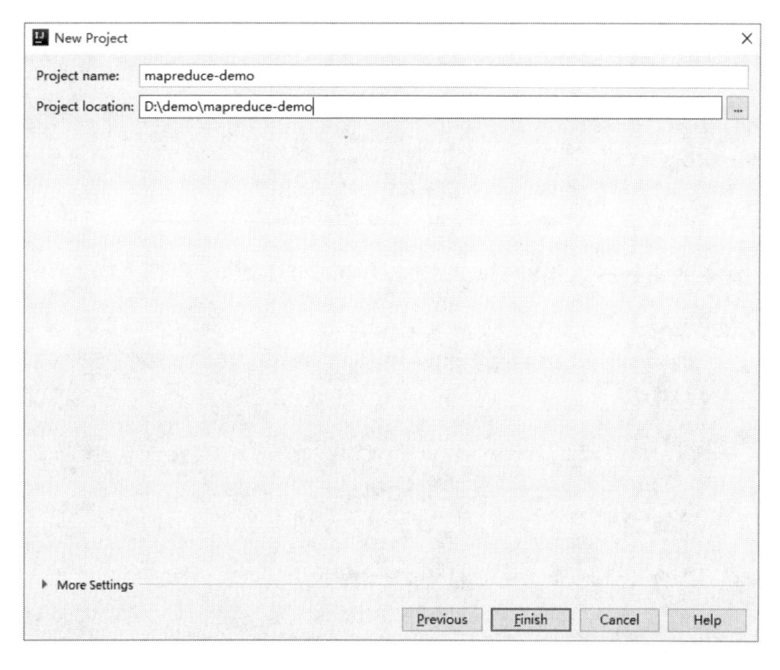

图 10.9　填写 Maven 工程名称和存储位置

（5）添加依赖包的信息。

pom.xml 文件是 Maven 工程项目的一种配置文件，用来标记项目的相关开发包引入坐标、依赖关系和使用者需要遵守的规则等信息。在该 Maven 项目的 pom.xml 文件中添加如下内容：

```
<?xml version="1.0" encoding="UTF-8"?>
<project xmlns="http://maven.apache.org/POM/4.0.0"
       xmlns:xsi="http://www.w3.org/2001/XMLSchema-instance"
       xsi:schemaLocation="http://maven.apache.org/POM/4.0.0
http://maven.apache.org/xsd/maven-4.0.0.xsd">
    <modelVersion>4.0.0</modelVersion>

    <groupId>com.xuzheng.mapreduce</groupId>
    <artifactId>mapreduce-demo</artifactId>
    <version>1.0-SNAPSHOT</version>

    <dependencies>
        <dependency>
            <groupId>junit</groupId>
            <artifactId>junit</artifactId>
            <version>RELEASE</version>
        </dependency>
        <dependency>
            <groupId>org.apache.logging.log4j</groupId>
            <artifactId>log4j-core</artifactId>
            <version>2.8.2</version>
        </dependency>
        <dependency>
            <groupId>org.apache.hadoop</groupId>
            <artifactId>hadoop-common</artifactId>
            <version>3.2.2</version>
        </dependency>
        <dependency>
            <groupId>org.apache.hadoop</groupId>
            <artifactId>hadoop-client</artifactId>
            <version>3.2.2</version>
        </dependency>
        <dependency>
            <groupId>org.apache.hadoop</groupId>
            <artifactId>hadoop-hdfs</artifactId>
            <version>3.2.2</version>
        </dependency>
    </dependencies>

    <build>
        <plugins>
            <plugin>
                <artifactId>maven-compiler-plugin</artifactId>
                <version>2.3.2</version>
                <configuration>
                    <source>1.8</source>
                    <target>1.8</target>
                </configuration>
            </plugin>
            <plugin>
                <artifactId>maven-assembly-plugin </artifactId>
```

```
                <configuration>
                    <descriptorRefs>
                        <descriptorRef>jar-with-dependencies</descriptorRef>
                    </descriptorRefs>
                    <archive>
                        <manifest>
<mainClass>com.xuzheng.mapreduce.wordcount.KVTextDriver</mainClass>
                        </manifest>
                    </archive>
                </configuration>
                <executions>
                    <execution>
                        <id>make-assembly</id>
                        <phase>package</phase>
                        <goals>
                            <goal>single</goal>
                        </goals>
                    </execution>
                </executions>
            </plugin>
        </plugins>
    </build>
</project>
```

（6）添加 log4j 配置文件。

本例在创建 maven 项目时引入了 log4j 的 jar 包，为了能够正常运行 log4j 程序，需要在 src/main/resources 目录下添加一个 log4j.properties 配置文件并添加如下内容：

```
log4j.rootLogger=INFO, stdout
log4j.appender.stdout=org.apache.log4j.ConsoleAppender
log4j.appender.stdout.layout=org.apache.log4j.PatternLayout
log4j.appender.stdout.layout.ConversionPattern=%d %p [%c] - %m%n
log4j.appender.logfile=org.apache.log4j.FileAppender
log4j.appender.logfile.File=target/spring.log
log4j.appender.logfile.layout=org.apache.log4j.PatternLayout
log4j.appender.logfile.layout.ConversionPattern=%d %p [%c] - %m%n
```

3. 编写Mapper文件

在 Mapper 实现类中接收输入文本的每行数据，并转化成 String 字符串类型。每接收一行数据，Mapper 实现类就会调用一次 map 函数。在 map 函数中将提取的每行的首单词都输出为 K-V 键值对形式。编写一个 KVTextMapper 类并重写一个 map 方法，具体代码如下：

```
package com.xuzheng.mapreduce.wordcount;

import org.apache.hadoop.io.IntWritable;
import org.apache.hadoop.io.LongWritable;
import org.apache.hadoop.io.Text;
import org.apache.hadoop.mapreduce.Mapper;

import java.io.IOException;

public class KVTextMapper extends Mapper<Text, Text, Text, IntWritable> {
```

```
    private LongWritable v = new LongWritable(1);

    @Override
protected void map(Text key, Text value, Context context) throws
IOException, InterruptedException {

        // 输出 key 对象
        context.write(key, v);
    }
}
```

4. 编写Reducer文件

在 Reducer 实现类中接收 Mapper 实现类输出的 K-V 键值对。Reducer 实现类的所有业务处理逻辑由 reduce 函数负责，而且 reduce 函数会对输入的每一组具有相同 K 的 K-V 键值对进行调用，并汇总具有相同 K 的单词个数。编写一个 KVTextReducer 类并重写一个 reduce 函数，具体代码如下：

```
package com.xuzheng.mapreduce.wordcount;

import org.apache.hadoop.io.LongWritable;
import org.apache.hadoop.io.Text;
import org.apache.hadoop.mapreduce.Reducer;

import java.io.IOException;

public class KVTextReducer extends Reducer<Text, LongWritable, Text,
LongWritable> {


    private LongWritable v = new LongWritable();

    @Override
    protected void reduce(Text key, Iterable<IntWritable> values,Context
context) throws IOException, InterruptedException {

        // 1. 累加求和
        long sum = 0L;
        for (LongWritable count : values) {
            sum += count.get();
        }

        // 2. 输出累加和
        v.set(sum);
        context.write(key,v);
    }
}
```

5. 编写Driver文件

Driver 类负责配置 Mapper 实现类和 Reducer 实现类并获得 job 对象实例。同时，Driver 类可以指定 MapReduce 程序 jar 所在的路径位置，并将整个 MapReduce 程序提交到 YARN

集群上。编写一个 KVTextDriver 类，具体代码如下：

```
package com.xuzheng.mapreduce.wordcount;

import org.apache.hadoop.conf.Configuration;
import org.apache.hadoop.fs.Path;
import org.apache.hadoop.io.LongWritable;
import org.apache.hadoop.io.Text;
import org.apache.hadoop.mapreduce.Job;
import org.apache.hadoop.mapreduce.lib.input.FileInputFormat;
import org.apache.hadoop.mapreduce.lib.output.FileOutputFormat;
import org.apache.hadoop.mapreduce.lib.input.KeyValueTextInputFormat;

import java.io.IOException;

public class KVTextDriver {

    public static void main(String[] args) throws IOException,
ClassNotFoundException, InterruptedException {

        // 1. 获取配置信息及封装任务
        Configuration configuration = new Configuration();
        Configuration.set(KeyValueLineRecordReader.KEY_VALUE_SEPERATOR, " ")
        Job job = Job.getInstance(configuration);

        // 2. 设置 jar 的加载路径
        job.setJarByClass(KVTextDriver.class);

        // 3. 设置 map 和 Reduce 类
        job.setMapperClass(KVTextMapper.class);
        job.setReducerClass(KVTextReducer.class);

        // 4. 设置 map 输出
        job.setMapOutputKeyClass(Text.class);
        job.setMapOutputValueClass(LongWritable.class);

        // 5. 设置最终输出的 K-V 类型
        job.setOutputKeyClass(Text.class);
        job.setOutputValueClass(LongWritable.class);

        // 6. 设置 InputFormat 为 KeyValueTextInputFormat
        Job.setInputFormatClass(KeyValueTextInputFormat.class);

        // 7. 设置输入和输出路径
        FileInputFormat.setInputPaths(job, new Path(args[0]));
        FileOutputFormat.setOutputPath(job, new Path(args[1]));

        // 8. 提交任务作业
        boolean result = job.waitForCompletion(true);

        System.exit(result ? 0 : 1);
    }
}
```

6．打包Maven工程

通过终端命令行进入 Maven 工程目录，然后在该目录下执行如下命令进行 Maven 工程的打包操作。

```
D:\demo\mapreduce-demo> mvn package
```

打包成功后，在 Maven 工程的 target 目录下将会生成 mapreduce-demo-1.0-SNAPSHOT.jar 包，将该 jar 包上传到 Hadoop 集群中。

7．启动Hadoop集群

（1）启动 HDFS。

在 hadoop101 服务器节点上，通过如下命令一键启动整个 Hadoop 完全分布式集群的 HDFS 服务。

```
[xuzheng@hadoop101 hadoop-3.2.2]$ cd /opt/module/hadoop-3.2.2
[xuzheng@hadoop101 hadoop-3.2.2]$ sbin/start-dfs.sh
Starting namenodes on [hadoop101]
hadoop101: starting namenode, logging to hadoop-xuzheng-namenode-
hadoop101.out
hadoop101: starting datanode, logging to hadoop-xuzheng-datanode-
hadoop101.out
hadoop103: starting datanode, logging to hadoop-xuzheng-datanode-
hadoop103.out
hadoop102: starting datanode, logging to hadoop-xuzheng-datanode-
hadoop102.out
Starting secondary namenodes [hadoop103]
hadoop103: starting secondarynamenode, logging to secondarynamenode-
hadoop103.out
```

（2）启动 YARN。

在 hadoop102 服务器节点上，通过如下命令一键启动整个 Hadoop 完全分布式集群的 YARN 服务。值得注意的是，如果 NameNode 节点和 ResourceManger 节点不在同一台服务器上，那么不能在 NameNode 节点上启动 YARN 服务，必须在 ResouceManager 所在的服务器上启动 YARN 服务。

```
[xuzheng@hadoop101 hadoop-3.2.2]$ cd /opt/module/hadoop-3.2.2
[xuzheng@hadoop101 hadoop-3.2.2]$ sbin/start-yarn.sh
starting yarn daemons
starting resourcemanager, logging to /opt/module/hadoop-3.2.2/
resourcemanager-hadoop102.out
hadoop103: starting nodemanager, logging to yarn-xuzheng-nodemanager-
hadoop103.out
hadoop101: starting nodemanager, logging to yarn-xuzheng-nodemanager-
hadoop101.out
hadoop102: starting nodemanager, logging to yarn-xuzheng-nodemanager-
hadoop102.out
```

（3）启动历史服务器。

虽然 HDFS 和 YARN 可以通过群体方式启动，但是历史服务器需要单独启动。在 hadoop101 服务器节点上执行如下命令。

```
[xuzheng@hadoop101 hadoop-3.2.2]$ cd /opt/module/hadoop-3.2.2
[xuzheng@hadoop101 hadoop-3.2.2]$ sbin/mr-jobhistory-daemon.sh start
historyserver
```

（4）上传输入文件。

HDFS 和 YARN 启动后，将输入文件 data.txt 上传到 HDFS 上。首先使用 mkdir 命令创建一个输入目录/input 和一个输出目录/output，然后在 HDFS 中执行如下命令创建 HDFS 目录。

```
[xuzheng@hadoop101 hadoop-3.2.2]$ cd /opt/module/hadoop-3.2.2
[xuzheng@hadoop101 hadoop-3.2.2]$ bin/hdfs dfs -mkdir /input
[xuzheng@hadoop101 hadoop-3.2.2]$ bin/hdfs dfs -mkdir /output
[xuzheng@localhost hadoop-3.2.2]# bin/hdfs dfs -ls /
Found 4 items
drwxr-xr-x   - xuzheng supergroup      0 2020-07-03 10:47 /dh-test
drwxr-xr-x   - xuzheng supergroup      0 2020-07-05 20:43 /spark_history
drwxr-xr-x   - xuzheng supergroup      0 2020-07-20 13:43 /input
drwxr-xr-x   - xuzheng supergroup      0 2020-07-20 13:44 /output
```

将输入文件 data.txt 上传到 HDFS 的/input 目录下。在 HDFS 中执行如下命令将文件上传至 HDFS 目录下。

```
[xuzheng@localhost hadoop-3.2.2]$ cd /opt/module/hadoop-3.2.2
[xuzheng@localhost hadoop-3.2.2]# bin/hdfs dfs -put data.txt /input
[xuzheng@localhost hadoop-3.2.2]# bin/hdfs dfs -ls /input
Found 1 items
-rw-r--r--   1 xuzheng supergroup   1366 2020-07-20 14:28 /input/data.txt
```

8. 运行MapReduce程序

将 MapReduce 程序生成的 jar 上传到 Hadoop 集群的/opt/software 目录下，执行如下命令运行一个 MapReduce 程序。

```
[xuzheng@localhost hadoop-3.2.2]$ cd /opt/module/hadoop-3.2.2
[xuzheng@localhost hadoop-3.2.2]# bin/hadoop jar /opt/software/mapreduce-
demo-1.0-SNAPSHOT.jar com.xuzheng.mapreduce.wordcount.KVTextDriver
/input/ /output
```

10.1.7　NLineInputFormat 案例实战

本节将实现一个 NLineInputFormat 案例，帮助读者提升对于 NLineInputFormat 切片机制的理解。

在 MapReduce 分布式计算框架中，NLineInputFormat 类也是 FileInputFormat 的一个子类。NLineInputFormat 类的切片机制与 TextInputFormat 不同，它将文件按照指定行数 N 分成若干个小文件。假设指定行数 N 为 5，输入文件的总行数为 50 行，那么切片数量为 10。如果指定行数 N 为 5，输入文件的总行数为 51 行，那么切片数量为 11。

NLineInputFormat 类按照行读取数据，并将每行数据封装成 K-V 键值对输出到 Map 阶段。K-V 键值对中的 K 为 LongWritable 类型，表示存储该行在整个文件中的起始字节偏移量，K-V 键值对中的 V 为 Text 类型，表示该行的内容不包括任何行终止符，如换行符。

NLineInputFormat 案例程序的具体编写步骤如下。

1. 准备输入文件

在 NLineInputFormat 案例中输入文件 data.txt。为了便于读者快速构建案例，笔者已经将输入文件 data.txt 上传至笔者独立部署的 FTP 服务器上，读者可以通过访问 FTP 服务器地址 http://118.89.217.234:8000，下载该案例中的输入文件。

本节的 KeyValueTextInputFormat 案例的目标是统计给定文件中每个单词出现的总次数，并且按照每三行划分为一个切片。

本例的输入文件内容大致如下：

```
hello xuzheng
java java
hello world
java spark flume hadoop java
hello xuzheng
java java
hello world
java spark flume hadoop java
hello xuzheng
java java
hello world
java spark flume hadoop java
```

2. 搭建一个Maven工程

本例基于集成开发工具 IntelliJ IDEA 进行 Java 编程开发，并且构建一个 Maven 工程 mapreduce-demo，实现一个 MapReduce 分布式计算程序。为了搭建一个 Maven 工程项目，需要执行如下几步。

（1）打开 IntelliJ IDEA。

打开集成开发工具 IntelliJ IDEA，单击 Create New Project 选项创建一个项目，如图 10.10 所示。

图 10.10　打开 IDEA 开发工具

（2）选择 Maven 工程。

在弹出的对话框中选择一个 Maven 工程，然后配置 Java 的版本信息，最后单击 Next 按钮，如图 10.11 所示。

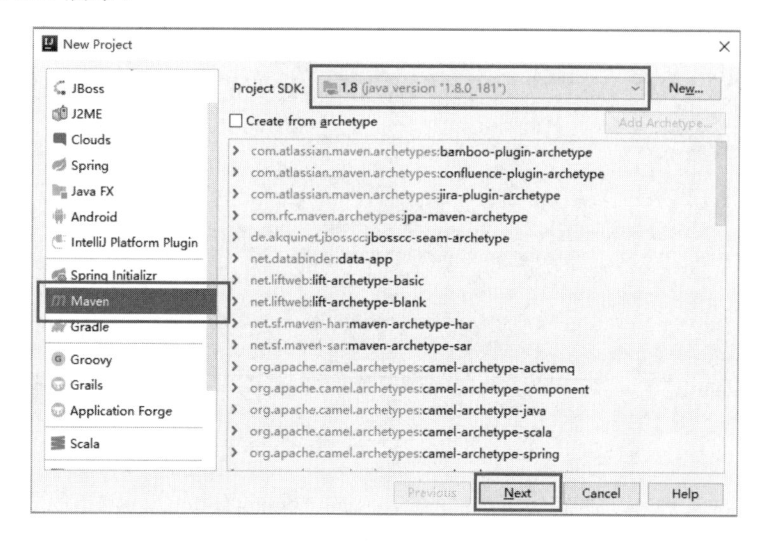

图 10.11　选择 Maven 工程

（3）添加 Maven 工程版本信息。

在弹出的对话框中填写 Maven 工程的版本信息，如 GroupId、ArtifactId 和 Version，单击 Next 按钮，如图 10.12 所示。

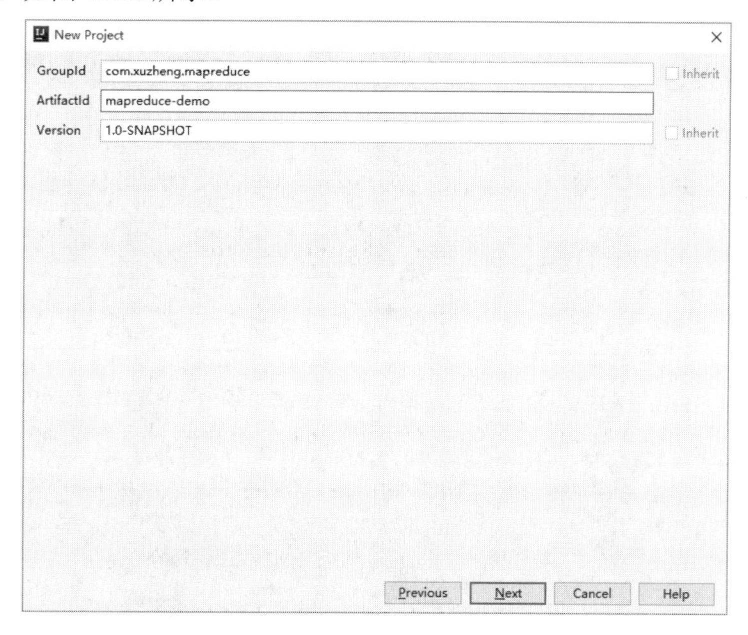

图 10.12　添加 Maven 工程版本信息

（4）填写 Maven 工程名称和存储位置。

在弹出的对话框中填写 Maven 工程的名称和存储的位置，单击 Finish 按钮，如图 10.13 所示。

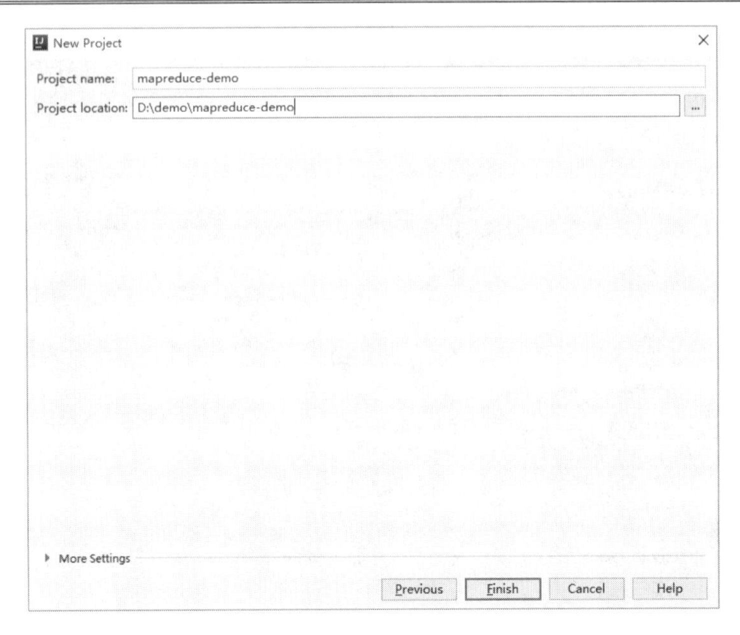

图 10.13　填写 Maven 工程名称和存储位置

（5）添加依赖包的信息。

pom.xml 文件是 maven 工程项目的一种配置文件，用来标记项目的相关开发包引入坐标、依赖关系和使用者需要遵守的规则等信息。在该 Maven 项目的 pom.xml 文件中添加如下内容：

```
<?xml version="1.0" encoding="UTF-8"?>
<project xmlns="http://maven.apache.org/POM/4.0.0"
         xmlns:xsi="http://www.w3.org/2001/XMLSchema-instance"
         xsi:schemaLocation="http://maven.apache.org/POM/4.0.0
http://maven.apache.org/xsd/maven-4.0.0.xsd">
    <modelVersion>4.0.0</modelVersion>

    <groupId>com.xuzheng.mapreduce</groupId>
    <artifactId>mapreduce-demo</artifactId>
    <version>1.0-SNAPSHOT</version>

    <dependencies>
        <dependency>
            <groupId>junit</groupId>
            <artifactId>junit</artifactId>
            <version>RELEASE</version>
        </dependency>
        <dependency>
            <groupId>org.apache.logging.log4j</groupId>
            <artifactId>log4j-core</artifactId>
            <version>2.8.2</version>
        </dependency>
        <dependency>
            <groupId>org.apache.hadoop</groupId>
            <artifactId>hadoop-common</artifactId>
            <version>3.2.2</version>
        </dependency>
        <dependency>
```

```
            <groupId>org.apache.hadoop</groupId>
            <artifactId>hadoop-client</artifactId>
            <version>3.2.2</version>
        </dependency>
        <dependency>
            <groupId>org.apache.hadoop</groupId>
            <artifactId>hadoop-hdfs</artifactId>
            <version>3.2.2</version>
        </dependency>
    </dependencies>

    <build>
        <plugins>
            <plugin>
                <artifactId>maven-compiler-plugin</artifactId>
                <version>2.3.2</version>
                <configuration>
                    <source>1.8</source>
                    <target>1.8</target>
                </configuration>
            </plugin>
            <plugin>
                <artifactId>maven-assembly-plugin </artifactId>
                <configuration>
                    <descriptorRefs>
                        <descriptorRef>jar-with-dependencies</descriptorRef>
                    </descriptorRefs>
                    <archive>
                        <manifest>
<mainClass>com.xuzheng.mapreduce.wordcount.NLineDriver</mainClass>
                        </manifest>
                    </archive>
                </configuration>
                <executions>
                    <execution>
                        <id>make-assembly</id>
                        <phase>package</phase>
                        <goals>
                            <goal>single</goal>
                        </goals>
                    </execution>
                </executions>
            </plugin>
        </plugins>
    </build>
</project>
```

（6）添加 log4j 配置文件。

本例在创建 Maven 项目时引入了 log4j 的 jar 包，为了能够正常运行 log4j 程序，需要在 src/main/resources 目录下添加一个 log4j.properties 配置文件并添加如下内容：

```
log4j.rootLogger=INFO, stdout
log4j.appender.stdout=org.apache.log4j.ConsoleAppender
```

```
log4j.appender.stdout.layout=org.apache.log4j.PatternLayout
log4j.appender.stdout.layout.ConversionPattern=%d %p [%c] - %m%n
log4j.appender.logfile=org.apache.log4j.FileAppender
log4j.appender.logfile.File=target/spring.log
log4j.appender.logfile.layout=org.apache.log4j.PatternLayout
log4j.appender.logfile.layout.ConversionPattern=%d %p [%c] - %m%n
```

3. 编写Mapper文件

在 Mapper 实现类中接收输入文本的每行数据并转化成 String 字符串类型。每接收一行数据，Mapper 实现类就会调用一次 map 函数。在 map 函数中要将转化成 String 字符串类型的数据按照空格分割成多个单词。其中，分割的每个单词都是 K-V 键值对的形式。编写一个 NLineMapper 类并重写一个 map 函数，具体代码如下：

```
package com.xuzheng.mapreduce.wordcount;

import org.apache.hadoop.io.IntWritable;
import org.apache.hadoop.io.LongWritable;
import org.apache.hadoop.io.Text;
import org.apache.hadoop.mapreduce.Mapper;

import java.io.IOException;

public class NLineMapper extends Mapper<LongWritable, Text, Text,
IntWritable> {

    private Text k = new Text();
    private IntWritable v = new IntWritable(1);

    @Override
    protected void map(LongWritable key, Text value, Context context)
throws IOException, InterruptedException {

        // 1. 读取 value 值
        String line = value.toString();

        // 2. 分割字符串
        String[] words = line.split(" ");

        // 3. 输出 k 对象
        for (String word : words) {
            k.set(word);
            context.write(k, v);
        }
    }
}
```

4. 编写Reducer文件

在 Reducer 实现类中接收 Mapper 实现类输出的 K-V 键值对。Reducer 实现类的所有业务处理逻辑由 reduce 函数负责，而且 reduce 函数会对输入的每一组具有相同 K 的 K-V 键值对进行调用并汇总具有相同 K 的单词个数。编写一个 NLineReducer 类并重写一个 reduce

函数，具体代码如下：

```
package com.xuzheng.mapreduce.wordcount;

import org.apache.hadoop.io.IntWritable;
import org.apache.hadoop.io.Text;
import org.apache.hadoop.mapreduce.Reducer;

import java.io.IOException;

public class NLineReducer extends Reducer<Text, IntWritable, Text,
IntWritable> {

   private int sum;
   private IntWritable v = new IntWritable();

   @Override
   protected void reduce(Text key, Iterable<IntWritable> values,Context
context) throws IOException, InterruptedException {

      // 1. 累加求和
      sum = 0;
      for (IntWritable count : values) {
         sum += count.get();
      }

      // 2. 输出累加和
      v.set(sum);
      context.write(key,v);
   }
}
```

5. 编写Driver文件

Driver 类负责配置 Mapper 实现类和 Reducer 实现类并获得 job 对象实例。同时，Driver 类可以指定 MapReduce 程序 jar 所在的路径位置，并将整个 MapReduce 程序提交到 YARN 集群中。编写一个 NLineDriver 类，具体代码如下：

```
package com.xuzheng.mapreduce.wordcount;

import org.apache.hadoop.conf.Configuration;
import org.apache.hadoop.fs.Path;
import org.apache.hadoop.io.LongWritable;
import org.apache.hadoop.io.Text;
import org.apache.hadoop.mapreduce.Job;
import org.apache.hadoop.mapreduce.lib.input.FileInputFormat;
import org.apache.hadoop.mapreduce.lib.output.FileOutputFormat;
import org.apache.hadoop.mapreduce.lib.input.NLineInputFormat;

import java.io.IOException;

public class NLineDriver {

   public static void main(String[] args) throws IOException,
```

```
    ClassNotFoundException, InterruptedException {

        // 1. 获取配置信息及封装任务
        Configuration configuration = new Configuration();
        Job job = Job.getInstance(configuration);

        // 2. 设置在每个切片 InputSplit 中划分 3 条记录
        NLineInputFormat.setNumLinesPerSplit(job, 3);

        // 3. 使用 NLineInputFormat 处理记录数
        job.setInputFormatClass(NLineInputFormat.class)

        // 4. 设置 jar 包加载路径
        job.setJarByClass(NLineDriver.class);

        // 5. 设置 map 和 Reduce 类
        job.setMapperClass(NLineMapper.class);
        job.setReducerClass(NLineReducer.class);

        // 6. 设置 map 输出
        job.setMapOutputKeyClass(Text.class);
        job.setMapOutputValueClass(LongWritable.class);

        // 7. 设置最终输出的 K-V 类型
        job.setOutputKeyClass(Text.class);
        job.setOutputValueClass(LongWritable.class);

        // 8. 设置输入和输出路径
        FileInputFormat.setInputPaths(job, new Path(args[0]));
        FileOutputFormat.setOutputPath(job, new Path(args[1]));

        // 9. 提交任务作业
        boolean result = job.waitForCompletion(true);

        System.exit(result ? 0 : 1);
    }
}
```

6．打包Maven工程

通过终端命令行进入 Maven 工程目录，然后在该目录下执行如下命令进行 Maven 工程的打包操作。

```
D:\demo\mapreduce-demo> mvn package
```

打包成功后，在 Maven 工程的 target 目录下将会生成 mapreduce-demo-1.0-SNAPSHOT.jar 包，将该 jar 包上传到 Hadoop 集群中。

7．启动Hadoop集群

（1）启动 HDFS。

在 hadoop101 服务器节点上，通过如下命令，一键启动整个 Hadoop 完全分布式集群的 HDFS 服务。

```
[xuzheng@hadoop101 hadoop-3.2.2]$ cd /opt/module/hadoop-3.2.2
[xuzheng@hadoop101 hadoop-3.2.2]$ sbin/start-dfs.sh
Starting namenodes on [hadoop101]
hadoop101: starting namenode, logging to hadoop-xuzheng-namenode-
hadoop101.out
hadoop101: starting datanode, logging to hadoop-xuzheng-datanode-
hadoop101.out
hadoop103: starting datanode, logging to hadoop-xuzheng-datanode-
hadoop103.out
hadoop102: starting datanode, logging to hadoop-xuzheng-datanode-
hadoop102.out
Starting secondary namenodes [hadoop103]
hadoop103: starting secondarynamenode, logging to secondarynamenode-
hadoop103.out
```

（2）启动 YARN。

在 hadoop102 服务器节点上，通过如下命令一键启动整个 Hadoop 完全分布式集群的 YARN 服务。值得注意的是，如果 NameNode 节点和 ResourceManger 节点不在同一台服务器上，那么不能在 NameNode 节点上启动 YARN 服务，必须在 ResouceManager 所在的服务器上启动 YARN 服务。

```
[xuzheng@hadoop101 hadoop-3.2.2]$ cd /opt/module/hadoop-3.2.2
[xuzheng@hadoop101 hadoop-3.2.2]$ sbin/start-yarn.sh
starting yarn daemons
starting resourcemanager, logging to /opt/module/hadoop-3.2.2/
resourcemanager-hadoop102.out
hadoop103: starting nodemanager, logging to yarn-xuzheng-nodemanager-
hadoop103.out
hadoop101: starting nodemanager, logging to yarn-xuzheng-nodemanager-
hadoop101.out
hadoop102: starting nodemanager, logging to yarn-xuzheng-nodemanager-
hadoop102.out
```

（3）启动历史服务器。

虽然 HDFS 和 YARN 可以通过群体方式启动，但是历史服务器需要单独启动。在 hadoop101 服务器节点上执行如下命令：

```
[xuzheng@hadoop101 hadoop-3.2.2]$ cd /opt/module/hadoop-3.2.2
[xuzheng@hadoop101 hadoop-3.2.2]$ sbin/mr-jobhistory-daemon.sh start
historyserver
```

（4）上传输入文件。

HDFS 和 YARN 启动后，将输入文件 data.txt 上传到 HDFS 中。首先使用 mkdir 命令创建一个输入目录/input 和一个输出目录/output，在 HDFS 中执行如下命令可以创建 HDFS 目录。

```
[xuzheng@hadoop101 hadoop-3.2.2]$ cd /opt/module/hadoop-3.2.2
[xuzheng@hadoop101 hadoop-3.2.2]$ bin/hdfs dfs -mkdir /input
[xuzheng@hadoop101 hadoop-3.2.2]$ bin/hdfs dfs -mkdir /output
[xuzheng@localhost hadoop-3.2.2]# bin/hdfs dfs -ls /
Found 4 items
drwxr-xr-x   - xuzheng supergroup      0 2020-07-03 10:47 /dh-test
drwxr-xr-x   - xuzheng supergroup      0 2020-07-05 20:43 /spark_history
drwxr-xr-x   - xuzheng supergroup      0 2020-07-20 13:43 /input
drwxr-xr-x   - xuzheng supergroup      0 2020-07-20 13:44 /output
```

然后将输入文件 data.txt 上传到 HDFS 的/input 目录下。在 HDFS 中执行如下命令可以将文件上传至 HDFS 目录下。

```
[xuzheng@localhost hadoop-3.2.2]$ cd /opt/module/hadoop-3.2.2
[xuzheng@localhost hadoop-3.2.2]# bin/hdfs dfs -put data.txt /input
[xuzheng@localhost hadoop-3.2.2]# bin/hdfs dfs -ls /input
Found 1 items
-rw-r--r--   1 xuzheng supergroup     1366 2020-07-20 14:28 /input/data.txt
```

8．运行MapReduce程序

将 MapReduce 程序生成的 jar 上传到 Hadoop 集群的/opt/software 目录下，执行如下命令可以运行一个 MapReduce 程序。

```
[xuzheng@localhost hadoop-3.2.2]$ cd /opt/module/hadoop-3.2.2
[xuzheng@localhost hadoop-3.2.2]# bin/hadoop jar /opt/software/mapreduce-
demo-1.0-SNAPSHOT.jar com.xuzheng.mapreduce.wordcount.NLineDriver
/input/ /output
```

10.1.8　自定义 InputFormat 案例实战

Hadoop 官方提供的几种 InputFormat 子类并不能满足所有的应用场景，需要用户自定义 InputFormat 类型来解决实际问题。在实际开发过程中，经常会面临处理海量小文件的问题，而 HDFS 和 MapReduce 在处理海量小文件方面效率都非常低。

在 Hadoop 2.x 版本中，HDFS 通过使用 har 文件对海量的小文件进行归档来解决海量小文件的问题。在 MapReduce 中，用户可以通过自定义 InputFormat 类实现海量小文件的合并。

本节将实现一个自定义 InputFormat 类的案例来解决大量小文件问题，自定义 InputFormat 类能够对多个小文件进行读取并设置不可切片，传给 Map 阶段的 key 为小文件的完整路径，value 为整个小文件的内容。输出的时候合并成一个 SequenceFile 文件，其中，SequenceFile 文件是 Hadoop 用来存储二进制形式的 K-V 键值对的文件格式，SequenceFile 里面存储着多个文件，存储的形式为文件路径和名称为 key，文件内容为 value。

自定义 InputFormat 类案例程序的具体编写步骤如下。

1．创建输入文件

在自定义 InputFormat 案例中创建 3 个输入文件 one.txt、two.txt 和 three.txt。为了便于读者快速构建案例，笔者已经将 3 个输入文件上传至笔者独立部署的 FTP 服务器上，读者可以访问 FTP 服务器地址 http://118.89.217.234:8000，下载该案例的三个输入文件。MapReduce 程序就是将这 3 个小文件合并成一个 SequenceFile 文件。

2．搭建一个Maven工程

本例基于集成开发工具 IntelliJ IDEA 进行 Java 编程开发，并且构建一个 Maven 工程 mapreduce-demo，实现一个 MapReduce 分布式计算程序。为了搭建一个 Maven 工程项目，需要执行如下几步。

（1）打开 IntelliJ IDEA。

打开集成开发工具IntelliJ IDEA，单击Create New Project选项创建一个项目，如图10.14所示。

图 10.14　打开 IDEA 开发工具

（2）选择 Maven 工程。

在弹出的对话框中选择一个 Maven 工程，然后配置 Java 的版本信息，最后单击 Next 按钮，如图 10.15 所示。

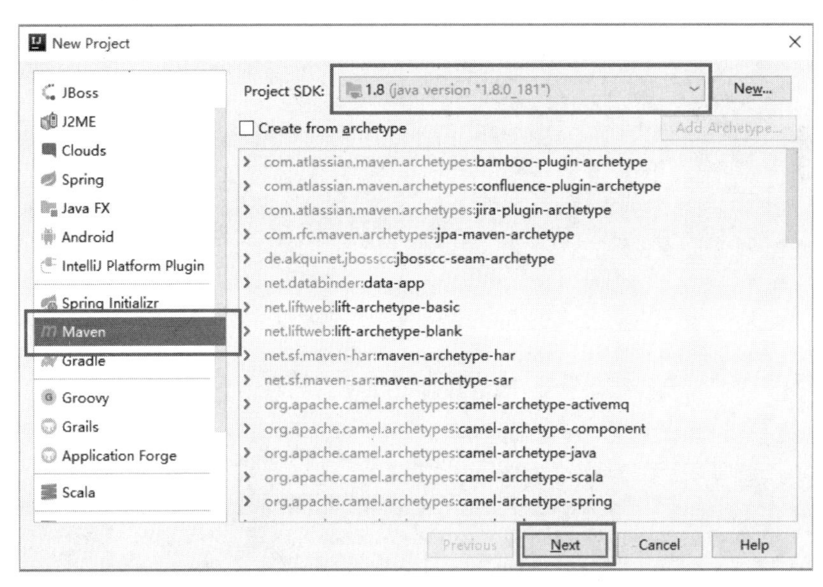

图 10.15　选择 Maven 工程

（3）添加 Maven 工程版本信息。

在弹出的对话框中填写 Maven 工程的版本信息，如 GroupId、ArtifactId 和 Version，单击 Next 按钮，如图 10.16 所示。

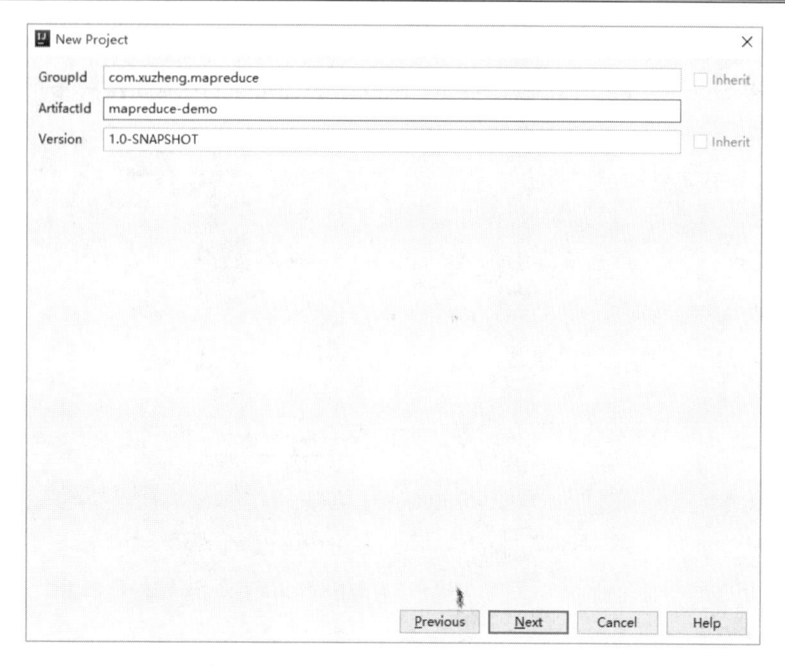

图 10.16　添加 Maven 工程版本信息

（4）填写 Maven 工程名称和存储位置。

在弹出的对话框中填写 Maven 工程的名称和存储位置，单击 Finish 按钮，如图 10.17 所示。

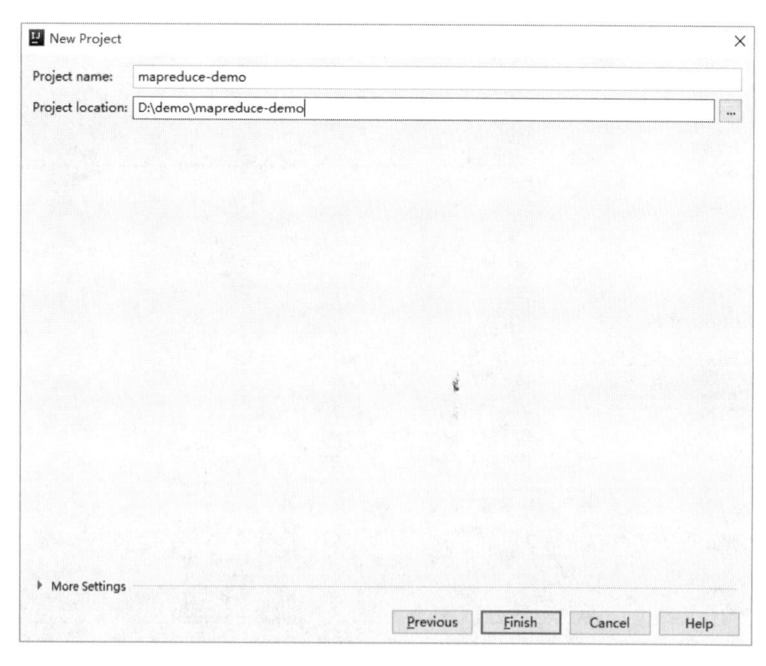

图 10.17　填写 Maven 工程名称和存储位置

（5）添加依赖包的信息。

pom.xml 文件是 Maven 工程项目的一种配置文件，用来标记项目的相关开发包引入坐标、依赖关系和使用者需要遵守的规则等信息。在该 Maven 项目的 pom.xml 文件中添加如下内容：

```
<?xml version="1.0" encoding="UTF-8"?>
<project xmlns="http://maven.apache.org/POM/4.0.0"
        xmlns:xsi="http://www.w3.org/2001/XMLSchema-instance"
        xsi:schemaLocation="http://maven.apache.org/POM/4.0.0
http://maven.apache.org/xsd/maven-4.0.0.xsd">
    <modelVersion>4.0.0</modelVersion>

    <groupId>com.xuzheng.mapreduce</groupId>
    <artifactId>mapreduce-demo</artifactId>
    <version>1.0-SNAPSHOT</version>

    <dependencies>
        <dependency>
            <groupId>junit</groupId>
            <artifactId>junit</artifactId>
            <version>RELEASE</version>
        </dependency>
        <dependency>
            <groupId>org.apache.logging.log4j</groupId>
            <artifactId>log4j-core</artifactId>
            <version>2.8.2</version>
        </dependency>
        <dependency>
            <groupId>org.apache.hadoop</groupId>
            <artifactId>hadoop-common</artifactId>
            <version>3.2.2</version>
        </dependency>
        <dependency>
            <groupId>org.apache.hadoop</groupId>
            <artifactId>hadoop-client</artifactId>
            <version>3.2.2</version>
        </dependency>
        <dependency>
            <groupId>org.apache.hadoop</groupId>
            <artifactId>hadoop-hdfs</artifactId>
            <version>3.2.2</version>
        </dependency>
    </dependencies>

    <build>
        <plugins>
            <plugin>
                <artifactId>maven-compiler-plugin</artifactId>
                <version>2.3.2</version>
                <configuration>
                    <source>1.8</source>
                    <target>1.8</target>
                </configuration>
            </plugin>
            <plugin>
                <artifactId>maven-assembly-plugin </artifactId>
                <configuration>
                    <descriptorRefs>
                        <descriptorRef>jar-with-dependencies</descriptorRef>
                    </descriptorRefs>
```

```
                <archive>
                    <manifest>
<mainClass>com.xuzheng.mapreduce.wordcount.NLineDriver</mainClass>
                    </manifest>
                </archive>
            </configuration>
            <executions>
                <execution>
                    <id>make-assembly</id>
                    <phase>package</phase>
                    <goals>
                        <goal>single</goal>
                    </goals>
                </execution>
            </executions>
        </plugin>
    </plugins>
  </build>
</project>
```

（6）添加 log4j 配置文件。

本例在创建 Maven 项目时引入了 log4j 的 jar 包，为了能够正常运行 log4j 程序，需要在 src/main/resources 目录下添加一个 log4j.properties 配置文件并添加如下内容：

```
log4j.rootLogger=INFO, stdout
log4j.appender.stdout=org.apache.log4j.ConsoleAppender
log4j.appender.stdout.layout=org.apache.log4j.PatternLayout
log4j.appender.stdout.layout.ConversionPattern=%d %p [%c] - %m%n
log4j.appender.logfile=org.apache.log4j.FileAppender
log4j.appender.logfile.File=target/spring.log
log4j.appender.logfile.layout=org.apache.log4j.PatternLayout
log4j.appender.logfile.layout.ConversionPattern=%d %p [%c] - %m%n
```

3．自定义一个类继承FileInputFormat

为了能够将多个小文件合并为一个 SequenceFile 文件，需要编写一个自定义的 FileInputFormat 类。自定义 FileInputFormat 类后，需要重写 isSplitable 方法，该方法用来返回该类是否可以进行分割。针对这个需求，我们将该方法的返回值设置为 false，表示读取文件时不进行切分。同时，重写 createRecordReader 方法，该方法用来创建并初始化自定义的 RecordReader 对象。具体代码如下：

```
package com.xuzheng.mapreduce.wordcount;

import org.apache.hadoop.fs.Path;
import org.apache.hadoop.io.BytesWritable;
import org.apache.hadoop.io.NullWritable;
import org.apache.hadoop.mapreduce.InputSplit;
import org.apache.hadoop.mapreduce.JobContext;
import org.apache.hadoop.mapreduce.RecordReader;
import org.apache.hadoop.mapreduce.TaskAttemptContext;
import org.apache.hadoop.mapreduce.lib.input.FileInputFormat;

import java.io.IOException;
```

```
    // 定义类继承 FileInputFormat
    public class WholeFileInputformat extends FileInputFormat<Text,
    BytesWritable>{

        @Override
        protected boolean isSplitable(JobContext context, Path filename) {
            return false;
        }

        @Override
        public RecordReader<Text, BytesWritable> createRecordReader(InputSplit
    split, TaskAttemptContext context)  throws IOException, InterruptedException {

            WholeRecordReader recordReader = new WholeRecordReader();
            recordReader.initialize(split, context);

            return recordReader;
        }
    }
```

4．自定义一个类继承RecordReader

自定义的 RecordReader 对象主要用来读取一个完整的文件并封装 K-V 键值对。在自定义的 FileInputFormat 中设置了不可切片，因此采用 I/O 流读取文件时会将一个完整的文件内容封装到 value 中，而 key 记录的是文件路径和名称。具体代码如下：

```
package com.xuzheng.mapreduce.wordcount;

import java.io.IOException;
import org.apache.hadoop.conf.Configuration;
import org.apache.hadoop.fs.FSDataInputStream;
import org.apache.hadoop.fs.FileSystem;
import org.apache.hadoop.fs.Path;
import org.apache.hadoop.io.BytesWritable;
import org.apache.hadoop.io.IOUtils;
import org.apache.hadoop.io.NullWritable;
import org.apache.hadoop.mapreduce.InputSplit;
import org.apache.hadoop.mapreduce.RecordReader;
import org.apache.hadoop.mapreduce.TaskAttemptContext;
import org.apache.hadoop.mapreduce.lib.input.FileSplit;

public class WholeRecordReader extends RecordReader<Text, BytesWritable>{

    private Configuration configuration;
    private FileSplit split;

    private boolean isProgress= true;
    private BytesWritable value = new BytesWritable();
    private Text k = new Text();

    @Override
    public void initialize(InputSplit split, TaskAttemptContext context)
throws IOException, InterruptedException {

        this.split = (FileSplit)split;
        configuration = context.getConfiguration();
```

```
    }

    @Override
    public boolean nextKeyValue() throws IOException, InterruptedException {

        if (isProgress) {

            // 1. 定义缓存区
            byte[] contents = new byte[(int)split.getLength()];

            FileSystem fs = null;
            FSDataInputStream fis = null;

            try {
                // 2. 获取文件系统
                fs = FileSystem.get(configuration);

                // 3. 读取数据
                Path path = split.getPath();
                fis = fs.open(path);

                // 4. 读取文件内容
                IOUtils.readFully(fis, contents, 0, contents.length);

                // 5. 输出文件内容
                value.set(contents, 0, contents.length);

                // 6. 获取文件路径及名称
                String name = split.getPath().toString();

                // 7. 设置输出的 key 值
                k.set(name);

            } catch (Exception e) {

            }finally {
                IOUtils.closeStream(fis);
            }

            isProgress = false;

            return true;
        }

        return false;
    }

    @Override
    public Text getCurrentKey() throws IOException, InterruptedException {
        return k;
    }

    @Override
    public BytesWritable getCurrentValue() throws IOException,
InterruptedException {
        return value;
```

```
    }

    @Override
    public float getProgress() throws IOException, InterruptedException {
        return 0;
    }

    @Override
    public void close() throws IOException {
    }
}
```

5. 编写Mapper文件

在 Mapper 实现类中，每接收一个文件，Mapper 实现类就会调用一次 map 函数。在 map 函数中将文件路径和文件内容封装成为 K-V 键值对的形式。编写一个 SequenceFileMapper 类并重写一个 map 函数，具体代码如下：

```
package com.xuzheng.mapreduce.wordcount;

import java.io.IOException;
import org.apache.hadoop.io.BytesWritable;
import org.apache.hadoop.io.NullWritable;
import org.apache.hadoop.io.Text;
import org.apache.hadoop.mapreduce.Mapper;
import org.apache.hadoop.mapreduce.lib.input.FileSplit;

public class SequenceFileMapper extends Mapper<Text, BytesWritable, Text,
BytesWritable>{

    @Override
    protected void map(Text key, BytesWritable value,   Context context)
    throws IOException, InterruptedException {

        context.write(key, value);
    }
}
```

6. 编写Reducer文件

在 Reducer 实现类中接收 Mapper 实现类输出的 K-V 键值对。Reducer 实现类的所有业务处理逻辑由 reduce 函数负责，而且 reduce 函数会将输入的每一组 K-V 键值对合并成一个 SequenceFile 文件。编写一个 SequenceFileReducer 类并重写一个 reduce 函数，具体代码如下：

```
package com.xuzheng.mapreduce.wordcount;

import java.io.IOException;
import org.apache.hadoop.io.BytesWritable;
import org.apache.hadoop.io.Text;
import org.apache.hadoop.mapreduce.Reducer;

public class SequenceFileReducer extends Reducer<Text, BytesWritable,
Text, BytesWritable> {
```

```
    @Override
    protected void reduce(Text key, Iterable<BytesWritable> values, Context
context)
    throws IOException, InterruptedException {

        context.write(key, values.iterator().next());
    }
}
```

7. 编写Driver文件

Driver 类负责配置 Mapper 实现类和 Reducer 实现类并获得 job 对象实例。同时，Driver 类可以指定 MapReduce 程序 jar 所在的路径位置，并将整个 MapReduce 程序提交到 YARN 集群上。编写一个 SequenceFileDriver 类，具体代码如下：

```
package com.xuzheng.mapreduce.wordcount;

import java.io.IOException;
import org.apache.hadoop.conf.Configuration;
import org.apache.hadoop.fs.Path;
import org.apache.hadoop.io.BytesWritable;
import org.apache.hadoop.io.Text;
import org.apache.hadoop.mapreduce.Job;
import org.apache.hadoop.mapreduce.lib.input.FileInputFormat;
import org.apache.hadoop.mapreduce.lib.output.FileOutputFormat;
import org.apache.hadoop.mapreduce.lib.output.SequenceFileOutputFormat;

public class SequenceFileDriver {

    public static void main(String[] args) throws IOException,
ClassNotFoundException, InterruptedException {

        // 1. 获取 job 对象
        Configuration conf = new Configuration();
        Job job = Job.getInstance(conf);

        // 2. 设置 jar 包存储位置、关联自定义的 mapper 和 reducer
        job.setJarByClass(SequenceFileDriver.class);
        job.setMapperClass(SequenceFileMapper.class);
        job.setReducerClass(SequenceFileReducer.class);

        // 3. 设置输入的 inputFormat
        job.setInputFormatClass(WholeFileInputformat.class);

        // 4. 设置输出的 outputFormat
        job.setOutputFormatClass(SequenceFileOutputFormat.class);

        // 5. 设置 map 输出端的 K-V 类型
        job.setMapOutputKeyClass(Text.class);
        job.setMapOutputValueClass(BytesWritable.class);

        // 6. 设置最终输出端的 K-V 类型
        job.setOutputKeyClass(Text.class);
        job.setOutputValueClass(BytesWritable.class);

        // 7. 设置输入/输出路径
```

```
        FileInputFormat.setInputPaths(job, new Path(args[0]));
        FileOutputFormat.setOutputPath(job, new Path(args[1]));

        // 8. 提交job
        boolean result = job.waitForCompletion(true);
        System.exit(result ? 0 : 1);
    }
}
```

8. 打包Maven工程

通过终端命令行进入 Maven 工程目录下，然后在该目录下执行如下命令进行 Maven 工程的打包操作。

```
D:\demo\mapreduce-demo> mvn package
```

打包成功后，在 Maven 工程的 target 目录下将会生成 mapreduce-demo-1.0-SNAPSHOT.jar，将该 jar 包上传到 Hadoop 集群中。

9. 启动Hadoop集群

（1）启动 HDFS。

在 hadoop101 服务器节点上，通过如下命令一键启动整个 Hadoop 完全分布式集群的 HDFS 服务。

```
[xuzheng@hadoop101 hadoop-3.2.2]$ cd /opt/module/hadoop-3.2.2
[xuzheng@hadoop101 hadoop-3.2.2]$ sbin/start-dfs.sh
Starting namenodes on [hadoop101]
hadoop101: starting namenode, logging to hadoop-xuzheng-namenode-
hadoop101.out
hadoop101: starting datanode, logging to hadoop-xuzheng-datanode-
hadoop101.out
hadoop103: starting datanode, logging to hadoop-xuzheng-datanode-
hadoop103.out
hadoop102: starting datanode, logging to hadoop-xuzheng-datanode-
hadoop102.out
Starting secondary namenodes [hadoop103]
hadoop103: starting secondarynamenode, logging to secondarynamenode-
hadoop103.out
```

（2）启动 YARN。

在 hadoop102 服务器节点上，通过如下命令一键启动整个 Hadoop 完全分布式集群的 YARN 服务。值得注意的是，如果 NameNode 节点和 ResourceManger 节点不在同一台服务器上，那么不能在 NameNode 节点上启动 YARN 服务，必须在 ResouceManager 所在的服务器上启动 YARN 服务。

```
[xuzheng@hadoop101 hadoop-3.2.2]$ cd /opt/module/hadoop-3.2.2
[xuzheng@hadoop101 hadoop-3.2.2]$ sbin/start-yarn.sh
starting yarn daemons
starting resourcemanager, logging to /opt/module/hadoop-3.2.2/
resourcemanager-hadoop102.out
hadoop103: starting nodemanager, logging to yarn-xuzheng-nodemanager-
hadoop103.out
hadoop101: starting nodemanager, logging to yarn-xuzheng-nodemanager-
hadoop101.out
```

```
hadoop102: starting nodemanager, logging to yarn-xuzheng-nodemanager-
hadoop102.out
```

（3）启动历史服务器。

虽然 HDFS 和 YARN 可以通过群体方式启动，但是历史服务器需要单独启动。在 hadoop101 服务器节点上执行如下命令：

```
[xuzheng@hadoop101 hadoop-3.2.2]$ cd /opt/module/hadoop-3.2.2
[xuzheng@hadoop101 hadoop-3.2.2]$ sbin/mr-jobhistory-daemon.sh start
historyserver
```

（4）上传输入文件。

HDFS 和 YARN 启动后，将 3 个输入文件 one.txt、two.txt 和 three.txt 上传到 HDFS 中。使用 mkdir 命令创建一个输入目录/input 和一个输出目录/output，在 HDFS 中执行如下命令，可以创建 HDFS 目录。

```
[xuzheng@hadoop101 hadoop-3.2.2]$ cd /opt/module/hadoop-3.2.2
[xuzheng@hadoop101 hadoop-3.2.2]$ bin/hdfs dfs -mkdir /input
[xuzheng@hadoop101 hadoop-3.2.2]$ bin/hdfs dfs -mkdir /output
[xuzheng@localhost hadoop-3.2.2]# bin/hdfs dfs -ls /
Found 4 items
drwxr-xr-x   - xuzheng supergroup      0 2020-07-03 10:47 /dh-test
drwxr-xr-x   - xuzheng supergroup      0 2020-07-05 20:43 /spark_history
drwxr-xr-x   - xuzheng supergroup      0 2020-07-20 13:43 /input
drwxr-xr-x   - xuzheng supergroup      0 2020-07-20 13:44 /output
```

然后将输入文件 one.txt、two.txt 和 three.txt 上传到 HDFS 的/input 目录下。在 HDFS 中执行如下命令，可以将文件上传至 HDFS 目录下。

```
[xuzheng@localhost hadoop-3.2.2]$ cd /opt/module/hadoop-3.2.2
[xuzheng@localhost hadoop-3.2.2]# bin/hdfs dfs -put one.txt /input
[xuzheng@localhost hadoop-3.2.2]# bin/hdfs dfs -put two.txt /input
[xuzheng@localhost hadoop-3.2.2]# bin/hdfs dfs -put three.txt /input
[xuzheng@localhost hadoop-3.2.2]# bin/hdfs dfs -ls /input
Found 3 items
-rw-r--r--  1 xuzheng supergroup   1366 2020-07-20 14:25 /input/one.txt
-rw-r--r--  1 xuzheng supergroup   1366 2020-07-20 14:26 /input/two.txt
-rw-r--r--  1 xuzheng supergroup   1366 2020-07-20 14:27 /input/three.txt
```

10. 运行自定义的InputFormat程序

将自定义的 InputFormat 程序生成的 jar 上传到 Hadoop 集群的/opt/software 目录下，执行如下命令，可以运行一个 MapReduce 程序：

```
[xuzheng@localhost hadoop-3.2.2]$ cd /opt/module/hadoop-3.2.2
[xuzheng@localhost hadoop-3.2.2]# bin/hadoop jar /opt/software/mapreduce-
demo-1.0-SNAPSHOT.jar com.xuzheng.mapreduce.wordcount.SequenceFileDriver
/input/ /output
```

10.2　解析 MapReduce 的工作流程

本节通过一个 MapReduce 分布式计算程序的运行实例，来解析 MapReduce 的工作流程，在后续的章节中将会详细介绍 MapReduce 工程流程。MapReduce 程序主要分为 Map

阶段和 Reduce 阶段。由于 MapReduce 的工作流程较为复杂，本书将分别介绍 Map 阶段和 Reduce 阶段。

本节还是以 Hadoop 官方提供的 WordCount 案例来讲解 MapReduce 程序，该程序的目的是统计给定文件中每个单词出现的总次数，然后将统计后的单词按照首字母 a 至 p 存储到一个输出文件中，q 至 z 存储到另一个输出文件中。首先来讲解 Map 阶段的工作流程，如图 10.18 所示。

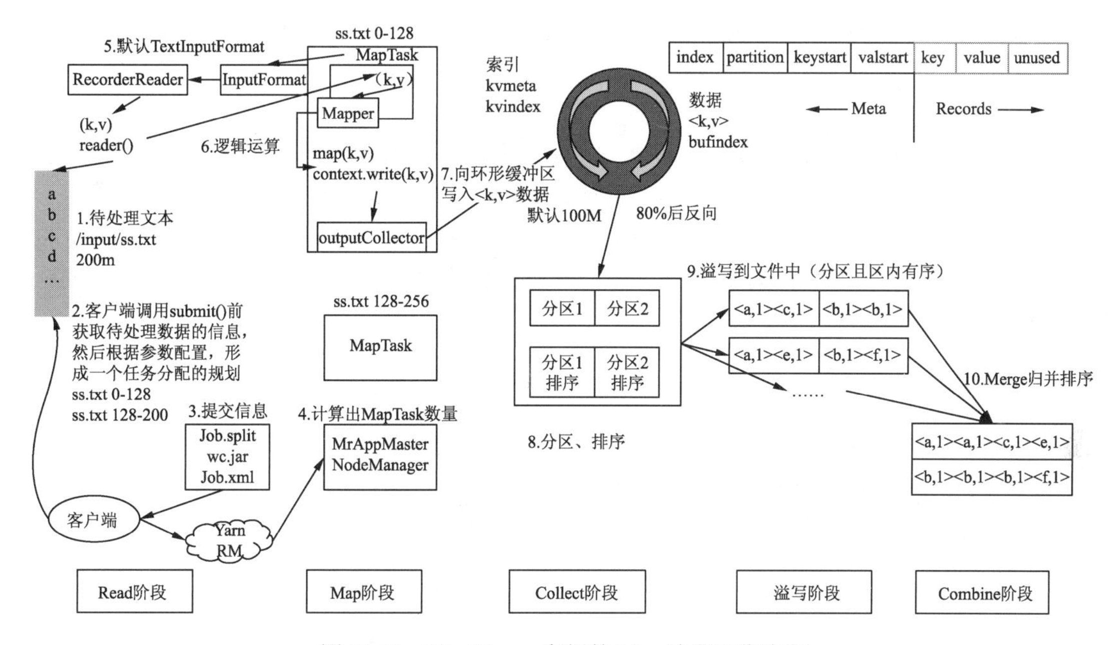

图 10.18　WordCount 案例的 Map 阶段工作流程

1. 输入文件数据

MapReduce 分布式计算程序要处理的输入数据为一个大小为 200MB 的文本文件 ss.txt，存储在 HDFS 的/input 路径下。MapReduce 程序能够统计该文件中每个单词出现的总次数，并将统计后的单词按照首字母 a 至 p 存储到一个输出文件中，q 至 z 存储到另一个输出文件中。

2. 获取切片规划

MapReduce 程序首先获取输入文件的元数据信息，然后根据 InputFormat 中的切片机制和驱动类中的相关配置对输入文件进行切片，形成整个文件的切片规划。输入数据为一个大小为 200MB 的文本文件 ss.txt，MapReduce 默认的切片大小为 128MB，因此，在此阶段输入文件 ss.txt 会形成两个切片，切片 1 为 ss.txt 文件 0～128MB 的数据，切片 2 为 ss.txt 文件 128～200MB 的数据。

3. 提交信息至YARN

MapReduce 程序最终是执行在 YARN 集群上的，因此客户端需要向 YARN 集群提交 MapReduce 任务的切片规划、MapReduce 程序运行的 jar 包和 MapReduce 任务的配置信息。

4. 计算出MapTask的数量

YARN 集群中的 ResourceManager 是整个 Hadoop 集群资源的最高管理者。客户端将 MapReduce 任务的切片规划、MapReduce 程序运行的 jar 包和 MapReduce 任务的配置信息提交给 ResourceManager。ResourceManager 根据切片规划计算出需要开启两个 MapTask 进程，也就是开启两个 MR AppMaster 来运行 MapReduce 程序。YARN 集群会为 ss.txt 文件的切片 1 开启一个 MapTask1 进程，为 ss.txt 文件的切片 2 开启一个 MapTask2 进程。

5. 读取数据

开启 MapTask 进程后，MapReduce 程序会根据 InputFormat 中的 RecorderReader 类按照行来读取数据，MapReduce 默认的 InputFormat 实现类为 TextInputFormat 类。该类在读取数据时会创建 LineRecorderReader 对象，并将每行数据封装成 K-V 键值对输出到 Map 阶段。其中，K-V 键值对中的 K 存储该行在整个文件中的起始字节偏移量，K-V 键值对中的 V 存储该行的内容。

6. Map阶段的逻辑运算

当 Mapper 类接收到 InputFormat 传递来的数据时，会调用内部的 map 函数进行业务逻辑运算。在 map 函数中要将转化成 String 字符串类型的数据按照空格分割成多个单词，然后将分割的每个单词都输入为 K-V 键值对的形式。

7. 向环形缓冲区写数据

经过 map 函数处理后，Mapper 类会将处理后的 K-V 键值对通过 context.write 方法输出到 shuffle 环形缓冲区。该环形缓冲区的默认大小为 100MB，用户可以根据实际业务应用场景进行设置。环形缓冲区被分为两个部分，一部分用来存储元数据信息，另一部分用来存储数据的真正内容。当环形缓冲区内存储的数据达到 80%时，环形缓冲区开始反向写，并将环形缓冲区中的内容写入磁盘。

8. 分区并排序

本例的 MapReduce 程序能够统计文件中每个单词出现的总次数，并将统计后的单词按照首字母 a 至 p 存储到一个输出文件中，q 至 z 存储到另一个输出文件中，因此需要进行分区操作。分区 1 用来输出单词首字母为 a 至 p 的数据，分区 2 用来输出单词首字母为 q 至 z 的数据，并且在每个分区内部按照 K-V 键值对的 key 进行排序。

9. 溢写到磁盘上

当环形缓冲区内存储的数据达到 80%时，环形缓冲区开始反向写，并将环形缓冲区中的内容写入磁盘。

10. 归并排序

在 MapReduce 程序运行过程中可能会出现多次溢写的情况，因此需要将多次溢出的文件进行合并并且进行归并排序，以保证最后合并的文件内部是有序的。

上述为 WordCount 案例中 Map 阶段的工作流程，接下来讲解 Reduce 阶段的工作流程，如图 10.19 所示。

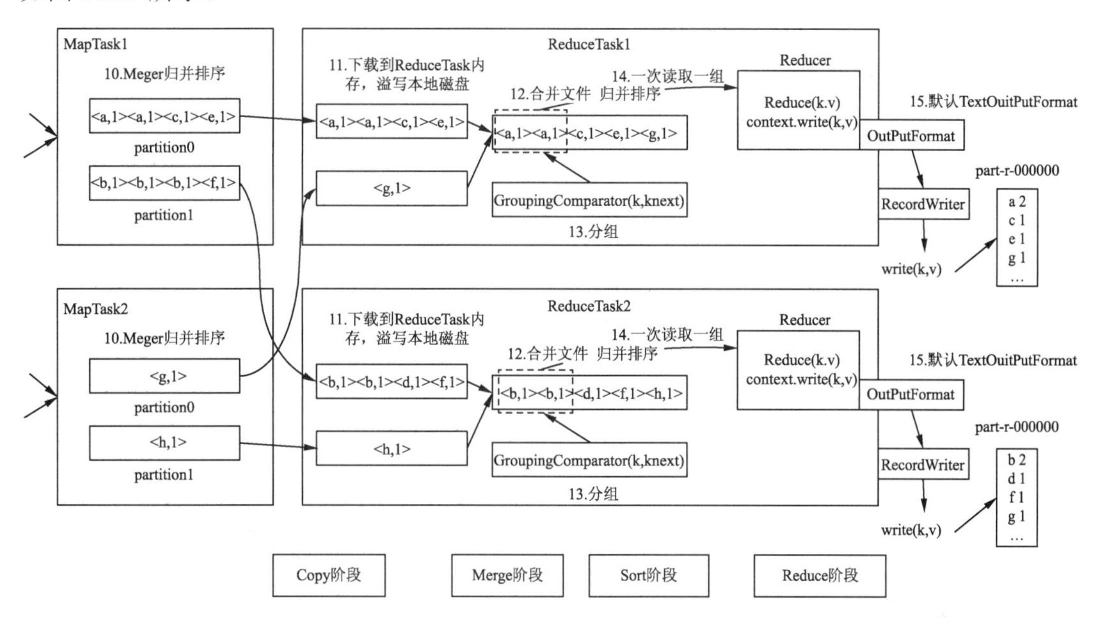

图 10.19　WordCount 案例的 Reduce 阶段工作流程

11. 归并排序

在 Reduce 阶段，MapReduce 会根据分区的个数开启两个 ReduceTask 进程。其中，ReduceTask1 进程用来分析分区 1 的数据，ReduceTask2 进程用来分析分区 2 的数据。ReduceTask1 进程会主动在所有 MapTask 进程的分区 1 中下载数据并将数据复制到 Reduce 阶段。ReduceTask2 进程会主动在所有的 MapTask 进程的分区 2 中下载数据并将数据复制到 Reduce 阶段。

12. 合并文件并排序

在 ReduceTask1 进程中，MapReduce 会将所有在 MapTask 进程中的分区 1 的文件进行合并，并且进行归并排序，以保证最后合并的文件内部是有序的。同时，在 ReduceTask2 进程中，MapReduce 会将所有在 MapTask 进程中的分区 2 的文件进行合并，并且进行归并排序，以保证最后合并的文件内部是有序的。

13. 分组

WordCount 案例需要统计文件中每个单词出现的总次数。因此，需要对合并后的文件按照单词进行分组。

14. 一次读取一组

在 Reduce 阶段，一次读取一组具有相同 key 的数据，也就是读取一组相同单词的 K-V 键值对并统计总数量。

15．通过OutputFormat类进行输出

在 Reduce 阶段，当每个 ReduceTask 进程统计完所有的单词时，会通过 OutputFormat 类进行输出，MapReduce 默认的实现类为 TextOutputFormat。

10.3　剖析 Shuffle 的工作机制

本节将从 Shffule 工作机制、Partition 分区、WritableComparable 排序、Combiner 合并和 GroupingComparator 分组来剖析 Shffule 的工作机制。

10.3.1　Shuffle 机制简介

在 MapReduce 任务中，数据首先会进入 Map 阶段，最终从 Reduce 阶段输出。在 Map 阶段的 map 方法执行之后到 Reduce 阶段的 reduce 方法执行之前，MapReduce 程序还要对数据进行一些处理，这个数据处理的过程称为 Shuffle，如图 10.20 和图 10.21 所示。

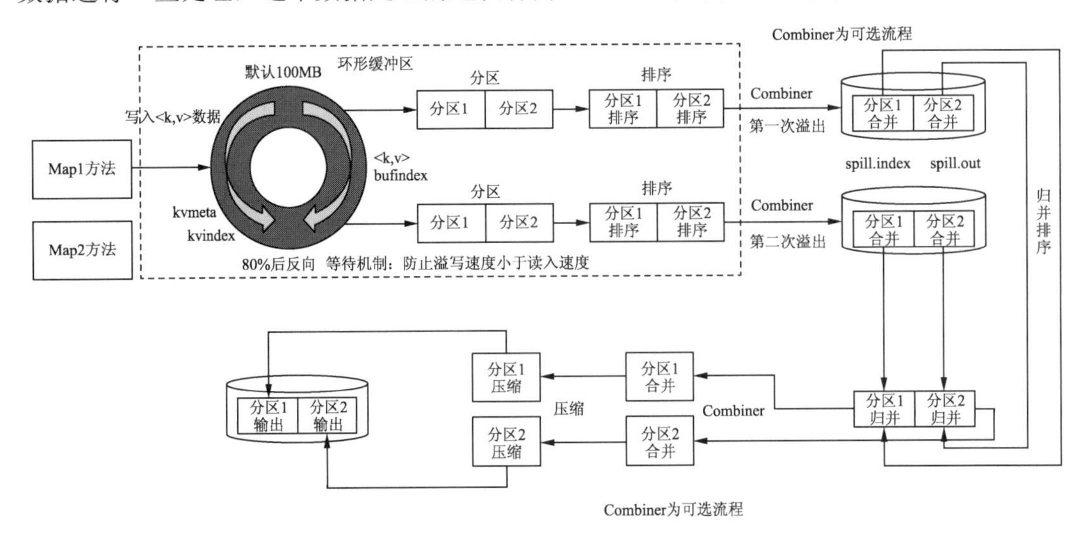

图 10.20　Shuffle 阶段工作流程 1

经过 map 方法处理后，Mapper 类会将处理后的 K-V 键值对通过 context.write 方法输出到 Shuffle 环形缓冲区。该环形缓冲区的默认大小为 100MB，用户可以根据实际的业务应用场景进行设置。环形缓冲区分为两部分，一部分用来存储元数据信息，另一部分用来存储数据的真正内容。当环形缓冲区内存储的数据达到 80%时，环形缓冲区开始反向写并将环形缓冲区中的内容写入磁盘。

根据 MapReduce 任务的配置信息，按照预先设定的分区数量进行分区操作，并在每个分区内部按照 K-V 键值对的 key 进行排序。

在 MapReduce 程序运行过程中可能会出现多次溢写的情况，因此需要将多次溢出的文件进行合并，并且进行归并排序，以保证最后合并的文件内部是有序的。根据 MapReduce

任务的配置信息，按照预先设定的压缩方式进行分区数据压缩。

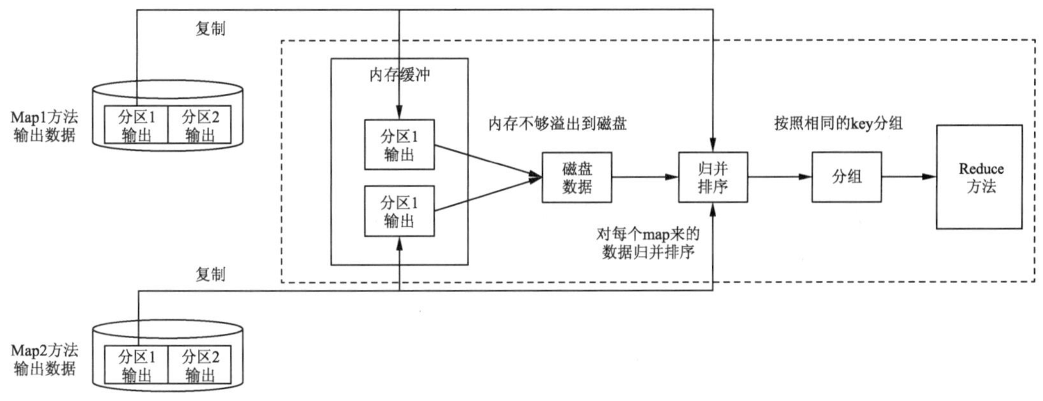

图 10.21　Shuffle 阶段工作流程 2

MapReduce 会根据预先设定的分区个数开启相应数量的 ReduceTask 进程。每个 ReduceTask 进程会主动在所有的 MapTask 进程中的相应分区中下载数据，并将数据复制到 Reduce 阶段的内存缓冲区中。当内存缓冲区中存储的数据达到一定阈值时，MapReduce 会将内存缓冲区中的内容溢写到磁盘上。

10.3.2　Partition 分区简介

WordCount 案例的目标是对输入文件中的所有单词进行统计并输出到两个文件中，其中，一个文件统计首字母为 a 至 p 的单词，另一个文件统计首字母为 q 至 z 开头的单词。基于上述目标，需要对 MapReduce 程序进行 Partition 分区。每个分区对应一个 ReduceTask 进程，而且这些 ReduceTask 进程之间完全并行执行，互不干扰。

在默认情况下，MapReduce 程序根据 key 的 hashcode 值对 ReduceTask 进程的个数取模得到的值进行分区，代码如下：

```
public class HashPartitioner<K,V> extends Partitioner<K,V>{
    public int getPartition(K, key, V value, int numReduceTasks){
        return (key.hashCode() & Integer.MAX_VALUE) % numReduceTasks;
    }
}
```

通过分析上述代码可知，客户端无法决定哪一个 K-V 键值对会存储到哪个分区，也就是说针对默认分区实现类，客户端无法进行干预。在企业的实际开发中，Hadoop 官方提供的默认分区实现类不能满足应用场景，需要用户自定义 Partitioner 类型来实现人工干预分区。

10.3.3　Partition 分区案例实战

本节通过实现一个 Partition 分区案例，帮助读者提升对于 Partition 分区机制的理解。

Partition 分区案例的目的是统计电话通信数据，并将统计结果按照手机号码的前三位输出到不同的文件中，程序的编写步骤如下。

1. 准备输入文件

在 Partition 分区案例中输入文件 phone_data.txt。为了便于读者快速构建案例，笔者已经将输入文件 phone_data.txt 上传至笔者独立部署的 FTP 服务器上，读者可以访问 FTP 服务器地址 http://118.89.217.234:8000，下载该案例的输入文件。

本节的 Partition 分区案例的目标是统计给定文件中的手机号码，并将统计结果按照手机号码的前三位排序后输出到不同的文件中。

在本案例中，输入文件的大致内容如下：

```
1   13736230513   192.196.100.1   www.xz-blogs.cn   2481   24681   200
2   13846544121   192.196.100.2   www.baidu.com     264    0       200
3   13956435636   192.196.100.3   www.xz-blogs.cn   132    1512    200
4   13966251146   192.168.100.1   www.baidu.com     240    0       404
5   13771575951   192.168.100.2   www.xz-blogs.cn   1527   2106    200
6   13918841325   192.168.100.3   www.baidu.com     4116   1432    200
7   13890439668   192.168.100.4   www.xz-blogs.cn   1116   954     200
8   13610133277   192.168.100.5   www.baidu.com     3156   2936    200
9   13629199489   192.168.100.6   www.xz-blogs.cn   240    0       200
10  13630577991   192.168.100.7   www.baidu.com     6960   690     200
```

根据上述输入文件及 Partition 分区案例的实现功能，我们期望将手机号前三位不同的数据分别存放在不同的文件中。

2. 搭建一个Maven工程

本例基于集成开发工具 IntelliJ IDEA 进行 Java 编程开发，并且构建一个 Maven 工程 mapreduce-demo，实现一个 MapReduce 分布式计算程序。为了搭建一个 Maven 工程项目，需要执行如下几步。

（1）打开 IntelliJ IDEA。

打开集成开发工具 IntelliJ IDEA，单击 Create New Project 选项创建一个项目，如图 10.22 所示。

图 10.22　打开 IDEA 开发工具

（2）选择 Maven 工程。

在弹出的对话框中选择一个 Maven 工程，然后配置 Java 的版本信息，最后单击 Next 按钮，如图 10.23 所示。

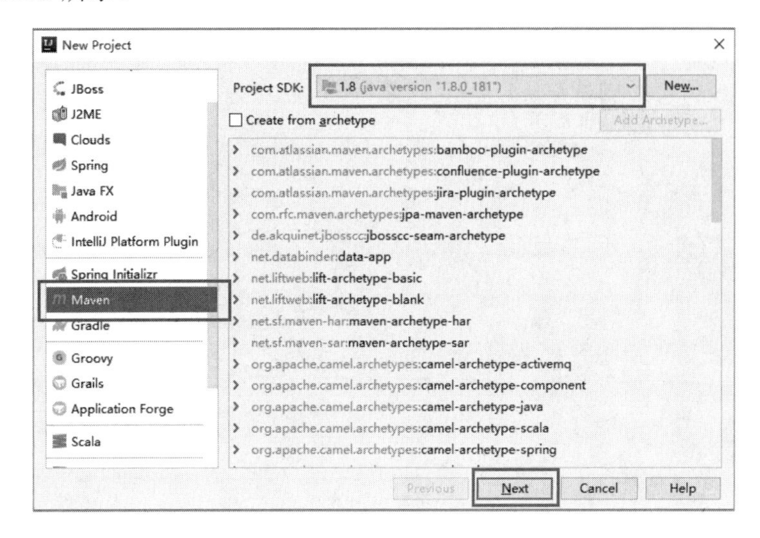

图 10.23　选择 Maven 工程

（3）添加 Maven 工程版本信息。

在弹出的对话框中填写 Maven 工程的版本信息，如 GroupId、ArtifactId 和 Version，单击 Next 按钮，如图 10.24 所示。

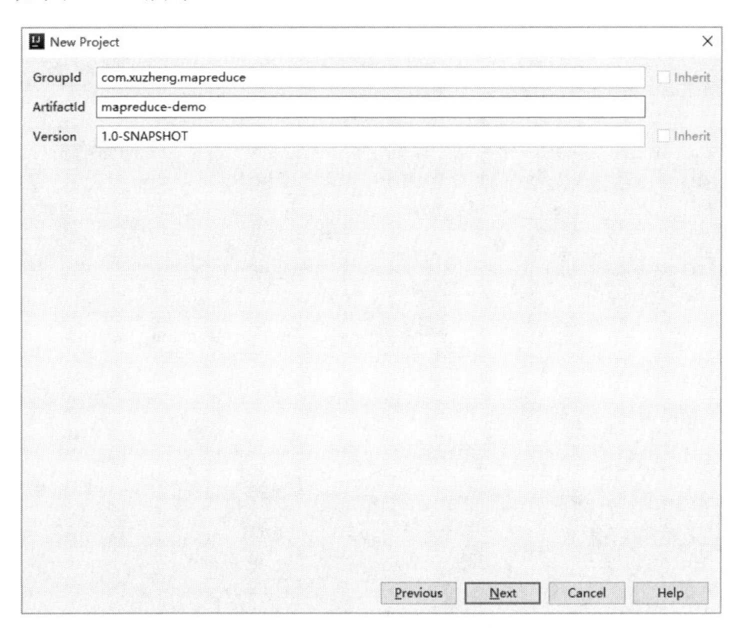

图 10.24　添加 Maven 工程版本信息

（4）填写 Maven 工程名称和存储位置。

在弹出的对话框中填写 Maven 工程的名称和存储的位置，单击 Finish 按钮，如图 10.25 所示。

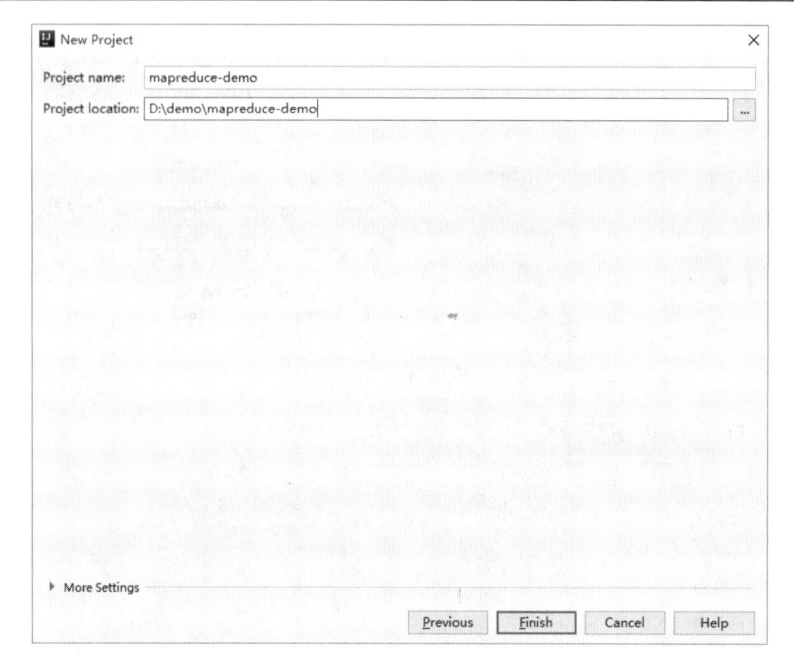

图 10.25　填写 Maven 工程名称和存储位置

（5）添加依赖包的信息。

pom.xml 文件是 Maven 工程项目的一种配置文件，用来标记项目的相关开发包引入坐标、依赖关系和使用者需要遵守的规则等信息。在该 Maven 项目的 pom.xml 文件中添加内容如下：

```
<?xml version="1.0" encoding="UTF-8"?>
<project xmlns="http://maven.apache.org/POM/4.0.0"
        xmlns:xsi="http://www.w3.org/2001/XMLSchema-instance"
        xsi:schemaLocation="http://maven.apache.org/POM/4.0.0
http://maven.apache.org/xsd/maven-4.0.0.xsd">
    <modelVersion>4.0.0</modelVersion>

    <groupId>com.xuzheng.mapreduce</groupId>
    <artifactId>mapreduce-demo</artifactId>
    <version>1.0-SNAPSHOT</version>

    <dependencies>
        <dependency>
            <groupId>junit</groupId>
            <artifactId>junit</artifactId>
            <version>RELEASE</version>
        </dependency>
        <dependency>
            <groupId>org.apache.logging.log4j</groupId>
            <artifactId>log4j-core</artifactId>
            <version>2.8.2</version>
        </dependency>
        <dependency>
            <groupId>org.apache.hadoop</groupId>
            <artifactId>hadoop-common</artifactId>
            <version>3.2.2</version>
        </dependency>
```

```
        <dependency>
            <groupId>org.apache.hadoop</groupId>
            <artifactId>hadoop-client</artifactId>
            <version>3.2.2</version>
        </dependency>
        <dependency>
            <groupId>org.apache.hadoop</groupId>
            <artifactId>hadoop-hdfs</artifactId>
            <version>3.2.2</version>
        </dependency>
    </dependencies>

    <build>
        <plugins>
            <plugin>
                <artifactId>maven-compiler-plugin</artifactId>
                <version>2.3.2</version>
                <configuration>
                    <source>1.8</source>
                    <target>1.8</target>
                </configuration>
            </plugin>
            <plugin>
                <artifactId>maven-assembly-plugin </artifactId>
                <configuration>
                    <descriptorRefs>
                        <descriptorRef>jar-with-dependencies</descriptorRef>
                    </descriptorRefs>
                    <archive>
                        <manifest>
<mainClass>com.xuzheng.mapreduce.wordcount.FlowsumDriver</mainClass>
                        </manifest>
                    </archive>
                </configuration>
                <executions>
                    <execution>
                        <id>make-assembly</id>
                        <phase>package</phase>
                        <goals>
                            <goal>single</goal>
                        </goals>
                    </execution>
                </executions>
            </plugin>
        </plugins>
    </build>
</project>
```

（6）添加 log4j 配置文件。

本例在创建 Maven 项目时引入了 log4j 的 jar 包，为了能够正常运行 log4j 程序，需要在 src/main/resources 目录下添加一个 log4j.properties 配置文件并添加如下内容：

```
log4j.rootLogger=INFO, stdout
log4j.appender.stdout=org.apache.log4j.ConsoleAppender
log4j.appender.stdout.layout=org.apache.log4j.PatternLayout
log4j.appender.stdout.layout.ConversionPattern=%d %p [%c] - %m%n
```

```
log4j.appender.logfile=org.apache.log4j.FileAppender
log4j.appender.logfile.File=target/spring.log
log4j.appender.logfile.layout=org.apache.log4j.PatternLayout
log4j.appender.logfile.layout.ConversionPattern=%d %p [%c] - %m%n
```

3. 定义序列化对象

首先创建一个统计手机号码的序列化类，并实现 Hadoop 序列化接口 Writable。反序列化时，需要使用 Java 的反射技术调用空参构造函数，因此创建自定义类型中必须包含无参构造方法 FlowWritable。在实现序列化接口类时，需要重写序列化方法和反序列化方法，需要注意的是，反序列化的顺序和序列化的顺序要保持完全一致。

```
package com.xuzheng.mapreduce.wordcount;

import org.apache.hadoop.io.Writable;

import java.io.DataInput;
import java.io.DataOutput;
import java.io.IOException;

public class FlowWritable implements Writable {
    private long upFlow;
    private long downFlow;
    private long totalFlow;

    public FlowWritable() {

    }

    public FlowWritable(long upFlow, long downFlow) {
        this.upFlow = upFlow;
        this.downFlow = downFlow;
        this.totalFlow = upFlow + downFlow;
    }

    @Override
    public void write(DataOutput out) throws IOException {
        out.writeLong(upFlow);
        out.writeLong(downFlow);
        out.writeLong(totalFlow);
    }

    @Override
    public void readFields(DataInput in) throws IOException {
        this.upFlow = in.readLong();
        this.downFlow = in.readLong();
        this.totalFlow = in.readLong();
    }

    public Long getUpFlow() {
        return upFlow;
    }

    public void setUpFlow(long upFlow) {
        this.upFlow = upFlow;
    }
```

```
    public Long getDownFlow() {
        return downFlow;
    }

    public void setDownFlow(long downFlow) {
        this.downFlow = downFlow;
    }

    public Long getTotalFlow() {
        return totalFlow;
    }

    public void setTotalFlow(long totalFlow) {
        this.totalFlow = totalFlow;
    }

    @Override
    public String toString() {
        return upFlow + "\t" + downFlow + "\t" + totalFlow;
    }
}
```

4．编写Mapper文件

在 Mapper 实现类中接收输入文本的每行数据，并将其转化成 String 字符串类型。每接收一行数据，Mapper 实现类就会调用一次 map 函数。在 map 函数中将转化成 String 字符串类型的数据按照空格进行分割，并封装为 K-V 键值对的形式。其中，key 为手机号码，value 为 FlowWritable 对象。

Partition 分区案例的目的是统计电话通信数据，并将统计结果按照手机号码的前三位输出到不同的文件中。编写一个 FlowsumMapper 类并重写一个 map 函数，具体的代码如下：

```
package com.xuzheng.mapreduce.wordcount;

import org.apache.hadoop.io.LongWritable;
import org.apache.hadoop.io.Text;
import org.apache.hadoop.mapreduce.Mapper;

import java.io.IOException;

public class FlowsumMapper extends Mapper<LongWritable, Text, Text,
FlowWritable> {
    Text k = new Text();
    FlowWritable flowWritable = new FlowWritable();
    @Override
    protected void map(LongWritable key, Text value, Context context) throws
IOException, InterruptedException {
        // 1. 读取 valu 值
        String line = value.toString();

        // 2. 分割字符串
        String[] fields = line.split("\t");
        String phone = fields[1];
```

```
        long upFlow = Long.parseLong(fields[fields.length - 3]);
        long downFlow = Long.parseLong(fields[fields.length - 2]);

        flowWritable.setUpFlow(upFlow);
        flowWritable.setDownFlow(downFlow);
        flowWritable.setTotalFlow(upFlow + downFlow);

        k.set(phone);
        context.write(k, flowWritable);
    }
}
```

5．编写Reducer文件

在 Reducer 实现类中接收 Mapper 实现类输出的 K-V 键值对。Reducer 实现类的所有业务处理逻辑由 reduce 函数负责，而且 reduce 函数会对输入的每一组具有相同 K 的 K-V 键值对进行调用，并汇总具有相同 K 的个数。编写一个 FlowReducer 类并重写一个 reduce 函数，具体代码如下：

```
package com.xuzheng.mapreduce.wordcount;

import org.apache.hadoop.io.Text;
import org.apache.hadoop.mapreduce.Reducer;

import java.io.IOException;

public class FlowReducer extends Reducer<Text, FlowWritable, Text,
FlowWritable> {
    @Override
    protected void reduce(Text key, Iterable<FlowWritable> values, Context
context) throws IOException, InterruptedException {
        long upFlowSum = 0L;
        long downFlowSum = 0L;
        for (FlowWritable flow : values) {
            upFlowSum += flow.getUpFlow();
            downFlowSum += flow.getDownFlow();
        }

        FlowWritable flowWritable = new FlowWritable(upFlowSum, downFlowSum);
        context.write(key, flowWritable);
    }
}
```

6．编写Driver文件

Driver 类负责配置 Mapper 实现类和 Reducer 实现类，并获得 job 对象实例。同时，Driver 类指定 MapReduce 程序 jar 所在的路径位置，并将整个 MapReduce 程序提交到 YARN 集群上。编写一个 FlowsumDriver 类，具体代码如下：

```
package com.xuzheng.mapreduce.wordcount;

import org.apache.hadoop.conf.Configuration;
import org.apache.hadoop.fs.Path;
import org.apache.hadoop.io.Text;
import org.apache.hadoop.mapreduce.Job;
```

```
import org.apache.hadoop.mapreduce.lib.input.FileInputFormat;
import org.apache.hadoop.mapreduce.lib.output.FileOutputFormat;

import java.io.IOException;

public class FlowsumDriver {
    public static void main(String[] args) throws IOException,
ClassNotFoundException, InterruptedException {
        // 1. 获取配置信息及封装任务
        Configuration configuration = new Configuration();
        Job job = Job.getInstance(configuration);

        // 2. 设置jar加载路径
        job.setJarByClass(FlowsumDriver.class);

        // 3. 设置map和reduce类
        job.setMapperClass(FlowsumMapper.class);
        job.setReducerClass(FlowsumReducer.class);

        // 4. 设置map输出
        job.setMapOutputKeyClass(Text.class);
        job.setMapOutputValueClass(FlowWritable.class);

        // 5. 设置最终输出K-V类型
        job.setOutputKeyClass(Text.class);
        job.setOutputValueClass(FlowWritable.class);

        // 6. 设置分区类
        job.setPartitionerClass(CustomPartition.class);

        // 7. 设置分区数量
        job.setNumReduceTasks(5);

        // 8. 设置输入和输出路径
        FileInputFormat.setInputPaths(job, new Path(args[0]));
        FileOutputFormat.setOutputPath(job, new Path(args[1]));

        // 9. 提交任务作业
        boolean result = job.waitForCompletion(true);

        System.exit(result ? 0 : 1);
    }
}
```

7. 自定义CustomPartition分区类

客户端是无法决定哪一个 K-V 键值对会存储到哪个分区的，也就是说对于默认分区实现类，客户端无法进行干预。在企业的实际开发中，Hadoop 官方提供的默认分区实现类不能满足应用场景，需要用户自定义 Partitioner 类型来实现人工干预分区。编写一个 CustomPartition 类，具体代码如下：

```
package com.xuzheng.mapreduce.wordcount;

import org.apache.hadoop.io.Text;
import org.apache.hadoop.mapreduce.Partitioner;
```

```
public class CustomPartition extends Partitioner<Text, FlowWritable> {
    @Override
    public int getPartition(Text key, FlowWritable value, int numPartitions) {
        //获取手机号
        String phoneNum = key.toString();
        //获取手机号的前三位
        String preNum = phoneNum.substring(0, 4);
        int partitionNum = 4;
        if("136".equals(preNum)){
            partitionNum = 0;
        }else if("137".equals(preNum)){
            partitionNum = 1;
        }else if("138".equals(preNum)){
            partitionNum = 2;
        }else if("139".equals(preNum)){
            partitionNum = 3;
        }else {
            partitionNum = 4;
        }
        return partitionNum;
    }
}
```

8．打包Maven工程

通过终端命令行进入 Maven 工程目录下，然后在该目录下执行如下命令进行 Maven 工程的打包操作。

```
D:\demo\mapreduce-demo> mvn package
```

打包成功后，在 Maven 工程的 target 目录下将会生成 mapreduce-demo-1.0-SNAPSHOT.jar 包，将该 jar 包上传到 Hadoop 集群中。

9．启动Hadoop集群

（1）启动 HDFS。

在 hadoop101 服务器节点上，通过如下命令一键启动整个 Hadoop 完全分布式集群的 HDFS 服务。

```
[xuzheng@hadoop101 hadoop-3.2.2]$ cd /opt/module/hadoop-3.2.2
[xuzheng@hadoop101 hadoop-3.2.2]$ sbin/start-dfs.sh
Starting namenodes on [hadoop101]
hadoop101: starting namenode, logging to hadoop-xuzheng-namenode-
hadoop101.out
hadoop101: starting datanode, logging to hadoop-xuzheng-datanode-
hadoop101.out
hadoop103: starting datanode, logging to hadoop-xuzheng-datanode-
hadoop103.out
hadoop102: starting datanode, logging to hadoop-xuzheng-datanode-
hadoop102.out
Starting secondary namenodes [hadoop103]
hadoop103: starting secondarynamenode, logging to secondarynamenode-
hadoop103.out
```

（2）启动 YARN。

在 hadoop102 服务器节点上，通过如下命令一键启动整个 Hadoop 完全分布式集群的 YARN 服务。值得注意的是，如果 NameNode 节点和 ResourceManger 节点不在同一台服务器，那么不能在 NameNode 节点上启动 YARN 服务，必须在 ResouceManager 所在的服务器上启动 YARN 服务。

```
[xuzheng@hadoop101 hadoop-3.2.2]$ cd /opt/module/hadoop-3.2.2
[xuzheng@hadoop101 hadoop-3.2.2]$ sbin/start-yarn.sh
starting yarn daemons
starting resourcemanager, logging to /opt/module/hadoop-3.2.2/
resourcemanager-hadoop102.out
hadoop103: starting nodemanager, logging to yarn-xuzheng-nodemanager-
hadoop103.out
hadoop101: starting nodemanager, logging to yarn-xuzheng-nodemanager-
hadoop101.out
hadoop102: starting nodemanager, logging to yarn-xuzheng-nodemanager-
hadoop102.out
```

（3）启动历史服务器。

虽然 HDFS 和 YARN 可以通过群体方式启动，但是历史服务器需要单独启动。在 hadoop101 服务器节点上执行如下命令：

```
[xuzheng@hadoop101 hadoop-3.2.2]$ cd /opt/module/hadoop-3.2.2
[xuzheng@hadoop101 hadoop-3.2.2]$ sbin/mr-jobhistory-daemon.sh start
historyserver
```

（4）上传输入文件。

HDFS 和 YARN 启动后，将输入文件 phone_data.txt 上传到 HDFS 上。使用 mkdir 命令创建一个输入目录/input 和一个输出目录/output，在 HDFS 中执行如下命令，创建 HDFS 目录。

```
[xuzheng@hadoop101 hadoop-3.2.2]$ cd /opt/module/hadoop-3.2.2
[xuzheng@hadoop101 hadoop-3.2.2]$ bin/hdfs dfs -mkdir /input
[xuzheng@hadoop101 hadoop-3.2.2]$ bin/hdfs dfs -mkdir /output
[xuzheng@localhost hadoop-3.2.2]# bin/hdfs dfs -ls /
Found 4 items
drwxr-xr-x   - xuzheng supergroup     0 2020-07-03 10:47 /dh-test
drwxr-xr-x   - xuzheng supergroup     0 2020-07-05 20:43 /spark_history
drwxr-xr-x   - xuzheng supergroup     0 2020-07-20 13:43 /input
drwxr-xr-x   - xuzheng supergroup     0 2020-07-20 13:44 /output
```

然后将输入文件 phone_data.txt 上传到 HDFS 的/input 目录下。在 HDFS 中执行如下命令将文件上传至 HDFS 目录下。

```
[xuzheng@localhost hadoop-3.2.2]$ cd /opt/module/hadoop-3.2.2
[xuzheng@localhost hadoop-3.2.2]# bin/hdfs dfs -put phone_data.txt /input
[xuzheng@localhost hadoop-3.2.2]# bin/hdfs dfs -ls /input
Found 1 items
-rw-r--r--   1 xuzheng supergroup     1366 2020-07-20 14:28 /input/
phone_data.txt
```

10．运行MapReduce程序

将 MapReduce 程序生成的 jar 上传到 Hadoop 集群的/opt/software 目录下，执行如下命令，可以运行一个 MapReduce 程序。

```
[xuzheng@localhost hadoop-3.2.2]$ cd /opt/module/hadoop-3.2.2
[xuzheng@localhost hadoop-3.2.2]# bin/hadoop jar /opt/software/mapreduce-
demo-1.0-SNAPSHOT.jar com.xuzheng.mapreduce.wordcount.FlowsumDriver
/input/ /output
```

11. 备注

在 Partition 分区案例中，不仅要自定义 Partition 分区类，同时还要设置开启 ReduceTask 进程的数量。此外，自定义 Partition 分区类中分区的数量和开启 ReduceTask 进程的数量要保持一致。在自定义 Partition 分区类中，设置分区号必须要从 0 开始，逐一累加。

如果开启 ReduceTask 进程的数量大于自定义 Partition 分区类中分区的数量，那么 MapReduce 程序会产生 ReduceTask 进程数量的输出文件，超过分区数量的文件为空文件。

如果开启 ReduceTask 进程的数量小于自定义 Partition 分区类中分区的数量并且不止一个，那么一部分数据就会无法选择分区，导致系统崩溃，出现异常。如果开启 ReduceTask 进程的数量为一个，那么最终只会产生一个输出文件。

10.3.4　WritableComparable 排序简介

在 MapReduce 程序执行过程中，排序是最常见且最重要的操作之一。在默认的情况下，MapTask 阶段和 ReduceTask 阶段都会对数据按照 K-V 键值对中的 key 进行排序。在默认情况下，MapReduce 排序规则是按照 key 的字典顺序进行排序，并且采用快速排序算法进行排序。

在 MapTask 阶段，经过 map 函数处理后，Mapper 类会将处理后的 K-V 键值对通过 context.write 方法输出到 Shuffle 环形缓冲区，当环形缓冲区内存储的数据达到一定的阈值后，环形缓冲区开始对其中的数据按照 key 的字典顺序进行一次快速排序，并将环形缓冲区中的有序数据溢写到磁盘上。经过多次溢写并且数据处理完成后，MapReduce 会将磁盘上的所有溢写文件进行归并排序。

在 Reduce 阶段，MapReduce 会根据分区的个数开启相应个数的 ReduceTask 进程。每个 ReduceTask 进程会主动在所有的 MapTask 进程中的相应分区下载数据文件。如果文件大小超过设定的阈值，则 ReduceTask 进程会将文件溢写到磁盘上。在经过多次溢写，磁盘上文件的数量超过预先设定的阈值后，MapReduce 会将多个磁盘溢写文件进行归并排序，并生成一个新的文件。

当 ReduceTask 进程的内存中存储的文件大小或者数量达到一定的阈值时，ReduceTask 会将这些数据进行合并，然后将数据溢写到磁盘上并生成一个新的文件。在所有的 ReduceTask 进程下载完数据文件后，MapReduce 会统一将内存中的数据和磁盘上的数据进行一次归并排序。

在 MapReduce 中，Hadoop 官方提供了多种排序类型，包括部分排序、全排序、辅助排序和二次排序。

部分排序是指 MapReduce 会按照输入 K-V 键值对中的 key 进行排序，并且保证分区后的每个输出文件内部有序。

全排序是指 MapReduce 程序只设置一个 ReduceTask 进程，也就是说最终的输出文件只有一个，并且文件内部有序。当输入的数据文件很大时，MapReduce 处理效率会很低，因为完全放弃了 MapReduce 提供的分布式计算机制。

辅助排序是指在 Reduce 阶段将输入的 K-V 键值对按照 key 进行分组。例如，当输入 K-V 键值对中的 key 为 bean 对象时，MapReduce 可以将 bean 对象中的一个或者几个字段作为比较规则，具有相同 key 的数据进入同一个 reduce 方法。

二次排序是指在自定义排序过程中，compareTo 方法的判断条件有两个。

10.3.5　WritableComparable 全排序案例实战

在 10.3.4 节中讲解了 WritableComparable 排序及排序的分类，本节将实现一个 WritableComparable 全排序案例，帮助读者提升对 WritableComparable 排序机制的理解。

WritableComparable 全排序案例的需求是对手机通信总流量进行统计，将统计结果进行倒序排序并输出到文件中，程序的具体编写步骤如下。

1. 准备输入文件

在 WritableComparable 全排序案例中输入文件 phone_data.txt。为了便于读者快速构建案例，笔者已经将输入文件 phone_data.txt 上传至笔者独立部署的 FTP 服务器上，读者可以访问 FTP 服务器地址 http://118.89.217.234:8000，下载该案例的输入文件。

本节的 WritableComparable 全排序案例的需求能够对手机通信总流量进行统计，然后将统计结果进行倒序排序并输出到文件中。

在本例中，输入文件的大致内容如下：

```
13470253144    180      180       360
13509468723    7335     110349    117684
13560439638    918      4938      5856
13568436656    3597     25635     29232
13590439668    1116     954       2070
13630577991    6960     690       7650
13682846555    1938     2910      4848
13729199489    240      0         240
13736230513    2481     24681     27162
13768778790    120      120       240
13846544121    264      0         264
13956435636    132      1512      1644
13966251146    240      0         240
13975057813    11058    48243     59301
13992314666    3008     3720      6728
15043685818    3659     3538      7197
15910133277    3156     2936      6092
15959002129    1938     180       2118
18271575951    1527     2106      3633
18390173782    9531     2412      11943
```

根据上述输入文件及 WritableComparable 全排序案例的实现功能，我们期望的输出数据大致如下：

```
13509468723    7335     110349    117684
13975057813    11058    48243     59301
13568436656    3597     25635     29232
```

```
13736230513    2481       24681       27162
......
```

2. 搭建一个Maven工程

本例基于集成开发工具 IntelliJ IDEA 进行 Java 编程开发，并且构建一个 Maven 工程 mapreduce-demo 实现一个 MapReduce 分布式计算程序。为了搭建一个 Maven 工程项目，需要执行如下几步。

（1）打开 IntelliJ IDEA。

打开集成开发工具 IntelliJ IDEA，单击 Create New Project 选项创建一个项目，如图 10.26 所示。

图 10.26　打开 IDEA 开发工具

（2）选择 Maven 工程。

在弹出的对话框中选择一个 Maven 工程，然后配置 Java 的版本信息，最后单击 Next 按钮，如图 10.27 所示。

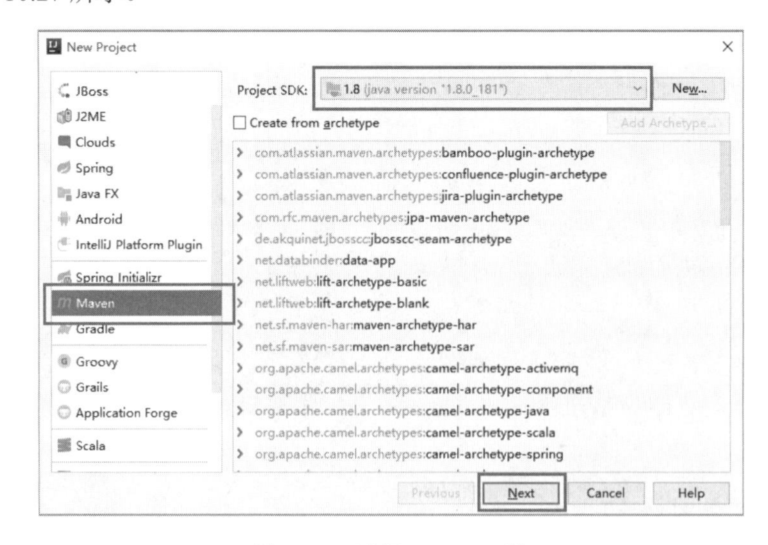

图 10.27　选择 Maven 工程

（3）添加 Maven 工程版本信息。

在弹出的对话框中填写 Maven 工程的版本信息，如 GroupId、ArtifactId 和 Version，单击 Next 按钮，如图 10.28 所示。

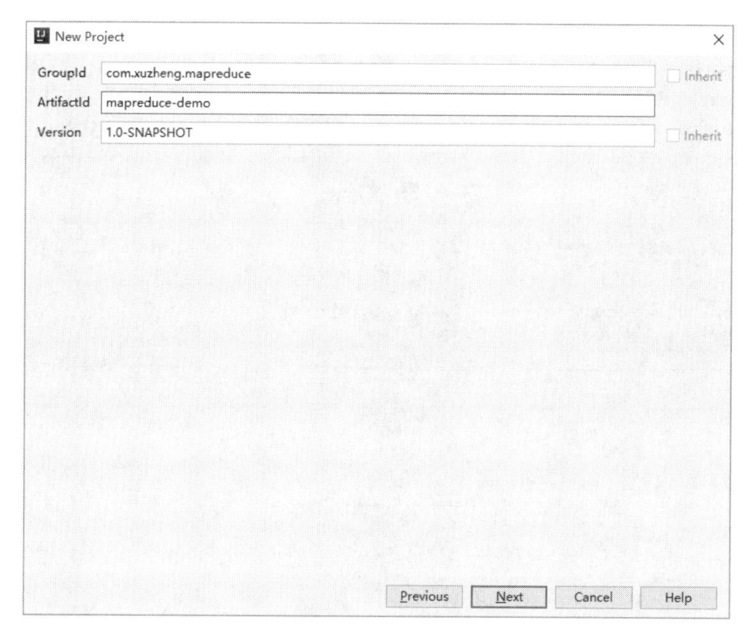

图 10.28　添加 Maven 工程版本信息

（4）填写 Maven 工程名称和存储位置。

在弹出的对话框中填写 Maven 工程的名称和存储位置，单击 Finish 按钮，如图 10.29 所示。

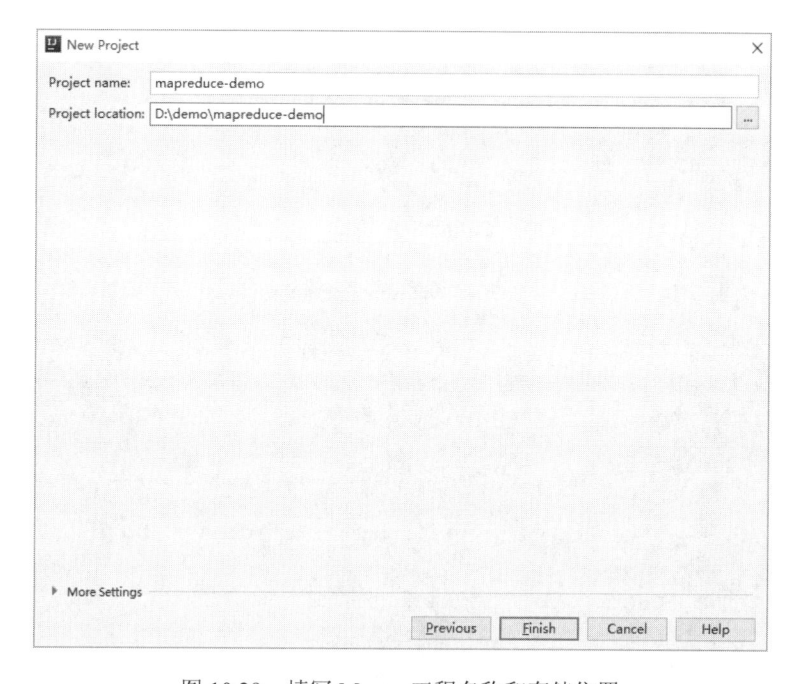

图 10.29　填写 Maven 工程名称和存储位置

（5）添加依赖包的信息。

pom.xml 文件是 Maven 工程项目的一种配置文件，用来标记项目的相关开发包引入坐标、依赖关系和使用者需要遵守的规则等信息。在该 Maven 项目的 pom.xml 文件中添加内容如下：

```
<?xml version="1.0" encoding="UTF-8"?>
<project xmlns="http://maven.apache.org/POM/4.0.0"
        xmlns:xsi="http://www.w3.org/2001/XMLSchema-instance"
        xsi:schemaLocation="http://maven.apache.org/POM/4.0.0
http://maven.apache.org/xsd/maven-4.0.0.xsd">
    <modelVersion>4.0.0</modelVersion>

    <groupId>com.xuzheng.mapreduce</groupId>
    <artifactId>mapreduce-demo</artifactId>
    <version>1.0-SNAPSHOT</version>

    <dependencies>
        <dependency>
            <groupId>junit</groupId>
            <artifactId>junit</artifactId>
            <version>RELEASE</version>
        </dependency>
        <dependency>
            <groupId>org.apache.logging.log4j</groupId>
            <artifactId>log4j-core</artifactId>
            <version>2.8.2</version>
        </dependency>
        <dependency>
            <groupId>org.apache.hadoop</groupId>
            <artifactId>hadoop-common</artifactId>
            <version>3.2.2</version>
        </dependency>
        <dependency>
            <groupId>org.apache.hadoop</groupId>
            <artifactId>hadoop-client</artifactId>
            <version>3.2.2</version>
        </dependency>
        <dependency>
            <groupId>org.apache.hadoop</groupId>
            <artifactId>hadoop-hdfs</artifactId>
            <version>3.2.2</version>
        </dependency>
    </dependencies>

    <build>
        <plugins>
            <plugin>
                <artifactId>maven-compiler-plugin</artifactId>
                <version>2.3.2</version>
                <configuration>
                    <source>1.8</source>
                    <target>1.8</target>
                </configuration>
            </plugin>
            <plugin>
                <artifactId>maven-assembly-plugin </artifactId>
```

```
                <configuration>
                    <descriptorRefs>
                        <descriptorRef>jar-with-dependencies</descriptorRef>
                    </descriptorRefs>
                    <archive>
                        <manifest>
<mainClass>com.xuzheng.mapreduce.wordcount.FlowsumDriver</mainClass>
                        </manifest>
                    </archive>
                </configuration>
                <executions>
                    <execution>
                        <id>make-assembly</id>
                        <phase>package</phase>
                        <goals>
                            <goal>single</goal>
                        </goals>
                    </execution>
                </executions>
            </plugin>
        </plugins>
    </build>
</project>
```

（6）添加 log4j 配置文件。

本例在创建 Maven 项目时引入了 log4j 的 jar 包，为了能够正常运行 log4j 程序，需要在 src/main/resources 目录下添加一个 log4j.properties 配置文件并添加如下内容：

```
log4j.rootLogger=INFO, stdout
log4j.appender.stdout=org.apache.log4j.ConsoleAppender
log4j.appender.stdout.layout=org.apache.log4j.PatternLayout
log4j.appender.stdout.layout.ConversionPattern=%d %p [%c] - %m%n
log4j.appender.logfile=org.apache.log4j.FileAppender
log4j.appender.logfile.File=target/spring.log
log4j.appender.logfile.layout=org.apache.log4j.PatternLayout
log4j.appender.logfile.layout.ConversionPattern=%d %p [%c] - %m%n
```

3. 定义序列化对象

首先创建一个统计手机总流量的序列化类 FlowBean 类，并实现 Hadoop 官方提供的序列化接口 WritableComparable。在进行反序列化时，需要使用 Java 的反射技术调用空参构造函数，因此在用户创建的自定义类型中必须包含无参构造方法 FlowBean。在实现序列化接口类时，需要重写序列化方法和反序列化方法，值得注意的是，反序列化的顺序和序列化的顺序要保持完全一致。最后，还需要实现 WritableComparable 类中的 compareTo 方法，用于自定义排序。

```
package com.xuzheng.mapreduce.wordcount;
import java.io.DataInput;
import java.io.DataOutput;
import java.io.IOException;
import org.apache.hadoop.io.WritableComparable;

public class FlowBean implements WritableComparable<FlowBean> {
```

```
    private long upFlow;
    private long downFlow;
    private long sumFlow;

    // Java 空参构造函数
    public FlowBean() {
        super();
    }

    public FlowBean(long upFlow, long downFlow) {
        super();
        this.upFlow = upFlow;
        this.downFlow = downFlow;
        this.sumFlow = upFlow + downFlow;
    }

    public void set(long upFlow, long downFlow) {
        this.upFlow = upFlow;
        this.downFlow = downFlow;
        this.sumFlow = upFlow + downFlow;
    }

    public long getSumFlow() {
        return sumFlow;
    }

    public void setSumFlow(long sumFlow) {
        this.sumFlow = sumFlow;
    }

    public long getUpFlow() {
        return upFlow;
    }

    public void setUpFlow(long upFlow) {
        this.upFlow = upFlow;
    }

    public long getDownFlow() {
        return downFlow;
    }

    public void setDownFlow(long downFlow) {
        this.downFlow = downFlow;
    }

    /**
     * 序列化方法
     * @param out
     * @throws IOException
     */
    @Override
    public void write(DataOutput out) throws IOException {
        out.writeLong(upFlow);
        out.writeLong(downFlow);
        out.writeLong(sumFlow);
```

```
        }

        /**
         * 反序列化方法 注意反序列化的顺序和序列化的顺序完全一致
         * @param in
         * @throws IOException
         */
        @Override
        public void readFields(DataInput in) throws IOException {
            upFlow = in.readLong();
            downFlow = in.readLong();
            sumFlow = in.readLong();
        }

        @Override
        public String toString() {
            return upFlow + "\t" + downFlow + "\t" + sumFlow;
        }

        @Override
        public int compareTo(FlowBean o) {

            int result;

            // 按照总流量大小进行倒序排列
            if (sumFlow > bean.getSumFlow()) {
                result = -1;
            }else if (sumFlow < bean.getSumFlow()) {
                result = 1;
            }else {
                result = 0;
            }

            return result;
        }
    }
```

4. 编写Mapper文件

在 Mapper 实现类中接收输入文本中的每行数据，并将其转化成 String 字符串类型。每接收一行数据，Mapper 实现类就会调用一次 map 函数。在 map 函数中将转化成 String 字符串类型的数据按照空格进行分割，截取手机的上行流量和下行流量并封装成 FlowBean 对象，然后将封装好的 FlowBean 对象和手机号码封装为 K-V 键值对的形式。其中，key 为 FlowBean 对象，value 为手机号码。

WritableComparable 全排序案例的目的是统计手机通信中的总流量并将统计结果进行倒序排序，然后输出到文件中。编写一个 FlowCountSortMapper 类并重写一个 map 函数，具体代码如下：

```
package com.xuzheng.mapreduce.wordcount;
import java.io.IOException;
import org.apache.hadoop.io.LongWritable;
import org.apache.hadoop.io.Text;
import org.apache.hadoop.mapreduce.Mapper;
```

```
public class FlowCountSortMapper extends Mapper<LongWritable, Text,
FlowBean, Text>{

    FlowBean bean = new FlowBean();
    Text v = new Text();

    @Override
    protected void map(LongWritable key, Text value, Context context)
throws IOException, InterruptedException {

        // 1. 获取一行数据
        String line = value.toString();

        // 2. 截取手机流量
        String[] fields = line.split("\t");

        // 3. 封装对象
        String phoneNbr = fields[0];
        long upFlow = Long.parseLong(fields[1]);
        long downFlow = Long.parseLong(fields[2]);

        bean.set(upFlow, downFlow);
        v.set(phoneNbr);

        // 4. 输出 bean 对象
        context.write(bean, v);
    }
}
```

5. 编写Reducer文件

在 Reducer 实现类中接收 Mapper 实现类输出的 K-V 键值对。Reducer 实现类的所有业务处理逻辑由 reduce 函数负责，而且 reduce 函数会对输入的每组具有相同 K 的 K-V 键值对进行调用。编写一个 FlowReducer 类并重写一个 reduce 函数，具体代码如下：

```
package com.xuzheng.mapreduce.wordcount;

import java.io.IOException;
import org.apache.hadoop.io.Text;
import org.apache.hadoop.mapreduce.Reducer;

public class FlowCountSortReducer extends Reducer<FlowBean, Text, Text,
FlowBean>{

    @Override
    protected void reduce(FlowBean key, Iterable<Text> values, Context
context)    throws IOException, InterruptedException {

        // 循环输出，避免总流量相同情况
        for (Text value : values) {
            context.write(value, key);
        }
    }
}
```

6．编写Driver文件

Driver 类负责配置 Mapper 实现类和 Reducer 实现类，并获得 job 对象实例。同时，Driver 类指定 MapReduce 程序 jar 所在的路径位置，并将整个 MapReduce 程序提交到 YARN 集群上。编写一个 FlowCountSortDriver 类，具体代码如下：

```
package com.xuzheng.mapreduce.wordcount;

import java.io.IOException;
import org.apache.hadoop.conf.Configuration;
import org.apache.hadoop.fs.Path;
import org.apache.hadoop.io.Text;
import org.apache.hadoop.mapreduce.Job;
import org.apache.hadoop.mapreduce.lib.input.FileInputFormat;
import org.apache.hadoop.mapreduce.lib.output.FileOutputFormat;

public class FlowCountSortDriver {

    public static void main(String[] args) throws ClassNotFoundException,
IOException, InterruptedException {

        // 1. 获取配置信息或者 job 对象实例
        Configuration configuration = new Configuration();
        Job job = Job.getInstance(configuration);

        // 2. 指定本程序的 jar 包所在的本地路径
        job.setJarByClass(FlowCountSortDriver.class);

        // 3. 指定本业务 job 要使用的 mapper/Reducer 业务类
        job.setMapperClass(FlowCountSortMapper.class);
        job.setReducerClass(FlowCountSortReducer.class);

        // 4. 指定 mapper 输出数据的 K-V 类型
        job.setMapOutputKeyClass(FlowBean.class);
        job.setMapOutputValueClass(Text.class);

        // 5. 指定最终输出的数据的 K-V 类型
        job.setOutputKeyClass(Text.class);
        job.setOutputValueClass(FlowBean.class);

        // 6. 指定 job 的原始输入文件所在目录
        FileInputFormat.setInputPaths(job, new Path(args[0]));
        FileOutputFormat.setOutputPath(job, new Path(args[1]));

        // 7. 将 job 中配置的相关参数及 job 所用的 Java 类所在的 jar 包提交到 YARN 运行
        boolean result = job.waitForCompletion(true);
        System.exit(result ? 0 : 1);
    }
}
```

7．打包Maven工程

通过终端命令行进入 Maven 工程目录下，然后在该目录下执行如下命令进行 Maven 工程的打包操作。

```
D:\demo\mapreduce-demo> mvn package
```

打包成功后，在 Maven 工程中的 target 目录下将会生成 mapreduce-demo-1.0-SNAPSHOT.jar 包，将该 jar 包上传到 Hadoop 集群中。

8．启动Hadoop集群

（1）启动 HDFS。

在 hadoop101 服务器节点上，通过如下命令一键启动整个 Hadoop 完全分布式集群的 HDFS 服务。

```
[xuzheng@hadoop101 hadoop-3.2.2]$ cd /opt/module/hadoop-3.2.2
[xuzheng@hadoop101 hadoop-3.2.2]$ sbin/start-dfs.sh
Starting namenodes on [hadoop101]
hadoop101: starting namenode, logging to hadoop-xuzheng-namenode-
hadoop101.out
hadoop101: starting datanode, logging to hadoop-xuzheng-datanode-
hadoop101.out
hadoop103: starting datanode, logging to hadoop-xuzheng-datanode-
hadoop103.out
hadoop102: starting datanode, logging to hadoop-xuzheng-datanode-
hadoop102.out
Starting secondary namenodes [hadoop103]
hadoop103: starting secondarynamenode, logging to secondarynamenode-
hadoop103.out
```

（2）启动 YARN。

在 hadoop102 服务器节点上，通过如下命令一键启动整个 Hadoop 完全分布式集群的 YARN 服务。值得注意的是，如果 NameNode 节点和 ResourceManger 节点不在同一台服务器上，那么不能在 NameNode 节点上启动 YARN 服务，必须在 ResouceManager 所在的服务器上启动 YARN 服务。

```
[xuzheng@hadoop101 hadoop-3.2.2]$ cd /opt/module/hadoop-3.2.2
[xuzheng@hadoop101 hadoop-3.2.2]$ sbin/start-yarn.sh
starting yarn daemons
starting resourcemanager, logging to /opt/module/hadoop-3.2.2/
resourcemanager-hadoop102.out
hadoop103: starting nodemanager, logging to yarn-xuzheng-nodemanager-
hadoop103.out
hadoop101: starting nodemanager, logging to yarn-xuzheng-nodemanager-
hadoop101.out
hadoop102: starting nodemanager, logging to yarn-xuzheng-nodemanager-
hadoop102.out
```

（3）启动历史服务器。

虽然 HDFS 和 YARN 可以通过群体方式启动，但是历史服务器需要单独启动。在 hadoop101 服务器节点上执行如下命令：

```
[xuzheng@hadoop101 hadoop-3.2.2]$ cd /opt/module/hadoop-3.2.2
[xuzheng@hadoop101 hadoop-3.2.2]$ sbin/mr-jobhistory-daemon.sh start
historyserver
```

（4）上传输入文件。

启动 HDFS 和 YARN 后，将输入文件 phone_data.txt 上传到 HDFS 上。使用 mkdir 命令创建一个输入目录/input 和一个输出目录/output，在 HDFS 中执行如下命令创建 HDFS

目录。

```
[xuzheng@hadoop101 hadoop-3.2.2]$ cd /opt/module/hadoop-3.2.2
[xuzheng@hadoop101 hadoop-3.2.2]$ bin/hdfs dfs -mkdir /input
[xuzheng@hadoop101 hadoop-3.2.2]$ bin/hdfs dfs -mkdir /output
[xuzheng@localhost hadoop-3.2.2]# bin/hdfs dfs -ls /
Found 4 items
drwxr-xr-x   - xuzheng supergroup     0 2020-07-03 10:47 /dh-test
drwxr-xr-x   - xuzheng supergroup     0 2020-07-05 20:43 /spark_history
drwxr-xr-x   - xuzheng supergroup     0 2020-07-20 13:43 /input
drwxr-xr-x   - xuzheng supergroup     0 2020-07-20 13:44 /output
```

然后将输入文件 phone_data.txt 上传到 HDFS 的/input 目录下。在 HDFS 中执行如下命令，可以将文件上传至 HDFS 目录下。

```
[xuzheng@localhost hadoop-3.2.2]$ cd /opt/module/hadoop-3.2.2
[xuzheng@localhost hadoop-3.2.2]# bin/hdfs dfs -put phone_data.txt /input
[xuzheng@localhost hadoop-3.2.2]# bin/hdfs dfs -ls /input
Found 1 items
-rw-r--r--   1 xuzheng supergroup      1366 2020-07-20 14:28 /input/
phone_data.txt
```

9．运行MapReduce程序

将 MapReduce 程序生成的 jar 上传到 Hadoop 集群的/opt/software 目录下，执行如下命令，可以运行一个 MapReduce 程序。

```
[xuzheng@localhost hadoop-3.2.2]$ cd /opt/module/hadoop-3.2.2
[xuzheng@localhost hadoop-3.2.2]# bin/hadoop jar /opt/software/mapreduce-
demo-1.0-SNAPSHOT.jar com.xuzheng.mapreduce.wordcount.FlowCountSortDriver
/input/ /output
```

10.3.6　WritableComparable 区内排序案例实战

前面讲解了 Partition 分区和 WritableComparable 排序，本节将实现一个 WritableComparable 区内排序案例，帮助读者提升对于分区和排序相结合的理解。

WritableComparable 区内排序案例的目的是统计手机通信的总流量，然后将统计结果按照手机号码的前三位输出到不同的文件中，并将每个文件的统计结果进行倒序排序，具体编写步骤如下。

1．准备输入文件

在 WritableComparable 全排序案例中，首先需要准备输入文件 phone_data.txt。为了便于读者快速构建案例，笔者已经将输入文件 phone_data.txt 上传至笔者独立部署的 FTP 服务器上，读者可以访问 FTP 服务器地址 http://118.89.217.234:8000，下载该案例的输入文件。

本节的 WritableComparable 区内排序案例的目的是对手机通讯总流量进行统计，然后将统计结果按照手机号码的前三位输出到不同的文件中，并将每个文件的统计结果进行倒序排序。

在本案例中，输入文件的大致内容如下：

```
13470253144     180      180       360
13509468723     7335     110349    117684
```

```
13560439638     918      4938       5856
13568436656     3597     25635      29232
13590439668     1116     954        2070
13630577991     6960     690        7650
13682846555     1938     2910       4848
13729199489     240      0          240
13736230513     2481     24681      27162
13768778790     120      120        240
13846544121     264      0          264
13956435636     132      1512       1644
13966251146     240      0          240
13975057813     11058    48243      59301
13992314666     3008     3720       6728
15043685818     3659     3538       7197
15910133277     3156     2936       6092
15959002129     1938     180        2118
18271575951     1527     2106       3633
18390173782     9531     2412       11943
```

根据上述输入文件及 WritableComparable 区内排序案例的实现功能，我们期望的输出数据是手机号前三位不同的数据分别存放在独立的文件中，并且每个文件都是按照统计结果进行倒序排序的。

2. 搭建一个Maven工程

本例基于集成开发工具 IntelliJ IDEA 进行 Java 编程开发，并且构建一个 Maven 工程 mapreduce-demo，实现一个 MapReduce 分布式计算程序。为了搭建一个 Maven 工程项目，需要执行如下几步。

（1）利用 IntelliJ IDEA 构建 Maven 基础工程。

执行步骤可参考 10.3.5 节的搭建 Maven 工程的步骤，这里不再赘述。

（2）添加依赖包的信息。

pom.xml 文件是 Maven 工程项目的一种配置文件，用来标记项目的相关开发包引入坐标、依赖关系和使用者需要遵守的规则等信息。在该 Maven 项目的 pom.xml 文件中添加内容如下：

```
<?xml version="1.0" encoding="UTF-8"?>
<project xmlns="http://maven.apache.org/POM/4.0.0"
         xmlns:xsi="http://www.w3.org/2001/XMLSchema-instance"
         xsi:schemaLocation="http://maven.apache.org/POM/4.0.0
http://maven.apache.org/xsd/maven-4.0.0.xsd">
    <modelVersion>4.0.0</modelVersion>

    <groupId>com.xuzheng.mapreduce</groupId>
    <artifactId>mapreduce-demo</artifactId>
    <version>1.0-SNAPSHOT</version>

    <dependencies>
        <dependency>
            <groupId>junit</groupId>
            <artifactId>junit</artifactId>
            <version>RELEASE</version>
        </dependency>
        <dependency>
```

```
            <groupId>org.apache.logging.log4j</groupId>
            <artifactId>log4j-core</artifactId>
            <version>2.8.2</version>
        </dependency>
        <dependency>
            <groupId>org.apache.hadoop</groupId>
            <artifactId>hadoop-common</artifactId>
            <version>3.2.2</version>
        </dependency>
        <dependency>
            <groupId>org.apache.hadoop</groupId>
            <artifactId>hadoop-client</artifactId>
            <version>3.2.2</version>
        </dependency>
        <dependency>
            <groupId>org.apache.hadoop</groupId>
            <artifactId>hadoop-hdfs</artifactId>
            <version>3.2.2</version>
        </dependency>
    </dependencies>

    <build>
        <plugins>
            <plugin>
                <artifactId>maven-compiler-plugin</artifactId>
                <version>2.3.2</version>
                <configuration>
                    <source>1.8</source>
                    <target>1.8</target>
                </configuration>
            </plugin>
            <plugin>
                <artifactId>maven-assembly-plugin </artifactId>
                <configuration>
                    <descriptorRefs>
                        <descriptorRef>jar-with-dependencies</descriptorRef>
                    </descriptorRefs>
                    <archive>
                        <manifest>
  <mainClass>com.xuzheng.mapreduce.wordcount.FlowCountSortDriver </mainClass>
                        </manifest>
                    </archive>
                </configuration>
                <executions>
                    <execution>
                        <id>make-assembly</id>
                        <phase>package</phase>
                        <goals>
                            <goal>single</goal>
                        </goals>
                    </execution>
                </executions>
            </plugin>
        </plugins>
    </build>
</project>
```

（3）添加 log4j 配置文件。

本例在创建 Maven 项目时引入了 log4j 的 jar 包，为了能够正常运行 log4j 程序，需要在 src/main/resources 目录下添加一个 log4j.properties 配置文件，并添加如下内容：

```
log4j.rootLogger=INFO, stdout
log4j.appender.stdout=org.apache.log4j.ConsoleAppender
log4j.appender.stdout.layout=org.apache.log4j.PatternLayout
log4j.appender.stdout.layout.ConversionPattern=%d %p [%c] - %m%n
log4j.appender.logfile=org.apache.log4j.FileAppender
log4j.appender.logfile.File=target/spring.log
log4j.appender.logfile.layout=org.apache.log4j.PatternLayout
log4j.appender.logfile.layout.ConversionPattern=%d %p [%c] - %m%n
```

3．定义序列化对象

首先创建一个统计手机总流量的序列化类 FlowBean 类，并实现 Hadoop 官方提供的序列化接口 WritableComparable。当进行反序列化时，需要使用 Java 的反射技术调用空参构造函数，因此在用户创建的自定义类型中必须包含无参构造方法 FlowBean。在实现序列化接口类时，需要重写序列化方法和反序列化方法，注意，反序列化的顺序和序列化的顺序要保持完全一致。最后还需要实现 WritableComparable 类中的 compareTo 方法，用于自定义排序。

```
package com.xuzheng.mapreduce.wordcount;
import java.io.DataInput;
import java.io.DataOutput;
import java.io.IOException;
import org.apache.hadoop.io.WritableComparable;

public class FlowBean implements WritableComparable<FlowBean> {

    private long upFlow;
    private long downFlow;
    private long sumFlow;

    // Java 空参构造函数
    public FlowBean() {
        super();
    }

    public FlowBean(long upFlow, long downFlow) {
        super();
        this.upFlow = upFlow;
        this.downFlow = downFlow;
        this.sumFlow = upFlow + downFlow;
    }

    public void set(long upFlow, long downFlow) {
        this.upFlow = upFlow;
        this.downFlow = downFlow;
        this.sumFlow = upFlow + downFlow;
    }

    public long getSumFlow() {
        return sumFlow;
```

```
    }

    public void setSumFlow(long sumFlow) {
        this.sumFlow = sumFlow;
    }

    public long getUpFlow() {
        return upFlow;
    }

    public void setUpFlow(long upFlow) {
        this.upFlow = upFlow;
    }

    public long getDownFlow() {
        return downFlow;
    }

    public void setDownFlow(long downFlow) {
        this.downFlow = downFlow;
    }

    /**
     * 序列化方法
     * @param out
     * @throws IOException
     */
    @Override
    public void write(DataOutput out) throws IOException {
        out.writeLong(upFlow);
        out.writeLong(downFlow);
        out.writeLong(sumFlow);
    }

    /**
     * 反序列化方法 注意反序列化的顺序和序列化的顺序完全一致
     * @param in
     * @throws IOException
     */
    @Override
    public void readFields(DataInput in) throws IOException {
        upFlow = in.readLong();
        downFlow = in.readLong();
        sumFlow = in.readLong();
    }

    @Override
    public String toString() {
        return upFlow + "\t" + downFlow + "\t" + sumFlow;
    }

    @Override
    public int compareTo(FlowBean o) {

        int result;
```

```
        // 按照总流量大小，倒序排列
        if (sumFlow > bean.getSumFlow()) {
            result = -1;
        }else if (sumFlow < bean.getSumFlow()) {
            result = 1;
        }else {
            result = 0;
        }

        return result;
    }
}
```

4．编写Mapper文件

在 Mapper 实现类中接收输入文本的每行数据，并转化成 String 字符串类型。每接收一行数据，Mapper 实现类就会调用一次 map 函数。在 map 函数中将转化成 String 字符串类型的数据按照空格进行分割，截取手机的上行流量和下行流量并封装成 FlowBean 对象。然后将封装好的 FlowBean 对象和手机号码封装为 K-V 键值对的形式。其中，key 为 FlowBean 对象，value 为手机号码。

WritableComparable 全排序案例的需求是对手机通信总流量进行统计并将统计结果进行倒序排序后输出到文件中。编写一个 FlowCountSortMapper 类并重写一个 map 函数，具体代码如下：

```
package com.xuzheng.mapreduce.wordcount;
import java.io.IOException;
import org.apache.hadoop.io.LongWritable;
import org.apache.hadoop.io.Text;
import org.apache.hadoop.mapreduce.Mapper;

public class FlowCountSortMapper extends Mapper<LongWritable, Text,
FlowBean, Text>{

    FlowBean bean = new FlowBean();
    Text v = new Text();

    @Override
    protected void map(LongWritable key, Text value, Context context)
throws IOException, InterruptedException {

        // 1. 获取一行数据
        String line = value.toString();

        // 2. 截取手机流量
        String[] fields = line.split("\t");

        // 3. 封装对象
        String phoneNbr = fields[0];
        long upFlow = Long.parseLong(fields[1]);
        long downFlow = Long.parseLong(fields[2]);

        bean.set(upFlow, downFlow);
        v.set(phoneNbr);
```

```
        // 4. 输出 bean 对象
        context.write(bean, v);
    }
}
```

5. 编写Reducer文件

在 Reducer 实现类中接收 Mapper 实现类输出的 K-V 键值对。Reducer 实现类的所有业务处理逻辑由 reduce 函数负责，而且 reduce 函数会对输入的每一组具有相同 K 的 K-V 键值对进行调用。编写一个 FlowReducer 类并重写一个 reduce 函数，具体代码如下：

```
package com.xuzheng.mapreduce.wordcount;

import java.io.IOException;
import org.apache.hadoop.io.Text;
import org.apache.hadoop.mapreduce.Reducer;

public class FlowCountSortReducer extends Reducer<FlowBean, Text, Text,
FlowBean>{

    @Override
    protected void reduce(FlowBean key, Iterable<Text> values, Context
context)    throws IOException, InterruptedException {

        // 循环输出，避免出现总流量相同的情况
        for (Text value : values) {
            context.write(value, key);
        }
    }
}
```

6. 编写Driver文件

Driver 负责配置 Mapper 实现类和 Reducer 实现类，并获得 job 对象实例。同时，Driver 类指定 MapReduce 程序 jar 所在的路径位置，并将整个 MapReduce 程序提交到 YARN 集群上。编写一个 FlowCountSortDriver 类，具体代码如下：

```
package com.xuzheng.mapreduce.wordcount;

import java.io.IOException;
import org.apache.hadoop.conf.Configuration;
import org.apache.hadoop.fs.Path;
import org.apache.hadoop.io.Text;
import org.apache.hadoop.mapreduce.Job;
import org.apache.hadoop.mapreduce.lib.input.FileInputFormat;
import org.apache.hadoop.mapreduce.lib.output.FileOutputFormat;

public class FlowCountSortDriver {

    public static void main(String[] args) throws ClassNotFoundException,
IOException, InterruptedException {

        // 1. 获取配置信息或者 job 对象实例
        Configuration configuration = new Configuration();
        Job job = Job.getInstance(configuration);
```

```
        // 2. 指定本程序的jar包所在的本地路径
        job.setJarByClass(FlowCountSortDriver.class);

        // 3. 指定本业务job要使用的mapper/Reducer业务类
        job.setMapperClass(FlowCountSortMapper.class);
        job.setReducerClass(FlowCountSortReducer.class);

        // 4. 指定Mapper输出数据的K-V类型
        job.setMapOutputKeyClass(FlowBean.class);
        job.setMapOutputValueClass(Text.class);

        // 5. 指定最终输出的数据的K-V类型
        job.setOutputKeyClass(Text.class);
        job.setOutputValueClass(FlowBean.class);

         // 6. 设置分区类
         job.setPartitionerClass(CustomPartition.class);

         // 7. 设置分区数量
         job.setNumReduceTasks(5);

        // 8. 指定job的输入原始文件所在目录
        FileInputFormat.setInputPaths(job, new Path(args[0]));
        FileOutputFormat.setOutputPath(job, new Path(args[1]));

        // 9. 将job中配置的相关参数及job所用的Java类所在的jar包提交给YARN运行
        boolean result = job.waitForCompletion(true);
        System.exit(result ? 0 : 1);
    }
}
```

7. 自定义ProvincePartitioner分区类

客户端是无法决定哪一个 K-V 键值对会存储到哪个分区的，也就是说对于默认分区实现类，客户端无法进行干预。Hadoop 官方提供的默认分区实现类已不能满足应用场景，需要用户自定义 Partitioner 类型来实现人工干预分区。编写一个 ProvincePartitioner 类，具体代码如下：

```
package com.xuzheng.mapreduce.wordcount;
import org.apache.hadoop.io.Text;
import org.apache.hadoop.mapreduce.Partitioner;

public class ProvincePartitioner extends Partitioner<FlowBean, Text> {

    @Override
    public int getPartition(FlowBean key, Text value, int numPartitions) {

        // 1. 获取手机号码前三位
        String preNum = value.toString().substring(0, 3);

        int partition = 4;

        // 2. 根据手机号归属地设置分区
        if ("136".equals(preNum)) {
```

```
            partition = 0;
        }else if ("137".equals(preNum)) {
            partition = 1;
        }else if ("138".equals(preNum)) {
            partition = 2;
        }else if ("139".equals(preNum)) {
            partition = 3;
        }

        return partition;
    }
}
```

8．打包Maven工程

通过终端命令行，进入 Maven 工程目录下，然后在该目录下执行如下命令进行 Maven 工程的打包操作。

```
D:\demo\mapreduce-demo> mvn package
```

打包成功后，在 Maven 工程的 target 目录下将会生成 mapreduce-demo-1.0-SNAPSHOT.jar 包，将该 jar 包上传到 Hadoop 集群中。

9．启动Hadoop集群

（1）启动 HDFS。

在 hadoop101 服务器节点上，通过如下命令一键启动整个 Hadoop 完全分布式集群的 HDFS 服务。

```
[xuzheng@hadoop101 hadoop-3.2.2]$ cd /opt/module/hadoop-3.2.2
[xuzheng@hadoop101 hadoop-3.2.2]$ sbin/start-dfs.sh
Starting namenodes on [hadoop101]
hadoop101: starting namenode, logging to hadoop-xuzheng-namenode-
hadoop101.out
hadoop101: starting datanode, logging to hadoop-xuzheng-datanode-
hadoop101.out
hadoop103: starting datanode, logging to hadoop-xuzheng-datanode-
hadoop103.out
hadoop102: starting datanode, logging to hadoop-xuzheng-datanode-
hadoop102.out
Starting secondary namenodes [hadoop103]
hadoop103: starting secondarynamenode, logging to secondarynamenode-
hadoop103.out
```

（2）启动 YARN。

在 hadoop102 服务器节点上，通过如下命令一键启动整个 Hadoop 完全分布式集群的 YARN 服务。值得注意的是，如果 NameNode 节点和 ResourceManger 节点不在同一台服务器上，那么不能在 NameNode 节点上启动 YARN 服务，必须在 ResouceManager 所在的服务器上启动 YARN 服务。

```
[xuzheng@hadoop101 hadoop-3.2.2]$ cd /opt/module/hadoop-3.2.2
[xuzheng@hadoop101 hadoop-3.2.2]$ sbin/start-yarn.sh
starting yarn daemons
starting resourcemanager, logging to /opt/module/hadoop-3.2.2/
resourcemanager-hadoop102.out
```

```
hadoop103: starting nodemanager, logging to yarn-xuzheng-nodemanager-
hadoop103.out
hadoop101: starting nodemanager, logging to yarn-xuzheng-nodemanager-
hadoop101.out
hadoop102: starting nodemanager, logging to yarn-xuzheng-nodemanager-
hadoop102.out
```

（3）启动历史服务器。

虽然 HDFS 和 YARN 可以通过群体方式启动，但是历史服务器需要单独启动。在 hadoop101 服务器节点上执行如下命令：

```
[xuzheng@hadoop101 hadoop-3.2.2]$ cd /opt/module/hadoop-3.2.2
[xuzheng@hadoop101 hadoop-3.2.2]$ sbin/mr-jobhistory-daemon.sh start
historyserver
```

（4）上传输入文件。

启动 HDFS 和 YARN 后，将输入文件 phone_data.txt 上传到 HDFS 上。使用 mkdir 命令创建一个输入目录/input 和一个输出目录/output，在 HDFS 中执行如下命令，可以创建 HDFS 目录。

```
[xuzheng@hadoop101 hadoop-3.2.2]$ cd /opt/module/hadoop-3.2.2
[xuzheng@hadoop101 hadoop-3.2.2]$ bin/hdfs dfs -mkdir /input
[xuzheng@hadoop101 hadoop-3.2.2]$ bin/hdfs dfs -mkdir /output
[xuzheng@localhost hadoop-3.2.2]# bin/hdfs dfs -ls /
Found 4 items
drwxr-xr-x   - xuzheng supergroup      0 2020-07-03 10:47 /dh-test
drwxr-xr-x   - xuzheng supergroup      0 2020-07-05 20:43 /spark_history
drwxr-xr-x   - xuzheng supergroup      0 2020-07-20 13:43 /input
drwxr-xr-x   - xuzheng supergroup      0 2020-07-20 13:44 /output
```

然后将输入文件 phone_data.txt 上传到 HDFS 的/input 目录下。在 HDFS 中执行如下命令，可以将文件上传至 HDFS 目录下。

```
[xuzheng@localhost hadoop-3.2.2]$ cd /opt/module/hadoop-3.2.2
[xuzheng@localhost hadoop-3.2.2]# bin/hdfs dfs -put phone_data.txt /input
[xuzheng@localhost hadoop-3.2.2]# bin/hdfs dfs -ls /input
Found 1 items
-rw-r--r--   1 xuzheng supergroup       1366 2020-07-20 14:28 /input/
phone_data.txt
```

10．运行MapReduce程序

将 MapReduce 程序生成的 jar 上传到 Hadoop 集群的/opt/software 目录下，执行如下命令，可以运行一个 MapReduce 程序。

```
[xuzheng@localhost hadoop-3.2.2]$ cd /opt/module/hadoop-3.2.2
[xuzheng@localhost hadoop-3.2.2]# bin/hadoop jar /opt/software/mapreduce-
demo-1.0-SNAPSHOT.jar com.xuzheng.mapreduce.wordcount.FlowCountSortDriver
/input/ /output
```

10.3.7　Combiner 合并简介

在 MapReduce 分布式计算框架中，Combiner 与 Mapper 和 Reducer 一样，也是一种组件。由于 Combiner 类继承于 Reducer 类，因此 Combiner 类的功能与 Reducer 类一致，都

是用来对数据进行汇总处理。不同的是，Combiner 类和 Reducer 类运行的位置不同。Combiner 类是在每个 MapTask 所在的节点中运行，而 Reducer 类是在接收完全局所有的 Mapper 的输出数据后运行。

Combiner 类是对每个 MapTask 所在节点的输出数据进行局部汇总，以减少网络传输量。值得注意的是，使用 Combiner 类的前提是不能影响最终实现的业务逻辑，而且 Combiner 类输出的 K-V 键值对应该与 Reducer 输入的 K-V 键值对类型保持一致。在企业的实际开发中，Hadoop 官方提供的默认 Combiner 合并类已不能满足应用场景，需要用户自定义 Combiner 类型来解决实际问题。

10.3.8　Combiner 合并案例实战

在 10.3.7 节中讲解了 Combiner 合并类，本节通过实现一个 Combiner 类案例，帮助读者提升对于 Combiner 合并机制的理解。

Combiner 合并案例的目的是统计给定文件中的所有单词出现的总次数，并且在统计过程中，需要对每个 MapTask 任务的输出数据进行局部汇总，以减少网络传输量。Combiner 合并案例具体的编写步骤如下。

1. 准备输入文件

在 Combiner 合并案例中，首先准备输入文件 data.txt。为了便于读者快速构建案例，笔者已经将输入文件 data.txt 上传至笔者独立部署的 FTP 服务器上，读者可以访问 FTP 服务器地址 http://118.89.217.234:8000，下载该案例的输入文件。

在本案例中，输入文件的大致内容如下：

```
xuzheng xuzheng
java java
hadoop hive hbase kafka
spark flume hadoop java
```

根据上述输入文件及 Combiner 合并的实现功能，可以预测输出文件的内容大致如下：

```
xuzheng 2
java 3
hadoop 2
hive 1
hbase 1
kafka 1
spark 1
flume 1
```

2. 搭建一个Maven工程

本例基于集成开发工具 IntelliJ IDEA 进行 Java 编程开发，并且构建一个 Maven 工程 mapreduce-demo，实现一个 MapReduce 分布式计算程序。为了搭建一个 Maven 工程项目，需要执行如下几步。

（1）利用 IntelliJ IDEA 构建 Maven 基础工程。

执行步骤可参考 10.3.5 节搭建 Maven 工程的步骤，这里不再赘述。

（2）添加依赖包的信息。

pom.xml 文件是 Maven 工程项目的一种配置文件，用来标记项目的相关开发包引入坐标、依赖关系和使用者需要遵守的规则等信息。在该 Maven 项目的 pom.xml 文件中添加内容如下：

```
<?xml version="1.0" encoding="UTF-8"?>
<project xmlns="http://maven.apache.org/POM/4.0.0"
        xmlns:xsi="http://www.w3.org/2001/XMLSchema-instance"
        xsi:schemaLocation="http://maven.apache.org/POM/4.0.0
http://maven.apache.org/xsd/maven-4.0.0.xsd">
    <modelVersion>4.0.0</modelVersion>

    <groupId>com.xuzheng.mapreduce</groupId>
    <artifactId>mapreduce-demo</artifactId>
    <version>1.0-SNAPSHOT</version>

    <dependencies>
        <dependency>
            <groupId>junit</groupId>
            <artifactId>junit</artifactId>
            <version>RELEASE</version>
        </dependency>
        <dependency>
            <groupId>org.apache.logging.log4j</groupId>
            <artifactId>log4j-core</artifactId>
            <version>2.8.2</version>
        </dependency>
        <dependency>
            <groupId>org.apache.hadoop</groupId>
            <artifactId>hadoop-common</artifactId>
            <version>3.2.2</version>
        </dependency>
        <dependency>
            <groupId>org.apache.hadoop</groupId>
            <artifactId>hadoop-client</artifactId>
            <version>3.2.2</version>
        </dependency>
        <dependency>
            <groupId>org.apache.hadoop</groupId>
            <artifactId>hadoop-hdfs</artifactId>
            <version>3.2.2</version>
        </dependency>
    </dependencies>

    <build>
        <plugins>
            <plugin>
                <artifactId>maven-compiler-plugin</artifactId>
                <version>2.3.2</version>
                <configuration>
                    <source>1.8</source>
                    <target>1.8</target>
                </configuration>
            </plugin>
            <plugin>
                <artifactId>maven-assembly-plugin </artifactId>
```

```
                <configuration>
                    <descriptorRefs>
                        <descriptorRef>jar-with-dependencies</descriptorRef>
                    </descriptorRefs>
                    <archive>
                        <manifest>
<mainClass>com.xuzheng.mapreduce.wordcount.FlowCountSortDriver </mainClass>
                        </manifest>
                    </archive>
                </configuration>
                <executions>
                    <execution>
                        <id>make-assembly</id>
                        <phase>package</phase>
                        <goals>
                            <goal>single</goal>
                        </goals>
                    </execution>
                </executions>
            </plugin>
        </plugins>
    </build>
</project>
```

（3）添加 log4j 配置文件。

本例在创建 Maven 项目时引入了 log4j 的 jar 包，为了能够正常运行 log4j 程序，需要在 src/main/resources 目录下添加一个 log4j.properties 配置文件并添加如下内容：

```
log4j.rootLogger=INFO, stdout
log4j.appender.stdout=org.apache.log4j.ConsoleAppender
log4j.appender.stdout.layout=org.apache.log4j.PatternLayout
log4j.appender.stdout.layout.ConversionPattern=%d %p [%c] - %m%n
log4j.appender.logfile=org.apache.log4j.FileAppender
log4j.appender.logfile.File=target/spring.log
log4j.appender.logfile.layout=org.apache.log4j.PatternLayout
log4j.appender.logfile.layout.ConversionPattern=%d %p [%c] - %m%n
```

3. 自定义WordcountCombiner合并类

客户端是无法决定哪一个 K-V 键值对会存储到哪个分区的，也就是说对于默认分区实现类，客户端无法进行干预。Hadoop 官方提供的默认分区实现类已不能满足应用场景，需要用户自定义 Partitioner 类型来实现人工干预分区。编写一个 ProvincePartitioner 类，具体代码如下：

```
package com.xuzheng.mapreduce.wordcount;

import java.io.IOException;
import org.apache.hadoop.io.IntWritable;
import org.apache.hadoop.io.Text;
import org.apache.hadoop.mapreduce.Reducer;

public class WordcountCombiner extends Reducer<Text, IntWritable, Text,
IntWritable>{

IntWritable v = new IntWritable();
```

```
    @Override
    protected void reduce(Text key, Iterable<IntWritable> values, Context
context) throws IOException, InterruptedException {

        // 1. 设置汇总和变量
        int sum = 0;

        for(IntWritable value :values){
            sum += value.get();
        }

        v.set(sum);

        // 2. 输出 key 对象
        context.write(key, v);
    }
}
```

4. 编写Mapper文件

在 Mapper 实现类中接收输入文本的每行数据并将其转化成 String 字符串类型。每接收一行数据，Mapper 实现类就会调用一次 map 函数。在 map 函数中，将转化成 String 字符串类型的数据按照空格分割成多个单词，然后将分割的每个单词都输入为 K-V 键值对的形式。编写一个 WordCountMapper 类并重写一个 map 函数，具体代码如下：

```
package com.xuzheng.mapreduce.wordcount;

import org.apache.hadoop.io.IntWritable;
import org.apache.hadoop.io.LongWritable;
import org.apache.hadoop.io.Text;
import org.apache.hadoop.mapreduce.Mapper;

import java.io.IOException;

public class WordCountMapper extends Mapper<LongWritable, Text, Text,
IntWritable> {

    private Text k = new Text();
    private IntWritable v = new IntWritable(1);

    @Override
    protected void map(LongWritable key, Text value, Context context)
throws IOException, InterruptedException {

        // 1. 获取一行数据
        String line = value.toString();

        // 2. 切割单词
        String[] words = line.split(" ");

        // 3. 输出结果
```

```
        for (String word : words) {
            k.set(word);
            context.write(k, v);
        }
    }
}
```

5．编写Reducer文件

在 Reducer 实现类中接收 Mapper 实现类输出的 K-V 键值对。Reducer 实现类的所有业务处理逻辑由 reduce 函数负责，而且 reduce 函数会对输入的每一组具有相同 K 的 K-V 键值对进行调用，并汇总具有相同 K 的单词个数。编写一个 WordCountReducer 类并重写一个 reduce 函数，具体代码如下：

```
package com.xuzheng.mapreduce.wordcount;

import org.apache.hadoop.io.IntWritable;
import org.apache.hadoop.io.Text;
import org.apache.hadoop.mapreduce.Reducer;

import java.io.IOException;

public class WordCountReducer extends Reducer<Text, IntWritable, Text,
IntWritable> {

    private int sum;
    private IntWritable v = new IntWritable();

    @Override
    protected void reduce(Text key, Iterable<IntWritable> values,Context
context) throws IOException, InterruptedException {

        // 1. 累加求和
        sum = 0;
        for (IntWritable count : values) {
            sum += count.get();
        }

        // 2. 输出累加结果
        v.set(sum);
        context.write(key,v);
    }
}
```

6．编写Driver文件

Driver 负责配置 Mapper 实现类和 Reducer 实现类，并获得 job 对象实例。同时，Driver 类指定 MapReduce 程序 jar 所在的路径位置，并将整个 MapReduce 程序提交到 YARN 集群上。编写一个 WordCountDriver 类，具体代码如下：

```
package com.xuzheng.mapreduce.wordcount;

import org.apache.hadoop.conf.Configuration;
import org.apache.hadoop.fs.Path;
```

```
import org.apache.hadoop.io.IntWritable;
import org.apache.hadoop.io.Text;
import org.apache.hadoop.mapreduce.Job;
import org.apache.hadoop.mapreduce.lib.input.FileInputFormat;
import org.apache.hadoop.mapreduce.lib.output.FileOutputFormat;

import java.io.IOException;

public class WordCountDriver {

    public static void main(String[] args) throws IOException,
ClassNotFoundException, InterruptedException {

        // 1. 获取配置信息及封装任务
        Configuration configuration = new Configuration();
        Job job = Job.getInstance(configuration);

        // 2. 设置 jar 加载路径
        job.setJarByClass(WordCountDriver.class);

        // 3. 设置 map 和 Reduce 类
        job.setMapperClass(WordCountMapper.class);
        job.setReducerClass(WordCountReducer.class);

        // 4. 设置 map 输出
        job.setMapOutputKeyClass(Text.class);
        job.setMapOutputValueClass(IntWritable.class);

        // 5. 设置最终输出 kv 类型
        job.setOutputKeyClass(Text.class);
        job.setOutputValueClass(IntWritable.class);

        // 6. 指定需要使用 combiner 及用哪个类作为 combiner 的逻辑
        job.setCombinerClass(WordcountCombiner.class);

        // 7. 设置输入和输出路径
        FileInputFormat.setInputPaths(job, new Path(args[0]));
        FileOutputFormat.setOutputPath(job, new Path(args[1]));

        // 8. 提交任务作业
        boolean result = job.waitForCompletion(true);

        System.exit(result ? 0 : 1);
    }
}
```

7. 打包Maven工程

通过终端命令行进入 Maven 工程目录下，然后在该目录下执行如下命令进行 Maven 工程的打包操作。

```
D:\demo\mapreduce-demo> mvn package
```

打包成功后，在 Maven 工程中的 target 目录下将会生成 mapreduce-demo-1.0-SNAPSHOT.jar 包，将该 jar 包上传到 Hadoop 集群中。

8．启动Hadoop集群

（1）启动 HDFS。

在 hadoop101 服务器节点上，通过如下命令一键启动整个 Hadoop 完全分布式集群的 HDFS 服务。

```
[xuzheng@hadoop101 hadoop-3.2.2]$ cd /opt/module/hadoop-3.2.2
[xuzheng@hadoop101 hadoop-3.2.2]$ sbin/start-dfs.sh
Starting namenodes on [hadoop101]
hadoop101: starting namenode, logging to hadoop-xuzheng-namenode-
hadoop101.out
hadoop101: starting datanode, logging to hadoop-xuzheng-datanode-
hadoop101.out
hadoop103: starting datanode, logging to hadoop-xuzheng-datanode-
hadoop103.out
hadoop102: starting datanode, logging to hadoop-xuzheng-datanode-
hadoop102.out
Starting secondary namenodes [hadoop103]
hadoop103: starting secondarynamenode, logging to secondarynamenode-
hadoop103.out
```

（2）启动 YARN。

在 hadoop102 服务器节点上，通过如下命令，一键启动整个 Hadoop 完全分布式集群的 YARN 服务。值得注意的是，如果 NameNode 节点和 ResourceManger 节点不在同一台服务器上，那么不能在 NameNode 节点上启动 YARN 服务，必须在 ResouceManager 所在的服务器上启动 YARN 服务。

```
[xuzheng@hadoop101 hadoop-3.2.2]$ cd /opt/module/hadoop-3.2.2
[xuzheng@hadoop101 hadoop-3.2.2]$ sbin/start-yarn.sh
starting yarn daemons
starting resourcemanager, logging to /opt/module/hadoop-3.2.2/
resourcemanager-hadoop102.out
hadoop103: starting nodemanager, logging to yarn-xuzheng-nodemanager-
hadoop103.out
hadoop101: starting nodemanager, logging to yarn-xuzheng-nodemanager-
hadoop101.out
hadoop102: starting nodemanager, logging to yarn-xuzheng-nodemanager-
hadoop102.out
```

（3）启动历史服务器。

虽然 HDFS 和 YARN 可以通过群体方式启动，但是历史服务器需要单独启动。在 hadoop101 服务器节点上执行如下命令：

```
[xuzheng@hadoop101 hadoop-3.2.2]$ cd /opt/module/hadoop-3.2.2
[xuzheng@hadoop101 hadoop-3.2.2]$ sbin/mr-jobhistory-daemon.sh start
historyserver
```

（4）上传输入文件。

启动 HDFS 和 YARN 后，将输入文件 data.txt 上传到 HDFS 上。使用 mkdir 命令创建一个输入目录/input 和一个输出目录/output，在 HDFS 中执行如下命令可以创建 HDFS 目录。

```
[xuzheng@hadoop101 hadoop-3.2.2]$ cd /opt/module/hadoop-3.2.2
[xuzheng@hadoop101 hadoop-3.2.2]$ bin/hdfs dfs -mkdir /input
```

```
[xuzheng@hadoop101 hadoop-3.2.2]$ bin/hdfs dfs -mkdir /output
[xuzheng@localhost hadoop-3.2.2]# bin/hdfs dfs -ls /
Found 4 items
drwxr-xr-x   - xuzheng supergroup          0 2020-07-03 10:47 /dh-test
drwxr-xr-x   - xuzheng supergroup          0 2020-07-05 20:43 /spark_history
drwxr-xr-x   - xuzheng supergroup          0 2020-07-20 13:43 /input
drwxr-xr-x   - xuzheng supergroup          0 2020-07-20 13:44 /output
```

然后将输入文件 data.txt 上传到 HDFS 的/input 目录下。在 HDFS 中执行如下命令，可以将文件上传至 HDFS 目录下。

```
[xuzheng@localhost hadoop-3.2.2]$ cd /opt/module/hadoop-3.2.2
[xuzheng@localhost hadoop-3.2.2]# bin/hdfs dfs -put data.txt /input
[xuzheng@localhost hadoop-3.2.2]# bin/hdfs dfs -ls /input
Found 1 items
-rw-r--r--   1 xuzheng supergroup       1366 2020-07-20 14:28 /input/
data.txt
```

9. 运行MapReduce程序

将 MapReduce 程序生成的 jar 上传到 Hadoop 集群的/opt/software 目录下，执行如下命令可以运行一个 MapReduce 程序。

```
[xuzheng@localhost hadoop-3.2.2]$ cd /opt/module/hadoop-3.2.2
[xuzheng@localhost hadoop-3.2.2]# bin/hadoop jar /opt/software/mapreduce-
demo-1.0-SNAPSHOT.jar com.xuzheng.mapreduce.wordcount.FlowCountSortDriver
/input/ /output
```

10.3.9　GroupingComparator 分组简介

GroupingComparator 分组就是在 Reduce 阶段，对数据按照某一个字段或者几个字段进行分组。本质上，GroupingComparator 分组就是重写 Reduce 阶段默认的分组比较规则。在企业实际开发中，Hadoop 官方提供的默认 GroupingComparator 分组类已不能满足应用场景，需要用户自定义 GroupingComparator 分组类型来解决实际的问题。

实现自定义 GroupingComparator 分组类首先要继承于 WritableComparator 类，然后重写其 compare 方法，最后创建一个构造函数将比较对象的类型传给父类。

10.3.10　GroupingComparator 分组案例实战

在 10.3.9 节中讲解了 GroupingComparator 分组类，本节将实现一个 GroupingComparator 分组类案例，帮助读者提升对于 GroupingComparator 分组机制的理解。

GroupingComparator 分组案例的目的是对给定文件的所有订单数据进行统计，统计在每个订单中最贵的商品。GroupingComparator 分组案例具体的编写步骤如下。

1. 准备输入文件

在 GroupingComparator 分组案例中，首先准备输入文件 grouping_comparator.txt。为了便于读者快速构建案例，笔者已经将输入文件 grouping_comparator.txt 上传至笔者独立部署的 FTP 服务器上，读者可以访问 FTP 服务器地址 http://118.89.217.234:8000，下载该案例的输入文件。

首先，将订单 ID 和价格作为 key，将 Map 阶段读取的所有订单数据按照 ID 进行升序排序，如果 ID 相同，则按照价格降序排序并输出到 Reduce 阶段。在 Reduce 阶段，利用 GroupingComparator 将订单 ID 相同的 K-V 键值对聚合成组，然后取第一个即为在该订单中最贵的商品。

在本案例中，输入文件的内容大致如下：

```
#订单 ID    商品 ID     价格
1           pdt_01      222.8
1           pdt_02      33.8
2           pdt_03      522.8
2           pdt_04      122.4
2           pdt_05      722.4
3           pdt_06      232.8
3           pdt_02      33.8
```

根据上述的输入文件及 GroupingComparator 分组的实现功能，预测输出文件的内容大致如下：

```
1   222.8
2   722.8
3   232.8
```

2．搭建一个Maven工程

本例基于集成开发工具 IntelliJ IDEA 进行 Java 编程开发，并且构建一个 Maven 工程 mapreduce-demo，实现一个 MapReduce 分布式计算程序。为了搭建一个 Maven 工程项目，需要执行如下几步。

（1）利用 IntelliJ IDEA 构建 Maven 基础工程。

执行步骤可参考 10.3.5 节搭建 Maven 工程的步骤，这里不再赘述。

（2）添加依赖包的信息。

pom.xml 文件是 Maven 工程项目的一种配置文件，用来标记项目的相关开发包引入坐标、依赖关系和使用者需要遵守的规则等信息。在该 Maven 项目的 pom.xml 文件中添加内容如下：

```
<?xml version="1.0" encoding="UTF-8"?>
<project xmlns="http://maven.apache.org/POM/4.0.0"
        xmlns:xsi="http://www.w3.org/2001/XMLSchema-instance"
        xsi:schemaLocation="http://maven.apache.org/POM/4.0.0
http://maven.apache.org/xsd/maven-4.0.0.xsd">
    <modelVersion>4.0.0</modelVersion>

    <groupId>com.xuzheng.mapreduce</groupId>
    <artifactId>mapreduce-demo</artifactId>
    <version>1.0-SNAPSHOT</version>

    <dependencies>
        <dependency>
            <groupId>junit</groupId>
            <artifactId>junit</artifactId>
            <version>RELEASE</version>
        </dependency>
```

```
        <dependency>
            <groupId>org.apache.logging.log4j</groupId>
            <artifactId>log4j-core</artifactId>
            <version>2.8.2</version>
        </dependency>
        <dependency>
            <groupId>org.apache.hadoop</groupId>
            <artifactId>hadoop-common</artifactId>
            <version>3.2.2</version>
        </dependency>
        <dependency>
            <groupId>org.apache.hadoop</groupId>
            <artifactId>hadoop-client</artifactId>
            <version>3.2.2</version>
        </dependency>
        <dependency>
            <groupId>org.apache.hadoop</groupId>
            <artifactId>hadoop-hdfs</artifactId>
            <version>3.2.2</version>
        </dependency>
    </dependencies>

    <build>
        <plugins>
            <plugin>
                <artifactId>maven-compiler-plugin</artifactId>
                <version>2.3.2</version>
                <configuration>
                    <source>1.8</source>
                    <target>1.8</target>
                </configuration>
            </plugin>
            <plugin>
                <artifactId>maven-assembly-plugin </artifactId>
                <configuration>
                    <descriptorRefs>
                        <descriptorRef>jar-with-dependencies</descriptorRef>
                    </descriptorRefs>
                    <archive>
                        <manifest>
  <mainClass>com.xuzheng.mapreduce.wordcount.OrderSortDriver </mainClass>
                        </manifest>
                    </archive>
                </configuration>
                <executions>
                    <execution>
                        <id>make-assembly</id>
                        <phase>package</phase>
                        <goals>
                            <goal>single</goal>
                        </goals>
                    </execution>
                </executions>
            </plugin>
        </plugins>
```

```
    </build>
</project>
```

（3）添加 log4j 配置文件。

本例在创建 maven 项目时引入了 log4j 的 jar 包。为了能够正常运行 log4j 程序，需要在 src/main/resources 目录下添加一个 log4j.properties 配置文件并添加如下内容：

```
log4j.rootLogger=INFO, stdout
log4j.appender.stdout=org.apache.log4j.ConsoleAppender
log4j.appender.stdout.layout=org.apache.log4j.PatternLayout
log4j.appender.stdout.layout.ConversionPattern=%d %p [%c] - %m%n
log4j.appender.logfile=org.apache.log4j.FileAppender
log4j.appender.logfile.File=target/spring.log
log4j.appender.logfile.layout=org.apache.log4j.PatternLayout
log4j.appender.logfile.layout.ConversionPattern=%d %p [%c] - %m%n
```

3. 自定义订单信息类OrderBean

为了实现 GroupingComparator 分组案例，需要自定义一个订单信息类 OrderBean。

```
package com.xuzheng.mapreduce.wordcount;
import java.io.DataInput;
import java.io.DataOutput;
import java.io.IOException;
import org.apache.hadoop.io.WritableComparable;

public class OrderBean implements WritableComparable<OrderBean> {

    private int order_id;                    // 订单 ID 号
    private double price;                    // 价格

    public OrderBean() {
        super();
    }

    public OrderBean(int order_id, double price) {
        super();
        this.order_id = order_id;
        this.price = price;
    }

    @Override
    public void write(DataOutput out) throws IOException {
        out.writeInt(order_id);
        out.writeDouble(price);
    }

    @Override
    public void readFields(DataInput in) throws IOException {
        order_id = in.readInt();
        price = in.readDouble();
    }

    @Override
```

```
    public String toString() {
        return order_id + "\t" + price;
    }

    public int getOrder_id() {
        return order_id;
    }

    public void setOrder_id(int order_id) {
        this.order_id = order_id;
    }

    public double getPrice() {
        return price;
    }

    public void setPrice(double price) {
        this.price = price;
    }

    // 二次排序
    @Override
    public int compareTo(OrderBean o) {

        int result;

        if (order_id > o.getOrder_id()) {
            result = 1;
        } else if (order_id < o.getOrder_id()) {
            result = -1;
        } else {
            // 价格倒序排序
            result = price > o.getPrice() ? -1 : 1;
        }

        return result;
    }
}
```

4．编写Mapper文件

在 Mapper 实现类中接收输入文本的每行数据并将其转化成 String 字符串类型。每接收一行数据，Mapper 实现类就会调用一次 map 函数。编写一个 OrderSortMapper 类并重写一个 map 函数，具体代码如下：

```
package com.xuzheng.mapreduce.wordcount;
import java.io.IOException;
import org.apache.hadoop.io.LongWritable;
import org.apache.hadoop.io.NullWritable;
import org.apache.hadoop.io.Text;
import org.apache.hadoop.mapreduce.Mapper;
```

```
public class OrderSortMapper extends Mapper<LongWritable, Text, OrderBean,
NullWritable> {

    OrderBean k = new OrderBean();

    @Override
    protected void map(LongWritable key, Text value, Context context) throws
IOException, InterruptedException {

        // 1. 读取 value 的值
        String line = value.toString();

        // 2. 分割字符串
        String[] fields = line.split("\t");

        // 3. 封装对象
        k.setOrder_id(Integer.parseInt(fields[0]));
        k.setPrice(Double.parseDouble(fields[2]));

        // 4. 输出 key 对象
        context.write(k, NullWritable.get());
    }
}
```

5. 编写Reducer文件

在 Reducer 实现类中接收 Mapper 实现类输出的 K-V 键值对。Reducer 实现类的所有业务处理逻辑由 reduce 函数负责，而且 reduce 函数会对输入的每组具有相同 K 的 K-V 键值对进行调用。编写一个 OrderSortReducer 类并重写一个 reduce 方法，具体代码如下：

```
package com.xuzheng.mapreduce.wordcount;

import java.io.IOException;
import org.apache.hadoop.io.NullWritable;
import org.apache.hadoop.mapreduce.Reducer;

public class OrderSortReducer extends Reducer<OrderBean, NullWritable,
OrderBean, NullWritable> {

    @Override
    protected void reduce(OrderBean key, Iterable<NullWritable> values,
Context context)        throws IOException, InterruptedException {

        context.write(key, NullWritable.get());
    }
}
```

6. 编写Driver文件

Driver 类负责配置 Mapper 实现类和 Reducer 实现类，并获得 job 对象实例。同时，Driver 类指定 MapReduce 程序 jar 所在的路径位置，并将整个 MapReduce 程序提交到 YARN 集群中。编写一个 OrderSortDriver 类，具体代码如下：

```
package com.xuzheng.mapreduce.wordcount;
import java.io.IOException;
import org.apache.hadoop.conf.Configuration;
import org.apache.hadoop.fs.Path;
import org.apache.hadoop.io.NullWritable;
import org.apache.hadoop.mapreduce.Job;
import org.apache.hadoop.mapreduce.lib.input.FileInputFormat;
import org.apache.hadoop.mapreduce.lib.output.FileOutputFormat;

public class OrderSortDriver {

    public static void main(String[] args) throws Exception, IOException {

        // 1. 获取配置信息
        Configuration conf = new Configuration();
        Job job = Job.getInstance(conf);

        // 2. 设置jar包的加载路径
        job.setJarByClass(OrderSortDriver.class);

        // 3. 加载map/Reduce类
        job.setMapperClass(OrderSortMapper.class);
        job.setReducerClass(OrderSortReducer.class);

        // 4. 设置map输出数据key和value的类型
        job.setMapOutputKeyClass(OrderBean.class);
        job.setMapOutputValueClass(NullWritable.class);

        // 5. 设置最终输出数据的key和value的类型
        job.setOutputKeyClass(OrderBean.class);
        job.setOutputValueClass(NullWritable.class);

        // 6. 设置输入数据和输出数据的路径
        FileInputFormat.setInputPaths(job, new Path(args[0]));
        FileOutputFormat.setOutputPath(job, new Path(args[1]));

        // 7. 设置reduce端的分组
    job.setGroupingComparatorClass(OrderSortGroupingComparator.class);

        // 8. 提交任务作业
        boolean result = job.waitForCompletion(true);
        System.exit(result ? 0 : 1);
    }
}
```

7. 自定义OrderSortGroupingComparator分组类

需要自定义一个 OrderSortGroupingComparator 分组类，具体代码如下：

```
package com.xuzheng.mapreduce.wordcount;

import org.apache.hadoop.io.WritableComparable;
import org.apache.hadoop.io.WritableComparator;

public class OrderSortGroupingComparator extends WritableComparator {
```

```
    protected OrderGroupingComparator() {
        super(OrderBean.class, true);
    }

    @Override
    public int compare(WritableComparable a, WritableComparable b) {

        OrderBean aBean = (OrderBean) a;
        OrderBean bBean = (OrderBean) b;

        int result;
        if (aBean.getOrder_id() > bBean.getOrder_id()) {
            result = 1;
        } else if (aBean.getOrder_id() < bBean.getOrder_id()) {
            result = -1;
        } else {
            result = 0;
        }

        return result;
    }
}
```

8．打包Maven工程

通过终端命令行进入 Maven 工程目录，然后在该目录下执行如下命令进行 Maven 工程的打包操作。

```
D:\demo\mapreduce-demo> mvn package
```

打包成功后，在 Maven 工程的 target 目录下将会生成 mapreduce-demo-1.0-SNAPSHOT.jar 包，将该 jar 包上传到 Hadoop 集群中。

9．启动Hadoop集群

（1）启动 HDFS。

在 hadoop101 服务器节点上，通过如下命令一键启动整个 Hadoop 完全分布式集群的 HDFS 服务。

```
[xuzheng@hadoop101 hadoop-3.2.2]$ cd /opt/module/hadoop-3.2.2
[xuzheng@hadoop101 hadoop-3.2.2]$ sbin/start-dfs.sh
Starting namenodes on [hadoop101]
hadoop101: starting namenode, logging to hadoop-xuzheng-namenode-
hadoop101.out
hadoop101: starting datanode, logging to hadoop-xuzheng-datanode-
hadoop101.out
hadoop103: starting datanode, logging to hadoop-xuzheng-datanode-
hadoop103.out
hadoop102: starting datanode, logging to hadoop-xuzheng-datanode-
hadoop102.out
Starting secondary namenodes [hadoop103]
hadoop103: starting secondarynamenode, logging to secondarynamenode-
hadoop103.out
```

（2）启动 YARN。

在 hadoop102 服务器节点上，通过如下命令一键启动整个 Hadoop 完全分布式集群的 YARN 服务。值得注意的是，如果 NameNode 节点和 ResourceManger 节点不在同一台服务器上，那么不能在 NameNode 节点上启动 YARN 服务，必须在 ResouceManager 所在的服务器上启动 YARN 服务。

```
[xuzheng@hadoop101 hadoop-3.2.2]$ cd /opt/module/hadoop-3.2.2
[xuzheng@hadoop101 hadoop-3.2.2]$ sbin/start-yarn.sh
starting yarn daemons
starting resourcemanager, logging to /opt/module/hadoop-3.2.2/
resourcemanager-hadoop102.out
hadoop103: starting nodemanager, logging to yarn-xuzheng-nodemanager-
hadoop103.out
hadoop101: starting nodemanager, logging to yarn-xuzheng-nodemanager-
hadoop101.out
hadoop102: starting nodemanager, logging to yarn-xuzheng-nodemanager-
hadoop102.out
```

（3）启动历史服务器。

虽然 HDFS 和 YARN 可以通过群体的方式启动，但是历史服务器需要单独启动。在 hadoop101 服务器节点上执行如下命令：

```
[xuzheng@hadoop101 hadoop-3.2.2]$ cd /opt/module/hadoop-3.2.2
[xuzheng@hadoop101 hadoop-3.2.2]$ sbin/mr-jobhistory-daemon.sh start
historyserver
```

（4）上传输入文件。

HDFS 和 YARN 启动后，将输入文件 grouping_comparator.txt 上传到 HDFS 上。使用 mkdir 命令创建一个输入目录/input 和一个输出目录/output，在 HDFS 中执行如下命令，可以创建 HDFS 目录。

```
[xuzheng@hadoop101 hadoop-3.2.2]$ cd /opt/module/hadoop-3.2.2
[xuzheng@hadoop101 hadoop-3.2.2]$ bin/hdfs dfs -mkdir /input
[xuzheng@hadoop101 hadoop-3.2.2]$ bin/hdfs dfs -mkdir /output
[xuzheng@localhost hadoop-3.2.2]# bin/hdfs dfs -ls /
Found 4 items
drwxr-xr-x   - xuzheng supergroup      0 2020-07-03 10:47 /dh-test
drwxr-xr-x   - xuzheng supergroup      0 2020-07-05 20:43 /spark_history
drwxr-xr-x   - xuzheng supergroup      0 2020-07-20 13:43 /input
drwxr-xr-x   - xuzheng supergroup      0 2020-07-20 13:44 /output
```

将输入文件 grouping_comparator.txt 上传到 HDFS 的/input 目录下。在 HDFS 中执行如下命令，可以将文件上传至 HDFS 目录下。

```
[xuzheng@localhost hadoop-3.2.2]$ cd /opt/module/hadoop-3.2.2
[xuzheng@localhost hadoop-3.2.2]# bin/hdfs dfs -put grouping_comparator.
txt /input
[xuzheng@localhost hadoop-3.2.2]# bin/hdfs dfs -ls /input
Found 1 items
-rw-r--r--   1 xuzheng supergroup      1366 2020-07-20 14:28 /input/
grouping_comparator.txt
```

10. 运行MapReduce程序

将 MapReduce 程序生成的 jar 上传到 Hadoop 集群的/opt/software 目录下，执行如下命令，可以运行一个 MapReduce 程序。

```
[xuzheng@localhost hadoop-3.2.2]$ cd /opt/module/hadoop-3.2.2
[xuzheng@localhost hadoop-3.2.2]# bin/hadoop jar /opt/software/mapreduce-
demo-1.0-SNAPSHOT.jar com.xuzheng.mapreduce.wordcount.OrderSortDriver
/input/ /output
```

10.4　剖析 MapTask 的工作机制

本节将剖析 MapTask 的工作机制，如图 10.30 所示。在 MapTask 进程中，经过 map 函数处理后，Mapper 类会将处理后的 K-V 键值对通过 context.write 方法输出到 Shuffle 环形缓冲区中，当环形缓冲区中存储的数据达到一定的阈值后，环形缓冲区将会对其中的数据按照 key 的字典顺序进行一次排序，并将环形缓冲区中的有序数据溢写到磁盘上。在经过多次溢写并且数据处理完成后，MapReduce 会将磁盘上的所有溢写文件进行归并排序。

1. Read阶段

开启 MapTask 进程后，MapReduce 程序会根据 InputFormat 中的 RecorderReader 类按照行进行读取数据，MapReduce 默认的 InputFormat 实现类为 TextInputFormat 类。该类在读取数据时会创建一个 LineRecorderReader 对象，并将每行数据封装成 K-V 键值对输出到 Map 阶段。其中，K-V 键值对中的 K 存储该行在整个文件中的起始字节偏移量，K-V 键值对中的 V 存储该行的内容。

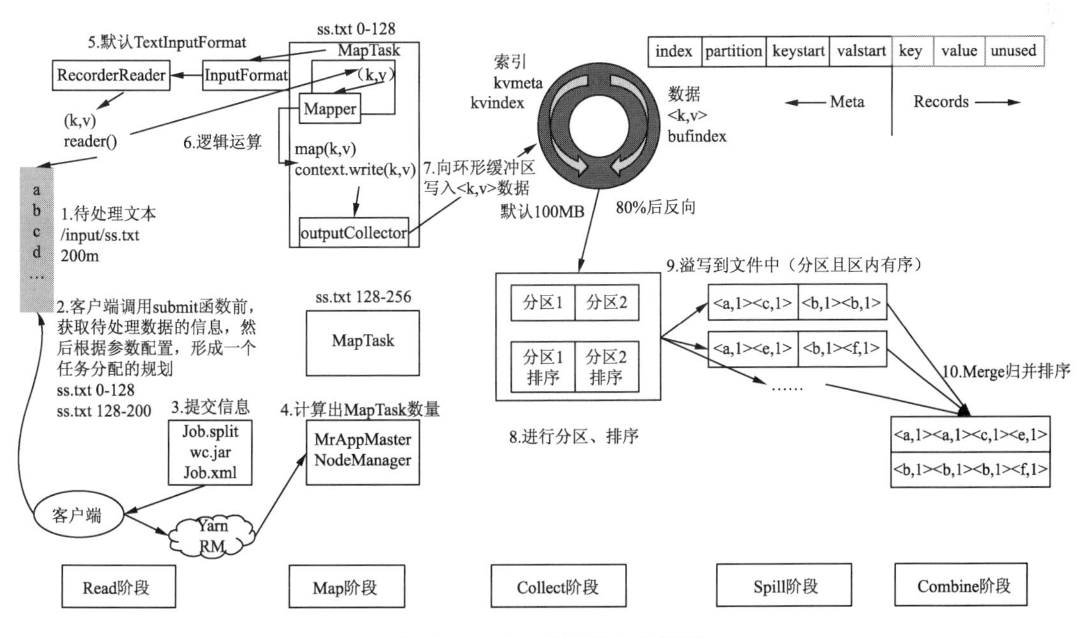

图 10.30　Map 阶段的工作机制

2．Map阶段

在 Mapper 类接收到 InputFormat 传递的数据后，会调用内部的 map 函数进行业务逻辑运算。在 map 函数中而要将转化成 String 字符串类型的数据按照一定规则输出为 K-V 键值对的形式。

3．Collect阶段

经过 map 函数处理后，MapReduce 框架会调用 OutputCollector.collect 函数将经过 map 函数处理后的数据进行输出。在该函数内部会调用 Partitioner 分区类对 K-V 键值对进行分区并写入环形内存缓冲区中。

4．Spill阶段

经过 map 函数处理后，Mapper 类会将处理后的 K-V 键值对通过 context.write 方法输出到 Shuffle 环形缓冲区。该环形缓冲区的默认大小为 100MB，用户可以根据实际的业务应用场景进行设置。环形缓冲区被分为两部分，一部分用来存储元数据信息，另一部分用来存储数据的真正内容。当环形缓冲区内存储的数据达到 80%后，环形缓冲区开始反向写，并将环形缓冲区中的内容写入磁盘上。值得注意的是，在将数据写入本地磁盘之前，MapTask 会对数据进行一次排序，并在需要时对数据进行合并和压缩等操作。

5．Combine阶段

在 MapReduce 程序运行过程中可能会出现多次溢写的情况，因此需要将多次溢出的文件进行合并，并且进行归并排序，保证最后合并成的文件内部是有序的。Combine 阶段会让每个 MapTask 最终只生成一个数据文件，这样不仅可以避免同时打开多个文件，而且也可以减少读取多个小文件时产生的随机读造成的时间开销。

10.5　剖析 ReduceTask 的工作机制

本节将剖析 ReduceTask 的工作机制，如图 10.31 所示。在 ReduceTask 进程中，MapReduce 会根据分区的个数，开启相应个数的 ReduceTask 进程。每个 ReduceTask 进程会主动在所有 MapTask 进程的相应分区中下载数据文件。如果文件大小超过设定的阈值，则 ReduceTask 进程会将文件溢写到磁盘上。在经过多次溢写，磁盘上的文件数量超过预先设定的阈值后，MapReduce 会将多个磁盘溢写文件进行归并排序并生成一个新的文件。

当 ReduceTask 进程内存中存储的文件大小或者数量达到一定的阈值时，ReduceTask 会将这些数据进行合并，然后将数据溢写到磁盘上并生成一个新的文件。在所有的 ReduceTask 进程下载完数据文件后，MapReduce 会统一将内存和磁盘中的数据进行一次归并排序。

1．Copy阶段

在 Reduce 阶段，MapReduce 会根据分区的个数开启相应个数的 ReduceTask 进程。例如，ReduceTask1 进程用来分析分区 1 的数据，而 ReduceTask2 进程用来分析分区 2 的数据。

ReduceTask1 进程会主动在所有 MapTask 进程的分区 1 中下载数据，并将数据复制到 Reduce 阶段。而 ReduceTask2 进程会主动在所有 MapTask 进程的分区 2 中下载数据，并将数据复制到 Reduce 阶段。

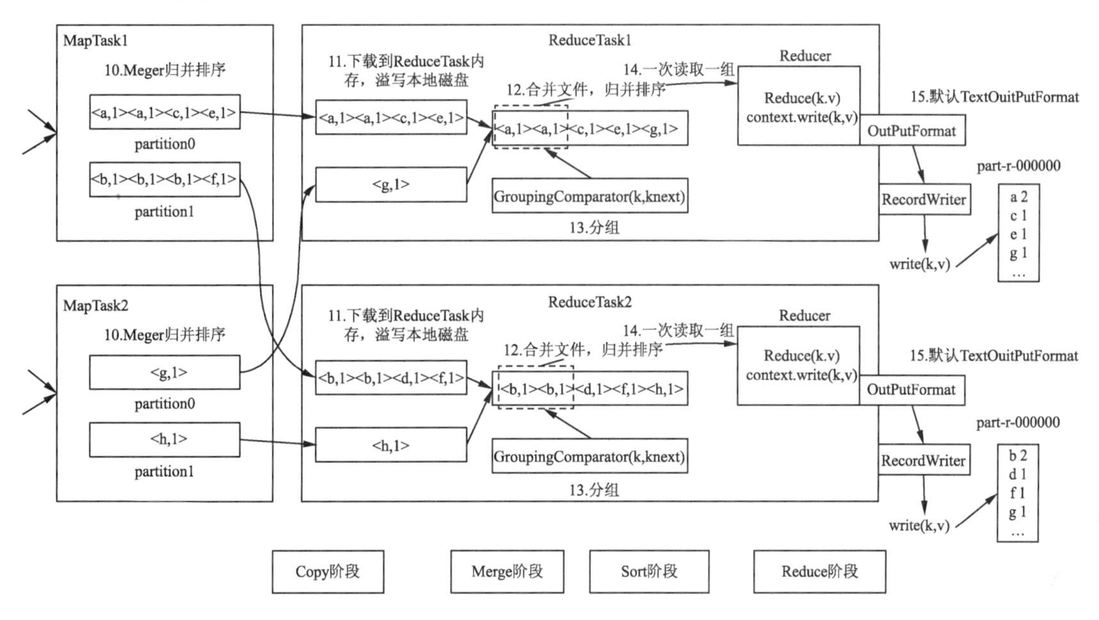

图 10.31　WordCount 案例的 ReduceTask 阶段工作机制

2. Merge阶段

为了防止内存使用过多或磁盘上的文件过多，ReduceTask 进程会将内存和磁盘上的文件进行合并。例如，在 ReduceTask1 进程中，MapReduce 会将所有 MapTask 进程中的分区 1 的文件进行合并，形成一个合并文件。同时，在 ReduceTask2 进程中，MapReduce 会将所有 MapTask 进程中的分区 2 的文件进行合并，形成一个合并文件。

3. Sort阶段

ReduceTask 进程对合并后的文件按照 key 进行一次归并排序。

4. Reduce阶段

在 Reduce 阶段，reduce 函数每次读取一组具有相同 key 的数据，也就是读取一组相同单词的 K-V 键值对并进行汇总分析，然后将汇总的数据通过 OutputFormat 类进行输出。

10.6　OutputFormat 数据输出类详解

本节将会重点讲解 OutputFormat 数据输出类，通过实现一个自定义数据输出类 OutputFormat，帮助读者加深对于 OutputFormat 数据输出类的理解。

10.6.1　OutputFormat 接口实现类简介

在运行 MapReduce 分布式计算程序的过程中，最终要将数据输出，并且需要将数据按照不同的 OutputFormat 数据输出子类进行输出。Hadoop 官方提供了两种 OutputFormat 数据输出子类，分别是 TextOutputFormat 和 SequenceFileOutputFormat，并且支持自定义 OutputFormat 数据输入类。

1．TextOutputFormat类

在 MapReduce 分布式计算框架中，TextOutputFormat 类是默认的 OutputFormat 子类。TextOutputFormat 类在输出的过程中，首先将每个 K-V 键值对中的 key 和 value 转换成字符串的形式，然后按照行写入输出文件，因此 K-V 键值对中的 key 和 value 可以是任意类型。

2．SequenceFileOutputFormat类

在 MapReduce 分布式计算框架中，SequenceFileOutputFormat 类是存储二进制文件的类型，可以将海量小文件进行合并后输出。SequenceFileOutputFormat 类格式紧凑，压缩效果好。

在企业的实际开发中，Hadoop 官方提供的几种 OutputFormat 子类不能满足所有的应用场景，需要用户自定义 OutputFormat 类型来解决实际的问题。

10.6.2　自定义 OutputFormat 接口实现类案例实战

在实际的开发过程中，为了能够控制最终输出文件的输出路径和输出格式，需要使用自定义 OutputFormat 类型。在默认情况下，需要在 Driver 驱动类中设置输出路径。如果需要将最终的输出结果按照分组输出到不同的路径下，那么就需要实现自定义 OutputFormat 类型。同时，通过自定义 OutputFormat 类型，也可以实现将输出数据保存到 HDFS 或者关系型数据库中。

实现自定义 OutputFormat 类型，首先需要自定义一个类，该类继承 FileOutputFormat 类，然后重写 RecordWriter 和 write 方法。

自定义 OutputFormat 案例的目的是对输入的数据进行过滤，将包含 xz-blogs 的网站数据输出到 e:/xz-blogs.log 中，将不包含 xz-blogs 的网站数据输出到 e:/other.log 中。自定义 OutputFormat 案例具体编写步骤如下。

1．准备输入文件

在自定义 OutputFormat 案例中，首先准备输入文件 log.txt。为了便于读者快速构建案例，笔者已经将输入文件 log.txt 上传至笔者独立部署的 FTP 服务器上，读者可以通过 FTP 服务器地址 http://118.89.217.234:8000，下载该案例的输入文件。

本节的自定义 OutputFormat 案例的目的是对输入的数据进行过滤，将包含 xz-blogs 的网站数据输出到 e:/xz-blogs.log 中，将不包含 xz-blogs 的网站数据输出到 e:/other.log 中。本

例的输入文件的大致内容如下：

```
http://www.baidu.com
http://www.google.com
http://cn.bing.com
http://www.xz-blogs.cn
http://www.sohu.com
http://www.sina.com
http://www.sin2a.com
http://www.sin2desa.com
http://www.sindsafa.com
```

2. 搭建一个Maven工程

本例基于集成开发工具 IntelliJ IDEA 进行 Java 编程开发，并且构建一个 Maven 工程 mapreduce-demo，实现一个 MapReduce 分布式计算程序。为了搭建一个 Maven 工程项目，需要执行如下步骤。

（1）利用 IntelliJ IDEA 构建 Maven 基础工程。

执行步骤可参考 10.3.5 节的搭建 Maven 工程的步骤，这里不再赘述。

（2）添加依赖包的信息。

pom.xml 文件是 Maven 工程项目的一种配置文件，用来标记项目的相关开发包引入坐标、依赖关系和使用者需要遵守的规则等信息。在该 Maven 项目的 pom.xml 文件中添加内容如下：

```
<?xml version="1.0" encoding="UTF-8"?>
<project xmlns="http://maven.apache.org/POM/4.0.0"
        xmlns:xsi="http://www.w3.org/2001/XMLSchema-instance"
        xsi:schemaLocation="http://maven.apache.org/POM/4.0.0
http://maven.apache.org/xsd/maven-4.0.0.xsd">
    <modelVersion>4.0.0</modelVersion>

    <groupId>com.xuzheng.mapreduce</groupId>
    <artifactId>mapreduce-demo</artifactId>
    <version>1.0-SNAPSHOT</version>

    <dependencies>
        <dependency>
            <groupId>junit</groupId>
            <artifactId>junit</artifactId>
            <version>RELEASE</version>
        </dependency>
        <dependency>
            <groupId>org.apache.logging.log4j</groupId>
            <artifactId>log4j-core</artifactId>
            <version>2.8.2</version>
        </dependency>
        <dependency>
            <groupId>org.apache.hadoop</groupId>
            <artifactId>hadoop-common</artifactId>
            <version>3.2.2</version>
        </dependency>
        <dependency>
            <groupId>org.apache.hadoop</groupId>
            <artifactId>hadoop-client</artifactId>
```

```
            <version>3.2.2</version>
        </dependency>
        <dependency>
            <groupId>org.apache.hadoop</groupId>
            <artifactId>hadoop-hdfs</artifactId>
            <version>3.2.2</version>
        </dependency>
    </dependencies>

    <build>
        <plugins>
            <plugin>
                <artifactId>maven-compiler-plugin</artifactId>
                <version>2.3.2</version>
                <configuration>
                    <source>1.8</source>
                    <target>1.8</target>
                </configuration>
            </plugin>
            <plugin>
                <artifactId>maven-assembly-plugin </artifactId>
                <configuration>
                    <descriptorRefs>
                        <descriptorRef>jar-with-dependencies</descriptorRef>
                    </descriptorRefs>
                    <archive>
                        <manifest>
<mainClass>com.xuzheng.mapreduce.wordcount.FilterDriver</mainClass>
                        </manifest>
                    </archive>
                </configuration>
                <executions>
                    <execution>
                        <id>make-assembly</id>
                        <phase>package</phase>
                        <goals>
                            <goal>single</goal>
                        </goals>
                    </execution>
                </executions>
            </plugin>
        </plugins>
    </build>
</project>
```

（3）添加 log4j 配置文件。

本例在创建 Maven 项目时引入了 log4j 的 jar 包。为了能够正常运行 log4j 程序，需要在 src/main/resources 目录下添加一个 log4j.properties 配置文件，并添加如下内容：

```
log4j.rootLogger=INFO, stdout
log4j.appender.stdout=org.apache.log4j.ConsoleAppender
log4j.appender.stdout.layout=org.apache.log4j.PatternLayout
log4j.appender.stdout.layout.ConversionPattern=%d %p[%c] -%m%n
log4j.appender.logfile=org.apache.log4j.FileAppender
log4j.appender.logfile.File=target/spring.log
```

```
log4j.appender.logfile.layout=org.apache.log4j.PatternLayout
log4j.appender.logfile.layout.ConversionPattern=%d %p [%c] - %m%n
```

3. 自定义FilterOutputFormat类

为了实现自定义 OutputFormat 类型案例，需要自定义一个 FilterOutputFormat 类型。

```
package com.xuzheng.mapreduce.wordcount;

import java.io.IOException;
import org.apache.hadoop.io.NullWritable;
import org.apache.hadoop.io.Text;
import org.apache.hadoop.mapreduce.RecordWriter;
import org.apache.hadoop.mapreduce.TaskAttemptContext;
import org.apache.hadoop.mapreduce.lib.output.FileOutputFormat;

public class FilterOutputFormat extends FileOutputFormat<Text, NullWritable>{

    @Override
    public RecordWriter<Text, NullWritable> getRecordWriter(TaskAttempt
Context job)            throws IOException, InterruptedException {

        // 创建一个 RecordWriter
        return new FilterRecordWriter(job);
    }
}
```

4. 自定义FilterRecordWriter类

自定义一个 FilterRecordWriter 类，具体代码如下：

```
package com.xuzheng.mapreduce.wordcount;
import java.io.IOException;
import org.apache.hadoop.fs.FSDataOutputStream;
import org.apache.hadoop.fs.FileSystem;
import org.apache.hadoop.fs.Path;
import org.apache.hadoop.io.NullWritable;
import org.apache.hadoop.io.Text;
import org.apache.hadoop.mapreduce.RecordWriter;
import org.apache.hadoop.mapreduce.TaskAttemptContext;

public class FilterRecordWriter extends RecordWriter<Text, NullWritable> {

    FSDataOutputStream xzOut = null;
    FSDataOutputStream otherOut = null;

    public FilterRecordWriter(TaskAttemptContext job) {

        // 1. 获取文件系统
        FileSystem fs;

        try {
            fs = FileSystem.get(job.getConfiguration());

            // 2. 创建输出文件路径
            Path xzPath = new Path("e:/xz-blogs.log");
            Path otherPath = new Path("e:/other.log");
```

```
            // 3. 创建输出流
            xzOut = fs.create(atguiguPath);
            otherOut = fs.create(otherPath);
        } catch (IOException e) {
            e.printStackTrace();
        }
    }

    @Override
    public void write(Text key, NullWritable value) throws IOException,
InterruptedException {

        // 判断包含 xz-blogs 的网站数据是否输出到不同文件中
        if (key.toString().contains("xz-blogs")) {
            xzOut.write(key.toString().getBytes());
        } else {
            otherOut.write(key.toString().getBytes());
        }
    }

    @Override
    public void close(TaskAttemptContext context) throws IOException,
InterruptedException {

        // 关闭资源
        IOUtils.closeStream(xzOut);
        IOUtils.closeStream(otherOut);
    }
}
```

5. 编写Mapper文件

在 Mapper 实现类中，接收输入文本的每行数据并将其转化成 String 字符串类型。每接收一行数据，Mapper 实现类就会调用一次 map 函数。编写一个 FilterMapper 类并重写一个 map 函数，具体代码如下：

```
package com.xuzheng.mapreduce.wordcount;

import java.io.IOException;
import org.apache.hadoop.io.LongWritable;
import org.apache.hadoop.io.NullWritable;
import org.apache.hadoop.io.Text;
import org.apache.hadoop.mapreduce.Mapper;

public class FilterMapper extends Mapper<LongWritable, Text, Text,
NullWritable>{

    @Override
    protected void map(LongWritable key, Text value, Context context)
throws IOException, InterruptedException {

        // 输出结果
        context.write(value, NullWritable.get());
    }
}
```

6. 编写Reducer文件

在 Reducer 实现类中接收 Mapper 实现类输出的 K-V 键值对。Reducer 实现类的所有业务处理逻辑由 reduce 函数负责，而且 reduce 函数会对输入的每一组具有相同 key 的 K-V 键值对进行调用。编写一个 FilterReducer 类，并重写一个 reduce 函数，具体代码如下：

```
package com.xuzheng.mapreduce.wordcount;

import java.io.IOException;
import org.apache.hadoop.io.NullWritable;
import org.apache.hadoop.io.Text;
import org.apache.hadoop.mapreduce.Reducer;

public class FilterReducer extends Reducer<Text, NullWritable, Text,
NullWritable> {

Text k = new Text();

    @Override
    protected void reduce(Text key, Iterable<NullWritable> values, Context
context)         throws IOException, InterruptedException {

        // 1. 获取一行数据
         String line = key.toString();

        // 2. 拼接字符串
         line = line + "\r\n";

        // 3. 设置 key
        k.set(line);

        // 4. 输出数据
         context.write(k, NullWritable.get());
    }
}
```

7. 编写Driver文件

Driver 类负责配置 Mapper 实现类和 Reducer 实现类，并获得 job 对象实例。同时，Driver 类指定 MapReduce 程序 jar 所在的路径位置，并将整个 MapReduce 程序提交到 YARN 集群中。编写一个 FilterDriver 类，具体代码如下：

```
package com.xuzheng.mapreduce.wordcount;

import org.apache.hadoop.conf.Configuration;
import org.apache.hadoop.fs.Path;
import org.apache.hadoop.io.NullWritable;
import org.apache.hadoop.io.Text;
import org.apache.hadoop.mapreduce.Job;
import org.apache.hadoop.mapreduce.lib.input.FileInputFormat;
import org.apache.hadoop.mapreduce.lib.output.FileOutputFormat;

public class FilterDriver {

    public static void main(String[] args) throws Exception {
```

```
        Configuration conf = new Configuration();
        Job job = Job.getInstance(conf);

        job.setJarByClass(FilterDriver.class);
        job.setMapperClass(FilterMapper.class);
        job.setReducerClass(FilterReducer.class);

        job.setMapOutputKeyClass(Text.class);
        job.setMapOutputValueClass(NullWritable.class);

        job.setOutputKeyClass(Text.class);
        job.setOutputValueClass(NullWritable.class);

        // 将自定义的输出格式组件设置到 job 中
        job.setOutputFormatClass(FilterOutputFormat.class);

        FileInputFormat.setInputPaths(job, new Path(args[0]));

        // 虽然自定义了 outputformat，但是由于 outputformat 继承自 fileoutputformat
        // 而 fileoutputformat 要输出一个_SUCCESS 文件，因此还要指定一个输出目录
        FileOutputFormat.setOutputPath(job, new Path(args[1]));

        boolean result = job.waitForCompletion(true);
        System.exit(result ? 0 : 1);
    }
}
```

8. 打包Maven工程

通过终端命令行进入Maven 工程目录下，然后在该目录下执行如下命令进行 Maven 工程的打包操作。

```
D:\demo\mapreduce-demo> mvn package
```

打包成功后，在 Maven 工程的 target 目录下将会生成 mapreduce-demo-1.0-SNAPSHOT.jar 包，将该 jar 包上传到 Hadoop 集群中。

9. 启动Hadoop集群

（1）启动 HDFS。

在 hadoop101 服务器节点上，通过如下命令一键启动整个 Hadoop 完全分布式集群的 HDFS 服务。

```
[xuzheng@hadoop101 hadoop-3.2.2]$ cd /opt/module/hadoop-3.2.2
[xuzheng@hadoop101 hadoop-3.2.2]$ sbin/start-dfs.sh
Starting namenodes on [hadoop101]
hadoop101: starting namenode, logging to hadoop-xuzheng-namenode-
hadoop101.out
hadoop101: starting datanode, logging to hadoop-xuzheng-datanode-
hadoop101.out
hadoop103: starting datanode, logging to hadoop-xuzheng-datanode-
hadoop103.out
hadoop102: starting datanode, logging to hadoop-xuzheng-datanode-
hadoop102.out
Starting secondary namenodes [hadoop103]
```

```
hadoop103: starting secondarynamenode, logging to secondarynamenode-
hadoop103.out
```

（2）启动 YARN。

在 hadoop102 服务器节点上，通过如下命令一键启动整个 Hadoop 完全分布式集群的 YARN 服务。值得注意的是，如果 NameNode 节点和 ResourceManger 节点不在同一台服务器上，那么不能在 NameNode 节点上启动 YARN 服务，必须在 ResouceManager 所在的服务器上启动 YARN 服务。

```
[xuzheng@hadoop101 hadoop-3.2.2]$ cd /opt/module/hadoop-3.2.2
[xuzheng@hadoop101 hadoop-3.2.2]$ sbin/start-yarn.sh
starting yarn daemons
starting resourcemanager, logging to /opt/module/hadoop-3.2.2/
resourcemanager-hadoop102.out
hadoop103: starting nodemanager, logging to yarn-xuzheng-nodemanager-
hadoop103.out
hadoop101: starting nodemanager, logging to yarn-xuzheng-nodemanager-
hadoop101.out
hadoop102: starting nodemanager, logging to yarn-xuzheng-nodemanager-
hadoop102.out
```

（3）启动历史服务器。

虽然 HDFS 和 YARN 可以通过群体的方式启动，但是历史服务器需要单独启动。在 hadoop101 服务器节点上执行如下命令：

```
[xuzheng@hadoop101 hadoop-3.2.2]$ cd /opt/module/hadoop-3.2.2
[xuzheng@hadoop101 hadoop-3.2.2]$ sbin/mr-jobhistory-daemon.sh start
historyserver
```

（4）上传输入文件。

HDFS 和 YARN 启动后，将输入文件 log.txt 上传到 HDFS 上。使用 mkdir 命令创建一个输入目录/input 和一个输出目录/output，在 HDFS 中执行如下命令可以创建 HDFS 目录。

```
[xuzheng@hadoop101 hadoop-3.2.2]$ cd /opt/module/hadoop-3.2.2
[xuzheng@hadoop101 hadoop-3.2.2]$ bin/hdfs dfs -mkdir /input
[xuzheng@hadoop101 hadoop-3.2.2]$ bin/hdfs dfs -mkdir /output
[xuzheng@localhost hadoop-3.2.2]# bin/hdfs dfs -ls /
Found 4 items
drwxr-xr-x   - xuzheng supergroup     0 2020-07-03 10:47 /dh-test
drwxr-xr-x   - xuzheng supergroup     0 2020-07-05 20:43 /spark_history
drwxr-xr-x   - xuzheng supergroup     0 2020-07-20 13:43 /input
drwxr-xr-x   - xuzheng supergroup     0 2020-07-20 13:44 /output
```

将输入文件 log.txt 上传到 HDFS 的/input 目录下。在 HDFS 中执行如下命令可以将文件上传至 HDFS 目录下。

```
[xuzheng@localhost hadoop-3.2.2]$ cd /opt/module/hadoop-3.2.2
[xuzheng@localhost hadoop-3.2.2]# bin/hdfs dfs -put log.txt /input
[xuzheng@localhost hadoop-3.2.2]# bin/hdfs dfs -ls /input
Found 1 items
-rw-r--r--   1 xuzheng supergroup      1366 2020-07-20 14:28 /input/log.txt
```

10．运行MapReduce程序

将 MapReduce 程序生成的 jar 上传到 Hadoop 集群的/opt/software 目录下，执行如下命

令运行一个 MapReduce 程序。

```
[xuzheng@localhost hadoop-3.2.2]$ cd /opt/module/hadoop-3.2.2
[xuzheng@localhost hadoop-3.2.2]# bin/hadoop jar /opt/software/mapreduce-
demo-1.0-SNAPSHOT.jar com.xuzheng.mapreduce.wordcount.FilterDriver
/input/ /output
```

10.7　Join 的多种应用

本节将会重点讲解 Join 的多种应用，通过实现 Reduce Join 应用案例和 Map Join 应用案例，帮助读者加深对于 Join 应用的理解。

10.7.1　Reduce Join 案例实战

在 Map 阶段，Reduce Join 主要为来自不同表或者不同文件中的 K-V 键值对打标签，以区别不同来源，然后利用连接字段作为 key，数据的其余部分作为 value，组成新的 K-V 键值对进行输出。在 Reduce 阶段，Reduce Join 主要根据 K-V 键值对中的 key 对 MapTask 输入的数据进行分组。然后在每个分组中对标记不同来源的数据进行划分，最后将它们合并成一个文件。

Reduce Join 操作是在 Reduce 阶段完成的，这就造成 Reduce 阶段的处理压力过大的问题。但是 Map 节点的计算开销很低，资源利用率也较低，因此会在 Reduce 阶段出现数据倾斜。

在本节中将实现一个 Reduce Join 合并案例，帮助读者提升对于 Reduce Join 合并机制的理解。

Reduce Join 合并案例的具体编写步骤如下。

1．准备输入文件

在 Reduce Join 合并案例中，我们需要准备输入文件 order.txt 和 pd.txt。为了便于读者快速构建案例，笔者已经将输入文件 order.txt 和 pd.txt 上传至笔者独立部署的 FTP 服务器上，读者可以通过 FTP 服务器地址 http://118.89.217.234:8000，下载该案例的输入文件。

本节的 Reduce Join 合并案例的目的是将商品信息表中的数据根据商品 pid 合并到订单数据表中。本案例的输入文件 order.txt 的大致内容如下：

```
id      pid     amount
1001    01      1
1002    02      2
1003    03      3
1004    04      4
1005    05      5
1006    06      6
```

本案例的输入文件 pd.txt 的大致内容如下：

```
pid     pname
01      小米
02      华为
```

```
03      格力
```

根据上述输入文件及 Reduce Join 合并案例的实现功能，我们期望的输出数据如下：

```
id      pname   amount
1001    小米    1
1004    小米    4
1002    华为    2
1005    华为    5
1003    格力    3
1006    格力    6
```

2. 搭建一个Maven工程

本例基于集成开发工具 IntelliJ IDEA 进行 Java 编程开发，并且构建一个 Maven 工程 mapreduce-demo，实现一个 MapReduce 分布式计算程序。为了搭建一个 Maven 工程项目，需要执行如下步骤。

（1）利用 IntelliJ IDEA 构建 Maven 基础工程。

执行步骤可参考 10.3.5 节的搭建 Maven 工程的步骤，这里不再赘述。

（2）添加依赖包的信息。

pom.xml 文件是 Maven 工程项目的一种配置文件，用来标记项目的相关开发包引入坐标、依赖关系和使用者需要遵守的规则等信息。在该 Maven 项目的 pom.xml 文件中添加内容如下：

```
<?xml version="1.0" encoding="UTF-8"?>
<project xmlns="http://maven.apache.org/POM/4.0.0"
         xmlns:xsi="http://www.w3.org/2001/XMLSchema-instance"
         xsi:schemaLocation="http://maven.apache.org/POM/4.0.0
http://maven.apache.org/xsd/maven-4.0.0.xsd">
    <modelVersion>4.0.0</modelVersion>

    <groupId>com.xuzheng.mapreduce</groupId>
    <artifactId>mapreduce-demo</artifactId>
    <version>1.0-SNAPSHOT</version>

    <dependencies>
        <dependency>
            <groupId>junit</groupId>
            <artifactId>junit</artifactId>
            <version>RELEASE</version>
        </dependency>
        <dependency>
            <groupId>org.apache.logging.log4j</groupId>
            <artifactId>log4j-core</artifactId>
            <version>2.8.2</version>
        </dependency>
        <dependency>
            <groupId>org.apache.hadoop</groupId>
            <artifactId>hadoop-common</artifactId>
            <version>3.2.2</version>
        </dependency>
        <dependency>
            <groupId>org.apache.hadoop</groupId>
            <artifactId>hadoop-client</artifactId>
```

```
            <version>3.2.2</version>
        </dependency>
        <dependency>
            <groupId>org.apache.hadoop</groupId>
            <artifactId>hadoop-hdfs</artifactId>
            <version>3.2.2</version>
        </dependency>
    </dependencies>

    <build>
        <plugins>
            <plugin>
                <artifactId>maven-compiler-plugin</artifactId>
                <version>2.3.2</version>
                <configuration>
                    <source>1.8</source>
                    <target>1.8</target>
                </configuration>
            </plugin>
            <plugin>
                <artifactId>maven-assembly-plugin </artifactId>
                <configuration>
                    <descriptorRefs>
                        <descriptorRef>jar-with-dependencies</descriptorRef>
                    </descriptorRefs>
                    <archive>
                        <manifest>
<mainClass>com.xuzheng.mapreduce.wordcount.TableDriver </mainClass>
                        </manifest>
                    </archive>
                </configuration>
                <executions>
                    <execution>
                        <id>make-assembly</id>
                        <phase>package</phase>
                        <goals>
                            <goal>single</goal>
                        </goals>
                    </execution>
                </executions>
            </plugin>
        </plugins>
    </build>
</project>
```

（3）添加 log4j 配置文件。

本例在创建 Maven 项目时，引入了 log4j 的 jar 包，为了能够正常运行 log4j 程序，需要在 src/main/resources 目录下添加一个 log4j.properties 配置文件并添加如下内容：

```
log4j.rootLogger=INFO, stdout
log4j.appender.stdout=org.apache.log4j.ConsoleAppender
log4j.appender.stdout.layout=org.apache.log4j.PatternLayout
log4j.appender.stdout.layout.ConversionPattern=%d %p [%c] - %m%n
log4j.appender.logfile=org.apache.log4j.FileAppender
log4j.appender.logfile.File=target/spring.log
log4j.appender.logfile.layout=org.apache.log4j.PatternLayout
```

```
log4j.appender.logfile.layout.ConversionPattern=%d %p [%c] - %m%n
```

3. 自定义商品和订单合并后的TableBean类

为了实现自定义 Reduce Join 合并案例，需要自定义一个 TableBean 类型。

```
package com.xuzheng.mapreduce.wordcount;

import java.io.DataInput;
import java.io.DataOutput;
import java.io.IOException;
import org.apache.hadoop.io.Writable;

public class TableBean implements Writable {

    private String order_id;            // 订单 ID
    private String p_id;                // 产品 ID
    private int amount;                 // 产品数量
    private String pname;               // 产品名称
    private String flag;                // 表的标记

    public TableBean() {
        super();
    }

    public TableBean(String order_id, String p_id, int amount, String pname,
String flag) {

        super();

        this.order_id = order_id;
        this.p_id = p_id;
        this.amount = amount;
        this.pname = pname;
        this.flag = flag;
    }

    public String getFlag() {
        return flag;
    }

    public void setFlag(String flag) {
        this.flag = flag;
    }

    public String getOrder_id() {
        return order_id;
    }

    public void setOrder_id(String order_id) {
        this.order_id = order_id;
    }

    public String getP_id() {
        return p_id;
    }
```

```
    public void setP_id(String p_id) {
        this.p_id = p_id;
    }

    public int getAmount() {
        return amount;
    }

    public void setAmount(int amount) {
        this.amount = amount;
    }

    public String getPname() {
        return pname;
    }

    public void setPname(String pname) {
        this.pname = pname;
    }

    @Override
    public void write(DataOutput out) throws IOException {
        out.writeUTF(order_id);
        out.writeUTF(p_id);
        out.writeInt(amount);
        out.writeUTF(pname);
        out.writeUTF(flag);
    }

    @Override
    public void readFields(DataInput in) throws IOException {
        this.order_id = in.readUTF();
        this.p_id = in.readUTF();
        this.amount = in.readInt();
        this.pname = in.readUTF();
        this.flag = in.readUTF();
    }

    @Override
    public String toString() {
        return order_id + "\t" + pname + "\t" + amount + "\t" ;
    }
}
```

4．编写Mapper文件

在 Mapper 实现类中接收输入文本的每行数据并将其转化成 String 字符串类型。每接收一行数据，Mapper 实现类就会调用一次 map 函数。编写一个 TableMapper 类，并重写一个 map 函数，具体代码如下：

```
package com.xuzheng.mapreduce.wordcount;

import java.io.IOException;
import org.apache.hadoop.io.LongWritable;
import org.apache.hadoop.io.Text;
import org.apache.hadoop.mapreduce.Mapper;
```

```
import org.apache.hadoop.mapreduce.lib.input.FileSplit;

public class TableMapper extends Mapper<LongWritable, Text, Text,
TableBean>{

String name;
    TableBean bean = new TableBean();
    Text k = new Text();

    @Override
    protected void setup(Context context) throws IOException,
InterruptedException {

        // 1. 获取输入文件切片
        FileSplit split = (FileSplit) context.getInputSplit();

        // 2. 获取输入文件名称
        name = split.getPath().getName();
    }

    @Override
    protected void map(LongWritable key, Text value, Context context) throws
IOException, InterruptedException {

        // 1. 获取输入数据
        String line = value.toString();

        // 2. 不同文件分别处理
        if (name.startsWith("order")) {                // 订单表处理

            // 2.1 分割字符串
            String[] fields = line.split("\t");

            // 2.2 封装Bean对象
            bean.setOrder_id(fields[0]);
            bean.setP_id(fields[1]);
            bean.setAmount(Integer.parseInt(fields[2]));
            bean.setPname("");
            bean.setFlag("order");

            k.set(fields[1]);
        }else {                                        // 产品表处理

            // 2.3 分割字符串
            String[] fields = line.split("\t");

            // 2.4 封装Bean对象
            bean.setP_id(fields[0]);
            bean.setPname(fields[1]);
            bean.setFlag("pd");
            bean.setAmount(0);
            bean.setOrder_id("");

            k.set(fields[0]);
        }
```

```
        // 3. 输出 Bean 对象
        context.write(k, bean);
    }
}
```

5. 编写Reducer文件

在 Reducer 实现类中接收 Mapper 实现类输出的 K-V 键值对。Reducer 实现类的所有业务处理逻辑由 reduce 函数负责，而且 reduce 函数会对输入的每一组具有相同 key 的 K-V 键值对进行调用。编写一个 TableReducer 类并重写一个 reduce 函数，具体代码如下：

```
package com.xuzheng.mapreduce.wordcount;

import java.io.IOException;
import java.util.ArrayList;
import org.apache.commons.beanutils.BeanUtils;
import org.apache.hadoop.io.NullWritable;
import org.apache.hadoop.io.Text;
import org.apache.hadoop.mapreduce.Reducer;

public class TableReducer extends Reducer<Text, TableBean, TableBean,
NullWritable> {

    @Override
    protected void reduce(Text key, Iterable<TableBean> values, Context
context)   throws IOException, InterruptedException {

        // 1. 准备存储订单的集合
        ArrayList<TableBean> orderBeans = new ArrayList<>();

        // 2. 准备 Bean 对象
        TableBean pdBean = new TableBean();

        for (TableBean bean : values) {

            if ("order".equals(bean.getFlag())) {              // 订单表

                // 将传递的每条订单数据复制到集合中
                TableBean orderBean = new TableBean();

                try {
                    BeanUtils.copyProperties(orderBean, bean);
                } catch (Exception e) {
                    e.printStackTrace();
                }

                orderBeans.add(orderBean);
            } else {                                            // 产品表

                try {
                    // 将传递的产品表复制到内存中
                    BeanUtils.copyProperties(pdBean, bean);
                } catch (Exception e) {
                    e.printStackTrace();
                }
            }
```

```
        }

        // 3. 表的拼接
        for(TableBean bean:orderBeans){

            bean.setPname (pdBean.getPname());

            // 4. 输出 bean 对象
            context.write(bean, NullWritable.get());
        }
    }
}
```

6. 编写Driver文件

Driver 类负责配置 Mapper 实现类和 Reducer 实现类，并获得 job 对象实例。同时，Driver 类指定 MapReduce 程序 jar 所在的路径位置，并将整个 MapReduce 程序提交到 YARN 集群上。编写一个 TableDriver 类，具体代码如下：

```
package com.xuzheng.mapreduce.wordcount;
import org.apache.hadoop.conf.Configuration;
import org.apache.hadoop.fs.Path;
import org.apache.hadoop.io.NullWritable;
import org.apache.hadoop.io.Text;
import org.apache.hadoop.mapreduce.Job;
import org.apache.hadoop.mapreduce.lib.input.FileInputFormat;
import org.apache.hadoop.mapreduce.lib.output.FileOutputFormat;

public class TableDriver {

    public static void main(String[] args) throws Exception {


        // 1. 获取配置信息或者 job 对象实例
        Configuration configuration = new Configuration();
        Job job = Job.getInstance(configuration);

        // 2. 指定本程序的 jar 包所在的本地路径
        job.setJarByClass(TableDriver.class);

        // 3. 指定本业务 job 要使用的 Mapper/Reducer 业务类
        job.setMapperClass(TableMapper.class);
        job.setReducerClass(TableReducer.class);

        // 4. 指定 Mapper 输出数据的 K-V 类型
        job.setMapOutputKeyClass(Text.class);
        job.setMapOutputValueClass(TableBean.class);

        // 5. 指定最终输出的数据的 K-V 类型
        job.setOutputKeyClass(TableBean.class);
        job.setOutputValueClass(NullWritable.class);

        // 6. 指定 job 输入的原始文件所在目录
        FileInputFormat.setInputPaths(job, new Path(args[0]));
        FileOutputFormat.setOutputPath(job, new Path(args[1]));
```

```
        // 7. 将在job中配置的相关参数及job所用的Java类所在的jar包提交到YARN上
           运行
        boolean result = job.waitForCompletion(true);
        System.exit(result ? 0 : 1);
    }
}
```

7. 打包Maven工程

通过终端命令行进入 Maven 工程目录，然后在该目录下执行如下命令进行 Maven 工程的打包操作。

```
D:\demo\mapreduce-demo> mvn package
```

打包成功后，在 Maven 工程的 target 目录下将会生成 mapreduce-demo-1.0-SNAPSHOT.jar 包，将该 jar 包上传到 Hadoop 集群中。

8. 启动Hadoop集群

（1）启动 HDFS。

在 hadoop101 服务器节点上，通过如下命令一键启动整个 Hadoop 完全分布式集群的 HDFS 服务。

```
[xuzheng@hadoop101 hadoop-3.2.2]$ cd /opt/module/hadoop-3.2.2
[xuzheng@hadoop101 hadoop-3.2.2]$ sbin/start-dfs.sh
Starting namenodes on [hadoop101]
hadoop101: starting namenode, logging to hadoop-xuzheng-namenode-
hadoop101.out
hadoop101: starting datanode, logging to hadoop-xuzheng-datanode-
hadoop101.out
hadoop103: starting datanode, logging to hadoop-xuzheng-datanode-
hadoop103.out
hadoop102: starting datanode, logging to hadoop-xuzheng-datanode-
hadoop102.out
Starting secondary namenodes [hadoop103]
hadoop103: starting secondarynamenode, logging to secondarynamenode-
hadoop103.out
```

（2）启动 YARN。

在 hadoop102 服务器节点上，通过如下命令，一键启动整个 Hadoop 完全分布式集群的 YARN 服务。值得注意的是，如果 NameNode 节点和 ResourceManger 节点不在同一台服务器上，那么不能在 NameNode 节点上启动 YARN 服务，必须在 ResouceManager 所在的服务器上启动 YARN 服务。

```
[xuzheng@hadoop101 hadoop-3.2.2]$ cd /opt/module/hadoop-3.2.2
[xuzheng@hadoop101 hadoop-3.2.2]$ sbin/start-yarn.sh
starting yarn daemons
starting resourcemanager, logging to /opt/module/hadoop-3.2.2/
resourcemanager-hadoop102.out
hadoop103: starting nodemanager, logging to yarn-xuzheng-nodemanager-
hadoop103.out
hadoop101: starting nodemanager, logging to yarn-xuzheng-nodemanager-
hadoop101.out
hadoop102: starting nodemanager, logging to yarn-xuzheng-nodemanager-
hadoop102.out
```

（3）启动历史服务器。

虽然 HDFS 和 YARN 可以通过群体的方式启动，但是历史服务器需要单独启动。在 hadoop101 服务器节点上执行如下命令：

```
[xuzheng@hadoop101 hadoop-3.2.2]$ cd /opt/module/hadoop-3.2.2
[xuzheng@hadoop101 hadoop-3.2.2]$ sbin/mr-jobhistory-daemon.sh start
historyserver
```

（4）上传输入文件。

HDFS 和 YARN 启动后，将输入文件 order.txt 和 pd.txt 上传到 HDFS 上。使用 mkdir 命令创建一个输入目录/input 和一个输出目录/output，在 HDFS 中执行如下命令，可以创建 HDFS 目录。

```
[xuzheng@hadoop101 hadoop-3.2.2]$ cd /opt/module/hadoop-3.2.2
[xuzheng@hadoop101 hadoop-3.2.2]$ bin/hdfs dfs -mkdir /input
[xuzheng@hadoop101 hadoop-3.2.2]$ bin/hdfs dfs -mkdir /output
[xuzheng@localhost hadoop-3.2.2]# bin/hdfs dfs -ls /
Found 4 items
drwxr-xr-x   - xuzheng supergroup      0 2020-07-03 10:47 /dh-test
drwxr-xr-x   - xuzheng supergroup      0 2020-07-05 20:43 /spark_history
drwxr-xr-x   - xuzheng supergroup      0 2020-07-20 13:43 /input
drwxr-xr-x   - xuzheng supergroup      0 2020-07-20 13:44 /output
```

将输入文件 order.txt 和 pd.txt 上传到 HDFS 的/input 目录下。在 HDFS 中执行如下命令，可以将文件上传至 HDFS 目录下。

```
[xuzheng@localhost hadoop-3.2.2]$ cd /opt/module/hadoop-3.2.2
[xuzheng@localhost hadoop-3.2.2]# bin/hdfs dfs -put order.txt /input
[xuzheng@localhost hadoop-3.2.2]# bin/hdfs dfs -put pd.txt /input
[xuzheng@localhost hadoop-3.2.2]# bin/hdfs dfs -ls /input
Found 2 items
-rw-r--r--  1 xuzheng supergroup   1366 2020-07-20 14:28 /input/order.txt
-rw-r--r--  1 xuzheng supergroup   1366 2020-07-20 14:28 /input/pd.txt
```

9．运行MapReduce程序

将 MapReduce 程序生成的 jar 上传到 Hadoop 集群的/opt/software 目录下，执行如下命令，可以运行一个 MapReduce 程序。

```
[xuzheng@localhost hadoop-3.2.2]$ cd /opt/module/hadoop-3.2.2
[xuzheng@localhost hadoop-3.2.2]# bin/hadoop jar /opt/software/mapreduce-
demo-1.0-SNAPSHOT.jar com.xuzheng.mapreduce.wordcount.TableDriver
/input/ /output
```

10.7.2　Map Join 案例实战

Map Join 主要适用于一张表较小，另一张表较大的场景。在 Map 阶段，Map Join 通过缓存多张数据表提前进行业务逻辑的处理，以减轻 Reduce 阶段的处理压力，提高资源利用率，减少在 Reduce 阶段产生的数据倾斜。

本节将实现一个 Map Join 合并案例，帮助读者提升对于 Map Join 合并机制的理解。

Map Join 合并案例的具体编写步骤如下。

1．准备输入文件

在 Reduce Join 合并案例中，首先准备输入文件 order.txt 和 pd.txt。为了便于读者快速构建案例，笔者已经将输入文件 order.txt 和 pd.txt 上传至笔者独立部署的 FTP 服务器上，读者可以通过 FTP 服务器地址 http://118.89.217.234:8000，下载该案例的输入文件。

本节的 Reduce Join 合并案例的目的是将商品信息表中的数据根据商品 pid 合并到订单数据表中。本案例的输入文件 order.txt 的大致内容如下：

```
id      pid     amount
1001    01      1
1002    02      2
1003    03      3
1004    04      4
1005    05      5
1006    06      6
```

在本案例中，输入文件 pd.txt 的大致内容如下：

```
pid     pname
01      小米
02      华为
03      格力
```

根据上述输入文件及 Reduce Join 合并案例的实现功能，我们期望的输出数据如下：

```
id      pname   amount
1001    小米    1
1004    小米    4
1002    华为    2
1005    华为    5
1003    格力    3
1006    格力    6
```

2．搭建一个Maven工程

本例基于集成开发工具 IntelliJ IDEA 进行 Java 编程开发，并且构建一个 Maven 工程 mapreduce-demo，实现一个 MapReduce 分布式计算程序。为了搭建一个 Maven 工程项目，需要执行如下步骤。

（1）利用 IntelliJ IDEA 构建 Maven 基础工程。

执行步骤可参考 10.3.5 节的搭建 Maven 工程的步骤，这里不再赘述。

（2）添加依赖包的信息。

pom.xml 文件是 Maven 工程项目的一种配置文件，用来标记项目的相关开发包引入坐标、依赖关系和使用者需要遵守的规则等信息。在该 Maven 项目的 pom.xml 文件中添加如下内容：

```
<?xml version="1.0" encoding="UTF-8"?>
<project xmlns="http://maven.apache.org/POM/4.0.0"
         xmlns:xsi="http://www.w3.org/2001/XMLSchema-instance"
         xsi:schemaLocation="http://maven.apache.org/POM/4.0.0
http://maven.apache.org/xsd/maven-4.0.0.xsd">
    <modelVersion>4.0.0</modelVersion>
```

```
    <groupId>com.xuzheng.mapreduce</groupId>
    <artifactId>mapreduce-demo</artifactId>
    <version>1.0-SNAPSHOT</version>

    <dependencies>
        <dependency>
            <groupId>junit</groupId>
            <artifactId>junit</artifactId>
            <version>RELEASE</version>
        </dependency>
        <dependency>
            <groupId>org.apache.logging.log4j</groupId>
            <artifactId>log4j-core</artifactId>
            <version>2.8.2</version>
        </dependency>
        <dependency>
            <groupId>org.apache.hadoop</groupId>
            <artifactId>hadoop-common</artifactId>
            <version>3.2.2</version>
        </dependency>
        <dependency>
            <groupId>org.apache.hadoop</groupId>
            <artifactId>hadoop-client</artifactId>
            <version>3.2.2</version>
        </dependency>
        <dependency>
            <groupId>org.apache.hadoop</groupId>
            <artifactId>hadoop-hdfs</artifactId>
            <version>3.2.2</version>
        </dependency>
    </dependencies>

    <build>
        <plugins>
            <plugin>
                <artifactId>maven-compiler-plugin</artifactId>
                <version>2.3.2</version>
                <configuration>
                    <source>1.8</source>
                    <target>1.8</target>
                </configuration>
            </plugin>
            <plugin>
                <artifactId>maven-assembly-plugin </artifactId>
                <configuration>
                    <descriptorRefs>
                        <descriptorRef>jar-with-dependencies</descriptorRef>
                    </descriptorRefs>
                    <archive>
                        <manifest>
<mainClass>com.xuzheng.mapreduce.wordcount.DistributedCacheMapper
</mainClass>
                        </manifest>
                    </archive>
                </configuration>
                <executions>
                    <execution>
```

```
                    <id>make-assembly</id>
                    <phase>package</phase>
                    <goals>
                        <goal>single</goal>
                    </goals>
                </execution>
            </executions>
        </plugin>
    </plugins>
  </build>
</project>
```

（3）添加 log4j 配置文件。

本例在创建 Maven 项目时引入了 log4j 的 jar 包，为了能够正常运行 log4j 程序，需要在 src/main/resources 目录下添加一个 log4j.properties 配置文件并添加如下内容：

```
log4j.rootLogger=INFO, stdout
log4j.appender.stdout=org.apache.log4j.ConsoleAppender
log4j.appender.stdout.layout=org.apache.log4j.PatternLayout
log4j.appender.stdout.layout.ConversionPattern=%d %p [%c] - %m%n
log4j.appender.logfile=org.apache.log4j.FileAppender
log4j.appender.logfile.File=target/spring.log
log4j.appender.logfile.layout=org.apache.log4j.PatternLayout
log4j.appender.logfile.layout.ConversionPattern=%d %p [%c] - %m%n
```

3. 自定义商品和订单合并后的TableBean类

为了实现自定义 Map Join 合并案例，需要自定义一个 TableBean 类型。

```
package com.xuzheng.mapreduce.wordcount;

import java.io.DataInput;
import java.io.DataOutput;
import java.io.IOException;
import org.apache.hadoop.io.Writable;

public class TableBean implements Writable {

    private String order_id;              // 订单 ID
    private String p_id;                  // 产品 ID
    private int amount;                   // 产品数量
    private String pname;                 // 产品名称
    private String flag;                  // 表的标记

    public TableBean() {
        super();
    }

    public TableBean(String order_id, String p_id, int amount, String pname,
String flag) {

        super();

        this.order_id = order_id;
        this.p_id = p_id;
        this.amount = amount;
        this.pname = pname;
```

```
        this.flag = flag;
    }

    public String getFlag() {
        return flag;
    }

    public void setFlag(String flag) {
        this.flag = flag;
    }

    public String getOrder_id() {
        return order_id;
    }

    public void setOrder_id(String order_id) {
        this.order_id = order_id;
    }

    public String getP_id() {
        return p_id;
    }

    public void setP_id(String p_id) {
        this.p_id = p_id;
    }

    public int getAmount() {
        return amount;
    }

    public void setAmount(int amount) {
        this.amount = amount;
    }

    public String getPname() {
        return pname;
    }

    public void setPname(String pname) {
        this.pname = pname;
    }

    @Override
    public void write(DataOutput out) throws IOException {
        out.writeUTF(order_id);
        out.writeUTF(p_id);
        out.writeInt(amount);
        out.writeUTF(pname);
        out.writeUTF(flag);
    }

    @Override
    public void readFields(DataInput in) throws IOException {
        this.order_id = in.readUTF();
        this.p_id = in.readUTF();
        this.amount = in.readInt();
```

```
        this.pname = in.readUTF();
        this.flag = in.readUTF();
    }

    @Override
    public String toString() {
        return order_id + "\t" + pname + "\t" + amount + "\t" ;
    }
}
```

4．编写Mapper文件

在 Mapper 实现类中接收输入文本的每行数据，并将其转化成 String 字符串类型。每接收一行数据，Mapper 实现类就会调用一次 map 函数。编写一个 DistributedCacheMapper 类并重写一个 map 函数，具体代码如下：

```
package com.xuzheng.mapreduce.wordcount;

import java.io.BufferedReader;
import java.io.FileInputStream;
import java.io.IOException;
import java.io.InputStreamReader;
import java.util.HashMap;
import java.util.Map;
import org.apache.commons.lang.StringUtils;
import org.apache.hadoop.io.LongWritable;
import org.apache.hadoop.io.NullWritable;
import org.apache.hadoop.io.Text;
import org.apache.hadoop.mapreduce.Mapper;

public class DistributedCacheMapper extends Mapper<LongWritable, Text,
Text, NullWritable>{

    Map<String, String> pdMap = new HashMap<>();

    @Override
    protected void setup(Mapper<LongWritable, Text, Text, NullWritable>.
Context context) throws IOException, InterruptedException {

        // 1. 获取缓存的文件
        URI[] cacheFiles = context.getCacheFiles();
        String path = cacheFiles[0].getPath().toString();

        BufferedReader reader = new BufferedReader(new InputStreamReader
(new FileInputStream(path), "UTF-8"));

        String line;
        while(StringUtils.isNotEmpty(line = reader.readLine())){

            // 2. 分割数据
            String[] fields = line.split("\t");

            // 3. 将数据缓存到集合中
            pdMap.put(fields[0], fields[1]);
        }
```

```
        // 4. 关闭数据流
        reader.close();
    }

    Text k = new Text();

    @Override
    protected void map(LongWritable key, Text value, Context context) throws
IOException, InterruptedException {

        // 1. 获取一行数据
        String line = value.toString();

        // 2. 分割字符串
        String[] fields = line.split("\t");

        // 3. 获取产品 ID
        String pId = fields[1];

        // 4. 获取商品名称
        String pdName = pdMap.get(pId);

        // 5. 拼接字符串
        k.set(line + "\t"+ pdName);

        // 6. 输出字符串拼接结果
        context.write(k, NullWritable.get());
    }
}
```

5. 编写Reducer文件

在 Reducer 实现类中接收 Mapper 实现类输出的 K-V 键值对。Reducer 实现类的所有业务处理逻辑交由 reduce 函数负责，而且 reduce 函数会对输入的每一组具有相同 key 的 K-V 键值对进行调用。编写一个 DistributedCacheReducer 类，并重写一个 reduce 函数，具体代码如下：

```
package com.xuzheng.mapreduce.wordcount;

import java.io.IOException;
import java.util.ArrayList;
import org.apache.commons.beanutils.BeanUtils;
import org.apache.hadoop.io.NullWritable;
import org.apache.hadoop.io.Text;
import org.apache.hadoop.mapreduce.Reducer;

public class DistributedCacheReducer extends Reducer<Text, TableBean,
TableBean, NullWritable> {

    @Override
    protected void reduce(Text key, Iterable<TableBean> values, Context
context) throws IOException, InterruptedException {

        // 1. 准备存储订单的集合
        ArrayList<TableBean> orderBeans = new ArrayList<>();
```

```
        // 2. 准备 Bean 对象
        TableBean pdBean = new TableBean();

        for (TableBean bean : values) {

            if ("order".equals(bean.getFlag())) {          // 订单表

                // 将传递的每条订单数据复制到集合中
                TableBean orderBean = new TableBean();

                try {
                    BeanUtils.copyProperties(orderBean, bean);
                } catch (Exception e) {
                    e.printStackTrace();
                }

                orderBeans.add(orderBean);
            } else {                                        // 产品表

                try {
                    // 将传递的产品表复制到内存中
                    BeanUtils.copyProperties(pdBean, bean);
                } catch (Exception e) {
                    e.printStackTrace();
                }
            }
        }

        // 3. 表的拼接
        for(TableBean bean:orderBeans){

            bean.setPname (pdBean.getPname());

            // 4. 将数据写出去
            context.write(bean, NullWritable.get());
        }
    }
}
```

6. 编写Driver文件

Driver 类负责配置 Mapper 实现类和 Reducer 实现类，并获得 job 对象实例。同时，Driver 类指定 MapReduce 程序 jar 所在的路径位置，并将整个 MapReduce 程序提交到 YARN 集群上。编写一个 DistributedCacheDriver 类，具体代码如下：

```
package com.xuzheng.mapreduce.wordcount;

import java.net.URI;
import org.apache.hadoop.conf.Configuration;
import org.apache.hadoop.fs.Path;
import org.apache.hadoop.io.NullWritable;
import org.apache.hadoop.io.Text;
import org.apache.hadoop.mapreduce.Job;
import org.apache.hadoop.mapreduce.lib.input.FileInputFormat;
import org.apache.hadoop.mapreduce.lib.output.FileOutputFormat;
```

```
public class DistributedCacheDriver {

    public static void main(String[] args) throws Exception {

        // 1. 获取 job 信息
        Configuration configuration = new Configuration();
        Job job = Job.getInstance(configuration);

        // 2. 设置加载 jar 包的路径
        job.setJarByClass(DistributedCacheDriver.class);

        // 3. 关联 map
        job.setMapperClass(DistributedCacheMapper.class);

        // 4. 设置最终输出的数据类型
        job.setOutputKeyClass(Text.class);
        job.setOutputValueClass(NullWritable.class);

        // 5. 设置输入和输出路径
        FileInputFormat.setInputPaths(job, new Path(args[0]));
        FileOutputFormat.setOutputPath(job, new Path(args[1]));

        // 6. 加载缓存数据
        job.addCacheFile(new URI("file:///e:/input/inputcache/pd.txt"));

        // 7. Map 端 Join 的逻辑不需要 Reduce 阶段，设置 reduceTask 数量为 0
        job.setNumReduceTasks(0);

        // 8. 提交任务作业
        boolean result = job.waitForCompletion(true);
        System.exit(result ? 0 : 1);
    }
}
```

7. 打包Maven工程

通过终端命令行进入 Maven 工程目录，然后在该目录下执行如下命令进行 Maven 工程的打包操作。

```
D:\demo\mapreduce-demo> mvn package
```

打包成功后，在 Maven 工程的 target 目录下将会生成 mapreduce-demo-1.0-SNAPSHOT.jar 包，将该 jar 包上传到 Hadoop 集群中。

8. 启动Hadoop集群

（1）启动 HDFS。

在 hadoop101 服务器节点上，通过如下命令一键启动整个 Hadoop 完全分布式集群的 HDFS 服务。

```
[xuzheng@hadoop101 hadoop-3.2.2]$ cd /opt/module/hadoop-3.2.2
[xuzheng@hadoop101 hadoop-3.2.2]$ sbin/start-dfs.sh
Starting namenodes on [hadoop101]
```

```
hadoop101: starting namenode, logging to hadoop-xuzheng-namenode-
hadoop101.out
hadoop101: starting datanode, logging to hadoop-xuzheng-datanode-
hadoop101.out
hadoop103: starting datanode, logging to hadoop-xuzheng-datanode-
hadoop103.out
hadoop102: starting datanode, logging to hadoop-xuzheng-datanode-
hadoop102.out
Starting secondary namenodes [hadoop103]
hadoop103: starting secondarynamenode, logging to secondarynamenode-
hadoop103.out
```

（2）启动 YARN。

在 hadoop102 服务器节点上，通过如下命令一键启动整个 Hadoop 完全分布式集群的 YARN 服务。值得注意的是，如果 NameNode 节点和 ResourceManger 节点不在同一台服务器上，那么不能在 NameNode 节点上启动 YARN 服务，必须在 ResouceManager 所在的服务器上启动 YARN 服务。

```
[xuzheng@hadoop101 hadoop-3.2.2]$ cd /opt/module/hadoop-3.2.2
[xuzheng@hadoop101 hadoop-3.2.2]$ sbin/start-yarn.sh
starting yarn daemons
starting resourcemanager, logging to /opt/module/hadoop-3.2.2/
resourcemanager-hadoop102.out
hadoop103: starting nodemanager, logging to yarn-xuzheng-nodemanager-
hadoop103.out
hadoop101: starting nodemanager, logging to yarn-xuzheng-nodemanager-
hadoop101.out
hadoop102: starting nodemanager, logging to yarn-xuzheng-nodemanager-
hadoop102.out
```

（3）启动历史服务器。

虽然 HDFS 和 YARN 可以通过群体的方式启动，但是历史服务器需要单独启动。在 hadoop101 服务器节点上执行如下命令：

```
[xuzheng@hadoop101 hadoop-3.2.2]$ cd /opt/module/hadoop-3.2.2
[xuzheng@hadoop101 hadoop-3.2.2]$ sbin/mr-jobhistory-daemon.sh start
historyserver
```

（4）上传输入文件。

HDFS 和 Yarn 启动后，将输入文件 order.txt 和 pd.txt 上传到 HDFS 中。使用 mkdir 命令创建一个输入目录/input 和一个输出目录/output，在 HDFS 中执行如下命令，可以创建 HDFS 目录。

```
[xuzheng@hadoop101 hadoop-3.2.2]$ cd /opt/module/hadoop-3.2.2
[xuzheng@hadoop101 hadoop-3.2.2]$ bin/hdfs dfs -mkdir /input
[xuzheng@hadoop101 hadoop-3.2.2]$ bin/hdfs dfs -mkdir /output
[xuzheng@localhost hadoop-3.2.2]# bin/hdfs dfs -ls /
Found 4 items
drwxr-xr-x   - xuzheng supergroup      0 2020-07-03 10:47 /dh-test
drwxr-xr-x   - xuzheng supergroup      0 2020-07-05 20:43 /spark_history
drwxr-xr-x   - xuzheng supergroup      0 2020-07-20 13:43 /input
drwxr-xr-x   - xuzheng supergroup      0 2020-07-20 13:44 /output
```

将输入文件 order.txt 和 pd.txt 上传到 HDFS 的/input 目录下。在 HDFS 中执行如下命令，可以将文件上传至 HDFS 目录下。

```
[xuzheng@localhost hadoop-3.2.2]$ cd /opt/module/hadoop-3.2.2
[xuzheng@localhost hadoop-3.2.2]# bin/hdfs dfs -put order.txt /input
[xuzheng@localhost hadoop-3.2.2]# bin/hdfs dfs -put pd.txt /input
[xuzheng@localhost hadoop-3.2.2]# bin/hdfs dfs -ls /input
Found 2 items
-rw-r--r--  1 xuzheng supergroup   1366 2020-07-20 14:28 /input/order.txt
-rw-r--r--  1 xuzheng supergroup   1366 2020-07-20 14:28 /input/pd.txt
```

9．运行MapReduce程序

将 MapReduce 程序生成的 jar 上传到 Hadoop 集群的/opt/software 目录下，执行如下命令，可以运行一个 MapReduce 程序。

```
[xuzheng@localhost hadoop-3.2.2]$ cd /opt/module/hadoop-3.2.2
[xuzheng@localhost hadoop-3.2.2]# bin/hadoop jar /opt/software/
mapreduce-demo-1.0-SNAPSHOT.jar com.xuzheng.mapreduce.wordcount.
DistributedCacheDriver /input/ /output
```

10.8　小　　结

本章介绍了 MapReduce 分布式计算编程框架的工作原理，一步步地剖析了 Shuffle 的工作机制，包括 Partition 分区、WritableComparable 排序、Combiner 合并和 GroupingComparator 分组。通过在 Shuffle 阶段实现的 5 个案例，帮助读者加深对于 Shuffle 工作机制的理解。然后介绍了 MapTask 和 ReduceTask 的工作原理和机制。

此外，本章还介绍了 MapReduce 的数据输入基类 InputFormat 和数据输出基类 OutputFormat，并且详细讲解了相应子类的实现过程和案例。最后通过两个实例演示了 MapReduce 中的 Join 应用，实现了两个数据表的合并。

第 11 章　MapReduce 数据压缩

本章将介绍 MapReduce 数据压缩的工作机制，主要内容包括数据压缩概述、数据压缩方式和压缩参数配置，最后将实现一个数据压缩案例，加深读者对 MapReduce 数据压缩机制的理解。

11.1　数据压缩概述

在日常使用计算机时，经常会使用压缩技术。对于大文件来说，压缩技术既能帮助用户节约存储空间，又能提高数据的传输效率。在 HDFS 和 MapReduce 分布式计算编程框架中，数据压缩技术同样也能发挥节约存储空间和提高传输效率的作用。

在 HDFS 中，通过对大文件的压缩可以有效节约底层存储空间，同时能够提高数据在 HDFS 集群中不同节点之间的传输速度。在运行 MapReduce 分布式计算程序时，大量的 I/O 操作、频繁的网络传输及在 Shuffle 过程中的分区、排序和归并等操作都会影响 MapReduce 程序的运行效率。因此，在 MapReduce 分布式计算编程框架中，使用压缩技术十分重要。

数据压缩技术是一种提高 MapReduce 程序运行效率的优化策略，但是过度地使用数据压缩技术可能会导致计算机的整体性能下降。虽然数据压缩能够减少磁盘 I/O 操作，提高网络传输效率，但是 MapReduce 在运行过程中首先需要对数据进行解压操作，从而增加了 CPU 的运算压力。因此，在实际开发过程中应合理地使用数据压缩技术。

在 MapReduce 分布式程序中，要遵循数据压缩的使用原则。对于需要进行大量计算的 MapReduce 任务，尽量不要使用数据压缩技术，大量的解压操作会增大 CPU 的运行压力；对于需要进行大量 I/O 操作的 MapReduce 任务，尽量多使用数据压缩技术，这样能够节约存储空间，提高传输效率。

11.2　MapReduce 支持的压缩编码器

在 Windows 系统和 Linux 系统中，数据压缩的格式有多种，如 zip、rar、gz 和 bz2 等。同样，在 MapReduce 中也有多种数据压缩格式，并且每种数据压缩格式都对应一种数据压缩编码器。接下来将介绍 MapReduce 支持的数据压缩格式、压缩编码器和各种压缩格式的压缩性能对比情况。首先介绍 MapReduce 支持的数据压缩格式，如表 11.1 所示。

表 11.1　MapReduce支持的压缩格式

压缩格式	是否Hadoop自带	压缩算法	文件扩展名	是否可切分	原有程序是否需要修改
DEFLATE	是，直接使用	DEFLATE	.deflate	否	不需要修改
Gzip	是，直接使用	DEFLATE	.gz	否	不需要修改
Bzip2	是，直接使用	Bzip2	.bz2	是	不需要修改
LZO	否，需要安装	LZO	.lzo	是	需要建索引并指定输入格式
Snappy	否，需要安装	Snappy	.snappy	否	不需要修改

MapReduce 分布式计算编程框架为了支持多种数据压缩格式提供了相应的数据压缩解码器，如表 11.2 所示。

表 11.2　MapReduce数据压缩解码器

压 缩 格 式	数据压缩解码器
DEFLATE	org.apache.hadoop.io.compress.DefaultCodec
Gzip	org.apache.hadoop.io.compress.GzipCodec
Bzip2	org.apache.hadoop.io.compress.Bzip2Codec
LZO	com.hadoop.compress.lzo.LzoCodec
Snappy	org.apache.hadoop.io.compress.SnappyCodec

各种压缩格式的压缩性能对比情况如表 11.3 所示。

表 11.3　各种压缩格式的压缩性能对比情况

压 缩 算 法	原始文件大小	压缩文件大小	压 缩 速 度	解 压 速 度
DEFLATE	8.3GB	1.8GB	17.5MB/s	58MB/s
Bzip2	8.3GB	1.1GB	2.4MB/s	9.5MB/s
LZO	8.3GB	2.9GB	49.3MB/s	74.6MB/s
Snappy	8.3GB	3.9GB	250MB/s	500MB/s

11.3　选择压缩方式

对于多种数据压缩方式，人们一般通过压缩率和压缩/解压速度来评估压缩方式的性能。Bzip2 压缩技术有较大的压缩率，而 Snappy 压缩技术有较高的压缩速度。针对不同的业务需求和 MapReduce 程序处理阶段，选择合理的数据压缩方式能够提升 MapReduce 的整体性能。例如，目前的业务需求是数据备份，对处理速度的要求不高，那么可以选择 Bzip2 压缩技术。如果目前的业务需求对处理速度要求较高，那么就可以选择 Snappy 压缩技术。

在实际开发过程中，用户需要综合考虑业务需求和 MapReduce 程序处理阶段，然后选择合理的数据压缩技术。接下来将介绍 Gzip、Bzip2、LZO 和 Snappy 这 4 种压缩技术的优缺点和应用场景。由于 DEFLATE 和 Gzip 压缩技术使用相同的压缩算法，因此本节选择 Gzip 压缩技术进行讲解。

11.3.1　Gzip 压缩

Gzip 压缩技术采用 DEFLATE 压缩算法，具有较高的压缩率和解压缩速度，在上述 5 种压缩技术中，其压缩率排名第二，压缩速度排名第三，解压速度排名第二。Hadoop 本身支持这种压缩技术，能够像处理普通文件一样处理 Gzip 压缩文件。此外，绝大多数的 Linux 系统默认自带 Gzip 压缩命令，不需要用户安装，使用比较方便。

Gzip 压缩技术不支持 Split 数据切片技术，不适合处理大文件。如果文件压缩后的大小控制在 130MB 以内，则可以采用 Gzip 压缩技术。

11.3.2　Bzip2 压缩

Bzip2 压缩技术采用 Bzip2 压缩算法，具有很高的压缩率，但是其压缩速度和解压速度不高。在上述 5 种压缩技术中，其压缩率排名第一，压缩速度排名第五，解压速度排名第五。Hadoop 本身支持这种压缩技术，能够像处理普通文件一样处理 Bzip2 压缩文件。此外，绝大多数的 Linux 系统默认自带 Bzip2 压缩命令，不需要用户安装，使用比较方便。

Bzip2 压缩技术不支持 Split 数据切片技术，不适合处理大文件，并且解压缩速度比较慢。

Bzip2 压缩技术适用于对解压缩速度要求不高，需要较高压缩率的场景。

11.3.3　LZO 压缩

LZO 压缩技术采用 LZO 压缩算法，具有较高的压缩速度和解压速度，压缩率适中。在上述 5 种压缩技术中，其压缩率排名第三，压缩速度排名第二，解压速度排名第二。在 Hadoop 框架中，它是最流行的压缩技术。LZO 压缩技术支持 Split 数据切片技术，适合处理大文件。

Hadoop 本身不支持 LZO 压缩技术，需要用户在 Linux 系统中自行安装 LZO 命令。而且，LZO 压缩技术为了支持 Split 数据切片技术，需要用户在 MapReduce 程序中创建索引并指定 InputFormat 为 LZO 格式。

LZO 压缩技术适用于处理大文件，并且文件越大，LZO 处理能力就越明显。

11.3.4　Snappy 压缩

Snappy 压缩技术采用 Snappy 压缩算法，具有很高的压缩速度和解压速度，但压缩率较低。在上述 5 种压缩技术中，其压缩率排名第五，压缩速度排名第一，解压速度排名第一。

Snappy 压缩技术不支持 Split 数据切片技术，不适合处理大文件。而且，Hadoop 本身不支持这种压缩技术，需要用户在 Linux 系统中自行安装 Snappy 命令。

Snappy 压缩技术适用于对压缩率要求不高，需要较高解压缩速度的场景。例如，在 MapReduce 程序中，当 Map 阶段输出的数据比较大时，可以将数据压缩为 Snappy 格式，然后传输到 Reduce 阶段。

11.4　配置压缩参数

为了能够启用数据压缩技术，需要在 Hadoop 的相关配置文件中进行如下配置，如表 11.4 所示。

表 11.4　数据压缩技术配置参数

配置文件	配置参数	默认值	MapReduce 阶段	备注
core-site.xml	io.compression.codecs	org.apache.hadoop.io.compress.DefaultCodec, org.apache.hadoop.io.compress.GzipCodec, org.apache.hadoop.io.compress.BZip2Codec	输入阶段	Hadoop使用文件扩展名判断是否支持某种编解码器
mapred-site.xml	mapreduce.map.output.compres	false	mapper输出	是否启用压缩
	mapreduce.map.output.compress.codec	org.apache.hadoop.io.compress.DefaultCodec	mapper输出	此阶段一般使用LZO或Snappy
	mapreduce.output.fileoutputformat.compress	false	reducer输出	是否启用压缩
	mapreduce.output.fileoutputformat.compress.codec	org.apache.hadoop.io.compress.DefaultCodec	reducer输出	此阶段一般使用Gzip和Bzip2
	mapreduce.output.fileoutputformat.compress.type	RECORD	reducer输出	SequenceFile 输出使用的压缩类型：NONE和BLOCK

11.5　压缩实战案例

本节将实现 3 个数据压缩案例，包括数据流的压缩和解压缩案例、Map 输出端压缩案例和 Reduce 输出端压缩案例。

11.5.1　实现数据流的压缩和解压缩

在实际开发过程中，为了能够控制数据流的压缩和解压缩，可以通过 CompressionCodecs 类来实现。

对于一个正在写入输出流的文件，可以使用 createOutputStream 方法构建一个 CompressionOutputStream 对象，然后将文件进行压缩并写入底层文件系统中。

对于一个正在读取输入流的文件，可以使用 createInputStream 方法构建一个

CompressionInputStream 对象，然后将文件进行解压缩并读取解压后的数据。

下面是使用两种数据压缩技术的解压缩案例，这两种数据压缩技术分别是 Gzip 和 Bzip2。首先使用 Gzip 压缩技术实现数据流的压缩和解压缩，需要编写一个实现类 GzipCodecCompress，具体代码如下：

```
package com.xuzheng.mapreduce.wordcount;
import java.io.File;
import java.io.FileInputStream;
import java.io.FileNotFoundException;
import java.io.FileOutputStream;
import java.io.IOException;
import org.apache.hadoop.conf.Configuration;
import org.apache.hadoop.fs.Path;
import org.apache.hadoop.io.IOUtils;
import org.apache.hadoop.io.compress.CompressionCodec;
import org.apache.hadoop.io.compress.CompressionCodecFactory;
import org.apache.hadoop.io.compress.CompressionInputStream;
import org.apache.hadoop.io.compress.CompressionOutputStream;
import org.apache.hadoop.util.ReflectionUtils;

public class GzipCodecCompress {

    public static void main(String[] args) throws Exception {
        compress("d:/data.txt","org.apache.hadoop.io.compress.GzipCodec");
    }

    // 1. 压缩
    private static void compress(String filename, String method) throws
Exception {

        // 1.1 获取输入流
        FileInputStream fis = new FileInputStream(new File(filename));

        Class codecClass = Class.forName(method);

        CompressionCodec codec = (CompressionCodec) ReflectionUtils.
newInstance(codecClass, new Configuration());

        // 1.2 获取输出流
        FileOutputStream fos = new FileOutputStream(new File(filename +
codec.getDefaultExtension()));
        CompressionOutputStream cos = codec.createOutputStream(fos);

        // 1.3 数据流的复制
        IOUtils.copyBytes(fis, cos, 1024*1024*5, false);

        // 1.4 关闭资源
        cos.close();
        fos.close();
        fis.close();
    }

    // 2. 解压缩
    private static void decompress(String filename) throws FileNotFound
Exception, IOException {
```

```
        // 2.1 校验是否能解压缩
        CompressionCodecFactory factory = new CompressionCodecFactory(new
  Configuration());

        CompressionCodec codec = factory.getCodec(new Path(filename));

        if (codec == null) {
           System.out.println("cannot find codec for file " + filename);
           return;
        }

        // 2.2 获取输入流
        CompressionInputStream cis = codec.createInputStream(new FileInputStream
  (new File(filename)));

        // 2.3 获取输出流
        FileOutputStream fos = new FileOutputStream(new File(filename +
  ".decoded"));

        // 2.4 数据流的复制
        IOUtils.copyBytes(cis, fos, 1024*1024*5, false);

        // 2.5 关闭资源
        cis.close();
        fos.close();
     }
  }
```

接下来使用 Bzip2 压缩技术实现数据流的压缩和解压缩，需要编写一个实现类 BZip2CodecCompress，具体代码如下：

```
package com.xuzheng.mapreduce.wordcount;
import java.io.File;
import java.io.FileInputStream;
import java.io.FileNotFoundException;
import java.io.FileOutputStream;
import java.io.IOException;
import org.apache.hadoop.conf.Configuration;
import org.apache.hadoop.fs.Path;
import org.apache.hadoop.io.IOUtils;
import org.apache.hadoop.io.compress.CompressionCodec;
import org.apache.hadoop.io.compress.CompressionCodecFactory;
import org.apache.hadoop.io.compress.CompressionInputStream;
import org.apache.hadoop.io.compress.CompressionOutputStream;
import org.apache.hadoop.util.ReflectionUtils;

public class BZip2CodecCompress {

   public static void main(String[] args) throws Exception {
      compress("d:/data.txt","org.apache.hadoop.io.compress.BZip2Codec");
   }

   // 1. 压缩
   private static void compress(String filename, String method) throws
Exception {
```

```
        // 1.1 获取输入流
        FileInputStream fis = new FileInputStream(new File(filename));

        Class codecClass = Class.forName(method);

        CompressionCodec codec = (CompressionCodec) ReflectionUtils.
newInstance(codecClass, new Configuration());

        // 1.2 获取输出流
        FileOutputStream fos = new FileOutputStream(new File(filename +
codec.getDefaultExtension()));
        CompressionOutputStream cos = codec.createOutputStream(fos);

        // 1.3 数据流的复制
        IOUtils.copyBytes(fis, cos, 1024*1024*5, false);

        // 1.4 关闭资源
        cos.close();
        fos.close();
        fis.close();
    }

    // 2. 解压缩
    private static void decompress(String filename) throws FileNotFound
Exception, IOException {

        // 2.1 校验是否能解压缩
        CompressionCodecFactory factory = new CompressionCodecFactory(new
Configuration());

        CompressionCodec codec = factory.getCodec(new Path(filename));

        if (codec == null) {
            System.out.println("cannot find codec for file " + filename);
            return;
        }

        // 2.2 获取输入流
        CompressionInputStream cis = codec.createInputStream(new FileInputStream
(new File(filename)));

        // 2.3 获取输出流
        FileOutputStream fos = new FileOutputStream(new File(filename +
".decoded"));

        // 2.4 复制数据流
        IOUtils.copyBytes(cis, fos, 1024*1024*5, false);

        // 2.5 关闭资源
        cis.close();
        fos.close();
    }
}
```

11.5.2 实现 Map 输出端压缩

本节将利用 Hadoop 官方提供的 WordCount 程序，实现 Map 输出端的压缩，具体编写步骤如下。

1．编写Driver文件

Driver 类负责配置 Mapper 实现类和 Reducer 实现类，并获得 job 对象实例。同时，Driver 类指定 MapReduce 程序 jar 所在的路径位置，并将整个 MapReduce 程序提交到 YARN 集群上。编写一个 WordCountDriver 类，具体代码如下：

```
package com.xuzheng.mapreduce.wordcount;

import java.io.IOException;
import org.apache.hadoop.conf.Configuration;
import org.apache.hadoop.fs.Path;
import org.apache.hadoop.io.IntWritable;
import org.apache.hadoop.io.Text;
import org.apache.hadoop.io.compress.BZip2Codec;
import org.apache.hadoop.io.compress.CompressionCodec;
import org.apache.hadoop.io.compress.GzipCodec;
import org.apache.hadoop.mapreduce.Job;
import org.apache.hadoop.mapreduce.lib.input.FileInputFormat;
import org.apache.hadoop.mapreduce.lib.output.FileOutputFormat;

public class WordCountDriver {

    public static void main(String[] args) throws IOException,
ClassNotFoundException, InterruptedException {

        Configuration configuration = new Configuration();

        // 开启 Map 端的输出压缩
    configuration.setBoolean("mapreduce.map.output.compress", true);
        // 设置 Map 端的输出压缩方式
    configuration.setClass("mapreduce.map.output.compress.codec",
BZip2Codec.class, CompressionCodec.class);

        Job job = Job.getInstance(configuration);

        job.setJarByClass(WordCountDriver.class);

        job.setMapperClass(WordCountMapper.class);
        job.setReducerClass(WordCountReducer.class);

        job.setMapOutputKeyClass(Text.class);
        job.setMapOutputValueClass(IntWritable.class);

        job.setOutputKeyClass(Text.class);
        job.setOutputValueClass(IntWritable.class);

        FileInputFormat.setInputPaths(job, new Path(args[0]));
        FileOutputFormat.setOutputPath(job, new Path(args[1]));
```

```
        boolean result = job.waitForCompletion(true);

        System.exit(result ? 1 : 0);
    }
}
```

2．编写Mapper文件

在 Mapper 实现类中接收输入文本的每行数据，并将其转化成 String 字符串类型。每接收一行数据，Mapper 实现类就会调用一次 map 函数。在 map 函数中，要将转化成 String 字符串类型的数据按照空格分割成多个单词，然后将分割的每个单词都输入为 K-V 键值对的形式。编写一个 WordCountMapper 类并重写一个 map 函数，具体代码如下：

```
package com.xuzheng.mapreduce.wordcount;

import java.io.IOException;
import org.apache.hadoop.io.IntWritable;
import org.apache.hadoop.io.LongWritable;
import org.apache.hadoop.io.Text;
import org.apache.hadoop.mapreduce.Mapper;

public class WordCountMapper extends Mapper<LongWritable, Text, Text,
IntWritable>{

Text k = new Text();
    IntWritable v = new IntWritable(1);

    @Override
    protected void map(LongWritable key, Text value, Context context)throws
IOException, InterruptedException {

        // 1. 获取一行数据
        String line = value.toString();

        // 2. 分割单词
        String[] words = line.split(" ");

        // 3. 循环输出分割结果
        for(String word:words){
            k.set(word);
            context.write(k, v);
        }
    }
}
```

3．编写Reducer文件

在 Reducer 实现类中接收 Mapper 实现类输出的 K-V 键值对。Reducer 实现类的所有业务处理逻辑由 reduce 函数负责，而且 reduce 函数会对输入的每一组具有相同 K 的 K-V 键值对进行调用，并汇总具有相同 K 的单词个数。编写一个 WordCountReducer 类并重写一个 reduce 函数，具体代码如下：

```
package com.xuzheng.mapreduce.wordcount;
```

```
import org.apache.hadoop.io.IntWritable;
import org.apache.hadoop.io.Text;
import org.apache.hadoop.mapreduce.Reducer;

import java.io.IOException;

public class WordCountReducer extends Reducer<Text, IntWritable, Text,
IntWritable> {

    private int sum;
    private IntWritable v = new IntWritable();

    @Override
    protected void reduce(Text key, Iterable<IntWritable> values,Context
context) throws IOException, InterruptedException {

        // 1. 累加求和
        sum = 0;
        for (IntWritable count : values) {
            sum += count.get();
        }

        // 2. 输出累加结果
        v.set(sum);
        context.write(key,v);
    }
}
```

11.5.3　实现 Reduce 输出端压缩

我们利用 Hadoop 官方提供的 WordCount 程序，实现 Reduce 输出端的压缩案例，具体编写步骤如下。

1．编写Driver文件

Driver 类负责配置 Mapper 实现类和 Reducer 实现类，并获得 job 对象实例。同时，Driver 类指定 MapReduce 程序 jar 所在的路径位置，并将整个 MapReduce 程序提交到 YARN 集群上。编写一个 WordCountDriver 类，具体代码如下：

```
package com.xuzheng.mapreduce.wordcount;
import java.io.IOException;
import org.apache.hadoop.conf.Configuration;
import org.apache.hadoop.fs.Path;
import org.apache.hadoop.io.IntWritable;
import org.apache.hadoop.io.Text;
import org.apache.hadoop.io.compress.BZip2Codec;
import org.apache.hadoop.io.compress.DefaultCodec;
import org.apache.hadoop.io.compress.GzipCodec;
import org.apache.hadoop.io.compress.Lz4Codec;
import org.apache.hadoop.io.compress.SnappyCodec;
import org.apache.hadoop.mapreduce.Job;
import org.apache.hadoop.mapreduce.lib.input.FileInputFormat;
import org.apache.hadoop.mapreduce.lib.output.FileOutputFormat;
```

```
public class WordCountDriver {

    public static void main(String[] args) throws IOException, ClassNotFound
Exception, InterruptedException {

        Configuration configuration = new Configuration();

        Job job = Job.getInstance(configuration);

        job.setJarByClass(WordCountDriver.class);

        job.setMapperClass(WordCountMapper.class);
        job.setReducerClass(WordCountReducer.class);

        job.setMapOutputKeyClass(Text.class);
        job.setMapOutputValueClass(IntWritable.class);

        job.setOutputKeyClass(Text.class);
        job.setOutputValueClass(IntWritable.class);

        FileInputFormat.setInputPaths(job, new Path(args[0]));
        FileOutputFormat.setOutputPath(job, new Path(args[1]));

        // 设置 Reduce 端输出压缩为开启状态
        FileOutputFormat.setCompressOutput(job, true);

        // 设置压缩的方式
        FileOutputFormat.setOutputCompressorClass(job, BZip2Codec.class);

        boolean result = job.waitForCompletion(true);

        System.exit(result?1:0);
    }
}
```

2. 编写Mapper文件

在 Mapper 实现类中接收输入文本的每行数据，并将其转化成 String 字符串类型。每接收一行数据，Mapper 实现类就会调用一次 map 函数。在 map 函数中，将转化成 String 字符串类型的数据按照空格分割成多个单词，然后将分割的每个单词都输入为 K-V 键值对的形式。编写一个 WordCountMapper 类，并重写一个 map 方法，具体代码如下：

```
package com.xuzheng.mapreduce.wordcount;

import java.io.IOException;
import org.apache.hadoop.io.IntWritable;
import org.apache.hadoop.io.LongWritable;
import org.apache.hadoop.io.Text;
import org.apache.hadoop.mapreduce.Mapper;

public class WordCountMapper extends Mapper<LongWritable, Text, Text,
IntWritable>{

Text k = new Text();
    IntWritable v = new IntWritable(1);
```

```
    @Override
    protected void map(LongWritable key, Text value, Context context)throws
 IOException, InterruptedException {

        // 1. 获取一行
        String line = value.toString();

        // 2. 分割单词
        String[] words = line.split(" ");

        // 3. 循环输出分割结果
        for(String word:words){
            k.set(word);
            context.write(k, v);
        }
    }
}
```

3. 编写Reducer文件

在 Reducer 实现类中接收 Mapper 实现类输出的 K-V 键值对。Reducer 实现类的所有业务处理逻辑由 reduce 函数负责，而且 reduce 函数会对输入的每一组具有相同 K 的 K-V 键值对进行调用，并汇总具有相同 K 的单词个数。编写一个 WordCountReducer 类并重写一个 reduce 函数，具体代码如下：

```
package com.xuzheng.mapreduce.wordcount;

import org.apache.hadoop.io.IntWritable;
import org.apache.hadoop.io.Text;
import org.apache.hadoop.mapreduce.Reducer;

import java.io.IOException;

public class WordCountReducer extends Reducer<Text, IntWritable, Text,
IntWritable> {

    private int sum;
    private IntWritable v = new IntWritable();

    @Override
    protected void reduce(Text key, Iterable<IntWritable> values,Context
context) throws IOException, InterruptedException {

        // 1. 累加求和
        sum = 0;
        for (IntWritable count : values) {
            sum += count.get();
        }

        // 2. 输出累加和
        v.set(sum);
        context.write(key,v);
    }
}
```

11.6　小　　结

本章节介绍了 MapReduce 分布式计算编程框架中的 4 种压缩技术的优缺点和应用场景，分别是 Gzip 压缩、Bzip2 压缩、LZO 压缩和 Snappy 压缩。然后介绍了如何选择合适的数据压缩方式和压缩参数。最后通过 3 个案例帮助读者加深对于数据压缩的理解。

第 12 章　YARN 资源调度器

在 Hadoop 3.x 版本中，Hadoop 框架由 HDFS、MapReduce、YARN 和 Common 四个部分组成，其中，HDFS 负责海量数据的存储，MapReduce 负责 MR 任务的计算，YARN 负责资源的调度，Common 提供一些辅助功能。

与 Hadoop 1.x 版本不同，在 Hadoop 2.x 和 Hadoop 3.x 版本中，Hadoop 框架将 MapReduce 进行了拆分，独立出一个资源调度模块 YARN，大大降低了系统间的耦合性。YARN 是一个资源调度器，辅助 MapReduce 分布式程序，并为其提供计算资源。

12.1　解析 YARN 的基本架构

资源调度器 YARN，主要由 ResourceManager（RM）、NodeManager（NM）、ApplicationMaster（AM）和 Container 四个部分组成，如图 12.1 所示。

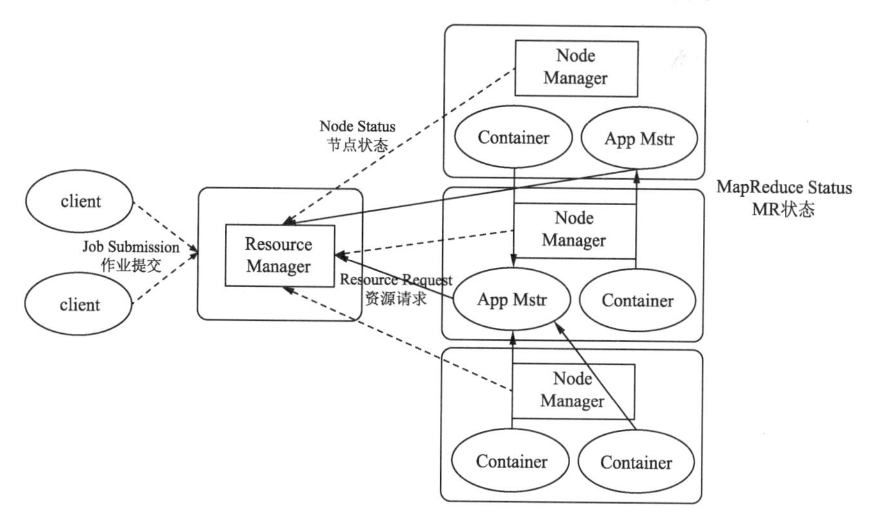

图 12.1　YARN 组成架构

其中，ResourceManager 是整个 Hadoop 集群资源的最高管理者。客户端将 MapReduce 任务提交给 ResourceManager，ResourceManager 不断地处理客户端提交的请求。同时，ResourceManager 还时刻监控着 Hadoop 集群上所有 NodeManager 节点的状态。

在客户端将 MapReduce 任务提交给 ResourceManager 后，ResourceManager 首先进行资源的分配和调度，然后启动 ApplicationMaster 运行这些 MapReduce 任务。在 ApplicationMaster 上运行 MapReduce 任务，并且每隔一段时间向 ResourceManager 发送 MapReduce 任务运行的状态信息。ResourceManager 负责收集并监控 ApplicationMaster 的

状态。

ResourceManager 的主要作用如下：

- 处理客户端请求。
- 监控 NodeManager。
- 启动或监控 ApplicationMaster。
- 进行资源的分配和调度。

其中，NodeManager 是单个节点上资源的最高管理者。但是 NodeManager 在分配和管理资源之前，首先要向 ResourceManager 申请资源，同时还要每隔一段时间向 ResourceManager 上报资源的使用情况。当 NodeManager 收到来自 ApplicationMaster 的资源申请时，就会向 ApplicationMaster 分配所需的资源。

概括地说，NodeManager 的主要作用如下：

- 管理所在节点上的资源。
- 处理来自 ResourceManager 的命令。
- 处理来自 ApplicationMaster 的命令。

其中，ApplicationMaster 主要负责为每个任务进行资源的申请、调度和分配。ApplicationMaster 向 ResourceManager 申请资源，与 NodeManager 进行交互，监控并汇报任务的运行状态、申请资源的使用情况和作业的进度等。同时，ApplicationMaster 还负责跟踪任务状态和进度，定时向 ResourceManager 发送心跳消息，上报资源的使用情况和应用的进度信息。此外，ApplicationMaster 还负责本作业内的任务的容错。

概括地说，ApplicationMaster 的主要作用如下：

- 负责数据的切分。
- 为应用程序申请资源并分配给其包含的任务。
- 任务的监控与容错。

Container 是 YARN 中的资源的抽象，它封装了某个 NodeManager 节点上的多维度资源，如 CPU、内存、磁盘和网络等。

12.2　剖析 YARN 的工作机制

上一节介绍了 YARN 的组成架构及其组成部分的功能。本节将详细介绍 YARN 的工作机制及其组成部分的具体功能，如图 12.2 所示。

对于一个 MapReduce 程序，用户首先将该程序的 jar 提交到客户端所在的节点上。由于是 YARN 的上游发起的行为，不属于 YARN，因此在图 12.2 中使用了标号 0 来标记此次行为。下面对 YARN 的工作机制进行详细介绍。

1. 申请Application

ResourceManager 的主要作用之一就是负责处理客户端发来的请求。当用户首先将一个 MapReduce 程序的 jar 包提交到客户端所在的节点时，位于该节点上的 YarnRunner 会向整个 Hadoop 集群资源的最高管理者 ResourceManager 发送一次请求，申请一个 Application。这里将一个 MapReduce 程序看作一个 job。

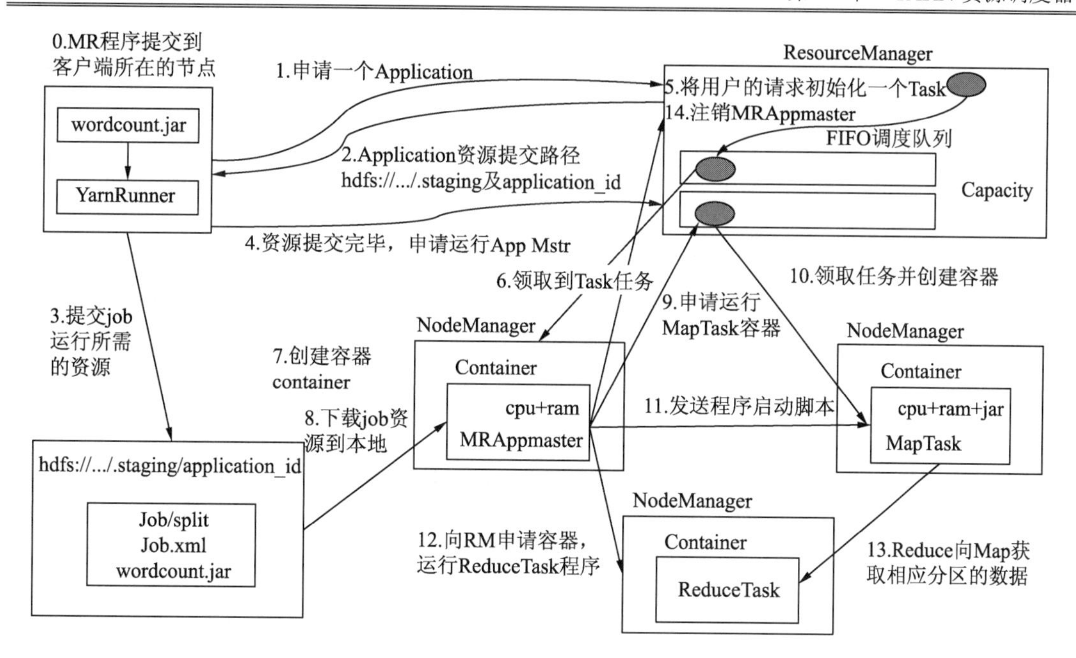

图 12.2　YARN 的工作机制

2. 分配资源提交路径

当 ResourceManager 接收到客户端发送来的 Application 申请时，ResourceManager 会为客户端分配一个 Application 资源提交的路径及 Application 编号 application_id。该资源提交路径实质为 HDFS 的目录，也就是说 YARN 会利用 HDFS 为 job 程序的运行提供存储资源。

3. 提交运行资源

在 ResourceManager 为客户端分配一个 Application 资源提交的路径后，客户端会向该路径提交 job 运行所需要的所有资源，如 job.split、job.xml 和 MapReduce 程序的 jar 包。job.split 表示切片的规划，job.xml 表示 job 运行时的配置文件。

4. 申请运行MRAppmaster

客户端向 Application 资源提交路径提交 job 运行所需要的所有资源后，客户端会再次向 ResourceManager 发送一次申请，申请运行 MRAppmaster。

5. 初始化Task

当 ResourceManager 接收到客户端发送的运行 MRAppmaster 的申请时，ResourceManager 会将该申请初始化为一个 Task，并将该 Task 放入 FIFO 调度队列，等待任务调度。

6. 领取Task任务

ResourceManager 将 Task 放入 FIFO 调度队列后，将会等待任务调度。ResourceManager

除了能够处理来自客户端的请求外，还能够监控 NodeManager 的资源使用情况和状态。如果 ResourceManager 监控到某个 NodeManager 正处于空闲状态并资源充足，则会从 FIFO 调度队列的头部拉取 Task 任务，然后分配给 NodeManager。此时，单个节点上资源的最高管理者 NodeManager 就会从 FIFO 调度队列的头部领取 Task 任务，然后处理该 Task 任务。

7. 创建容器Container

NodeManager 从 FIFO 调度队列的头部领取 Task 任务后，会将运行该 Task 任务所需的 CPU 和 RAM 等资源与 MRAppmaster 封装到一个 Container 中。

8. 下载job资源到本地

Container 中的 MRAppmaster 实质上就是 ApplicationMaster。ApplicationMaster 主要负责为每个 job 任务进行资源的申请、调度和分配。当 ApplicationMaster 运行 job 任务时，首先要下载 job 的切片信息、job 运行时的配置文件及 job 运行的 MapReduce 程序 jar 包。

9. 申请运行MapTask容器

当 MRAppmaster 将 job 资源下载完毕时，MRAppmaster 会向 ResourceManager 申请运行 MapTask 容器。ResourceManager 在接收到客户端发送的运行 MapTask 容器申请后，会将该申请初始化为一个 MapTask，并将该 Task 放入 FIFO 调度队列中。如果 ResourceManager 监控到某个 NodeManager 正处于空闲状态并资源充足，则会从 FIFO 调度队列的头部拉取 MapTask 任务，然后分配给 NodeManager。

10. 领取MapTask任务，创建MapTask容器

NodeManager 从 FIFO 调度队列的头部领取 MapTask 任务后，会将运行该 MapTask 任务所需的 CPU 和 RAM 等资源与 jar 包封装到一个 Container 中。

11. 发送程序启动脚本

在 NodeManager 将运行 MapTask 任务所需的 CPU 和 RAM 等资源与 jar 包封装到一个 Container 中后，MRAppmaster 会向 NodeManager 发送程序启动脚本，启动 MapTask。

12. 申请运行ReduceTask容器

在 NodeManager 运行完 MapTask 任务后，MRAppmaster 会向 ResourceManager 申请资源来运行 ReduceTask 容器。

13. 获取分区数据

当 MRAppmaster 向 ResourceManager 申请资源来运行 ReduceTask 容器时，ReduceTask 容器会向 MapTask 容器获取相应分区的数据。

14. 注销MRAppmaster

在 ReduceTask 容器向 MapTask 容器获取相应分区的数据并运行完 ReduceTask 后，MRAppmaster 会向 ResourceManager 发出注销请求。ResourceManager 接收到注销请求后，

会立刻注销 MRAppmaster 并释放相关资源。

12.3　作业提交全过程

上节介绍了 YARN 的工作机制及每个步骤，本节将详细介绍 MapReduce 作业提交的全过程。

1．MapReduce作业提交

当用户将一个 MapReduce 程序的 jar 包提交到客户端所在的节点上时，客户端 Client 将会调用 job.waitForCompletion 方法向整个集群提交 MapReduce 作业。位于该节点上的 YarnRunner 会向整个 Hadoop 集群资源的最高管理者 ResourceManager 发送一次请求，申请一个 Application。ResourceManager 会为客户端分配一个 Application 资源提交路径及 Application 编号 application_id。

客户端会向提交 Application 资源的路径提交 job 运行需要的所有资源，如切片的规划、job 运行时的配置文件和 MapReduce 程序的 jar 包。客户端 Client 提交完资源后，向 ResourceManager 申请运行 MrAppMaster。

2．MapReduce作业初始化

当 ResourceManager 收到客户端 Client 的请求时，ResourceManager 会将该申请初始化为一个 Task，并将该 Task 放入 FIFO 调度队列中。如果 ResourceManager 监控到某个 NodeManager 正处于空闲状态并资源充足，则会从 FIFO 调度队列的头部拉取 Task 任务，然后分配给 NodeManager。

NodeManager 从 FIFO 调度队列的头部领取 Task 任务后，会将运行该 Task 任务所需的 CPU 和 RAM 等资源与 MRAppmaster 封装到一个 Container 中。MRAppmaster 会下载 job 的切片信息、job 运行时的配置文件及 job 运行的 MapReduce 程序 jar 包。

3．任务分配

MRAppmaster 下载完 job 资源后，会向 ResourceManager 申请运行 MapTask 容器。ResourceManager 接收到客户端发送的运行 MapTask 容器申请后，会将该申请初始化为一个 MapTask，并将该 Task 放入 FIFO 调度队列。

如果 ResourceManager 监控到某个 NodeManager 正处于空闲状态并资源充足，则会从 FIFO 调度队列的头部拉取 MapTask 任务，然后分配给 NodeManager。

NodeManager 从 FIFO 调度队列的头部领取 MapTask 任务后，会将运行该 MapTask 任务所需的 CPU 和 RAM 等资源与 jar 包封装到一个 Container 中。

4．任务运行

NodeManager 将运行 MapTask 任务所需的 CPU 和 RAM 等资源与 jar 包封装到一个 Container 中后，MRAppmaster 会向 NodeManager 发送程序启动脚本来启动 MapTask。当 NodeManager 运行完 MapTask 任务时，MRAppmaster 会向 ResourceManager 申请资源来运

行 ReduceTask 容器。ReduceTask 容器会向 MapTask 容器获取相应分区的数据。

ReduceTask 容器向 MapTask 容器获取相应分区的数据并运行完 ReduceTask 后，MRAppmaster 会向 ResourceManager 发出注销请求。当 ResourceManager 接收到注销请求时，会立刻注销 MRAppmaster 并释放相关资源。

5．进度和状态更新

在 YARN 中运行的所有任务会将其进度和状态（包括 counter）返回给 MRAppmaster，客户端 Client 每秒都会向 MRAppmaster 请求进度更新并将结果展示给用户。

6．作业完成

客户端每间隔 5s 执行 waitForCompletion 函数检查作业的完成进度。时间间隔可以通过 mapreduce.client.completion.pollinterval 来设置。作业完成之后，MRAppmaster 和 Container 会清理工作状态。为了便于用户管理和维护作业，作业历史服务器将存储作业的全部信息。

12.4　资源调度器的分类

目前，Hadoop 框架的作业调度器主要有 3 种，分别是 FIFO、Capacity Scheduler 和 Fair Scheduler。Hadoop 3.2.2 默认的资源调度器是 Capacity Scheduler。

1．FIFO调度器

FIFO 调度器按照到达时间对 job 作业进行排序，先到达队列的 job 作业优先获得资源服务并优先执行，如图 12.3 所示。

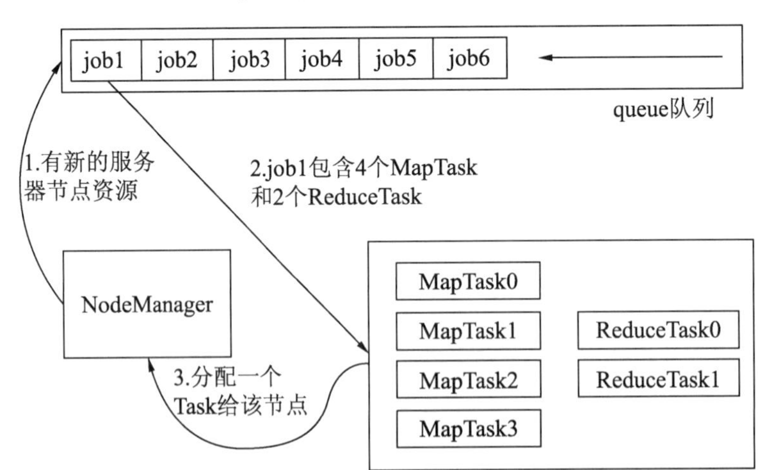

图 12.3　FIFO 调度器

当 MRAppmaster 向 ResourceManager 提交 job 作业时，ResourceManager 会将 Task 插

入 queue 队列。由于是 FIFO 调度器，ResourceManager 会优先处理 queue 头部的 job。当 ResourceManager 监控到有新的服务器节点资源时，ResourceManager 会从 FIFO 调度队列的头部拉取 job1。job1 包含 4 个 MapTask 进程和 2 个 ReduceTask 进程。ResourceManager 会将一个 Task 分配给 NodeManager。

2. 容量调度器

Capacity Scheduler 也称为容量调度器，Hadoop 3.2.2 默认的资源调度器就是 Capacity Scheduler。容量调度器内部具有多个 queue 队列，因此具有比 FIFO 调度器更高的并行性，如图 12.4 所示。

按照到达时间排序，先到先服务

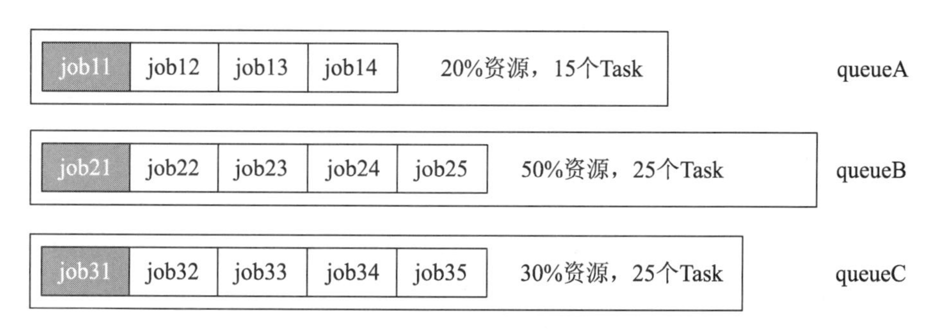

图 12.4　容量调度器

容量调度器内部拥有多个队列存储 job，每个队列可以配置一定的资源量，并且每个队列采取 FIFO 调度策略。容量调度器通过限制每个用户上传作业所使用的资源量来避免某个作业占用队列中的所有资源。容量调度器可以计算每个队列中实际运行的任务数量与其理应获得的计算资源的比值，比值最小的队列也称为最闲的队列。

当 ResourceManager 监控到有新的服务器节点资源时，容量调度器会优先选择最闲的队列。每个队列按照 job 优先级和提交时间，以及用户的资源量限制和内存限制对队列中的 job 进行排序。容量调度器内部的多个队列按照任务的先后顺序依次执行作业。例如图 12.4 所示的 3 个队列 job11、job21 和 job31 分别排在队列的最前面，因此先运行，而且三个队列是并行执行。

3. 公平调度器

Fair Scheduler 也称公平调度器，其内部具有多个 queue 队列，因此具有比 FIFO 调度器更高的并行性，如图 12.5 所示。

公平调度器支持多队列多用户，旨在为所有运行的应用公平分配资源。

例如，在图 12.5 中，公平调度器有 3 个队列，即 queueA、queueB 和 queueC。每个队列中的 job 按照优先级分配资源，优先级越高，分配的资源就越多，但是每个 job 都会分配到资源，以确保公平。在一定的资源下，每个 job 实际得到的计算资源和理应得到的计算资源存在一定差距，这个差距称为缺额。在同一个队列中，资源缺额较大的 job 先得到计算资源，并得到运行的机会。作业是按照缺额的高低顺序来执行的，从图 12.5 中可以看出，多个作业是并行执行的。

图 12.5　公平调度器

12.5　任务的推测执行

在管理学中有一个非常著名的水桶原理：一只水桶能装多少水取决于它最短的那块木板。对于一个 MapReduce 作业，它可能由若干个 Map 任务和 Reduce 任务构成。考虑到硬件老化、软件 Bug 等因素，某些 Map 任务或者 Reduce 任务可能会运行得非常慢，会拖长整个作业的完成时间。因此，与水桶原理类似，MapReduce 作业完成时间取决于最慢的任务完成时间。

1．任务推测执行机制

对于执行最慢的任务，YARN 资源调度器给出了一种解决方案，即任务推测执行机制。在 MapReduce 作业执行过程中，当 YARN 检测到执行异常缓慢的任务，如某个任务的运行速度远慢于任务的平均速度，并且当前的 MapReduce 作业或者 job 已完成的 Task 不小于 5%时，YARN 会为该任务开启一个相同的任务来同时执行。谁先运行完，就采用谁的结果。值得注意的是，每个 Task 只能有一个备份任务。概括地说，任务的推测执行机制有 3 个前提：

- 每个 Task 只能有一个备份任务。
- 当前 Job 已完成的 Task 必须不小于 0.05（5%）。
- 在 mapred-site.xml 文件中，设置推测执行参数为开启状态。

此外，在有些场景中不能启用 YARN 的推测执行机制。

- 任务间存在严重的负载倾斜。

某个 Task 需要处理的数据较多且工作量大，导致运行时间较长。如果 YARN 为其开启一个备份任务，那么该备份任务的执行时间会更长。

- 需要向数据库中写数据的任务。

对于需要向数据库中写数据的任务，即使运行速度再慢，也不能为其开启一个备份任务，否则无法保证数据的一致性。

2．任务推测执行原理

为了能够清楚地讲解任务推测执行原理，本节首先引出 3 个公式并解释一下公式中的英文符号的含义。假如在某一个时刻 currentTimestamp 中任务 T 的执行进度为 progress，则可通过一定的算法推测出该任务的推测运行时间 estimateRunTime 和最终完成时刻 estimateEndTime。同时，假设任务 T 的开始运行时刻为 taskStartTime，运行完任务 T 的平均时间为 averageRunTime。如果此时为该任务开启一个备份任务，则可推测出它可能的最终完成时刻为 estimateEndTime_backup。

任务 T 的推测执行时间可以由下面的公式计算得出。

estimateRunTime = (currentTimestamp−taskStartTime) / progress

任务 T 的最终完成时刻可以由下面的公式计算得出。

estimateEndTime = estimateRunTime + taskStartTime

任务 T 的备份任务最终完成时刻可以由下面的公式计算得出。

estimateEndTime_backup = currentTimestamp + averageRunTime

根据上述 3 个公式，我们来讲解任务推测执行的原理。YARN 资源调度器总是选择(estimateRunTime - estimateEndTime_backup)差值最大的任务，并为之开启备份任务。如果大量任务同时开启了备份任务，那么必然会造成资源浪费。为了防止这种情况发生，YARN 资源调度器为每个作业设置了同时启动的备份任务数目的上限。在本质上，任务推测执行机制采取了以时间换空间的策略，在同一时刻开启多个相同任务来处理相同的数据，使这些任务相互竞争以降低数据处理的时间，但是这种方式会消耗大量的计算资源。

12.6　小　　结

本章首先介绍了 YARN 资源调度器的基本架构和工作机制，详细介绍了 MapReduce 作业在 YARN 上提交的全过程。然后介绍了资源调度器的三种类型：FIFO、Capacity Scheduler 和 Fair Scheduler，Hadoop 3.2.2 默认的资源调度器是 Capacity Scheduler。最后介绍了任务的推测执行机制和原理。

第 13 章　Hadoop 企业级优化

在实际开发中，企业需要考虑自身的业务需求、业务体量和服务器资源数量等诸多因素，因此通常需要对 Hadoop 框架进行企业级优化。Hadoop 框架主要为用户提供海量数据的分布式存储和并行计算能力。企业在对 Hadoop 框架进行优化时，也主要从两个方面入手，分别是 HDFS 优化和 MapReduce 优化。

13.1　HDFS 优化

本节将介绍 HDFS 的企业优化方案。HDFS 优化分别在数据采集阶段、业务逻辑处理前的阶段和 MapReduce 处理阶段进行优化。

存储在 HDFS 中的文件都会在 NameNode 上建立一个索引。如果在 HDFS 中存储了海量的小文件，那么就会有相应数量的索引文件。一方面，海量的索引文件会占用 NameNode 的内存，造成资源浪费；另一方面，索引文件过大会使检索文件的速度变慢，甚至会出现检索文件的时间比传输文件的时间还要长的情况。

Hadoop 官网提到，当 HDFS 检索文件的时间为传输时间的 1%时，HDFS 为最佳状态。因此，企业对 HDFS 的优化，主要是对 HDFS 小文件的优化。

对于 HDFS 小文件的优化主要有 3 种方式。其一，在数据采集阶段，在数据文件还没有上传至 HDFS 之前，将小文件或者小批量的数据合并成大文件，然后再上传至 HDFS。其二，在业务逻辑处理之前，通过 MapReduce 程序对 HDFS 上的小文件进行合并。其三，在 MapReduce 处理时，可以采用 CombinFileInputFormat 来提高处理效率。下面给出一些具体的解决方案。

1．Hadoop Archive

Hadoop Archive 是一款可以把小文件高效导入 HDFS 块中的文件存档工具，该工具可以把多个小文件归档为一个 har 文件，能够大大减少 NameNode 的内存使用。

2．Sequence File

Sequence File 是由一系列的二进制 K-V 组成，它将多个小文件以 K-V 的方式进行存储。对于其中的一个文件，key 为文件名，value 为文件内容。Sequence File 将大批量的小文件合并成一个大文件，然后进行存储。

3．CombineTextInputFormat

CombineTextInputFormat 也是一种 InputFormat 输入类，它能够把多个小文件合并成一个独立的分片并充分考虑数据的大小和存储位置等。

4．开启JVM重用

开启 JVM 重用后，当一个 MapTask 在 JVM 上运行完毕时，JVM 会去继续运行其他的 MapTask。对于海量的小文件的处理作业，开启 JVM 重用后会减少 45%的运行时间。

13.2　MapReduce 优化

本节将介绍 MapReduce 分布式计算编程框架的企业优化方案，剖析 MapReduce 程序运行缓慢的原因。

13.2.1　剖析 MapReduce 程序运行慢的原因

导致 MapReduce 程序运行缓慢的原因主要是计算机性能和频繁的 I/O 操作。本节将会从两个方面进行分析。

1．计算机性能

如果计算机的 CPU、内存、磁盘和网络等设施不能提供良好的性能，则会导致 MapReduce 程序运行速度慢。

2．I/O操作优化

（1）数据倾斜。

对于分布式集群来说，数据一般是缓存到不同的服务器节点上的。如果数据在分布式集群中的分散度较小，导致在某些数据节点上存储了大量数据，而在某些数据节点上存储了较少的数据，则这种现象为数据倾斜。

（2）Map 和 Reduce 数设置不合理。

在运行 MapReduce 程序时，如果设置的 MapTask 数和 ReduceTask 数不合理，则会导致 MapReduce 程序运行缓慢。

（3）Map 运行时间过长，导致 Reduce 过度等待。

如果在运行 MapTask 进程时就用了很长的时间，则会导致 ReduceTask 进程一直在等待，从而使整个 MapReduce 程序运行时间较长。

（4）小文件过多。

小文件过多会导致 MapReduce 程序在执行的过程中检索文件的时间增加。同时，过多的小文件会消耗 NameNode 的内存。

（5）大量不可分块的超大文件。

对于大量不可分块的大文件，HDFS 无法进行分块存储，处理一个大文件的时间也会增加，同时还会出现数据倾斜问题，从而使整个 MapReduce 程序的运行时间较长。

（6）溢写次数过多。

溢写（Spill）次数过多，意味着在 MapTask 阶段设置的切片数量不合理。Spill 次数过多会导致合并（Merge）的次数过多，从而使整个 MapReduce 程序的运行时间较长。

13.2.2 MapReduce 的优化方法

优化 MapReduce，可以从 6 个方面着手，即数据输入阶段、Map 阶段、Reduce 阶段、I/O 传输阶段、数据倾斜问题和 Hadoop 参数配置。

1. 数据输入阶段

（1）合并小文件。

在执行 MapReduce 程序前，将大量的小文件进行合并。过多的小文件会产生过多的 Map 任务，从而增加 Map 任务装载的次数。对于 MapReduce 程序来说，Map 任务的装载比较浪费时间，从而导致 MapReduce 程序运行缓慢。

（2）采用 CombineTextInputFormat。

选择 CombineTextInputFormat 作为输入，可以适用于输入端有海量小文件的情景。

2. Map阶段

（1）减少溢写次数。

通过优化 io.sort.mb 及 sort.spill.percent 参数值，增大触发溢写的内存上限，降低溢写次数，可以减少磁盘的 I/O 操作。

（2）减少合并次数。

通过优化 io.sort.factor 参数，加大合并的文件数目，降低合并的次数，可以缩短 MapReduce 的处理时间。

（3）提前进行 Combine 处理。

执行完 MapTask 之后，在保证不影响正常业务逻辑的前提下，先进行 Combine 处理，从而减少磁盘的 I/O 操作。

3. Reduce阶段

（1）设置合理的 MapTask 数和 ReduceTask 数。

MapTask 数和 ReduceTask 数二者既不能设置得太小，也不能设置得太大。如果设置太小，则会增加 Task 等待时间，延长整个 MapReduce 程序的运行时间；如果设置太大，则会导致 MapTask 和 ReduceTask 之间竞争计算资源，造成处理超时等异常状态。

（2）设置 MapTask 和 ReduceTask 共存。

通过调整 slowstart.completedmaps 参数，使 MapTask 运行到一定程度时 ReduceTask 也可以运行，减少 ReduceTask 的等待时间。

（3）规避使用 Reduce。

Reduce 在连接数据集时会造成大量的网络开销。同时，在运行 Reduce 之前，需要依赖 Shuffle 机制，而在整个 MapReduce 过程中，Shuffle 是最消耗计算资源的。因此，应规避使用 Reduce。

（4）合理设置 Reduce 端的 Buffer。

在默认情况下，当数据达到一个阈值的时候，内存缓冲区 Buffer 中的数据就会写入磁盘，然后 Reduce 会从磁盘中获取所有的数据。换言之，Reduce 和 Buffer 是没有直接关联的，中间会经历多次“写入磁盘/读出磁盘”的过程。

针对这个弊端，通过配置 Hadoop 中的参数 mapreduce.reduce.input.buffer.percent，使得 Buffer 中的部分数据能够快速传递给 Reduce，可以减少 I/O 操作。在默认情况下，参数 mapreduce.reduce.input.buffer.percent 的值为 0.0，当其值大于 0 的时候，会预留设定比例的内存用于存储 Map 阶段产生的数据，Reduce 就可以直接从 Buffer 中读取数据使用，减少了 I/O 开销。

4. I/O传输阶段

（1）采用数据压缩方式。

通过安装 Snappy 和 LZO 压缩编码器，实现 Hadoop 框架中数据的压缩，可以减少网络 I/O 的传输时间。

（2）采用 Sequence File 二进制文件。

5. 数据倾斜问题

（1）抽样和范围分区。

基于原始数据的抽样结果，计算分区的边界值，从而减少数据倾斜。

（2）自定义分区。

基于输出键的先验知识，按照一定的规则自定义分区。例如，如果 Map 输出键的单词来源于一本书且其中存在较多的专业词汇，那么就可以自定义分区将这些专业词汇汇总到一部分 Reduce 实例中，而将其他词汇汇总到剩余的 Reduce 实例中。

（3）采用 Combine。

执行完 MapTask 之后，在保证不影响正常的业务逻辑的前提下，先进行 Combine 处理，从而减少磁盘的 I/O 操作。Combine 的目的就是聚合并精简数据。

6. Hadoop参数配置

通过配置以下参数，也可以实现 MapReduce 的优化，缩短运行时间。

- mapreduce.map.memory.mb：一个 MapTask 可使用的资源上限（单位为 MB），默认为 1024。
- mapreduce.reduce.memory.mb：一个 ReduceTask 可使用的资源上限（单位为 MB），默认为 1024。
- mapreduce.map.cpu.vcores：每个 MapTask 可使用的最多的 CPU core 数目，默认值为 1。
- mapreduce.reduce.cpu.vcores：每个 ReduceTask 可使用的最多的 CPU core 数目，默认值为 1。
- mapreduce.reduce.shuffle.parallelcopies：每个 Reduce 并行拉取数据的数量，默认值为 5。
- mapreduce.reduce.shuffle.merge.percent：设置当 Buffer 数据达到多少比例时开始写入磁盘，默认值为 0.66。
- mapreduce.reduce.shuffle.input.buffer.percent：Reduce 工作内存中允许存储 Buffer 数

据的比例，默认值为 0.7。

- mapreduce.reduce.input.buffer.percent：设置在内存中允许存储 Buffer 数据的比例，默认值为 0.0。
- yarn.scheduler.minimum-allocation-mb：给应用程序 Container 分配的最小内存（单位为 MB），默认值为 1024。
- yarn.scheduler.maximum-allocation-mb：给应用程序 Container 分配的最大内存（单位:MB），默认值为 8192。
- yarn.scheduler.minimum-allocation-vcores：每个 Container 允许申请的最小 CPU 核数，默认值为 1。
- yarn.scheduler.maximum-allocation-vcores：每个 Container 允许申请的最大 CPU 核数，默认值为 32。
- mapreduce.task.io.sort.mb：Shuffle 的环形缓冲区大小，默认为 100MB。
- mapreduce.map.sort.spill.percent：环形缓冲区溢出的阈值，默认为 80%。
- mapreduce.map.maxattempts：每个 Map Task 的最大重试次数，即当一个 Map Task 执行失败时，允许重新尝试运行的最大次数。在默认情况下，该参数设置为 4。也就是说，当一个 Map Task 执行失败时，允许重新尝试运行 4 次，如果依然运行失败，则 MapReduce 分布式计算程序认为该 Map Task 执行失败。
- mapreduce.reduce.maxattempts：每个 Reduce Task 的最大重试次数，即当一个 Reduce Task 执行失败时，允许重新尝试运行的最大次数。在默认情况下，该参数设置为 4。也就是说，当一个 Reduce Task 执行失败时，允许重新尝试运行 4 次，如果依然运行失败，则 MapReduce 分布式计算程序认为该 Reduce Task 执行失败。
- mapreduce.task.timeout：Task 超时时间。这是一个需要用户重点关注和频繁设置的参数，该参数的含义是：如果一个 Task 在一定时间内没有读入数据，也没有输出数据，那么确定该 Task 处于 Block 状态。通过预设一个超时时间，可以避免 Task 一直处于 Block 状态，从而导致程序无法退出。在默认情况下，Task 的超时时间为 600000s。

13.3　小　　结

本章详细介绍了 HDFS 如何针对海量小文件进行优化，剖析了 MapReduce 程序运行缓慢的原因。然后介绍了优化 MapReduce 需要考虑的六个因素，即数据输入阶段、Map 阶段、Reduce 阶段、I/O 传输阶段、数据倾斜问题和 Hadoop 参数配置。

第4篇 项目实战

⏭ 第14章　Hadoop高可用集群搭建实战

⏭ 第15章　统计TopN经典项目案例实战

第 14 章　Hadoop 高可用集群搭建实战

在企业实际应用中，一个 Hadoop 大数据集群要保证 7×24 小时不停机，不间歇地对外提供分布式存储和分布式计算服务。如何保证一个 Hadoop 大数据集群 7×24 小时不停机，是目前大多数企业面临的一个难题。本章将介绍如何从零开始搭建一个 Hadoop 高可用集群。

14.1　HA 高可用简介

通过前面对于 Hadoop 的介绍了解到，从 Hadoop 2.x 版本之后，Hadoop 主要包括 HDFS、MapReduce 和 YARN。HDFS 集群主要负责分布式存储，通常包括一个 NameNode 节点，一个 SecondaryNameNode 节点和多个 DataNode 节点，如图 14.1 所示。

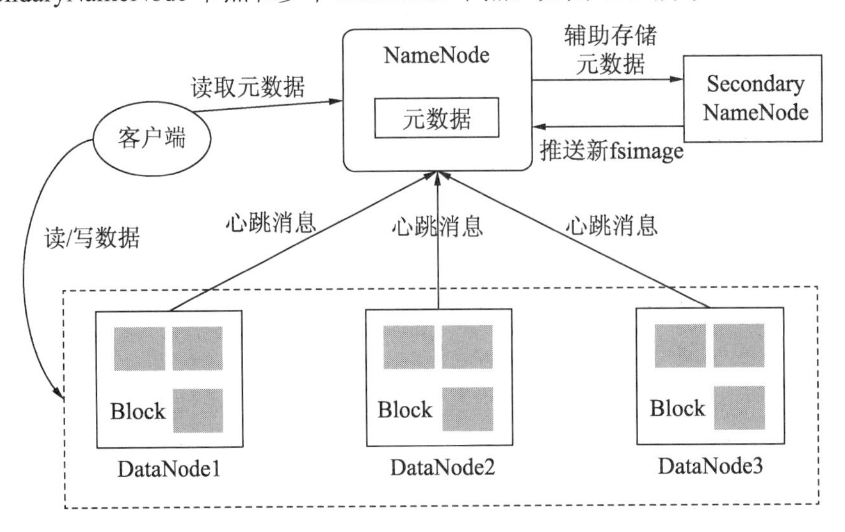

图 14.1　HDFS 组成架构

多个 DataNode 节点之间可以实现数据的多备份存储，即使某个 DataNode 节点出现宕机或其他故障，其余的 DataNode 节点仍然可以正常工作，并且拥有故障节点的数据备份，不会影响整个集群的使用，能够正常地对外提供分布式存储服务。

NameNode 节点负责管理 HDFS 集群中的所有元数据，一旦 NameNode 节点出现宕机或其他故障，那么整个 HDFS 集群将处于不可用的状态，无法正常工作。因此，仅含有单个 NameNode 节点的 HDFS 集群不能解决单点故障问题，无法保证 HDFS 集群的高可用性。

与 HDFS 集群类似，YARN 集群通常包括一个 ResourceManager 节点和多个 NodeManager 节点，主要负责资源分配和调度。

多个 NodeManager 节点可以协同完成分布式计算任务。一旦某个 NodeManager 节点出现宕机或者其他故障，那么运行在该节点上的 MapReduce 任务将会失败，但 ResourceManager 节点会将运行失败的任务重新分配给其他正常运行的 NodeManager 节点，以保证 YARN 集群的正常使用。

ResourceManager 节点负责监控在 YARN 集群中的所有 NodeManager 节点和资源的分配与调度情况，一旦 ResourceManager 节点出现宕机或其他故障，那么整个 YARN 集群也会受到影响，无法正常工作。因此，仅含有单个 ResourceManager 节点的 YARN 集群不能解决单点故障问题，无法保证 YARN 集群的高可用性。

针对以上讨论的两个问题，Hadoop 3.x 给出了一种解决方案 Hadoop-HA（High Available），能够解决单点故障问题，保证整个 Hadoop 集群的高可用性，实现 7×24 小时不中断地提供服务。Hadoop-HA 严格来说应该分成各个组件的 HA 高可用机制，包括 HDFS 的 HA 高可用和 YARN 的 HA 高可用。

HDFS-HA 功能通过配置 Active 和 Standby 两个 NameNode 节点实现在集群中对 NameNode 的热备来解决上述问题。如果其中状态为 Active 的 NameNode 节点出现故障，如机器崩溃或机器需要升级维护，则 HDFS-HA 会将该节点的状态转变为 Standby，并激活另一台 NameNode 节点，保证 HDFS 集群能够正常工作。

YARN-HA 通过配置 Active 和 Standby 两个 ResourceManager 节点，实现在集群中对 ResourceManager 的热备来解决单点故障问题。如果其中状态为 Active 的 ResourceManager 节点出现故障，如机器崩溃或机器需要升级维护，则 YARN-HA 会将该节点的状态转变为 Standby，并激活另一台 ResourceManager 节点，保证 YARN 集群能够正常工作。下面首先介绍 HDFS-HA 的工作机制和集群搭建，然后再介绍 YARN-HA 的集群搭建。

14.2　HDFS-HA 的工作机制

HDFS-HA 的工作机制就是使用两个 NameNode 节点进行热备。一个 NameNode 节点处于 Active 状态，管理 HDFS 集群的所有元数据。另一个 NameNode 节点则处于 Standby 状态，实时监控和同步处于 Active 状态 NameNode 节点的数据。一旦处于 Active 状态 NameNode 节点出现宕机或者其他故障，HDFS-HA 可以快速进行故障切换，保证整个 HDFS 集群的高可用性。

14.2.1　HDFS-HA 的工作要点

1．Edits共享存储

HDFS 集群启动后，两个 NameNode 节点都会在各自的内存中保存一份元数据，然而，Edits 编辑日志只允许处于 Active 状态的 NameNode 节点进行写操作和读操作，处于 Standby 状态的 NameNode 节点只能进行读操作。

因此，只有一个 NameNode 节点可以对外提供服务，也就是只有一个 NameNode 节点会对 Edits 编辑日志进行写操作。Edits 编辑日志保存在两个 NameNode 节点之外的共享存储区，目前主流的共享存储区是通过 QJournal 和 NFS 实现的。那么，为什么要通过共享存储区来保存 Edits 编辑日志呢？

如果未对 HDFS 集群进行 HDFS-HA 高可用配置，那么，HDFS 集群只有一个 NameNode 节点，并且 Edits 编辑日志就保存在该节点上。在配置 HDFS-HA 之后，HDFS 集群就会有两个 NameNode 节点，如果 Edits 编辑日志保存在处于 Active 状态的 NameNode 节点上，一旦该 NameNode 节点宕机或者出现故障，则处于 Standby 状态的 NameNode 节点就无法读取 Edits 编辑日志，导致 HDFS 集群数据丢失。

因此，需要将 Edits 编辑日志保存在一个共享存储区，即使处于 Active 状态的 NameNode 节点宕机或者出现故障，HDFS-HA 也可以快速进行故障切换，切换后的 NameNode 节点会读取共享存储区中的 Edits 编辑日志，对外提供服务并保证 HDFS 集群的高可用性，如图 14.2 所示。

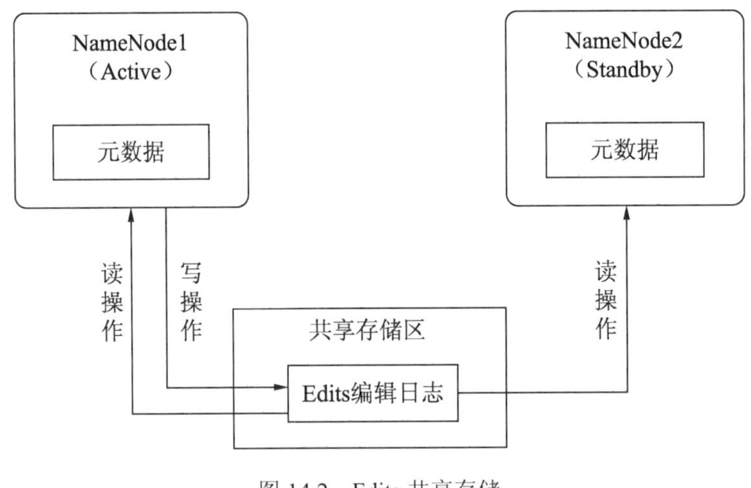

图 14.2　Edits 共享存储

2. 状态管理模块

HDFS-HA 高可用集群配置需要实现一个状态管理模块，主要用来对 HDFS 集群中的 NameNode 节点状态（Active 和 Standby）进行管理。

状态管理模块的工作机制是，首先在每个 NameNode 节点实现一个 ZKFailover 故障转移协议，每个 ZKFailover 负责监控自己所在的 NameNode 节点，利用 ZooKeeper 对 NameNode 节点的状态（Active 和 Standby）进行标识和监控，当某个 NameNode 节点需要进行状态切换时，由 ZKFailover 来负责切换，切换状态时需要防止 Brain Split 现象的出现。

Brain Split 现象也就是脑裂现象，是指在 HDFS 集群中出现了两个处于 Active 状态的 NameNode 节点，导致原来被一个 NameNode 节点访问的资源会被多个 NameNode 节点同时访问。脑裂现象也会引起数据的不完整性，使对外提供服务出现异常。

14.2.2　HDFS-HA 的自动故障转移工作机制

实现 HDFS-HA 的自动故障转移需要依托于两个组件：ZooKeeper 和 ZKFailoverController（ZKFC）进程。ZooKeeper 通过维护少量的协调数据，能够实时通知客户端数据的改变，并且监听客户端的故障情况。

1. ZooKeeper

HDFS-HA 的自动故障转移依赖于 ZooKeeper 的以下功能：

（1）故障检测。

HDFS 集群中的每个 NameNode 节点都在 ZooKeeper 服务端维护了一个持久会话。一旦某一个 NameNode 节点出现故障，该节点在 ZooKeeper 服务端中维护的会话将会被终止，ZooKeeper 服务端将会通知另一个 NameNode 节点需要触发故障转移机制。

（2）现役 NameNode 选择机制。

ZooKeeper 提供了一个简单的现役 NameNode 选择机制，用于选择一个 NameNode 节点，并激活为 Active 状态。如果目前现役 NameNode 出现宕机或者其他故障，那么另一个 NameNode 节点可能从 ZooKeeper 获得特殊的排外锁，以表明它应该成为现役 NameNode 节点。

2. ZKFailoverController

ZKFC 是支撑 HDFS-HA 自动故障转移的另一个组件，是 ZooKeeper 的客户端，用来监听和管理 NameNode 的状态。HDFS 集群中每个 NameNode 节点都运行了一个 ZKFC 进程，ZKFC 提供以下功能：

（1）健康监测。

ZKFC 通过运行一个健康检查命令定期地向本地 NameNode 节点发送一次心跳，只要该 NameNode 及时地回复健康状态，ZKFC 则认为该节点是健康的。如果该节点崩溃、冻结或进入不健康状态，那么 ZKFC 将会标识该节点为非健康的。本地 NameNode 节点是指与 ZKFC 进程运行在同一台物理主机上的 NameNode 节点。

（2）管理 ZooKeeper 会话。

如果本地 NameNode 节点是健康的，则 ZKFC 进程会在 ZooKeeper 服务端维护一个持久会话。如果本地 NameNode 节点处于 Active 状态，那么 ZKFC 进程会保持一个特殊的 znode 锁，该锁使用了 ZooKeeper 对短暂节点的支持，如果会话终止，znode 锁将会自动删除。

（3）ZKFC 选择机制。

如果本地 NameNode 节点是健康的，并且 ZKFC 进程发现没有其他 NameNode 节点持有 znode 锁，那么该 ZKFC 进程将会为自己获取该锁。如果获取成功，那么该 ZKFC 进程便赢得了选择，它将会运行故障转移进程，杀死现役的 NameNode 节点，激活本地 NameNode 节点状态为 Active。

3. HDFS-HA自动故障转移工作流程

HDFS-HA 自动故障转移工作机制如图 14.3 所示。

具体的工作流程如下：

（1）在 HDFS 集群中处于 Active 状态的 NameNode_1 节点出现故障或者假死状态，导致处于 Standby 状态的 NameNode_2 节点无法与其联系。

（2）ZKFC_1 进程检测到 NameNode_1 节点出现故障或者假死状态时，会通知运行在 NameNode_2 节点上的 ZKFC_2 进程。

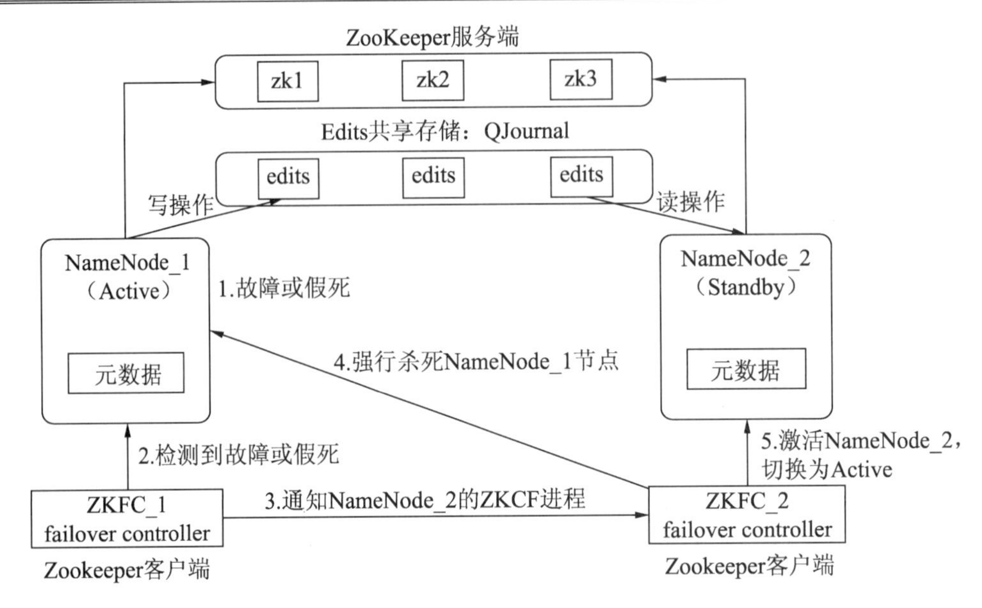

图 14.3　HDFS-HA 自动故障转移工作机制

（3）ZKFC_2 进程会强行杀死 NameNode_1 节点，避免出现 Brain Split 现象。

（4）ZKFC_2 进程会激活本地 NameNode_2 节点状态为 Active，NameNode_2 节点可以对外提供服务。

14.3　搭建 HDFS-HA 集群

为了搭建 HDFS-HA 集群，首先需要搭建开发环境，包括集群服务器的配置、操作系统的选择等多个方面。

14.3.1　准备集群环境

1. 硬件环境

为了搭建 HDFS-HA 高可用集群演示环境，需要准备 3 台物理机或者虚拟机，相关配置如表 14.1 所示。

表 14.1　服务器集群相关配置

Hostname	CPU	内　　存	磁　　盘	操作系统	IP地址
hadoop101	2核	4GB	100GB	CentOS 7.3	192.168.10.101
hadoop102	2核	4GB	100GB	CentOS 7.3	192.168.10.102
hadoop103	2核	4GB	100GB	CentOS 7.3	192.168.10.103

2. IP地址配置

分别在 3 台服务器节点上修改/etc/sysconfig/network-scripts/ifcfg-eth0 文件，并配置 IP

地址。执行如下命令，修改 ifcfg-eth0 文件如图 14.4 标注框所示。

```
[root@localhost etc]# cd /etc/sysconfig/network-scripts/
[root@localhost etc]# vi ifcfg-eth0
```

```
TYPE=Ethernet
BOOTPROTO=static
DEFROUTE=yes
PEERDNS=yes
PEERROUTES=yes
IPV4_FAILURE_FATAL=no
IPV6INIT=yes
IPV6_AUTOCONF=yes
IPV6_DEFROUTE=yes
IPV6_PEERDNS=yes
IPV6_PEERROUTES=yes
IPV6_FAILURE_FATAL=no
IPV6_ADDR_GEN_MODE=stable-privacy
NAME=eth0
UUID=5c7b7296-ae8c-4b78-b750-f74b491fc1a4
DEVICE=eth0
ONBOOT=yes
IPADDR=192.168.10.101
NETMASK=255.255.0.0
```

图 14.4　修改 ifcfg-eth0 配置文件的内容

首先修改 BOOTPROTO=static、ONBOOT=yes 和 NETMASK=255.255.0.0。根据不同的服务器修改 IPADDR，在本例中配置了 3 台服务器，其 IP 地址分别为 192.168.10.101、192.168.10.102 和 192.168.10.103。全部修改完成后，执行如下命令保存文件并重启网络配置。

```
[root@hadoop101 network-scripts]# systemctl restart network
```

3．修改hosts配置文件

分别在 3 台服务器节点上修改/etc/hosts 文件，并配置 Hostname 与 IP 地址之间的映射关系。执行如下命令在文件末尾追加内容如图 14.5 所示。

```
[root@localhost etc]# cd /etc/
[root@localhost etc]# vi hosts
```

```
127.0.0.1   localhost localhost.localdomain localhost4 localhost4.localdomain4
::1         localhost localhost.localdomain localhost6 localhost6.localdomain6

192.168.10.101  hadoop101
192.168.10.102  hadoop102
192.168.10.103  hadoop103
```

追加内容

图 14.5　在 hosts 文件末尾追加内容

4．关闭防火墙

分别在 3 台服务器节点上执行如下命令关闭防火墙，然后检查防火墙是否关闭。

```
[root@localhost etc]# systemctl stop firewalld
[root@localhost etc]# systemctl status firewalld
```

5．创建一个用户并配置密码

分别在 3 台服务器节点上执行如下命令创建一个新用户，并配置该用户的密码。

```
[root@hadoop101 ~]# useradd xuzheng
[root@hadoop101 ~]# passwd xuzheng
```

6. 配置新创建的用户具有root权限

分别在 3 台服务器节点上执行如下命令修改/etc/sudoers 的文件权限，然后为其添加内容如图 14.6 标注框所示。

```
[root@hadoop101 ~]# chmod 640 /etc/sudoers
[root@hadoop101 ~]# vi /etc/sudoers
```

7. 新建的两个目录

分别在 3 台服务器节点上执行如下命令，在/opt 目录下创建 module 和 software 两个文件夹。

```
[root@localhost ~]# mkdir /opt/module
[root@localhost ~]# mkdir /opt/software
```

分别在 3 台服务器节点上执行如下命令修改文件夹/opt/module 和/opt/software 的所有者。

```
[root@localhost opt]# cd /opt/
[root@localhost opt]# chown xuzheng:xuzheng module/ software/
```

```
##
## Allow root to run any commands anywhere
root     ALL=(ALL)       ALL
xuzheng ALL=(ALL)        ALL      添加内容

## Allows members of the 'sys' group to run networking, software,
## service management apps and more.
# %sys ALL = NETWORKING, SOFTWARE, SERVICES, STORAGE, DELEGATING, PROCESSES, LOCATE, DRIVERS
```

图 14.6　为 sudoers 文件添加内容

8. 配置SSH免密登录

为了便于集群之间的不同服务器节点互相登录，可以利用 SSH 配置集群间免密登录。

（1）生成公钥和私钥，执行命令如下：

```
[xuzheng@localhost ~]# ssh-keygen -t rsa
```

输入上述命令后连续输入 4 个回车符，将会在/home/xuzheng/.ssh 目录下生成 id_rsa（私钥）和 id_rsa.pub（公钥）两个文件。

（2）将公钥文件复制到允许免密登录的服务器节点上，执行命令如下：

```
[xuzheng@hadoop101 ~]$ ssh-copy-id hadoop101
[xuzheng@hadoop101 ~]$ ssh-copy-id hadoop102
[xuzheng@hadoop101 ~]$ ssh-copy-id hadoop103
```

（3）测试免密登录。

分别在集群的所有节点上执行如下命令，测试是否能够免密登录。

```
[xuzheng@hadoop101 ~]$ ssh xuzheng@hadoop101
[xuzheng@hadoop101 ~]$ ssh xuzheng@hadoop102
[xuzheng@hadoop101 ~]$ ssh xuzheng@hadoop103
```

14.3.2 规划集群节点

为了搭建 HDFS-HA 高可用集群，需要在集群中安装 NameNode、DataNode、ZooKeeper

和 JournalNode 服务，下面给出各个服务器节点规划的服务安装列表，如表 14.2 所示。

表 14.2　服务安装列表

hadoop101	hadoop102	hadoop103
NameNode	NameNode	—
DataNode	DataNode	DataNode
ZooKeeper	ZooKeeper	ZooKeeper
JournalNode	JournalNode	JournalNode

hadoop101、hadoop102 和 hadoop103 这 3 台服务器节点都启动 DataNode、ZooKeeper 和 JournalNode 服务。NameNode 有所不同，只需要在 hadoop101 和 hadoop102 两台服务器节点上启动 NameNode 服务，实现两个热备份即可。

14.3.3　下载和安装 JDK

本例搭建的 HDFS-HA 高可用集群需要依赖 Java 运行环境，采用的 JDK 版本为 1.8.0。读者可以访问 http://118.89.217.234:8000/，下载软件压缩包 jdk-8u201-linux-x64.tar.gz，并将该软件包上传至集群的每台服务器节点的/opt/software 目录下。接下来，在集群的所有服务器节点上执行如下命令，将压缩包 jdk-8u201-linux-x64.tar.gz 解压至/opt/module 目录下。

```
[xuzheng@hadoop101 software]$ cd /opt/software
[xuzheng@hadoop101 software]$ tar -zxvf jdk-8u201-linux-x64.tar.gz -C
/opt/module/
```

进入/opt/module 目录查看该目录中的内容，验证压缩包是否已经解压成功，执行命令如下：

```
[xuzheng@hadoop101 software]$ cd /opt/module
[xuzheng@hadoop101 module]$ ls
```

14.3.4　配置 JDK 环境变量

为了能够在任何目录下都能够使用 Java 命令，需要在/etc/profile 文件中配置 Java 环境变量，在集群的所有服务器节点上执行如下命令。

（1）打开/etc/profile 文件。

```
[xuzheng@hadoop101 module]$ sudo vi /etc/profile
```

（2）在/etc/profile 文件的结尾添加如下内容：

```
#JAVA_HOME
export JAVA_HOME=/opt/module/jdk1.8.0_201
export PATH=$PATH:$JAVA_HOME/bin
```

（3）退出并保存/etc/profile 文件，使配置文件生效。

```
[xuzheng@hadoop101 module]$ source /etc/profile
```

（4）测试 JDK 是否安装成功。

```
[xuzheng@hadoop101 module]$ java -version
java version "1.8.0_201"
```

```
Java(TM) SE Runtime Environment (build 1.8.0_201-b09)
Java HotSpot(TM) 64-Bit Server VM (build 25.201-b09, mixed mode)
```

14.3.5　安装 ZooKeeper 集群

HDFS-HA 高可用集群的搭建需要依赖 ZooKeeper。ZooKeeper 通过维护少量的协调数据，能够实时通知客户端数据的变化情况，并且监听客户端是否发生故障。一旦集群中的某一个 NameNode 节点出现故障，ZooKeeper 服务端将会通知另一个 NameNode 节点触发故障转移机制。ZooKeeper 提供了一个简单的现役 NameNode 选择机制，用于选择一个 NameNode 节点并激活为 Active 状态。因此，搭建 HDFS-HA 高可用集群首先需要安装 ZooKeeper 集群。

为了方便读者快速安装，读者可以访问 http://118.89.217.234:8000/，下载软件压缩包 zookeeper-3.4.10.tar.gz，并将该软件包上传至集群的每台服务器节点的/opt/software 目录下，然后在集群的所有服务器节点上执行如下命令。

（1）解压压缩包至/opt/module 目录下。

```
[xuzheng@hadoop101 module]$ cd /opt/software
[xuzheng@hadoop101 module]$ tar -xzvf zookeeper-3.4.10.tar.gz -C /opt/
module/
```

（2）创建目录/opt/module/zookeeper-3.4.10/zkData。

```
[xuzheng@hadoop101 module]$ mkdir -p /opt/module/zookeeper-3.4.10/zkData
```

14.3.6　配置 ZooKeeper 集群

上一节介绍了如何下载和安装 ZooKeeper 集群，本节将带领大家配置 ZooKeeper 集群，在集群的所有服务器节点上执行如下命令。

（1）将文件 zoo_sample.cfg 重命名为 zoo.cfg。

```
[xuzheng@hadoop101 module]$ cd /opt/module/zookeeper-3.4.10/conf
[xuzheng@hadoop101 conf]$ mv zoo_sample.cfg zoo.cfg
```

（2）修改文件 zoo.cfg 的内容，如图 14.7 标注框所示。

```
[xuzheng@hadoop101 module]$ cd /opt/module/zookeeper-3.4.10/conf
[xuzheng@hadoop101 conf]$ vi zoo.cfg
```

修改 dataDir=/opt/module/zookeeper-3.4.10/zkData，并添加如下内容：

```
#######cluster########
server.1=hadoop101:2888:3888
server.2=hadoop102:2888:3888
server.3=hadoop103:2888:3888
```

（3）在 hostname 上为 hadoop101 节点新建文件 myid。

```
[xuzheng@hadoop101 conf]$ cd /opt/module/zookeeper-3.4.10/zkData
[xuzheng@hadoop101 zkData]$ echo 1 > myid
```

（4）在 hostname 上为 hadoop102 节点新建文件 myid。

```
[xuzheng@hadoop102 conf]$ cd /opt/module/zookeeper-3.4.10/zkData
[xuzheng@hadoop102 zkData]$ echo 2 > myid
```

（5）在 hostname 上为 hadoop103 节点上新建文件 myid。

```
[xuzheng@hadoop103 conf]$ cd /opt/module/zookeeper-3.4.10/zkData
[xuzheng@hadoop103 zkData]$ echo 3 > myid
```

```
# The number of milliseconds of each tick
tickTime=2000
# The number of ticks that the initial
# synchronization phase can take
initLimit=10
# The number of ticks that can pass between
# sending a request and getting an acknowledgement
syncLimit=5
# the directory where the snapshot is stored.
# do not use /tmp for storage, /tmp here is just
# example sakes.
dataDir=/opt/module/zookeeper-3.4.10/zkData
# the port at which the clients will connect
clientPort=2181
# the maximum number of client connections.
# increase this if you need to handle more clients
#maxClientCnxns=60
#
# Be sure to read the maintenance section of the
# administrator guide before turning on autopurge.
#
# http://zookeeper.apache.org/doc/current/zookeeperAdmin.html#sc_maintenance
#
# The number of snapshots to retain in dataDir
#autopurge.snapRetainCount=3
# Purge task interval in hours
# Set to "0" to disable auto purge feature
#autopurge.purgeInterval=1
##########cluster##########
server.1=hadoop101:2888:3888
server.2=hadoop102:2888:3888
server.3=hadoop103:2888:3888
```

图 14.7　修改 zoo.cfg 文件内容

14.3.7　启动 ZooKeeper 集群

根据配置好的 ZooKeeper 集群，分别在所有服务器节点上启动 ZooKeeper 服务，执行如下命令。

（1）启动集群。

```
[xuzheng@hadoop101 zookeeper-3.4.10]$ /opt/module/zookeeper-3.4.10/bin/
zkServer.sh start
[xuzheng@hadoop102 zookeeper-3.4.10]$ /opt/module/zookeeper-3.4.10/bin/
zkServer.sh start
[xuzheng@hadoop103 zookeeper-3.4.10]$ /opt/module/zookeeper-3.4.10/bin/
zkServer.sh start
```

（2）查看 hadoop101 节点上的 ZooKeeper 状态。

```
[xuzheng@hadoop101 zookeeper-3.4.10]$ /opt/module/zookeeper-3.4.10/bin/
zkServer.sh status
ZooKeeper JMX enabled by default
Using config: /opt/module/zookeeper-3.4.10/bin/../conf/zoo.cfg
Mode: follower
```

（3）查看 hadoop102 节点上的 ZooKeeper 状态。

```
[xuzheng@hadoop102 zookeeper-3.4.10]$ /opt/module/zookeeper-3.4.10/bin/
zkServer.sh status
ZooKeeper JMX enabled by default
```

```
Using config: /opt/module/zookeeper-3.4.10/bin/../conf/zoo.cfg
Mode: leader
```

（4）查看 hadoop103 节点上的 ZooKeeper 状态。

```
[xuzheng@hadoop103 zookeeper-3.4.10]$ /opt/module/zookeeper-3.4.10/bin/
zkServer.sh status
ZooKeeper JMX enabled by default
Using config: /opt/module/zookeeper-3.4.10/bin/../conf/zoo.cfg
Mode: follower
```

14.3.8　配置 HDFS-HA 集群

1．下载和安装HDFS-HA集群

首先介绍如何下载和安装 HDFS-HA 集群。在集群的所有服务器节点上执行如下命令。

（1）下载 Hadoop 安装包。

为了方便读者快速安装，读者可以访问 http://118.89.217.234:8000/，下载软件压缩包 hadoop-3.2.2.tar.gz，并将该软件包上传至集群的每台服务器节点的/opt/software 目录下，然后在集群的所有服务器节点上执行如下命令。

（2）创建目录/opt/module/ha。

```
[xuzheng@hadoop101 ~]$ mkdir -p /opt/module/ha
```

（3）解压压缩包至/opt/module/ha 目录下。

```
[xuzheng@hadoop101 ~]$ cd /opt/software
[xuzheng@hadoop101 software]$ tar -xzvf hadoop-3.2.2.tar.gz -C /opt/
module/ha
```

2．配置HDFS-HA集群

了解了如何下载和安装 HDFS-HA 集群后，接下来将带领大家配置 HDFS-HA 集群。在集群的所有服务器节点上执行如下命令。

（1）修改 hadoop-env.sh 文件内容，如图 14.8 标注框所示。

```
[xuzheng@hadoop101 hadoop]$ cd /opt/module/ha/hadoop-3.2.2/etc/hadoop/
[xuzheng@hadoop101 hadoop]$ vi hadoop-env.sh
```

```
# The only required environment variable is JAVA_HOME.  All others are
# optional.  When running a distributed configuration it is best to
# set JAVA_HOME in this file, so that it is correctly defined on
# remote nodes.

# The java implementation to use.
export JAVA_HOME=/opt/module/jdk1.8.0_201
```

图 14.8　修改 hadoop-env.sh 文件内容

修改完后，保存并关闭该文件。

（2）修改 core-site.xml 文件内容，如图 14.9 标注框所示。

```
[xuzheng@hadoop101 hadoop]$ cd /opt/module/ha/hadoop-3.2.2/etc/hadoop/
[xuzheng@hadoop101 hadoop]$ vi core-site.xml
```

```
<?xml version="1.0" encoding="UTF-8"?>
<?xml-stylesheet type="text/xsl" href="configuration.xsl"?>
<!--
  Licensed under the Apache License, Version 2.0 (the "License");
  you may not use this file except in compliance with the License.
  You may obtain a copy of the License at

    http://www.apache.org/licenses/LICENSE-2.0

  Unless required by applicable law or agreed to in writing, software
  distributed under the License is distributed on an "AS IS" BASIS,
  WITHOUT WARRANTIES OR CONDITIONS OF ANY KIND, either express or implied.
  See the License for the specific language governing permissions and
  limitations under the License. See accompanying LICENSE file.
-->

<!-- Put site-specific property overrides in this file. -->

<configuration>
        <property>
                <name>fs.defaultFS</name>
                <value>hdfs://hadoop101:9000</value>
        </property>
        <!-- 指定Hadoop运行时产生文件的存储目录 -->
        <property>
                <name>hadoop.tmp.dir</name>
                <value>/opt/module/hadoop-3.2.2/data/tmp</value>
        </property>
</configuration>
~
~
~
"core-site.xml" 29L, 1035C
```

图 14.9　修改 core-site.xml 文件内容

（3）执行如下命令修改 hdfs-site.xml 文件：

```
[xuzheng@hadoop101 hadoop]$ cd /opt/module/ha/hadoop-3.2.2/etc/hadoop/
[xuzheng@hadoop101 hadoop]$ vi hdfs-site.xml
# 修改内容如下
<configuration>
       <property>
            <name>dfs.replication</name>
            <value>3</value>
       </property>
       <property>
            <name>dfs.datanode.data.dir</name>
            <value>
            file:///${hadoop.tmp.dir}/dfs/data1,file:///${hadoop.tmp.
dir}/dfs/data2
            </value>
       </property>
       <!-- 完全分布式集群名称 -->
       <property>
            <name>dfs.nameservices</name>
            <value>mycluster</value>
       </property>
       <!-- 集群中的 NameNode 节点都有哪些 -->
       <property>
            <name>dfs.ha.namenodes.mycluster</name>
            <value>nn1,nn2</value>
       </property>
       <!-- nn1 的 RPC 通信地址 -->
       <property>
            <name>dfs.namenode.rpc-address.mycluster.nn1</name>
            <value>hadoop101:9000</value>
```

```
        </property>
        <!-- nn2 的 RPC 通信地址 -->
        <property>
               <name>dfs.namenode.rpc-address.mycluster.nn2</name>
               <value>hadoop102:9000</value>
        </property>
        <!-- nn1 的 HTTP 通信地址 -->
        <property>
               <name>dfs.namenode.http-address.mycluster.nn1</name>
               <value>hadoop101:9870</value>
        </property>
        <!-- nn2 的 HTTP 通信地址 -->
        <property>
               <name>dfs.namenode.http-address.mycluster.nn2</name>
               <value>hadoop102:9870</value>
        </property>
        <!-- 指定 NameNode 元数据在 JournalNode 上的存放位置 -->
        <property>
               <name>dfs.namenode.shared.edits.dir</name>
        <value>qjournal://hadoop101:8485;hadoop102:8485;hadoop103:8485/
mycluster</value>
        </property>
        <!-- 配置隔离机制，即同一时刻只能有一台服务器对外响应 -->
        <property>
               <name>dfs.ha.fencing.methods</name>
               <value>sshfence
               shell(/bin/true)</value>
        </property>
        <!-- 使用隔离机制时需要 SSH 无密钥登录-->
        <property>
               <name>dfs.ha.fencing.ssh.private-key-files</name>
               <value>/home/xuzheng/.ssh/id_rsa</value>
        </property>
        <!-- 声明 JournalNode 服务器的存储目录-->
        <property>
               <name>dfs.journalnode.edits.dir</name>
               <value>/opt/module/ha/hadoop-3.2.2/data/jn</value>
        </property>
        <!-- 关闭权限检查-->
        <property>
               <name>dfs.permissions.enable</name>
               <value>false</value>
        </property>
        <!–如果访问代理类 Client、Mycluster 和 Active 配置失败，则自动切换实现方式-->
        <property>
               <name>dfs.client.failover.proxy.provider.mycluster</name>
        <value>org.apache.hadoop.hdfs.server.namenode.ha.Configured
FailoverProxyProvider</value>
        </property>
</configuration>
```

3. 启动HDFS-HA集群

根据配置好的 HDFS-HA 集群，执行如下命令。

（1）在集群的所有节点上启动 JournalNode 服务。

```
[xuzheng@hadoop101 hadoop]$ cd /opt/module/ha/hadoop-3.2.2/
[xuzheng@hadoop101 hadoop-3.2.2]$ sbin/hadoop-daemon.sh start journalnode
```

（2）在 hadoop101 节点上对 NameNode 进行格式化并启动 NameNode。

```
[xuzheng@hadoop101 hadoop]$ cd /opt/module/ha/hadoop-3.2.2/
[xuzheng@hadoop101 hadoop-3.2.2]$ bin/hdfs namenode -format
[xuzheng@hadoop101 hadoop-3.2.2]$ sbin/hadoop-daemon.sh start namenode
```

（3）在 hadoop102 节点上同步元数据信息。

```
[xuzheng@hadoop102 hadoop]$ cd /opt/module/ha/hadoop-3.2.2/
[xuzheng@hadoop102 hadoop-3.2.2]$ bin/hdfs namenode -bootstrapStandby
```

（4）在 hadoop102 节点上启动 NameNode。

```
[xuzheng@hadoop102 hadoop]$ cd /opt/module/ha/hadoop-3.2.2/
[xuzheng@hadoop102 hadoop-3.2.2]$ sbin/hadoop-daemon.sh start namenode
```

（5）在 hadoop101 节点上启动所有的 DataNode 服务。

```
[xuzheng@hadoop101 hadoop-3.2.2]$ cd /opt/module/ha/hadoop-3.2.2/etc
/hadoop
[xuzheng@hadoop101 hadoop]$ vi slave
# 添加如下内容
hadoop101
hadoop102
hadoop103
[xuzheng@hadoop101 hadoop]$ cd /opt/module/ha/hadoop-3.2.2/
[xuzheng@hadoop101 hadoop-3.2.2]$ sbin/hadoop-daemons.sh start datanode
```

（6）在 hadoop101 节点上激活 NameNode 为 Active 状态：

```
[xuzheng@hadoop102 hadoop-3.2.2]$ cd /opt/module/ha/hadoop-3.2.2/
[xuzheng@hadoop102 hadoop-3.2.2]$ bin/hdfs haadmin -transitionToActive nn1
```

14.3.9　配置 HDFS-HA 自动故障转移

上一节介绍了如何安装和配置 HDFS-HA 集群，本节将带领大家配置 HDFS-HA 自动故障转移功能，在集群的所有服务器节点上执行如下命令。

1．HDFS-HA自动故障转移

（1）修改 hdfs-site.xml 文件，开启自动故障转移。

```
[xuzheng@hadoop101 hadoop-3.2.2]$ cd /opt/module/ha/hadoop-3.2.2/etc/hadoop
[xuzheng@hadoop101 hadoop]$ vi hdfs-site.xml
# 添加如下内容
<property>
    <name>dfs.ha.automatic-failover.enabled</name>
    <value>true</value>
</property>
```

（2）修改 core-site.xml 文件，配置 ZooKeeper 集群。

```
[xuzheng@hadoop101 hadoop-3.2.2]$ cd /opt/module/ha/hadoop-3.2.2/etc/hadoop
[xuzheng@hadoop101 hadoop]$ vi core-site.xml
# 添加如下内容
<property>
    <name>ha.zookeeper.quorum</name>
```

```
    <value>hadoop102:2181,hadoop103:2181,hadoop104:2181</value>
</property>
```

（3）关闭所有 HDFS 服务。

```
[xuzheng@hadoop101 hadoop-3.2.2]$ cd /opt/module/ha/hadoop-3.2.2
[xuzheng@hadoop101 hadoop-3.2.2]$ sbin/stop-dfs.sh
```

（4）启动 ZooKeeper 集群。

```
[xuzheng@hadoop101 hadoop-3.2.2]$ cd /opt/module/zookeeper-3.4.10/
[xuzheng@hadoop102 zookeeper-3.4.10]$ bin/zkServer.sh start
```

（5）初始化 HDFS-HA 集群在 ZooKeeper 中的状态。

```
[xuzheng@hadoop101 hadoop-3.2.2]$ cd /opt/module/ha/hadoop-3.2.2
[xuzheng@hadoop101 hadoop-3.2.2]$ bin/hdfs zkfc -formatZK
```

（6）启动 HDFS 服务。

```
[xuzheng@hadoop101 hadoop-3.2.2]$ cd /opt/module/ha/hadoop-3.2.2
[xuzheng@hadoop101 hadoop-3.2.2]$ sbin/start-dfs.sh
```

2. 验证HDFS-HA集群的高可用性

（1）终止处于 Active 状态的 NameNode 进程。

```
[xuzheng@hadoop101 hadoop-3.2.2]$ jps
[xuzheng@hadoop101 hadoop-3.2.2]$ kill -9 namenode 的进程 ID
```

终止处于 Active 状态的 NameNode 进程后，在 HDFS-HA 集群中处于 Standby 状态的 NameNode 节点会转换成 Active 状态，实现了 HDFS-HA 集群的高可用性，解决了单点故障问题。

（2）断开网络连接。

```
[xuzheng@hadoop101 hadoop-3.2.2]$ systemctl stop network
```

断开网络连接后，处于 Active 状态的 NameNode 就无法同 HDFS-HA 集群进行正常通信了，在 HDFS-HA 集群中处于 Standby 状态的 NameNode 节点会转换成 Active 状态，实现 HDFS-HA 集群的高可用性。

14.4　搭建 YARN-HA 集群

YARN-HA 集群的搭建依赖于 Hadoop 集群环境，根据 Hadoop 官方文档，从 Hadoop 2.x 版本之后，Hadoop 开始支持 YARN 集群的高可用性。本节基于已经构建好的 HDFS-HA 集群环境对 Hadoop 集群进行相关配置，从而搭建 YARN-HA 集群。首先介绍 YARN-HA 集群的工作机制和原理。

14.4.1　YARN-HA 集群的工作机制

YARN-HA 集群的工作机制就是使用两个 ResourceNode 节点进行热备。一个 Resource Node 节点处于 Active 状态，周期性地向 ZooKeeper 集群发送心跳，同步自己的状态信息；另一个 ResourceNode 节点则处于 Standby 状态。一旦处于 Active 状态的 ResourceNode 节点出现宕机或者其他故障，就会触发故障转移机制，处于 Standby 状态的 ResourceNode 节点会转换成 Active 状态，从而保证整个 YARN 集群的高可用性，如图 14.10 所示。

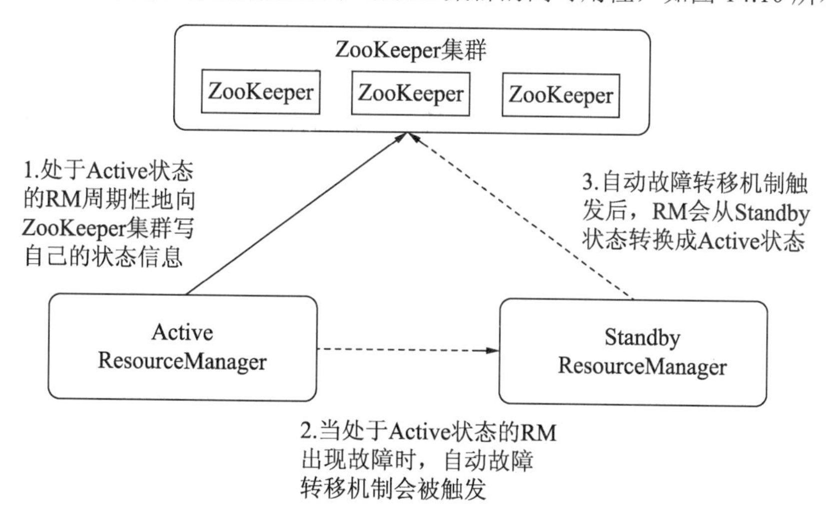

图 14.10　YARN-HA 自动故障转移工作机制

下面是 YARN-HA 自动故障转移工作机制的具体工作流程。

（1）当 YARN-HA 集群启动时，会热备份两个 ResourceManage 节点，一个 ResourceNode 节点处于 Active 状态，另一个 ResourceNode 节点则处于 Standby 状态。

（2）处于 Active 状态的 ResourceManage 节点会周期性地向 ZooKeeper 集群发送心跳，并同步自己当前的状态信息。

（3）ZooKeeper 集群节点会实时监控处于 Active 状态的 ResourceNode 节点。

（4）处于 Active 状态的 ResourceManage 节点一旦出现宕机或者其他故障，就会触发自动故障转移机制。

（5）自动故障转移机制会将处于 Standby 状态的 ResourceManage 节点提升至 Active 状态。

14.4.2　配置 YARN-HA 集群

1．环境准备

前面在搭建 HDFS-HA 集群时配备了集群环境，包括修改 IP 地址、修改主机名及 IP 地址映射关系、关闭防火墙、配置 SSH 免密登录、安装 JDK 和配置 ZooKeeper 集群等。本节将基于已经构建好的 HDFS-HA 集群环境对 Hadoop 集群进行相关配置，从而搭建 YARN-HA 集群，因此无须重新进行环境配置。

2．规划集群

为了搭建 YARN-HA 高可用集群，需要在已经构建好的 HDFS-HA 集群中新增 ResourceManager 和 NodeManager。下面给出各个服务器节点规划的服务安装列表，如表 14.3 所示。

表 14.3　服务安装列表

hadoop101	hadoop102	hadoop103
NameNode	NameNode	
DataNode	DataNode	DataNode
ZooKeeper	ZooKeeper	ZooKeeper
JournalNode	JournalNode	JournalNode
	ResourceManager	ResourceManager
NodeManager	NodeManager	NodeManager

hadoop101、hadoop102 和 hadoop103 这 3 台服务器节点都启动 DataNode、ZooKeeper、JournalNode 和 NodeManager 服务。NameNode 和 ResourceManager 则有所不同，需要在 hadoop101 和 hadoop102 两台服务器节点上启动 NameNode 服务，实现两个热备份，在 hadoop102 和 hadoop103 两台服务器节点上启动 ResourceManager 服务，实现两个热备份。

3．配置YARN-HA集群

接下来将会带领大家配置 YARN-HA 集群，在集群的所有服务器节点上执行如下命令。

（1）在所有服务器节点上修改 yarn-site.sh 文件。

```
[xuzheng@hadoop101 hadoop-3.2.2]$ cd /opt/module/ha/hadoop-3.2.2/etc/
hadoop
[xuzheng@hadoop101 hadoop]$ vi yarn-site.xml
# 添加如下内容
<configuration>
    <property>
        <name>yarn.nodemanager.aux-services</name>
        <value>mapreduce_shuffle</value>
    </property>

    <!--启用 resourcemanager ha-->
    <property>
        <name>yarn.resourcemanager.ha.enabled</name>
        <value>true</value>
    </property>

    <!--声明两台 ResourceManager 的地址-->
    <property>
        <name>yarn.resourcemanager.cluster-id</name>
        <value>cluster-yarn1</value>
    </property>

    <property>
        <name>yarn.resourcemanager.ha.rm-ids</name>
        <value>rm1,rm2</value>
    </property>

    <property>
        <name>yarn.resourcemanager.hostname.rm1</name>
        <value>hadoop102</value>
    </property>

    <property>
```

```
        <name>yarn.resourcemanager.hostname.rm2</name>
        <value>hadoop103</value>
    </property>

    <!--指定 ZooKeeper 集群的地址-->
    <property>
        <name>yarn.resourcemanager.zk-address</name>
        <value>hadoop102:2181,hadoop103:2181,hadoop104:2181</value>
    </property>

    <!--启用自动恢复-->
    <property>
        <name>yarn.resourcemanager.recovery.enabled</name>
        <value>true</value>
    </property>

    <!--指定 resourcemanager 的状态信息存储在 ZooKeeper 集群上-->
    <property>
        <name>yarn.resourcemanager.store.class</name>    <value>org.apache.
hadoop.yarn.server.resourcemanager.recovery.ZKRMStateStore</value>
</property>
</configuration>
```

（2）在 hadoop102 节点上启动 YARN-HA 集群。

```
[xuzheng@hadoop102 hadoop]$ cd /opt/module/ha/hadoop-3.2.2
[xuzheng@hadoop102 hadoop-3.2.2]$ sbin/start-yarn.sh
```

（3）在 hadoop103 节点上启动 ResourceManager。

```
[xuzheng@hadoop103 hadoop]$ cd /opt/module/ha/hadoop-3.2.2
[xuzheng@hadoop103 hadoop-3.2.2]$ sbin/yarn-daemon.sh start resourcemanager
```

4. 验证YARN-HA集群的高可用性

终止处于 hadoop102 节点上的 ResourceManager 进程。

```
[xuzheng@hadoop102 hadoop-3.2.2]$ jps
[xuzheng@hadoop102 hadoop-3.2.2]$ kill -9 ResourceManager 的进程 ID
```

终止处于 hadoop102 节点上的 ResourceManager 进程后，在 YARN-HA 集群中处于 hadoop102 节点上的 ResourceManager 将不能对外提供服务，而处于 hadoop103 节点上的 ResourceManager 进程可以对外提供服务，实现了 YARN-HA 集群的高可用性，解决了单点故障问题。

14.5　小　　结

本章首先介绍了Hadoop-HA的工作原理和机制，一步步地讲解如何安装和配置Hadoop高可用集群。然后介绍了 HDFS-HA 和 YARN-HA 的工作原理和机制，以及 HDFS-HA 和 YARN-HA 的自动故障转移机制，接着介绍了如何在一个干净的操作系统环境中搭建 HDFS-HA 集群和 YARN-HA 集群，并且详细解释了各种参数配置信息。最后通过两个实例，演示了当 Hadoop 高可用集群中的 NameNode 或 ResourceManager 节点出现故障时，如何使 Hadoop 高可用集群仍然正常工作并对外提供服务的方法，解决了单点故障问题。

第 15 章　统计 TopN 经典项目案例实战

在实际开发过程中，开发人员经常处理经典的统计 TopN 排序问题。对于小数据集来说，开发人员只需要编写一个简单的程序就可以实现统计 TopN 排序问题。然而，对于分布式存储在多个 HDFS 节点上的大数据集来说，经典的统计 TopN 排序问题就变得十分复杂了。开发人员不仅要解决不同节点之间的通信问题，还要考虑大数据量的处理计算问题。

MapReduce 是一套分布式计算程序的编程框架，也是基于 Hadoop 的数据分析计算的核心框架。MapReduce 能够屏蔽底层复杂的操作，帮助用户快速构建一个分布式计算程序，将一个复杂的计算任务分解成多个可以并行执行的任务。另外，MapReduce 能够合理地利用分布式集群的计算资源，在多个节点上运行 MapReduce 任务。

15.1　项目案例构建流程

本节将借助 MapReduce 分布式计算编程框架，实现经典的统计 TopN 案例，提升读者对于 MapReduce 编程的理解。经典的统计 TopN 案例的任务是，统计给定文件中的所有用户手机流量使用前 10 名的用户。

15.1.1　创建输入文件

在经典的统计 TopN 案例中，首先创建一个输入文件 input.txt，MapReduce 程序用来统计在该输入文件中手机流量使用前 10 名的用户。为了便于读者快速构建案例，笔者已经将输入文件 input.txt 上传至笔者独立部署的 FTP 服务器上，读者可以通过 FTP 服务器地址 http://118.89.217.234:8000，下载该案例的输入文件。该输入文件的内容如下：

```
# 手机号码        上行流量    下行流量    总流量
13470253144     180        180        360
13509468723     7335       110349     117684
13560439638     918        4938       5856
13568436656     3597       25635      29232
13590439668     1116       954        2070
13630577991     6960       690        7650
13682846555     1938       2910       4848
13729199489     240        0          240
13736230513     2481       24681      27162
13768778790     120        120        240
13846544121     264        0          264
```

```
13956435636     132     1512     1644
13966251146     240     0        240
13975057813     11058   48243    59301
13992314666     3008    3720     6728
15043685818     3659    3538     7197
15910133277     3156    2936     6092
15959002129     1938    180      2118
18271575951     1527    2106     3633
18390173782     9531    2412     11943
13884188413     4116    1432     5548
```

根据上述输入文件及统计 TopN 案例要实现的功能，可以预测输出文件的内容大致如下：

```
13509468723     7335    110349   117684
13975057813     11058   48243    59301
13568436656     3597    25635    29232
13736230513     2481    24681    27162
18390173782     9531    2412     11943
13630577991     6960    690      7650
15043685818     3659    3538     7197
13992314666     3008    3720     6728
15910133277     3156    2936     6092
13560439638     918     4938     5856
```

15.1.2　搭建一个 Maven 工程

本例基于集成开发工具 IntelliJ IDEA 进行 Java 编程开发，并且构建一个 Maven 工程 mapreduce-demo，实现一个 MapReduce 分布式计算程序。为了搭建一个 Maven 工程项目，需要执行如下步骤。

（1）打开集成开发工具 IntelliJ IDEA，单击 Create New Project 创建一个工程，如图 15.1 所示。

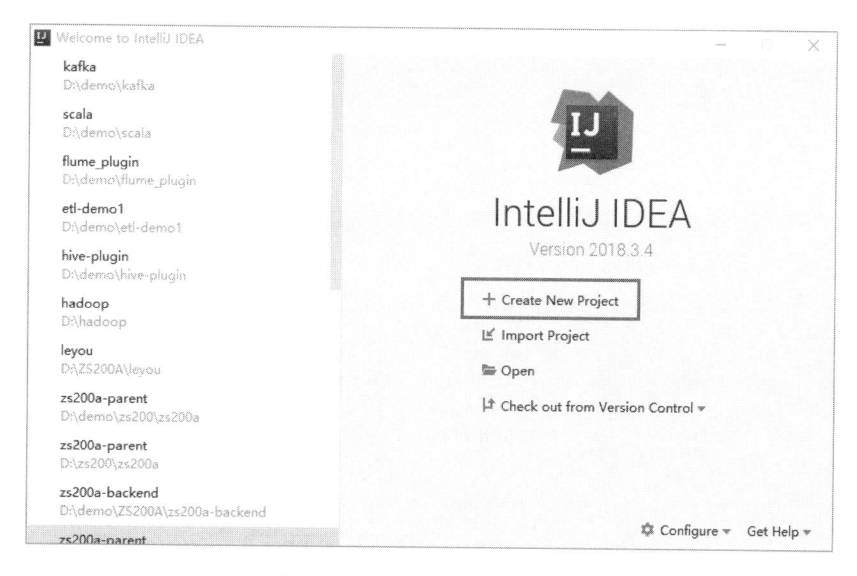

图 15.1　打开 IDEA 开发工具

（2）在弹出的对话框中选择一个 Maven 工程，然后配置 Java 的版本信息，最后单击 Next 按钮，如图 15.2 所示。

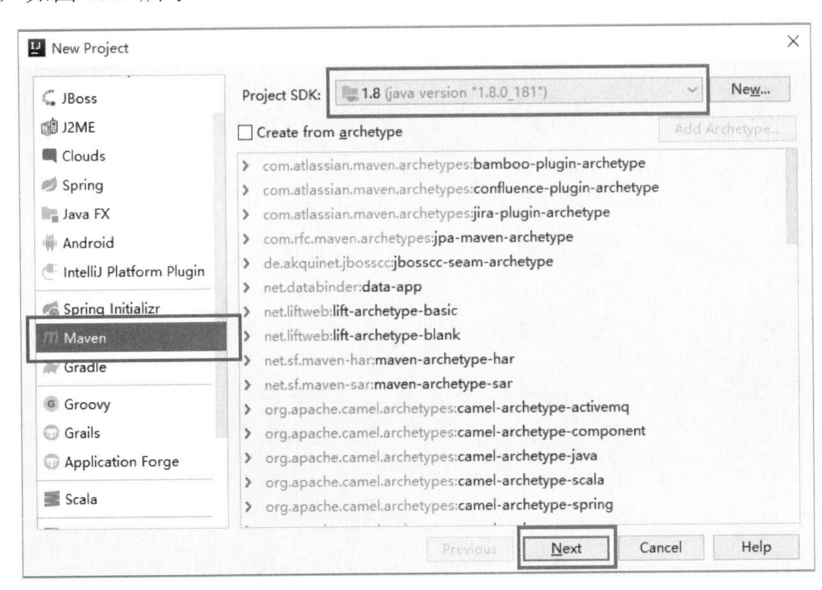

图 15.2　选择 Maven 工程

（3）在弹出的快捷菜单中填写 Maven 工程的版本信息，如 GroupId、ArtifactId 和 Version，单击 Next 按钮，如图 15.3 所示。

（4）在弹出的对话框中填写 Maven 工程的名称和存储位置，然后单击 Finish 按钮，如图 15.4 所示。

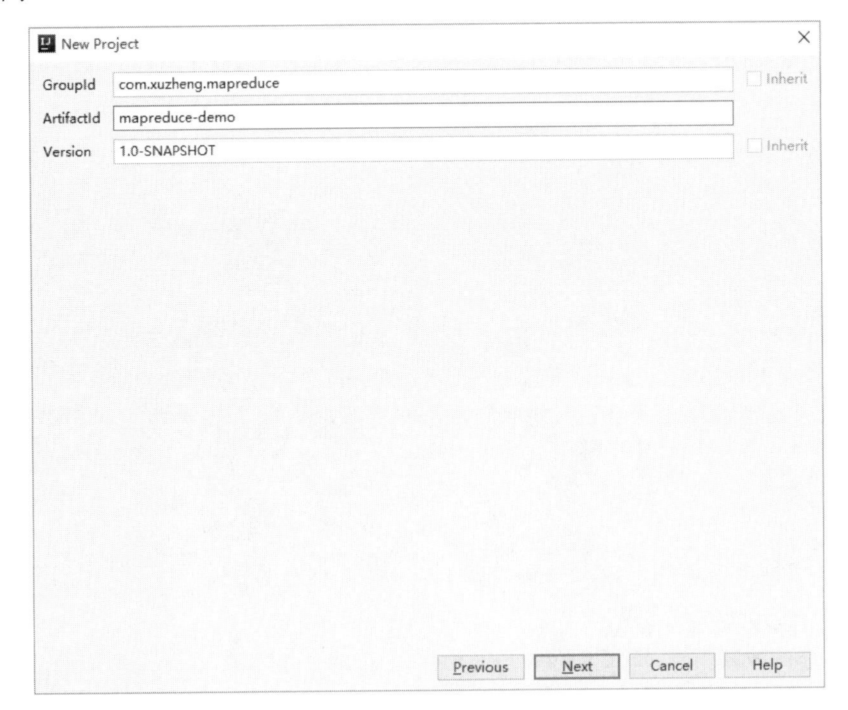

图 15.3　添加 Maven 工程的版本信息

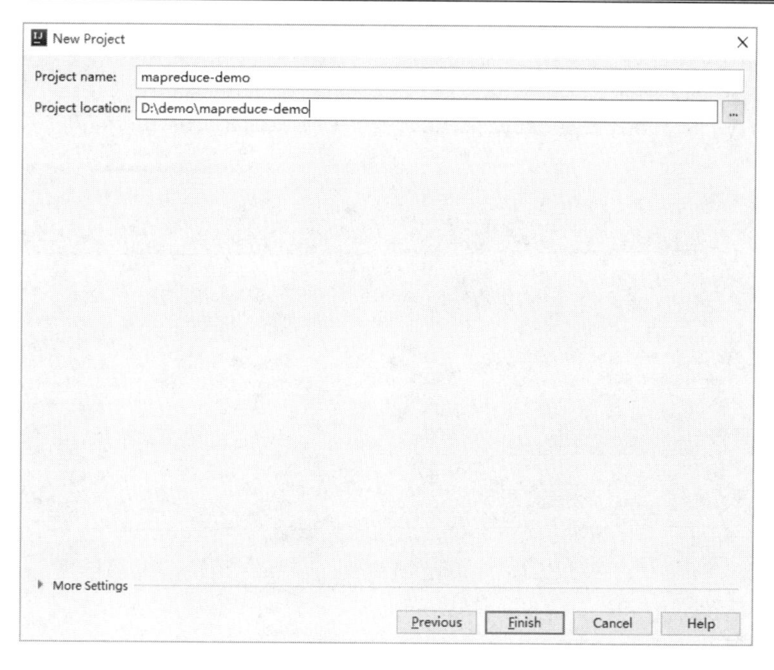

图 15.4　填写 Maven 工程名称和存储位置

（5）pom.xml 文件是 Maven 工程的一种配置文件，用来标记项目的相关开发包引入坐标、依赖关系和使用者需要遵守的规则等信息。在该 Maven 工程的 pom.xml 文件中添加内容如下：

```
<?xml version="1.0" encoding="UTF-8"?>
<project xmlns="http://maven.apache.org/POM/4.0.0"
        xmlns:xsi="http://www.w3.org/2001/XMLSchema-instance"
        xsi:schemaLocation="http://maven.apache.org/POM/4.0.0 http://
maven.apache.org/xsd/maven-4.0.0.xsd">
    <modelVersion>4.0.0</modelVersion>

    <groupId>com.xuzheng.mapreduce</groupId>
    <artifactId>mapreduce-demo</artifactId>
    <version>1.0-SNAPSHOT</version>

    <dependencies>
        <dependency>
            <groupId>junit</groupId>
            <artifactId>junit</artifactId>
            <version>RELEASE</version>
        </dependency>
        <dependency>
            <groupId>org.apache.logging.log4j</groupId>
            <artifactId>log4j-core</artifactId>
            <version>2.8.2</version>
        </dependency>
        <dependency>
            <groupId>org.apache.hadoop</groupId>
            <artifactId>hadoop-common</artifactId>
            <version>3.2.2</version>
        </dependency>
        <dependency>
```

```
            <groupId>org.apache.hadoop</groupId>
            <artifactId>hadoop-client</artifactId>
            <version>3.2.2</version>
        </dependency>
        <dependency>
            <groupId>org.apache.hadoop</groupId>
            <artifactId>hadoop-hdfs</artifactId>
            <version>3.2.2</version>
        </dependency>
    </dependencies>

    <build>
        <plugins>
            <plugin>
                <artifactId>maven-compiler-plugin</artifactId>
                <version>2.3.2</version>
                <configuration>
                    <source>1.8</source>
                    <target>1.8</target>
                </configuration>
            </plugin>
            <plugin>
                <artifactId>maven-assembly-plugin </artifactId>
                <configuration>
                    <descriptorRefs>
                        <descriptorRef>jar-with-dependencies</descriptorRef>
                    </descriptorRefs>
                    <archive>
                        <manifest>
                            <mainClass>com.xuzheng.mapreduce.wordcount.
WordCountDriver</mainClass>
                        </manifest>
                    </archive>
                </configuration>
                <executions>
                    <execution>
                        <id>make-assembly</id>
                        <phase>package</phase>
                        <goals>
                            <goal>single</goal>
                        </goals>
                    </execution>
                </executions>
            </plugin>
        </plugins>
    </build>
</project>
```

（6）本例在创建 Maven 工程时引入了 log4j 的 jar 包，为了能够正常运行 log4j 程序，需要在 src/main/resources 目录下添加一个 log4j.properties 配置文件，并添加内容如下：

```
log4j.rootLogger=INFO, stdout
log4j.appender.stdout=org.apache.log4j.ConsoleAppender
log4j.appender.stdout.layout=org.apache.log4j.PatternLayout
log4j.appender.stdout.layout.ConversionPattern=%d %p [%c] - %m%n
log4j.appender.logfile=org.apache.log4j.FileAppender
log4j.appender.logfile.File=target/spring.log
```

```
log4j.appender.logfile.layout=org.apache.log4j.PatternLayout
log4j.appender.logfile.layout.ConversionPattern=%d %p [%c] - %m%n
```

15.1.3　定义序列化对象

首先创建一个统计手机总流量的序列化类 FlowBean 类，并实现 Hadoop 官方提供的序列化接口 WritableComparable。在进行反序列化时，需要使用 Java 的反射技术调用空参构造函数，因此在用户创建的自定义类型中必须包含无参构造方法 FlowBean。在实现序列化接口类时，需要重写序列化方法和反序列化方法。值得注意的是，反序列化的顺序和序列化的顺序要保持完全一致。然后还需要实现 WritableComparable 类中的 compareTo 方法，用于自定义排序。

```
package com.xuzheng.mapreduce.wordcount;

import java.io.DataInput;
import java.io.DataOutput;
import java.io.IOException;

import org.apache.hadoop.io.WritableComparable;

public class FlowBean implements WritableComparable<FlowBean>{

    private long upFlow;
    private long downFlow;
    private long sumFlow;


    public FlowBean() {
        super();
    }

    public FlowBean(long upFlow, long downFlow) {
        super();
        this.upFlow = upFlow;
        this.downFlow = downFlow;
    }

    @Override
    public void write(DataOutput out) throws IOException {
        out.writeLong(upFlow);
        out.writeLong(downFlow);
        out.writeLong(sumFlow);
    }

    @Override
    public void readFields(DataInput in) throws IOException {
        upFlow = in.readLong();
        downFlow = in.readLong();
        sumFlow = in.readLong();
    }

    public long getUpFlow() {
        return upFlow;
```

```
    }

    public void setUpFlow(long upFlow) {
        this.upFlow = upFlow;
    }

    public long getDownFlow() {
        return downFlow;
    }

    public void setDownFlow(long downFlow) {
        this.downFlow = downFlow;
    }

    public long getSumFlow() {
        return sumFlow;
    }

    public void setSumFlow(long sumFlow) {
        this.sumFlow = sumFlow;
    }

    @Override
    public String toString() {
        return upFlow + "\t" + downFlow + "\t" + sumFlow;
    }

    public void set(long downFlow2, long upFlow2) {
        downFlow = downFlow2;
        upFlow = upFlow2;
        sumFlow = downFlow2 + upFlow2;
    }

    @Override
    public int compareTo(FlowBean bean) {

        int result;

        if (this.sumFlow > bean.getSumFlow()) {
            result = -1;
        }else if (this.sumFlow < bean.getSumFlow()) {
            result = 1;
        }else {
            result = 0;
        }

        return result;
    }
}
```

15.1.4　编写 Mapper 文件

在 Mapper 实现类中，首先要接收输入文本的每行数据，并将其转化成 String 字符串类型。每接收一行数据，Mapper 实现类就会调用一次 map 函数。在 map 函数中，首先需要将转化成 String 字符串类型的数据按照空格进行分割，以方便读取手机号码、上行流量和下行流量，然后将读取的数据输入为 K-V 键值对的形式。编写一个 TopNMapper 类，并重写一个 map 函数，具体代码如下：

```
package com.xuzheng.mapreduce.wordcount;
import java.io.IOException;
import java.util.Iterator;
import java.util.TreeMap;
import org.apache.hadoop.io.LongWritable;
import org.apache.hadoop.io.Text;
import org.apache.hadoop.mapreduce.Mapper;

public class TopNMapper extends Mapper<LongWritable, Text, FlowBean, Text>{

    // 定义一个 TreeMap 作为存储数据的容器（按 key 排序）
    private TreeMap<FlowBean, Text> flowMap = new TreeMap<FlowBean, Text>();
    private FlowBean kBean;

    @Override
    protected void map(LongWritable key, Text value, Context context)
throws IOException, InterruptedException {

        kBean = new FlowBean();
        Text v = new Text();

        // 1. 获取一行数据
        String line = value.toString();

        // 2. 分割字符串
        String[] fields = line.split("\t");

        // 3. 封装数据
        String phoneNum = fields[0];
        long upFlow = Long.parseLong(fields[1]);
        long downFlow = Long.parseLong(fields[2]);
        long sumFlow = Long.parseLong(fields[3]);

        kBean.setDownFlow(downFlow);
        kBean.setUpFlow(upFlow);
        kBean.setSumFlow(sumFlow);

        v.set(phoneNum);

        // 4. 向 TreeMap 中添加数据
        flowMap.put(kBean, v);

        // 5. 限制 TreeMap 的数据量，超过 10 条就删除流量最小的一条数据
        if (flowMap.size() > 10) {
            flowMap.remove(flowMap.lastKey());
}
    }

    @Override
    protected void cleanup(Context context) throws IOException,
InterruptedException {
```

```
        // 6. 遍历 Treemap 集合，输出数据
        Iterator<FlowBean> bean = flowMap.keySet().iterator();

        while (bean.hasNext()) {

            FlowBean k = bean.next();

            context.write(k, flowMap.get(k));
        }
    }
}
```

15.1.5　编写 Reducer 文件

在 Reducer 实现类中，首先要接收 Mapper 实现类输出的 K-V 键值对。Reducer 实现类的所有业务处理逻辑由 reduce 函数负责，而且 reduce 函数会对输入的每一组具有相同 K 的 K-V 键值对进行调用，并汇总具有相同 K 的单词个数。编写一个 TopNReducer 类并重写一个 reduce 方法，具体代码如下：

```
package com.xuzheng.mapreduce.wordcount;

import java.io.IOException;
import java.util.Iterator;
import java.util.TreeMap;

import org.apache.hadoop.io.Text;
import org.apache.hadoop.mapreduce.Reducer;

public class TopNReducer extends Reducer<FlowBean, Text, Text, FlowBean> {

    // 定义一个 TreeMap 作为存储数据的容器（按 key 排序）
    TreeMap<FlowBean, Text> flowMap = new TreeMap<FlowBean, Text>();

    @Override
    protected void reduce(FlowBean key, Iterable<Text> values, Context
context)throws IOException, InterruptedException {

        for (Text value : values) {

             FlowBean bean = new FlowBean();
             bean.set(key.getDownFlow(), key.getUpFlow());

             // 1. 向 TreeMap 集合中添加数据
            flowMap.put(bean, new Text(value));

            // 2. 限制 TreeMap 的数据量，超过 10 条就删除流量最小的一条数据
            if (flowMap.size() > 10) {
                flowMap.remove(flowMap.lastKey());
            }
        }
    }

    @Override
    protected void cleanup(Reducer<FlowBean, Text, Text, FlowBean>.Context
```

```
context) throws IOException, InterruptedException {

        // 3. 遍历集合，输出数据
        Iterator<FlowBean> it = flowMap.keySet().iterator();

        while (it.hasNext()) {

            FlowBean v = it.next();

            context.write(new Text(flowMap.get(v)), v);
        }
    }
}
```

15.1.6　编写 Driver 文件

Driver 类负责配置 Mapper 实现类和 Reducer 实现类，并获得 job 对象实例。同时，Driver 类指定 MapReduce 程序 jar 包所在的路径位置，并将整个 MapReduce 程序提交到 YARN 集群上。编写一个 TopNDriver 类，具体代码如下：

```
package com.xuzheng.mapreduce.wordcount;
import org.apache.hadoop.conf.Configuration;
import org.apache.hadoop.fs.Path;
import org.apache.hadoop.io.Text;
import org.apache.hadoop.mapreduce.Job;
import org.apache.hadoop.mapreduce.lib.input.FileInputFormat;
import org.apache.hadoop.mapreduce.lib.output.FileOutputFormat;

public class TopNDriver {

    public static void main(String[] args) throws Exception {


        // 1. 获取配置信息或者 job 对象实例
        Configuration configuration = new Configuration();
        Job job = Job.getInstance(configuration);

        // 2. 指定本程序的 jar 包所在的本地路径
        job.setJarByClass(TopNDriver.class);

        // 3. 指定本业务 job 要使用的 Mapper/Reducer 业务类
        job.setMapperClass(TopNMapper.class);
        job.setReducerClass(TopNReducer.class);

        // 4. 指定 Mapper 输出的数据的 K-V 类型
        job.setMapOutputKeyClass(FlowBean.class);
        job.setMapOutputValueClass(Text.class);

        // 5. 指定最终输出的数据的 K-V 类型
        job.setOutputKeyClass(Text.class);
        job.setOutputValueClass(FlowBean.class);

        // 6. 指定 job 输入的原始文件所在的目录
        FileInputFormat.setInputPaths(job, new Path(args[0]));
```

```
        FileOutputFormat.setOutputPath(job, new Path(args[1]));

        // 7. 将在 job 中配置的相关参数及 job 所用的 Java 类所在的 jar 包，提交给 YARN
           运行
        boolean result = job.waitForCompletion(true);
        System.exit(result ? 0 : 1);
    }
}
```

15.1.7 打包 Maven 工程

通过终端命令行，进入 Maven 工程目录，然后在该目录下执行如下命令，进行 Maven 工程的打包操作。

```
D:\demo\mapreduce-demo> mvn package
```

打包成功后，在 Maven 工程的 target 目录下将会生成 mapreduce-demo-1.0-SNAPSHOT.jar，将该 jar 包上传到 Hadoop 集群中。

15.1.8 启动 Hadoop 集群

1. 启动HDFS

在 hadoop101 服务器节点上，通过如下命令一键启动整个 Hadoop 完全分布式集群的 HDFS 服务。

```
[xuzheng@hadoop101 hadoop-3.2.2]$ cd /opt/module/hadoop-3.2.2
[xuzheng@hadoop101 hadoop-3.2.2]$ sbin/start-dfs.sh
Starting namenodes on [hadoop101]
hadoop101: starting namenode, logging to hadoop-xuzheng-namenode-
hadoop101.out
hadoop101: starting datanode, logging to hadoop-xuzheng-datanode-
hadoop101.out
hadoop103: starting datanode, logging to hadoop-xuzheng-datanode-
hadoop103.out
hadoop102: starting datanode, logging to hadoop-xuzheng-datanode-
hadoop102.out
Starting secondary namenodes [hadoop103]
hadoop103: starting secondarynamenode, logging to secondarynamenode-
hadoop103.out
```

2. 启动YARN

在 hadoop102 服务器节点上，通过如下命令一键启动整个 Hadoop 完全分布式集群的 YARN 服务。值得注意的是，如果 NameNode 节点和 ResourceManger 节点不在同一台服务器上，那么不能在 NameNode 节点上启动 YARN 服务，必须在 ResouceManager 所在的服务器上启动 YARN 服务。

```
[xuzheng@hadoop101 hadoop-3.2.2]$ cd /opt/module/hadoop-3.2.2
[xuzheng@hadoop101 hadoop-3.2.2]$ sbin/start-yarn.sh
starting yarn daemons
```

```
starting resourcemanager, logging to /opt/module/hadoop-3.2.2/
resourcemanager-hadoop102.out
hadoop103: starting nodemanager, logging to yarn-xuzheng-nodemanager-
hadoop103.out
hadoop101: starting nodemanager, logging to yarn-xuzheng-nodemanager-
hadoop101.out
hadoop102: starting nodemanager, logging to yarn-xuzheng-nodemanager-
hadoop102.out
```

3. 启动历史服务器

虽然 HDFS 和 YARN 可以通过群体的方式启动，但是历史服务器需要单独启动。在 hadoop101 服务器节点上执行如下命令：

```
[xuzheng@hadoop101 hadoop-3.2.2]$ cd /opt/module/hadoop-3.2.2
[xuzheng@hadoop101 hadoop-3.2.2]$ sbin/mr-jobhistory-daemon.sh start
historyserver
```

4. 上传输入文件

HDFS 和 YARN 启动后，将输入文件 input.txt 上传到 HDFS 上。使用 mkdir 命令创建一个输入目录/input 和一个输出目录/output，在 HDFS 中执行如下命令，可以创建 HDFS 目录。

```
[xuzheng@hadoop101 hadoop-3.2.2]$ cd /opt/module/hadoop-3.2.2
[xuzheng@hadoop101 hadoop-3.2.2]$ bin/hdfs dfs -mkdir /input
[xuzheng@hadoop101 hadoop-3.2.2]$ bin/hdfs dfs -mkdir /output
[xuzheng@localhost hadoop-3.2.2]# bin/hdfs dfs -ls /
Found 4 items
drwxr-xr-x   - xuzheng supergroup      0 2020-07-03 10:47 /dh-test
drwxr-xr-x   - xuzheng supergroup      0 2020-07-05 20:43 /spark_history
drwxr-xr-x   - xuzheng supergroup      0 2020-07-20 13:43 /input
drwxr-xr-x   - xuzheng supergroup      0 2020-07-20 13:44 /output
```

将输入文件 input.txt 上传到 HDFS 的/input 目录下。在 HDFS 中执行如下命令，可以将文件上传至 HDFS 目录下。

```
[xuzheng@localhost hadoop-3.2.2]$ cd /opt/module/hadoop-3.2.2
[xuzheng@localhost hadoop-3.2.2]# bin/hdfs dfs -put input.txt /input
[xuzheng@localhost hadoop-3.2.2]# bin/hdfs dfs -ls /input
Found 1 items
-rw-r--r--   1 xuzheng supergroup       1366 2020-07-20 14:25 /input/
input.txt
```

15.1.9　运行 TopN 程序

将 TopN 程序生成的 jar 包上传到 Hadoop 集群的/opt/software 目录下，执行如下命令，可以运行一个 MapReduce 程序。

```
[xuzheng@localhost hadoop-3.2.2]$ cd /opt/module/hadoop-3.2.2
[xuzheng@localhost hadoop-3.2.2]# bin/hadoop jar /opt/software/mapreduce-
demo-1.0-SNAPSHOT.jar com.xuzheng.mapreduce.wordcount.TopNDriver /input/
input.txt /output
```

运行完 TopN 程序后，会在/output 路径下生成一个输出结果文件 part-r-00000。在该输出文件中存储着手机流量使用前 10 名的用户信息，输出文件的内容如下：

```
13509468723     7335       110349      117684
13975057813     11058      48243       59301
13568436656     3597       25635       29232
13736230513     2481       24681       27162
18390173782     9531       2412        11943
13630577991     6960       690         7650
15043685818     3659       3538        7197
13992314666     3008       3720        6728
15910133277     3156       2936        6092
13560439638     918        4938        5856
```

15.2　小　　结

本章详细介绍了经典的统计 TopN 案例的实现过程，包括如何从零开始搭建一个 Maven 工程，如何自定义一个序列化对象，如何实现一个 MapReduce 程序，编写 Mapper 文件、Reduce 文件和 Driver 文件。最后通过启动 Hadoop 集群并运行 TopN 程序，输出手机流量使用前 10 名的用户信息，实现了一个经典的统计 TopN 案例。